682 **791**

아들일까, 딸일까? 이 사진을 짝수와 함께 보여주자 아기가 딸이라고 추측하는 응답자의 비율이 더 높게 나왔다. 사진을 홀수와 함께 보여주었을 때는, 아들이라고 추측하는 응답자의 비율이 더 높았다(18쪽 참조).

조작 혐의가 있습니다! 오리건 주의 어느 금융조사회사에서 일하는 그리고리 가다브스키와 대럴 도럴이 지역 신문을 넣은 액자를 들고 있다. 신문 기사의 주인공은 회계 부정으로 감옥에 간 범죄자인데, 가다브스키와 도럴이 벤포드의 법칙을 이용하여 그의 회계 부정을 밝혀냈다(53~56쪽 참조).

이집트 아스완 근처에 있는 이 우물은 하지 정오에 햇빛이 맨 밑바닥까지 닿는다. 태양이 정확히 하늘 꼭대기에 도달하기 때문이다. 에라토스테네스가 지구의 둘레를 측정할 때 이 우물을 이용했을 가능성이 있다(91~93쪽 참조).

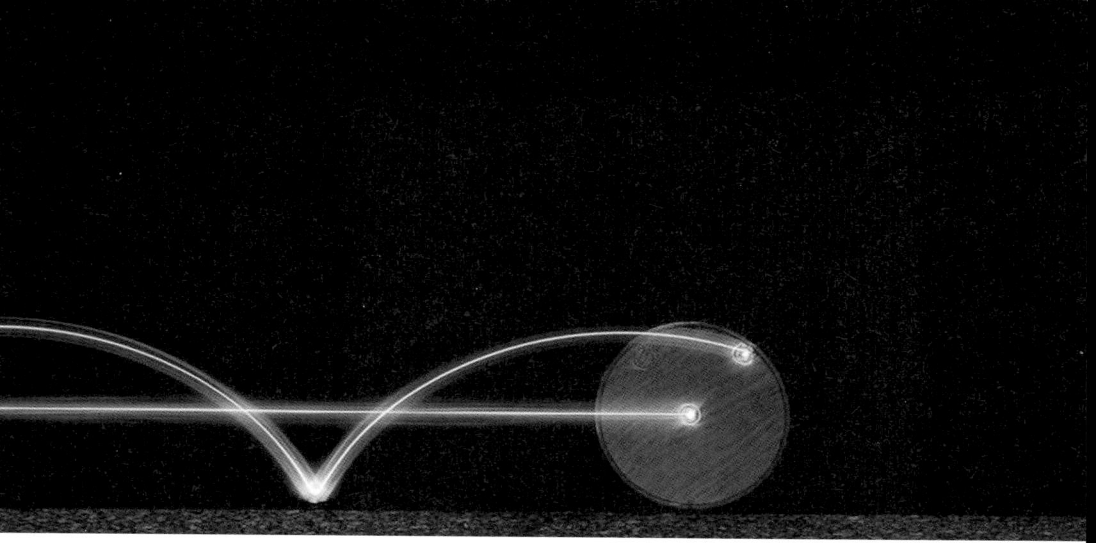

위: 구르는 바퀴의 가장자리에 설치한 조명이 사이클로이드를 그린다(158~159쪽 참조). 유명한 건축 사진가 베러니스 아보트가 찍은 사진이다. 그는 1958년에 고등학교 물리학 교과서에 삽입할 사진을 찍는 일을 맡았다. 바닥으로 떨어져 튀는 공을 찍은 아래 사진도 그 일의 결실이다. 공은 한 번 튀었다가 떨어질 때마다 포물선을 그리고, 공이 도달하는 최대 높이는 지수적으로 감소한다(133~135쪽, 192쪽 참조).

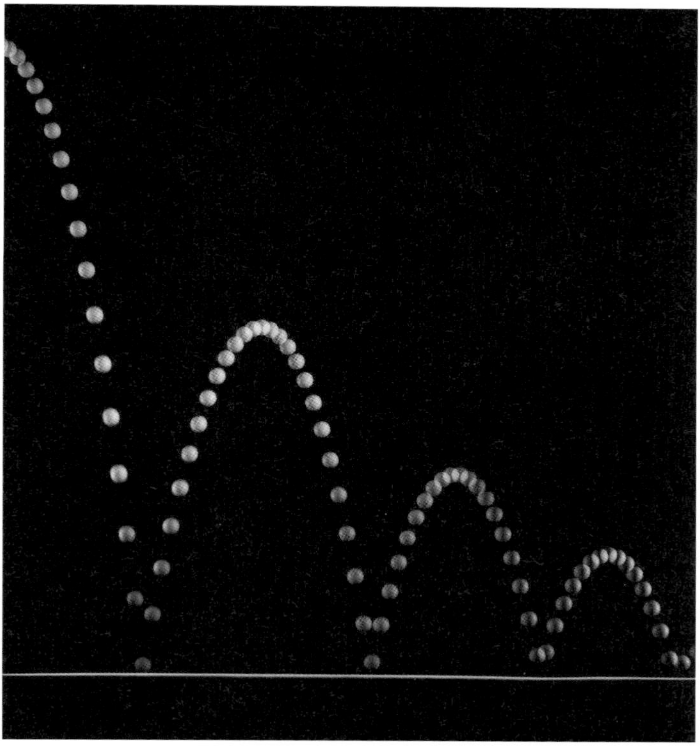

테오도르 올리비에가 1872년 파리에서 설계하고 제작한 왼쪽 위의 끈 모형은 쌍곡면이 휘어 있지만 직선들로 이루어졌음을 보여준다. 왼쪽 아래 광저우 타워는 곧은 막대들로 이루어진 쌍곡면 모양이다 (144~149쪽 참조).

다음 페이지: 미국 미술가 존 위트니는 1958년작 영화 〈현기증〉의 포스터를 위해 제2차 세계대전에서 사용된 방공무기의 부품을 이용하여 손수 제작한 기계로 소용돌이 패턴을 그렸다. 바야흐로 컴퓨터 미술이 탄생한 것이다 (173~174쪽 참조).

PARAMOUNT PRESENTS
JAMES STEWART
KIM NOVAK
IN ALFRED HITCHCOCK'S
MASTERPIECE
'VERTIGO'
BARBARA BEL GEDDES
TOM HELMORE HENRY JONES
DIRECTED BY
ALFRED HITCHCOCK
ALEC COPPEL & SAMUEL TAYLOR
TECHNICOLOR®
BASED UPON THE NOVEL 'D'ENTRE LES MORTS' BY PIERRE BOILEAU AND THOMAS NARCEJAC MUSIC BY BERNARD HERRMANN
VISTAVISION®
Copyright 1958 Paramount Pictures Corporation. Country of Origin U.S.A.
58788
58/241

이 장치들은 가장 인기 있는 수학용 그리기 기계의 두 유형이다. 위는 '기하학 척Geometric Chuck'으로 19세기 초에 제작되었으며 현대적인 스피로그래프의 조상격이다(167~168쪽 참조). 위 사진의 오른쪽에 보이는 패턴처럼, 중첩된 원운동에 의해 만들어지는 곡선을 그린다. 왼쪽은 1909년형 하모노그래프harmonograph이다. 종이와 펜이 각각 흔들이에 장착되어 있다. 하모노그래프는 옆 페이지의 패턴과 같은 리사주 도형을 그린다(171~174쪽 참조).

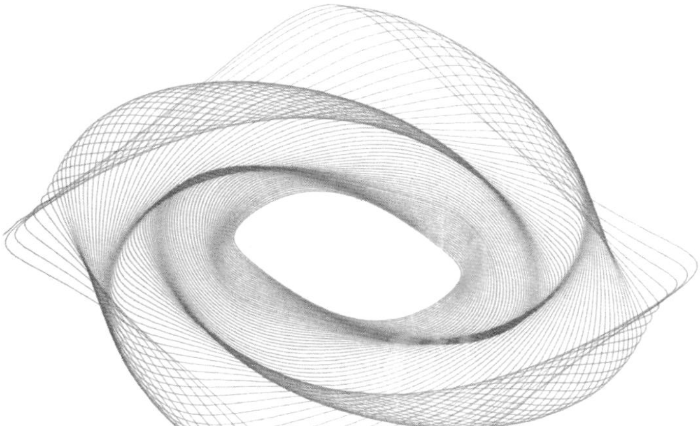

양끝이 고정된 채 늘어진 끈은 자연적으로 현수선 모양이 되지만, 자체 무게 외에 추가 하중을 받는 끈은 '변형된' 현수선 모양이 된다. 순수하거나 변형된 현수선을 거꾸로 뒤집어 놓으면 튼튼한 아치가 된다. 카탈루냐의 건축가 안토니오 가우디는 1898과 1908년 사이 어느 때에 콜로니아 구엘 성당을 뒤집어놓은 모형을 제작했다. 끈과 납 탄환 주머니들로 만든 이 모형은 사진 촬영을 위해 직물로 감싸놓은 상태이다. 책을 거꾸로 놓고 보면 가우디가 구상한 건물의 모양을 볼 수 있다 (209~216쪽 참조).

콘크리트 현수선과 거미줄 현수선: 쿠웨이트 공항 상상도(위)와 거미줄(아래)

망델브로 집합은 복소수들의 곱셈과 덧셈을 통해서 만드는 프랙털이며, 망델벌브(위)는 망델브로 집합의 3차원 버전이다. 아래 그림은 망델벌브의 꼭대기 부분을 자세히 보여준다. 영국 프랙털 미술가 대니얼 화이트는 2009년에 만델벌브의 이미지들을 최초로 만들어냈다. 망델벌브의 내부를 들여다보며 배율을 26배 확대한 그는 다음 페이지의 척추 모양을 발견했다(268~275쪽 참조).

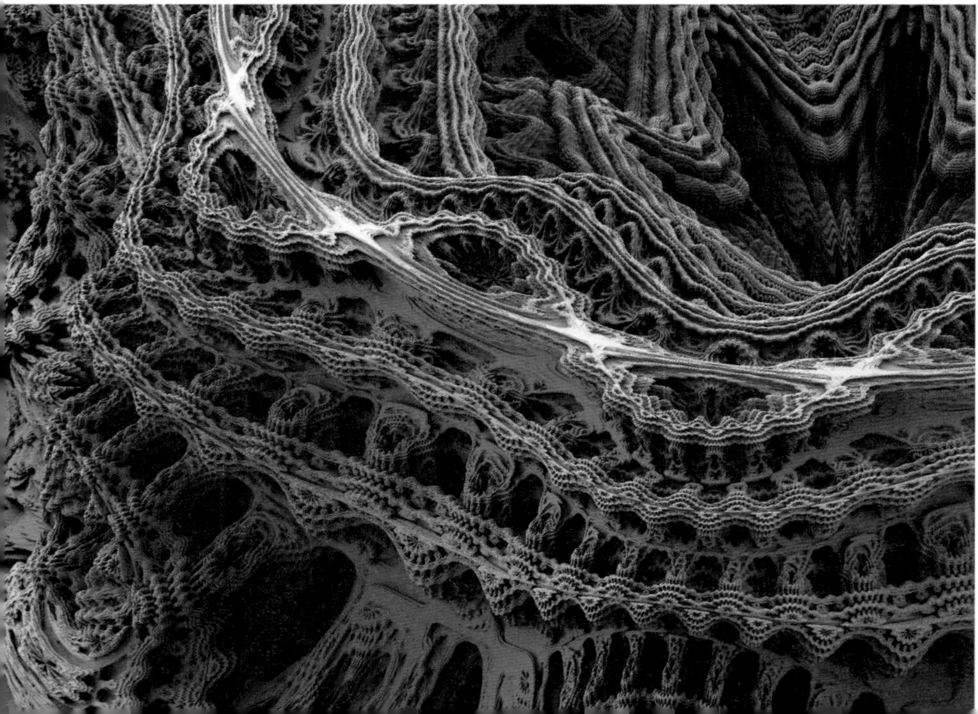

스타 수학자: 세드릭 빌라니는 공중에서 날아다니는 입자들의 행동에 관한 연구로 필즈상을 받았다. 그의 재킷 옷깃에 그의 상징과도 같은 금속 거미가 앉아 있다(277~280쪽, 300~306쪽 참조).

비스킷의 미적분학 : 고트프리트 라이프니츠는 아이작 뉴턴과 치열한 원조 논쟁을 벌인 것으로 유명하다. 한 과자 생산자는 그를 기리기 위해 버터 비스킷에 그의 이름을 붙였다. 공교롭게도 뉴턴이라는 이름을 가진 전통적인 과자도 있다(296~299쪽 참조).

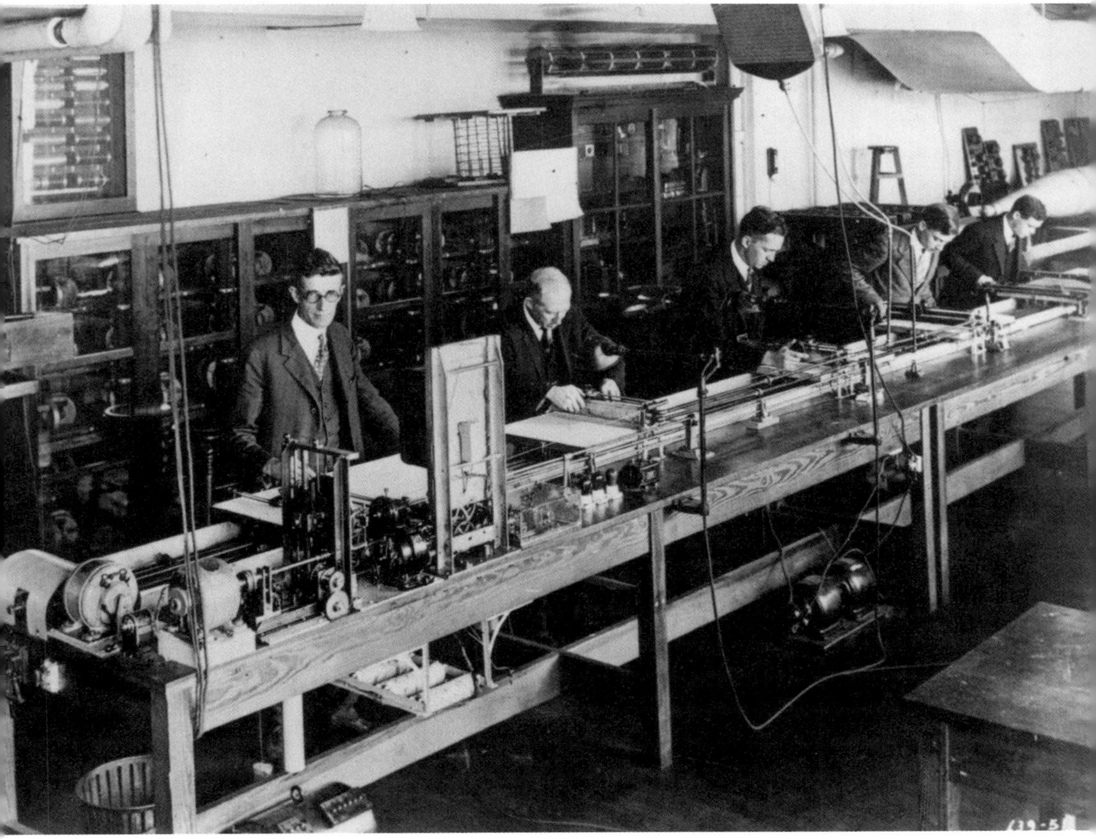

바네바 부시(맨 왼쪽)가 그의 '미분 분석기'의 조종간 앞에 서 있다. 미분 분석기는 미분방정식 풀이를 위해 1930년대 초반 매사추세츠공대에서 제작되었다(307쪽 참조).

부르바키 회원들: 프랑스 수학자들의 비밀 단체 '부르바키'가 1951년 여름에 알프스 지역에서 모임을 가졌다. 왼쪽부터 자크 딕시미에, 장 디외도네, 피에르 사무엘, 앙드레 베유, 장 델사르트, 로랑 슈바르츠(339~345쪽 참조).

존 폰 노이만(왼쪽)과 그의 최고의 친구 스타니스와프 울람(오른쪽)은 세포 자동자를 고안했다. 이 사진은 1949년에 로스앨러모스 근처에서 리처드 파인만(가운데)과 함께 촬영한 것이다. 이들은 핵무기 개발에 참여했다(352~355쪽 참조).

수학이 좋아지는 수학

ALEX THROUGH THE LOOKING GLASS

보통 사람들을 위한 미적분, 통계, 수학 법칙들

수학이 좋아지는 수학

Alex through the looking-glass

알렉스 벨로스 지음 | 전대호 옮김

해나무

들어가는 말

수학은 유머, 그러니까 재담이다.

내가 농담한다고 오해하지 마라.

재담을 듣고 '알아먹어야' 웃을 수 있는 것처럼, 수학도 '알아먹어야' 한다.

필요한 정신적 과정이 똑같다.

한번 생각해보자. 재담은 짜임새와 결정타가 있다. 당신은 재담을 귀 기울여 듣다가 결정타에 이르고, 그때 웃음을 짓는다.

수학도 짜임새와 결정타가 있는 이야기이다. 물론 주인공이 수, 도형, 기호, 패턴이니, 다른 종류의 이야기이다. 우리는 수학 이야기를 보통 '증명'이라고 부르고 결정타를 '정리'라고 부른다. 당신은 증명을 따라가다가 결정타에 도달한다. 오호라! 바로 이것이로군! 당신의 신경세포들이 불꽃놀이처럼 점화한다. 밀려드는 지적 만족감에 지금까지의 힘든 과정을 잊고 당신은 미소를 짓는다.

재담을 듣다가 터지는 '하하!'와 수학을 공부하다가 터지는 '아하!'는 똑같은 경험을 표현한다. 이것은 수학 공부가 재미있고 중독성이 있는 이유들 중 하나이다.

가장 기발한 결정타와 마찬가지로 가장 절묘한 정리는 당신이 예상하지 못한 무언가를 보여준다. 새로운 아이디어, 새로운 관점을 제공한다. 재담 앞에서 당신은 웃는다. 수학 앞에서 당신은 경외심으로 숨이 막힌다. 바로 이 놀람의 측면 때문에 나는 어린 시절에 수학과 사랑에 빠졌다. 나의 선입견을 수학만큼 일관되게 깨트리는 과목은 없었다.

이 책의 목표는 당신도 그 놀람을 경험하게 하는 것이다. 나는 내가 좋아하는 수학적 개념들을 짚어가면서 그것들이 우리의 삶에서 어떤 구실을 하는지 살펴볼 것이다. 당신이 논리적 사고의 아름다움, 효용, 재미를 실감하기를 바란다.

나의 전작 『신기한 수학나라의 알렉스』는 수학적 추상의 세계를 둘러보는 여행이었다. 이 책에서 나는 지상으로 내려간다. 나의 관심사는 수학의 거울에 비친 현실세계, 그리고 우리의 물리적 경험에 기초를 둔 추상세계이다.

먼저 나는 정신과 의사처럼 사람들을 분석할 것이다. 우리는 수에 대해 어떤 감정들을 느끼고, 그렇게 느끼는 원인은 무엇일까? 이어서 수들을 분석할 텐데, 개별 분석과 집단 분석을 병행할 것이다. 각각의 수는 나름의 이야깃거리를 가지고 있다. 하지만 수들을 집단으로 다루면, 더 매혹적인 행동이 관찰된다. 수들이 잘 조직된 군중처럼 행동하는 것이다.

우리는 수에 의지하여 세계를 이해한다. 우리가 수를 세기 시작한 이래로 줄곧 그렇게 해왔다. 아닌 게 아니라 수학의 가장 놀라운 특징은 어쩌면 수학이 우리 주위의 세계를 이해하기 위한 도구로서 유례를 찾기 어려울 만큼 성공적이었으며 지금도 그러하다는 점일 것이다. 문명이 이만큼 진보한 것은 원과 삼각형 같은 단순한 도형들에 관한 발견들 덕분이다. 그 발견들은 처음에는 그림으로 표현되었고 나중에는 방정식으로 표현되었다.

내가 보기에 수학은 인류 역사에서 가장 인상적이며 역사가 깊은 집단적 모험이다. 본문에서 나는 피라미드에서 에베레스트 산까지, 프라하에서 광저우까지, 빅토리아풍 거실에서 자기 복제자들의 디지털 우주까지 이어진 발견의 횃불을 추적할 것이다. 흥미진진한 지식인들이 등장할 것이다. 일부는 잘 알려진 과거 인물, 일부는 덜 유명한 현재 인물이다. 점잖게 넥타이를 맨 인도의 명사, 총을 찬 미국의 사설탐정, 프랑스 비밀 조직의 단원, 런던의 내 아파트 근처에 사는 우주선 기술자도 출연한다.

물리적 세계와 추상적 세계를 어슬렁거리면서 우리는 π와 음수처럼 익숙한 개념들도 검토하고 더 까다로운 개념들도 다룰 것이다. 그 개념들은 우리의 막역한 친구가 될 것이다. 우리는 수학적 개념의 구체적 응용에 감탄할 것이다.

수학적 재능은 이 책을 읽기 위한 필수 조건이 아니다. 이것은 일반 독자를 겨냥한 책이다. 각 장에서 새로운 수학적 개념이 등장하는데, 배경지식이 없는 독자도 이해할 수 있게 이야기가 전개된다. 그러나 일부 개념들은 다른 개념들보다 더 까다로울 수도 있다. 때로는 난이도가 대학생 수준이어서, 당신의 수학 지식이 얼마나 풍부하냐에 따라, 당신에게 당혹감을 안겨주는 대목이 몇 군데 있을 수도 있다. 그런 대목을 만나면 다음 장의 첫머리로 건너뛰라. 그곳의 난이도는 다시 기초 수준이다. 책의 내용이 처음에는 현기증을 유발할 수도 있다. 특히 당신이 처음 접하는 내용이라면 말이다. 그러나 그 새로움과 현기증이 중요하다. 나는 당신이 삶을 다르게 보기를 바란다. '아하!'라는 탄성이 나오려면 때때로 시간이 필요하다.

지금까지의 이야기가 너무 엄숙하게 들렸을지도 모르겠다. 그러나 실상은 전혀 그렇지 않으니 위축되지 마라. 놀람에 중점을 두기 때문에 수학은 모든 지식 분야를 통틀어 가장 재미있는 과목이다. 수는 늘 도구였을 뿐만 아니라 또한 장난감이었다. 수학은 세계를 이해하는 데 유용할 뿐 아니라 세계를 더 많이 즐기는 데도 유용하다.

2
3
5
7

차례

1장

모든 수 각각의 사연

제리 뉴포트가 나에게 네 자리 수 하나를 대보라고 했다.

내가 "2761"이라고 말했다.

"11 곱하기 251"이라고 그가 대꾸했다. 수들이 물 흐르듯 막힘없이 나왔다.

"2762는 2×1381. 2763은 3×3×307. 2764는 2×2×691."

제리는 은퇴한 택시 운전사로, 애리조나 주 투손에 사는 아스퍼거증후군 환자이다. 혈색이 좋고 눈은 작고 눈동자가 파란색이며 넓은 이마의 반을 대각선으로 빗어 넘긴 금발로 가렸다. 그는 수를 좋아하는 만큼 새도 좋아한다. 우리가 만났을 때 그는 빨간색 꽃무늬와 앵무새 한 마리가 새겨진 셔츠를 입고 있었다. 우리는 그의 거실에서 앵무새 한 마리, 비둘기 한 마리, 잉꼬 세 마리, 왕관앵무새 두 마리와 함께 마주 앉았다. 새들도 대화를 경청하고 가끔 우리의 말을 따라했다.

제리는 큰 수를 보면, 곧바로 그 수를 소수들의 곱으로 나타낸다. 즉 소인수분해한다. 소수란 1과 자기 자신으로만 나누어떨어지는 2, 3,

5, 7, 11 같은 수들을 말한다. 이 버릇 때문에 그는 과거의 택시 운전사 생활이 남달리 즐거웠다. 항상 앞차의 번호판이 보였으니까 말이다. 그가 산타모니카에 살 때는 차량 번호가 네 자리나 다섯 자리였다. 그는 동네 쇼핑몰의 4층짜리 주차 건물에 가서 모든 차량 번호를 소인수분해할 때까지 머물곤 했다.

그러나 투손에서는 차량 번호가 겨우 세 자리이다. 이제 그는 차량 번호를 일부러 보는 일이 거의 없다.

"차량 번호가 다섯 자리 이상이라면, 관심을 기울일 거예요. 네 자리 이하면, 하찮죠. 차에 치어 죽은 동물과 다를 바 없어요." 제리가 투덜거렸다.

"뭐해요? 또 새로운 수를 대봐요!"

아스퍼거증후군이란 심리적 장애의 일종인데, 이 장애를 가진 사람은 사회적 행동에 미숙하지만 경우에 따라 극단적인 능력을 보유할 수 있다. 예컨대 제리는 이례적인 암산 능력을 지녔다. 그는 2010년 독일에서 열린 암산 월드컵에 아무 준비 없이 출전하여 종합 성적으로 '최고 만능 계산자'라는 타이틀을 획득했다. 그는 다섯 자리 수 19개를 10분 안에 소인수분해하는 경기에서 유일하게 만점을 맞았다. 경쟁자들을 저만치 따돌린 성적이었다.

제리의 소인수분해 방법은 주어진 큰 수에서 소수들을 작은 것부터 차례로 걸러내는 것이다. 주어진 수가 짝수라면, 우선 그 수를 2로 나눈다. (이로써 맨 먼저 걸러낸 소수는 2이다.) 이어서 그 결과가 3으로 나누어떨어지면, 둘째 소수로 3을 걸러내고, 나눗셈의 몫을 얻는다. 다음으로 그 몫이 5로 나누어떨어지는지 본다. 이런 식으로 점점 더 큰 소수들을 걸러낸다.

그의 목소리가 커져 고함 수준에 이르렀다. "오, 예, 걸러요, 걸러!"

그가 몸을 흔들기 시작했다. "자, 해보자고. 그 수들은 던져버려. 하나 걸러내자고! 제리와 걸러내기 선수들!"

"나도 걸러내기 선수를 두 명 구했어." 그의 아내 매리가 끼어들었다. 우리 옆 소파에 앉아 있던 그녀는 음악가이며 한때 〈스타트렉〉에 단역으로 출연했는데 역시 아스퍼거증후군 환자이다. 이 증후군 환자 중에 여성은 남성보다 훨씬 적다. 아스퍼거증후군 환자 두 명의 결혼은 아주 드물다. 제리와 매리의 특별한 연애는 2005년 작 할리우드 영화 〈모차르트와 고래Mozart and the Whale〉의 바탕이 되었다.

때때로 제리는 큰 수에서 소수를 하나도 걸러내지 못한다. 이것은 그 큰 수가 그 자체로 소수임을 의미한다. 이런 일이 벌어지면, 그는 희열을 느낀다. "그 수가 내가 아직 모르는 소수라면, 그건 말하자면 암석을 찾아다니다가 새로운 암석을 발견한 것과 같아요. 다이아몬드 같은 것을 집으로 가져가 선반에 올려놓을 수 있는 거죠."

그는 잠시 멈췄다가 말을 이었다. "새로운 소수는 새 친구와 같아요."

수를 나타내는 가장 오래된 단어와 기호는 약 5000년 전에 수메르에서 등장했다. 수메르는 현재의 이라크에 해당한다. 수메르인은 수의 이름을 지을 때 복잡하게 머리를 굴리지 않았다. 1을 뜻하는 단어 '게스ges'는 남성, 또는 발기한 페니스도 뜻했다. 2를 뜻하는 단어 '민min'은 여성도 뜻했다. 이 단어들은 남성이 먼저이고 여성은 나중임을 상징했다. 어쩌면 페니스 하나와 젖가슴 2개를 상징했을 수도 있다. 원래 수는 실용적인 목적에 쓰였다. 이를테면 양의 수를 세고 세금을 계산할 때 수를 사용했다. 그러나 수는 또한 추상적인 패턴을 이뤘기 때문에 숙고의 대상이 되었다. 최초의 수학적 발견은 어쩌면 수의 유형이 짝수와 홀수, 그렇게 두 가지라는 발견이었을 것이다. 깔끔하게 반으로 나눌 수 있는 2, 4, 6 등의 수가 있는가 하면, 그렇게 나눌 수 없는 1, 3, 5 등의 수도 있다. 기원전 6세기에 그리스에서 활동한 피타고라스는 남성을 1, 여성을 2에 빗댄 수메르인의 뒤를 이어 홀수는 남성이고 짝수는 여성이라고 선언했다. 둘로 갈라짐에 대한 저항은 힘이요, 둘로 갈라지기 쉬움은 약함이라고 그는 주장했다. 추가로 산술적 정당화도 제시했다. 남성이 여성을 지배하듯이 홀수는 짝수를 지배하는데, 그 사실을 짝수에 홀수를 더하면 결과가 홀수인 것에서 알 수 있다고 피타고라스는 설명했다.

피타고라스는 직각삼각형에 관한 피타고라스의 정리로 가장 잘 알려져 있다. 우리는 이 정리를 나중에 다룰 것이다. 수의 성별에 관한 그의 믿음은 2000년 넘게 서양 사상을 지배했다. 기독교는 그 믿음을 창조 신화에 수용했다. 신은 첫째로 아담을 창조하고 둘째로 하와를 창조했다. 하나는 통일을 의미하고, 둘은 '최초의 선에서 벗어난 죄악'이다. 중세 교회가 보기에 홀수는 짝수보다 더 강하고 더 좋고 더 신적이며 더 재수가 좋았다. 홀수에 관한 형이상학적 믿음들은 셰익스피어의 시대에도 널리 퍼져 있었다. 「윈저의 즐거운 아낙네들」에서 팔스타프는 "홀수는 신성하다고들 하지. 생일에서 그렇다고도 하고 도박이나 제삿날에서 그렇다고도 해"라고 단언한다. 이런 미신은 지금도 남아 있다. 신비로운 의미가 부여된 수들은 홀수인 경향이 있다. 중요한 예로 '마법의' 3, '행운의' 7, '불길한' 13이 있다.

셰익스피어는 홀수를 뜻하는 영어 'odd'에 또 다른 현대적인 의미를 부여한 장본인이기도 하다. 원래 이 단어는 홀수만 의미했다. 이를테면 세 사람이 무리를 이뤘을 때 짝을 짓지 못한 한 사람을 'odd man out(겉도는 홀수 사람)'이라고 부르는데, 이런 문구에서 'odd'가 쓰였다.

그러나 셰익스피어의 작품「사랑의 헛수고」에서 웃음거리가 된 스페인 사람 돈 아드리아노 데 아르마도는 "말하자면 너무 고급스럽고, 너무 말쑥하고, 너무 잘난체 하고, 너무 이상하다odd"고 묘사된다. 이때 이후, 2로 나누었을 때 1이 남는다는 의미의 'odd'는 '이상함'도 뜻하게 되었다.

인간은 본성적으로 수적인 패턴에 민감하다. 수적인 패턴은 주관적인 반응을 유발한다. 그 반응은 앞서 본 제리 뉴포트의 사례에서처럼 극단적일 수도 있지만 뿌리 깊은 문화적 연상을 유발하는 경우가 더 일반적이다. 동양철학은 자연에서 이중성을 눈여겨보는 것을 기초로 삼는다. 그 이중성은 '음'과 '양'으로 상징되는데, 이 개념들의 의미를 문자 그대로 새기면 '그림자'와 '빛'이다. 음은 수동성, 여성성, 달, 불운, 짝수와 연결되고, 양은 정반대로 공격성, 남성성, 해, 행운, 홀수와 연결된다. 여기에서도 행운과 홀수가 일찍부터 연결된 것을 볼 수 있다. 이 연결은 특히 일본에서 강하다. 예컨대 일본 사람들은 선물을 줄 때 통상 3개나 5개, 또는 7개를 주는 풍습이 있다. 4개나 6개를 주는 일은 결코 없다. 결혼식에서 부조금을 낼 때 선호하는 액수는 3만 엔, 5만 엔, 10만 엔이다. 2만 엔도 허용되지만, 이 경우에는 1만 엔권 한 장과 5000엔권 두 장을 마련하여 총 세 장의 지폐를 주는 것이 바람직하다. 홀수의 미학은 일본의 전통 꽃꽂이 예술 '이케바나'에서도 주춧돌 구실을 한다. 이 예술에서는 요소들의 개수를 홀수로만 선택하는데, 이것은 비대칭이 자연을 반영한다는 불교적 믿음의 영향이다. 최고급 일본 요리 '가이세키'는 항상 홀수 개의 음식으로 구성된다. 일본 아이들은 홀수가 좋다는 메시지를 일찍부터 주입받는다. 어린이의 건강을 축하하는 연례 축제의 명칭이 '시치-고-산'(7-5-3을 뜻함)이다. 세 살, 다섯 살, 일곱 살 어린이만 이 축제의 주인공이 된다. 오사카경제대학교 니시야마 유타카 교수에 따르면, 일본인의 홀수 선호는 워낙 뿌리 깊어서 2000년에 정부가 2000엔권을 발행했을 때 아무도 그 지폐를 사용하지 않을 정도였다.

(수에 관한 미신은 서양보다 동아시아 국가들에서 더 강하다. 그런데 동아시아 국가들은 여러 국제계산대회에서 서양보다 더 높은 성적을 낸다. 이 사실은 수에 관한 강한 신비주의적 믿음이 꼭 계산 학습에 지장을 주는 것은 아님을 시사한다. 도리어 미신은 수학과 마찬가지로 수를 중시하는 태도, 수에 대한 친밀감, 수를 가지고 노는 습관을 북돋울 수도 있다. 수와 관련된 동아시아 사람들의 믿음들 중에서 가장 보편적인 것은 말장난에 기초를 둔다. 일본어, 광둥어, 표준 중국어, 한국어에서 4를 가리키는 단어들(시, 세이, 시, 사)은 각 언어에서 죽음을 뜻하는 단어들과 발음이 같다. 그래서 4는 되도록 피한다. 동아시아 곳곳의 호텔에는 4층이 없는 경우가 많고, 비행기 좌석번호에는 흔히 4열이 없으며, 공장들은 4가 들어가는 생산 라인을 운영하지 않는 경우가 많다. 심지어 4와 죽음의 관련성에 대한 믿음이 워낙 강해서 자기 충족적 예언(예언자가 스스로—때로는 부지불식간에—예언을 실현할 때, 이것을 자기 충족적 예언이라고 함—옮긴이)으로까지 작용한다는 보고도 있다. 미국에서 나온 통계에 따르면, 일본계 및 중국계 미국인의 치명적 심장마비 사례는 매월 4일에 급증한다. 반면에 8은 길하다. 왜냐하면 중국어에서 8을 뜻하는 '빠八'와 '돈을 벌다'를 뜻하는 '화發'의 발음이 비슷하기 때문이다. 중국 신문 광고를 보면, 각종 상품의 가격에 8이 다른 숫자들보다 훨씬 더 많이 등장한다. 4가 2개이면 8이니, 죽음 2개가 부유한 삶과 같은 셈이다.)

인도에서도 홀수를 가장 길한 수로 여긴다. 동양과 서양을 막론하고 홀수가 짝수보다 더 많은 영적 의미를 부여받은 것에 무언가 이유가 있을까? 어쩌면 이 차별은 우리 뇌가 짝수를 처리할 때보다 홀수를 처리할 때 시간이 더 오래 걸린다는 사실과 관련이 있을지도 모른다. 이 현상은 페이스대학교의 심리학자 테런스 하인스가 발견해 '홀수 효과 odd effect'라고 이름 붙였다. 한 실험에서 하인스는 숫자 쌍들을 차례로 스크린에 띄웠다. 쌍을 이룬 숫자들은 35처럼 모두 홀수거나, 64처럼 모두 짝수거나, 27처럼 하나는 짝수, 하나는 홀수였다. 피실험자들은 숫자들이 짝수–짝수이거나 홀수–홀수일 때만 버튼을 누르라는 지시를 받았다. 실험 결과, 두 숫자가 모두 홀수일 때 피실험자들의 반응 시간이 평균 20% 정도 더 길었고 오류도 더 많았다. 처음에 하인스는 이 결과를 신뢰하지 않았다. 실험 방법에 결함이 있는 것이 분명하다고 생각했다. 그러나 이 현상은 후속 실험에서도 뚜렷하게 나타났다. 우리가 홀수와 짝수를 다르게 느끼는 것은 단지 오래된 문화적 믿음 때문만이 아니다. 우리가 홀수와 짝수를 다르게 생각하기 때문에 다르게 느끼는 것이기도 하다. 홀수는 말 그대로 더 많은 생각을 유발한다.

언어에서도 홀수 효과의 단서를 발견할 수 있다. 그러나 영어 사용자는 그 단서를 볼 수 없다. 왜냐하면 영어는 유럽의 주요 언어 가운데 유일하게 홀수와 짝수를 뜻하는 단어들이 서로 별개이기 때문이다. 이에 비해 프랑스어, 독일어, 러시아어에서 짝수와 홀수를 뜻하는 단어들은 '짝수', '비非짝수'의 형태를 갖는다. 구체적으로 프랑스어에서는 'pair/impair', 독일어에서는 'gerade/ungerade', 러시아어에서는 'chyotny/nyechyotny'이다. 이 예들에서 짝수임은 홀수임에 선행한다. 짝수임이 더 단순하고 더 이해하기 쉬운 개념이다.

홀수와 짝수 사이의 인지적 간극은 다른 연구들에서도 다뤄졌다. 노스웨스턴대학교의 제임스 윌키와 갈렌 보덴하우젠은 홀수는 남성이고 짝수는 여성이라는 오래된 믿음에 심리학적 근거가 있는지 탐구하기로 했다. 그들은 갓난아기들의 얼굴 사진 중에서 무작위로 하나를 골라 피실험자에게 보여주었다. 이때 홀수-홀수-홀수 형태의 세 자리 수나 짝수-짝수-짝수 형태의 세 자리 수와 함께 사진을 보여주고, 사진 속 아기의 성별을 맞혀보라고 요구했다. 허무맹랑해 보이는 실험이다. 충격적인 결과가 나오지 않았다면, 이 실험은 그대로 잊혔을 것이다. 실제로 해보니, 사진과 함께 보여준 수가 피실험자의 선택에 큰 영향을 미쳤다. 홀수들과 함께 사진을 본 피실험자들은 짝수들과 함께 사진을 본 피실험자들보다 약 10% 높은 확률로 아기의 성별을 남성으로 추측했다. 윌키와 보덴하우젠은 피타고라스주의자들, 중세 기독교도들, 도교 추종자들이 옳았다는 결론을 내렸다. 실험 데이터는 홀수가 남성과, 짝수가 여성과 관련이 있다는, 문화와 시대를 초월한 믿음을 뒷받침했다. "수들에 성별을 부여하는 것은 정말로 인간의 보편적인 성향일지도 모른다"라고 그들은 썼다. 그러나 그들은 왜 홀수가 남성이고 짝수가 여성인지, 왜 거꾸로가 아닌지는 설명할 수 없었다.

문화, 언어, 심리학은 우리가 수학적 패턴을 이해하는 방식에 영향을 미친다. 우리는 이 사실을 방금 홀수와 관련해서 보았고 곧 다른 사례들에서도 볼 것이다. 수학에서 수의 의미는 하나로 정해져 있다. 즉 수는 양과 순서를 의미하는 추상적 대상이다. 그러나 수는 다른 이야기들도 들려준다.

큰 영향력을 발휘한 독일 신학자 세인트 빅토르의 휴Hugh of Saint Victor(1096~1141)는 일찍이 수들에 관한 기초적인 가르침을 내놓았다. 그에 따르면, 10은 '올곧은 신앙', 그 앞의 9는 '완벽함 중의 결함', 그 다음의 11은 '척도를 벗어남'을 뜻한다. 만약에 휴가 요새 사람이었다면,

틀림없이 그는 세계 최고의 홍보 자문 회사 중 하나인 '세미오틱 얼라이언스The Semiotic Alliance'에 취직하여 고액 연봉을 받았을 것이다. 나는 그 회사의 창립자 그레그 롤런드를 런던에서 만났다. 흰색과 검은색이 어우러진 티셔츠에 재킷을 걸치고 나타난 그는 이마에 주름이 깊고 눈매가 예리하며 전반적으로 근사한 대학교수의 풍모였다. 그러나 그의 주 무대는 도서관이 아니라 경영 회의실이다. 그레그는 다국적 기업들을 상대로 브랜드 홍보에 관한 조언을 하는데, 이 일은 수들의 문화적 의미와 관련이 있다. 유니레버, 캘빈 클라인, KFC 등이 그의 고객이다. 예컨대 수 11은 KFC의 신비로운 이미지를 위한 핵심 요소이다. KFC를 대표하는 메뉴는 창업자 커널 샌더스가 허브와 향신료 열한 가지로 만든 비밀 원조 양념으로 맛을 낸 프라이드치킨이다. "이것은 상업 문화에서 수 11이 신비적인 의미로 쓰인 주요 사례"라고 그레그는 말했다. 11은 척도를 벗어남을 의미하는데, 이 경우에는 추가 성분, 즉 평범한 성분들 이외의 성분 하나를 상징한다고 그레그는 덧붙였다. "11은 10에서 딱 그 하나만큼 더 나아갔죠. 질서를 깨달았으며, 이제 질서 너머를 탐험한다는 뜻이에요. 무한으로 가는 문을 여는 중이지만 너무 멀리 가지는 않아요. 11은… 가장 제한적인 부르주아 반란인 셈이죠." 그렇다면 커널 샌더스는 최고 음량이 10인 앰프보다 더 큰 소리를 내겠다며 자기네 앰프의 최고 음량을 11로 설정한 록밴드 '스파이널 탭'과 마찬가지였던 셈이냐고 내가 묻자, 그레그는 웃으며 대답했다. "맞아요! 하지만 난 정말로 그렇다고 믿어요. 11이 10보다 더 흥미롭다고 믿습니다."

'스파이널 탭' 풍의 추가 1은 흔히 사용된다고 그레그는 덧붙였다. 고전적인 예로 리바이스501 청바지가 있다. 이런 추가 1은 기대감을 높이면서도 지나치게 부풀리지는 않는다. 약간의 추가분을 의미하는

데, 리바이스는 항상 조금 더 추가한다. 적어도 잘 나가던 시절에는 항상 그랬다. 여기에 작은 버튼 하나를 추가하거나 저기에 새로운 바느질 한 뼘을 추가했다. 정말로 딱 하나였다. 리바이스는 자사의 청바지가 500에 머물지 않고 그보다 딱 1만큼 더 우수하다고 말하는 것이다. 502는 그런 효과를 내지 못한다. 501은 신비적인 추가 요소를 가지고 있어서, 명확하고 수긍할 수 있는 500과 다르다. 이 효과는 큰 수들에서 가장 잘 나타난다. 영화 〈2001 스페이스 오디세이〉, 타악기 시뮬레이터 '101 드럼 머신', 소설 〈1984년〉에 나오는 101호실을 생각해보라. 그 고문실은 100호실이 아니었다. 100호실을 누가 무서워하겠는가?'

리바이스가 청바지를 만들기 시작할 때보다 훨씬 더 전에, 추가 1은 인도 문화의 중요한 요소로 자리 잡았다. '샤군Shagun'은 돈을 선사할 때 딱 떨어지는 금액에 1루피를 보태서 주는 전통을 의미한다. 이를테면 101루피, 501루피, 10만 1루피를 주는 것이다. 예컨대 인도 예식장의 부조금 봉투에는 1루피 동전 하나가 붙어 있다. 깜빡하고 1루피를 보태지 않는 실수를 막기 위해서이다. 이 관행에 대한 확실한 설명은 없지만—추가 1루피가 축복을 뜻한다는 이야기도 있고 새로운 주기의 출발을 뜻한다는 이야기도 있다—그 추가 1루피의 상징적 가치가 봉투에 든 금액의 가치에 못지않게 중요하다는 점은 다들 인정한다.

이 대목에서 나의 가족사가 떠오른다. 20세기 초에 나의 할아버지는 탄산이 든 레몬 음료를 개발하여 '포업4 Up'으로 명명했다. 그러나 소비자들의 호응이 시원치 않자, 할아버지는 그 음료를 조금 더 개량했다. 후속 제품인 '파이브업5 Up'도 실패했다. 다시 몇 년이 지나서 할아버지는 '식스업6 Up'을 출시했다. 어떻게 되었을까? 역시 망했다. 비극적이게도 할아버지는 자신이 성공에 얼마나 근접했는지 모른 채 돌아가셨다.

알 사람은 다 알겠지만, 이것은 오래된 농담이다. 하지만 진실이 들어 있는 농담이다. 종교에서도 그렇지만, 사업에서 좋은 수는 결정적으로 중요하다. '올곧은 신앙'을 뜻하는 10은 여드름 치료용 크림 '옥시10'에 대한 신뢰를 강화한다. "10은 균형, 안전, 정상으로의 복귀와 관련이 있어요. 10은 절대적인 수죠"라고 그레그는 말했다. "10은 딱 떨어집니다. 피부 문제를 고민하는 소비자는 바로 그런 것을 원해요. 옥시9를 원하지 않고, 옥시8은 더더욱 원하지 않아요. 틀림없이 옥시7, 11, 13, 15도 원하지 않을 겁니다. 옥시10 같은 제품에서 소비자가 원하는 것은 확실성이거든요." 나는 그레그에게 다용도 윤활제 WD-40의 명칭이 'WD-41'이었다면 이만큼 크게 성공했을 것 같으냐고 물었다. "WD-41은 신뢰를 주지 못했을 겁니다"라고 그는 단언했다. "WD-41은 소비자가 요구하는 것보다 더 많은 성분들을 함유한 것처럼 느껴져요. 어떤 추가 성분이 있을 것 같잖아요." 그는 다른 명칭들에 대한 의견도 밝혔다. "명칭이 WD-10이었다면, 결과는 둘 중 하나였겠죠. 성공적이든지, 아니든지. 하지만 WD-400이나 4000은 안 됩니다. 과장이 심하니까요. WD-40은 지나치지 않아요. 단순하고 수수하거든요." 제조사에 전해오는 이야기에 따르면, WD-40이라는 명칭은 화학자 놈 라슨이 지었다. 그는 녹을 방지하는 액체를 발명하려 애쓰는 중이었다. 그래서 '물을 배척함Water Displacement'이라는 뜻으로 'WD'를 상품명에 넣었다. WD-40은 그가 40번째로 시도한 제품이었다. 만약에 라슨이 41번째 시도에서 비법을 터득했다면 그의 발명품이 얼마나 성공했을지 알 길은 없다. 그러나 학자들의 연구는 그레그의 기호학적 가치 평가를 뒷받침한다. 생활용품의 명칭에 수가 들어 있을 경우, 소비자들은 쉽게 나누어떨어지는 수를 그렇지 않은 수보다 더 선호한다고 한다.

2011년, 싱가포르국립대학교의 댄 킹과 플로리다대학교의 크리스 자니스제프스키는 허구적인 비듬 제거 샴푸의 명칭이 '징크 31'일 때보다 '징크 24'일 때 더 많은 호감을 산다는 것을 실험으로 보여주었다. 피실험자들은 '징크 24'를 훨씬 더 선호해서 10% 더 높은 가격을 기꺼이 지불했다. 킹과 자니스제프스키는 소비자들이 24를 선호하는 것은 학교에 다닐 때 3×8 = 24와 4×6 = 24를 귀에 못이 박히게 들어서 그 수에 더 익숙하기 때문이라고 주장했다. 반면에 31은 소수이며 구구단에 등장하지 않는다. 연구자들의 주장에 따르면, 우리는 24에 더 익숙하기 때문에 그 수를 더 순조롭게 처리하고 따라서 그 수가 더 좋다고 느낀다. 우리가 31보다 24를 더 좋아하기 때문에 '징크 31'보다 '징크 24'를 더 좋아한다는 것이 그들의 주장이다. 내가 이 연구를 들려주었을 때, 그레그는 놀라기는커녕 나름의 해설을 제시했다. 그의 해설은 더 문화적이었다. "짝수가 포함된 상품명은 상품이 정상적라는 느낌, 그러니까 갖춰야 할 것들을 갖췄다는 느낌을 줍니다. 징크 24는 이러한 우리의 감각에 잘 맞아떨어져요." 그는 이렇게 덧붙였다. "수를 추가하면 정서적 협상의 여지가 더 넓어집니다. 바로 그렇기 때문에 수가 포함된 명칭은 더 신비롭게 느껴지죠." 똑같은 이유로 샴푸의 명칭에 수가 들어가는 것은 바람직하지 않다고 그는 지적했다.

순조롭게 처리할 수 있는 상품명을 더 선호한다는 가설을 더 강하게 뒷받침하기 위해 킹과 자니스제프스키는 후속 실험을 설계했다. 이번에는 수를 포함한 브랜드의 광고에 교묘하게 곱셈을 집어넣었다. 그들은 우선 허구적인 제품 명칭을 '솔루스 36'과 '솔루스 37'로 정했다. 실제 콘택트렌즈 브랜드 '솔루스solus'에 수를 붙여 허구의 명칭들을 만

어느 콘택트렌즈가 더 좋게 느껴질까?

든 것이다. 이어서 그들은 광고 네 편을 제작했다. 하나는 '솔루스 36'의 광고, 또 하나는 '솔루스 37'의 광고, 나머지 2개는 '여섯 가지 색깔. 여섯 가지 어울림'이라는 광고 문구가 포함된 두 제품 각각의 광고였다. 이 광고 문구가 없을 때 소비자들은 '솔루스 37'보다 '솔루스 36'을 더 선호했다. 여기까지는 예상한 대로였다. 그런데 이 광고 문구를 덧붙이자, '솔루스 36'의 인기는 더 높아지고 '솔루스 37'의 인기는 더 떨어졌다. 킹과 자니제프스키는 우리가 구구단의 6×6 = 36을 배워서 6, 6, 36에 익숙하기 때문에 이 수들을 더 순조롭게 처리하고, 6, 6, 37은 산술적으로 관련이 없는 수들이어서 순조롭게 처리하지 못한다고 주장했다. 우리가 6, 6, 36을 보면 위의 간단한 곱셈식을 잠재의식적으로 연상하기 때문에 쾌감을 느끼는데, 그 쾌감이 제품에서 비롯된다고 오해하기 때문에 '솔루스 36'을 선호한다고 그들은 말했다. 그들은 기업들에게 광고에 계산식을 은밀히 집어넣으라고 조언했다.

킹과 자니제프스키가 지적하고자 하는 핵심은 수가 나누어떨어지는지의 여부를 우리가 항상 민감하게 알아채고 이 민감성이 우리의 행동에 영향을 미친다는 점이다. 우리는 누구나 투손에 사는 택시 운전사 제리 뉴포트와 약간 비슷하다. 제리는 수를 보면 소인수분해하지 않고는 못 배긴다. 두 묶음으로 나누기는 가장 오래되고 자연스러운 나눗셈이다. 그러므로 우리가 가장 민감하게 포착하는, 가장 뿌리 깊은 문화적 의미를 가진 산술적 패턴은 짝수와 홀수의 차이이다.

수는 정확한 양을 표현하기 위해 발명되었다. 치아 세 개, 일곱 날, 염소 열두 마리 등을 표현하기 위해서 말이다. 그러나 양이 커지면, 우리는 수를 정확하게 사용하지 않는다. 대신에 장소를 말할 때 '어디 근처'라고 말하듯이, 근사적인 수를 사용한다. 그러면 더 편리하다. 예를 들어 내가 시장에 100명이 있었다고 말할 때, 나의 취지는 정확히 100명이 있었다는 것이 아니다. 내가 우주의 나이는 137억 년이라고 말할 때, 나의 취지는 정확히 137억이 아니라 그 수에서 몇 억을 더하거나 빼도 좋다는 것이다. 우리는 큰 수는 근삿값으로 이해하고 작은 수는 정확한 값으로 이해한다. 이 두 가지 이해 방식을 뒤섞으면 문제가 생긴다. 내년에 우주의 나이는 '137억 1'년이 될 것이라는 말은 명백히 무의미하다. 우주의 나이는 우리의 평생 내내 137억 년에 머물 것이다.

근사적인 수는 대개 0으로 끝난다. 영어에서 근사적인 수를 'round number'라고 하는데, 이 표현에서 'round(둥글다)'가 들어 있는 것은 0이 둥근 원을 닮았기 때문이 아니라, 수들을 셀 때 한 주기가 완료되는(둥글게 한 바퀴 돌기가 마무리되는) 자리에서 근사적인 수가 나오기 때문이다. 십진법은 숫자 10개를 사용한다. 따라서 수 세기의 주기는 항상 10으로 나누어떨어지게 마련이다.

우리는 큰 수를 근사적으로 취급하는 것에 워낙 익숙하기 때문에 근사적이지 않은 큰 수—이를테면 754,156,293—를 보면 어색하다고 느낀다. 코넬대학교의 심리학자 마노즈 토머스는 우리가 근사적이지 않은 큰 수를 불편하게 느끼기 때문에 그런 수를 실제보다 작게 여긴다고 주장한다. '우리는 작은 수들이 더 정확하다고 생각하는 경향이 있다. 그래서 크고 정확한 수를 보면, 본능적으로 그 수를 실제보다 더 작게 여긴다.' 이 때문에 우리는 비싼 상품의 가격이 근사적인 수가 아닐 때 그 상품을 더 많이 구매한다고 토머스는 주장한다. 그가 수행한 한 실험에서 피실험자들은 여러 주택의 사진과 가격을 보았다. 가격들은 근사적인 수—예컨대 39만 달러—이거나 그보다 조금 더 큰 정확한 수—예컨대 39만 1534달러—였다. 연구진은 피실험자가 주택 각각의 가격이 비싸다고 판단하는지, 아니면 싸다고 판단하는지 조사했다. 평균적으로 피실험자들은 정확한 가격이 근사적인 가격보다 더 싸다고 평가했다. 실은 근사적인 가격이 더 싼데도 말이다. 토머스와 동료들의 주장에 따르면, 피실험자들은 여러 이유에서—예컨대 정확한 가격을 매긴 판매자는 더 깊이 숙고했을 테고 따라서 더 공정한 가격을 매겼을 것이라는 추론과 같은—그렇게 평가했을 수 있지만 그중 한 가지 이유는 정확한 수가 근사적인 수보다 더 작다는 잠재의식적 판단에 있다. 이 연구는 집을 팔려는 사람들에게 이런 조언을 준다. 유리한 거래를 하려면, 가격을 정확한 수로 제시하라.

앞에서 우리는 근사적인 수에 1을 더하는 것의 문화적 의미를 논했다. 근사적인 수에서 1을 빼는 것도 강력한 메시지가 담긴 관행이다.

수를 읽을 때 우리는 맨 오른쪽 숫자보다 맨 왼쪽 숫자의 영향을 더 강하게 받는다. 왜냐하면 우리는 숫자를 왼쪽에서 오른쪽으로 읽고 처리하기 때문이다. 799는 800보다 훨씬 작게 느껴진다. 전자는 700대로 보이고 후자는 800대로 보이기 때문이다. 반면에 798은 799와 거의 같게 느껴진다. 19세기 이래로 상인들은 가격의 끝자리 숫자를 9로 정함으로써 이 현상을 이용해왔다. 가격을 그렇게 매기면 실제보다 더 싸게 느껴지기 때문이다. 여러 조사에 따르면, 현재 모든 소매가격의 3분의 1에서 3분의 2는 끝자리 숫자가 9이다.

우리는 누구나 노련한 소비자이지만 여전히 속는다. 2008년에 남브르타뉴대학교Universite de Bretagne Sud의 연구자들은 피자 식당 한 곳을 관찰했다. 그 식당에서는 다섯 가지 피자를 각각 8프랑에 팔았다. 그런데 한 피자의 가격을 7.99프랑으로 낮추자, 그 피자의 판매 비율이 전체의 3분의 1에서 2분의 1로 상승했다. 1센트라는 미미한 금액만큼의 가격 인하가 소비자의 선택에 극적인 영향을 미친 것이다.

그러나 끝자리 숫자가 9인 가격에 대한 우리의 반응은 맨 왼쪽 숫자가 일으키는 편향 외에 더 복잡한 영향들에도 종속된다. 가격이 9로 끝나는 상품은 실제로 그렇지 않더라도 가격 인하 상품처럼 느껴진다. 시카고대학교의 에릭 앤더슨과 매사추세츠공대의 던컨 시메스터는 통신 판매 광고 책자를 세 가지 제작했다. 책자들은 한 옷의 가격만 빼고 나머지 부분은 모두 같았다. 한 책자에는 그 옷의 가격이 34달러로 표시되었고, 나머지 두 책자에는 39달러, 44달러로 표시되었다. 실험 결과, 그 옷은 가격을 34달러가 아니라 39달러로 매겼을 때 가장 잘 팔렸다. 다른 실험들에서도 유사한 결과가 나왔다. 9로 끝나는 가격은 해당 상품을 할인 판매한다는 인상을 줌으로써 매상을 높인다. 그러나 할인을 연상시킴으로써, 상품이 싸구려라는 인상이나 상인이 소비자를 후린다는 인상을 줄 수도 있다. 예컨대 고급 식당은 주요 메뉴의 가격을 22.99파운드로 매기는 일이 결코 없을 것이다. 1회 치료의 가격을 59.99파운드로 매기는 치료사는 고객의 신뢰를 받지 못할 것이다. 이런 가격들은 23파운드, 60파운드가 적절하다. 그래야 더 고급스럽고 더 정직하게 느껴진다.

숫자 9에 대한 우리의 반응은 문화적 · 심리적 요인들의 영향을 받는다. 숫자가 정직하고 공평하다는 생각은 착각이다. 숫자들은 묘한 편향을 유발한다. 상인들은 다른 이유들 때문에도 가격의 끝자리를 9로 정할 필요가 있다. 이 이유들과 관련해서는 가격의 끝자리를 8로 정하는 것도 좋다. 실험들이 보여주듯이, 끝자리가 8이나 9인 가격은 0이나 5인 가격보다 기억하기가 훨씬 더 어렵다. 왜냐하면 뇌가 8이나 9를 저장하고 처리하는 데 걸리는 시간이 훨씬 더 길기 때문이다. 소비자들이 당신이 파는 상품의 가격을 기억해두었다가 다른 상품의 가격과 비교하는 것을 원하지 않는다면, 가격의 끝자리를 8이나 9로 설정하라. 거꾸로 소비자가 가격을 기억해서 경쟁 상품의 가격과 비교하기를 바란다면, 가격을 4.98파운드가 아니라 5파운드로 매겨라. 실제로 상인들은 소비자가 가격을 또렷이 의식하지 못하게 하기 위해 갖가지 심리적 술수를 동원한다. 예를 들어 코넬대학교에서 이루어진

따뜻한 감자 샐러드와 바삭한 양파를 곁들인
훈제 대구 살코기 구이 7.50
샹티 송로버섯을 가미한 양송이버섯 크림 수프 5.50
허브로 맛을 낸 쿠스쿠스와 리크 퐁뒤를 채워 넣은
따뜻한 글로스터셔산 유기농 닭다리 8.20

따뜻한 감자 샐러드와 바삭한 양파를 곁들인 훈제 대구 살코기 구이.............. $7.50
샹티 송로버섯을 가미한 양송이버섯 크림 수프 $5.50
허브로 맛을 낸 쿠스쿠스와 리크 퐁뒤를 채워 넣은
따뜻한 글로스터셔산 유기농 닭다리 $8.20

좋은 차림표와 나쁜 차림표

연구에 따르면, 뉴욕의 한 식당은 차림표에서 달러 기호를 삭제함으로써—가격 표시를 $20에서 20으로 바꿈으로써—손님 1인당 매출액을 8% 상승시켰다. 달러 기호는 돈을 지불할 때의 속 쓰림을 일깨운다. 또 다른 영리한 차림표 전략은 가격들을 한 줄로 일목요연하게 적지 않고 메뉴 각각에 대한 설명의 끝에 적음으로써 가격 비교를 어렵게 만드는 것이다. 그러면 손님으로 하여금 자기가 원하는 메뉴를 가격과 상관 없이—그 메뉴가 가장 비싸다는 점을 의식하지 않고—선택하도록 유도할 수 있다.

그러나 상업에서 숫자와 관련한 심리학이 가장 노골적으로 이용되는 사례는 아마도 평범한 상품과 터무니없이 비싼 상품을 나란히 진열하여 비교를 유도하는 술수일 것이다. 전시장에 놓인 10만 파운드짜리 자동차와 진열장에 놓인 1만 파운드짜리 구두는 판매되리라는 기대 때문에 거기에 있는 것이 아니다. 그것들은 말하자면 바람잡이로서, 역시 비싼 5만 파운드짜리 자동차와 5000파운드짜리 구두가 싸게 보이도록 만든다. 슈퍼마켓도 유사한 전략들을 구사한다. 결정을 내려야 하는 상황에서 우리는 숫자를 통한 암시에 놀랄 만큼 휘둘린다. 한 실험에서 독일 판사 52명은 가게에서 물건을 훔치다가 붙들린 한 여성에 관한 기록을 읽은 다음에 주사위 한 쌍을 던졌다. 그 주사위들은 미리 조작되었기 때문에 1과 2가 나오거나 3과 6이 나오게 되어 있었다. 이어서 연구진은 판사들에게 두 주사위에서 나온 숫자의 합(즉 3이나 9)과 비슷한 개월 수만큼의 징역형을 선고하겠느냐고 묻고 그 다음에 형량을 정확히 결정하라고 요청했다. 그러자 주사위를 던져서 숫자들의 합으로 3을 얻은 판사들은 평균 5개월의 징역을 선고했고, 9를 얻은 판사들은 8개월의 징역을 선고했다. 그 판사들은 노련한 전문가들이었는데도, 판결과 아무 상관없는 숫자를 단지 암시해준 것만으로 선고된 형량이 바뀐 것이다.

진지한 독일 판사들도 본질과 상관없는 무작위한 숫자에 휘둘릴 수 있다면, 평범한 우리는 어떨지 생각해보라. 우리는 숫자와 마주칠 때마다 즉각적으로 반응한다. 숫자는 우리의 행동에 영향을 미치고, 때때로 우리는 그 영향을 의식하거나 통제하지 못한다.

숫자에 대한 또 다른 반응은 애정이다. 수를 세거나 계산을 하거나 양을 측정하고 나면, 흔히 수에 대한 감정이 생긴다. 예컨대 제리 뉴포트는 몇몇 수를 친구처럼 좋아한다. 하지만 나는 우리 모두가 수를 얼마나 깊이 사랑하는지를 한 온라인 조사를 실시해본 다음에야 알았다. 그 조사는 대중에게 자신이 좋아하는 수를 대고 그 이유를 설명하도록 요청하는 내용이었다. 나는 대중의 호응도—몇 주 동안 3만 명 이상이 실험에 참가했다—뿐만 아니라, 응답들이 다양하고 정성스러워 깜짝 놀랐다.

어떤 참가자는 자신이 두 곳에 피어싱을 했기 때문에 2를 좋아한다고 밝혔다. 가장 좋아하는 앨범들에 수록된 최고의 곡이 항상 여섯 번째 트랙에 있기 때문에 6을 좋아한다는 사람도 있었다. 과거에 항상 오전 7시 07분에 일어났고 언젠가 동네에서 쇼핑할 때 구매한 물품들의 가격 총액이 7.07달러였기 때문에 7.07을 좋아하는 참가자, 밥을 지을 때 걸리는 시간이 17분이어서 17을 좋아하는 참가자, 자신은 왼 다리를 바깥쪽으로 뻗어서 4를 닮은 자세로 자고 그 옆에서 남자 친구가 2를 닮은 자세로 자기 때문에 24를 좋아하는 여성 참가자가 있는가 하면, 미국 드라마 〈빅뱅 이론The Big Bang Theory〉의 팬들에게 '수들 중의 척 노리스'로 알려진 73을 좋아하는 참가자도 있었다. 드라마의 주인공 셸던 쿠퍼가 지적하듯이 73은 21번째 소수이고 이 수를 거꾸로 읽은 37은 12번째 소수라는 것이 그 이유였다. 또 "내가 그 일을 여든세 번이나 해야 했다니까"처럼 과장해서 말할 때 사용하면 적합한 듯해서 83을 좋아하는 사람, 'a'가 들어 있는 가장 작은 수여서 101을 좋아하는 사람, 2, 3, 4, 5, 6, 8, 10으로 나누어떨어지기 때문에 120을 좋아하는 사람도 있었다. 잠들기 전에 120의 인수들을 떠올리면 충분히 많은 수들을 생각할 수 있어서 좋다는 것이다. 전화기 숫자판에서 대각선에 놓인 숫자들로 이루어진 159를 좋아하는 사람, 영어로 발음해보면 '세상에서 가장 아름답게 들리는 수'여서 18,912를 좋아하는 사람, 불사조 수인 142,857을 좋아하는 사람도 있었다. 이 불사조 수는 가장 작은 자연수인 1부터 시작해 2, 3, 4, 5, 6과 곱한 결과 각각이 불사조 수 자신을 숫자들의 순서를 보존하면서 재조합한 것이어서 특별하다. 아래를 참조하라.

142857142857

142857 × 1 = 142857

142857 × 2 = 285714

142857 × 3 = 428571

142857 × 4 = 571428

142857 × 5 = 714285

142857 × 6 = 857142

142857 × 7 = 999999

'좋아하는 수가 있다는 것은, 우연히 열차에서 53번 좌석에 앉거나 현재 시각이 9시 53분임을 알아챌 때마다 살짝 흥분한다는 것을 의미한다'라고 한 참가자는 썼다. '좋아하는 수가 없는 사람도 있을까? 그

런 사람은 어떤 이유에서 그럴지, 나는 도무지 모르겠다.'

그 조사는 엄밀하게 수행된 학문적 연구라기보다 재미삼아 해본 조사였고 자발적인 참가자들을 대상으로 했으므로 자기 선택적self-selecting 성격이 있었음을 분명히 해둘 필요가 있다. 독자들은 그 한계를 염두에 두고 다음 보고를 읽기 바란다. 조사 결과, 사람들의 수에 대한 선호에서 매혹적인 패턴들이 드러났다.

첫째, 사람들이 선호하는 수는 엄청나게 다양했다. 3만 25명의 참가자들이 1123개의 수를 지목했다. 1에서 100까지의 수는 모두 지목되었고, 1에서 1000까지의 수 중에서는 472개의 수가 지목되었다. 누구의 선택도 받지 못한 가장 작은 수는 110이었다. 그렇다면 110은 확실히 세계 최고의 천덕꾸러기 수일까?

조사 결과는 아래와 같다.

순위	선호하는 수	선택된 비율
1	7	9.7%
2	3	7.5%
3	8	6.7%
4	4	5.6%
5	5	5.1%
6	13	5.0%
7	9	4.8%
8	6	3.4%
9	2	3.4%
10	11	2.9%

11	42	2.8%
12	17	2.7%
13	23	2.3%
14	12	2.2%
15	27	1.9%
16	22	1.5%
17	21	1.4%
18	π	1.4%
19	14	1.3%
20	24	1.2%
21	1	1.2%
22	16	1.2%
23	10	1.2%
24	37	1.0%
25	0	1.0%
26	19	0.9%
27	18	0.8%
28	e	0.7%
29	28	0.7%
30	69	0.6%

대략적으로 말해서, 사람들은 한 자리 수들을 가장 선호하고, 수가 클수록 덜 선호한다. 위 표는 또한 0으로 끝나는 수들이 놀랄 만큼 푸대접받는다는 것을 보여준다. 2부터 9까지의 수는 모두 10위 안에 든 반면, 10은 한참 떨어져 23위, 20은 50위, 30은 69위를 차지했다.

10은 십진법의 주춧돌인데도 그다지 사랑받지 못한다. 어쩌면 근삿값에서 너무 많이 등장하기 때문일지도 모른다.

일부 수들은 특별한 속성 때문에 선택된다. 예를 들어 앞에서 언급한 불사조 수, 중요한 상수들인 π와 e가 그렇다. 우리는 이 상수들을 나중에 훨씬 더 자세히 다룰 것이다. 하지만 일반적으로 사람들은 개인적인 이유에서 좋아하는 수를 선택한다. 가장 흔한 이유는 생일의 날짜이다. 그러나 개인적인 이유와 수의 속성에 기초한 이유가 명확히 구분되는 것은 아니다. 어떤 수들은 그 수에 해당하는 날짜에 태어난 사람들에게도 선택받는 경우가 드물다. 예컨대 10일에 태어난 사람이 10을 좋아하는 수로 선택할 확률은 7일에 태어난 사람이 7을 선택할 확률보다 6배나 낮다. 30일에 태어난 사람이 30을 선택할 확률은 무려 40배나 낮다. 일부 수들은 다른 수들보다 명백히 더 많이 선호된다. (내가 사람들이 좋아하는 수에 관심을 갖게 된 이유들 중 하나는 나 자신이 좋아하는 수가 없기 때문이다. 나는 이토록 많은 사람들이 수에 애착을 느낀다는 사실을 믿기 어렵다. 요새 나는 내가 좋아하는 수가 없는 것을 내가 2일에서 9일 사이에 태어나지 않은 탓으로 돌린다.)

조사 결과는 홀수가 짝수보다 더 많은 관심을 받는 역사적인 경향도 반영한다. 좋아하는 수로 선택받은 1에서 1000까지의 수들 중에서 홀수 대 짝수의 비율은 약 60:40이다. 또한 조사 결과는 인생과 우주와 만물의 답은 42라는 더글러스 애덤스의 농담이 그의 입에서 처음 나온 지 30년 넘게 지난 지금도 영향력을 발휘함을 보여준다. (애덤스의 농담은 수에 대한 우리의 보편적 감정을 건드린다. 42는 지극히 평범하기 때문에 그의 농담에 적합하다. 만약에 그가 홀수이며 소수인 41을 선택했더라면, 그의 농담은 별로 재미있지 않았을 것이다.) 69가 꽤 높은 순위에 올랐다는 사실은 인터넷 설문 조사에서는 청소년들의 유머를 배제할 수 없음을 일깨운다.

1위는 7이다. 나의 조사는 나이, 성별, 수학 실력을 불문한 익명의 참가자들을 대상으로 했으므로, 이 결과는 놀랍지 않다고 하겠다. 7은 우리가 아는 가장 먼 과거부터 가장 환영받아온 수이다. 세계의 불가사의들, 기독교에서 말하는 대죄들deadly sins, 소설가 토머스 에드워드 로렌스가 언급하는 지혜의 기둥들, 영화 〈7인의 신부〉에 나오는 신부들, 세계의 대양들, 영화 〈7인의 사무라이〉에 나오는 사무라이들, 〈백설공주〉에 나오는 난쟁이들이 모두 일곱 명, 또는 7개이다. 바빌로니아의 지구라트는 7층으로 건설되었고, 이집트인은 지옥의 문 7개를 거론했으며, 베다Veda에 등장하는 태양신은 말 일곱 마리를 가졌고, 무슬림들은 메카를 순례할 때 카바 신전을 일곱 바퀴 돌아야 한다. 오늘날에도 우리 삶의 기본 리듬은 7을 주기로 삼는다. 쉽게 말해서 일주일은 7일이다.

인류가 가장 먼저 센 것은 시간이었다. 우리는 흘러가는 날들을 표시하기 위해 작대기에 눈금을 새기고 바위에 얼룩을 그렸다. 최초의 달력들은 초승달을 비롯한 천문 현상과 관련이 있었다. 따라서 달력이 표시하는 주기의 날수는 가변적이었다. 예컨대 초승달을 기준으로 삼은 달력에서는 한 주기가 29일이나 30일이었다. 왜냐하면 달의 모양 변화의 주기가 정확히 29.53일이기 때문이다. 그러나 기원전 첫째 천년기 중반에 유대인들이 새로운 시스템을 도입했다. 그들은 안식일이 천문현상과 무관하게 7일마다 한 번씩 한없이 반복해서 온다고 선언했다. 연속적인 7일 주기의 채택은 인류 문명의 진보에서 중요한 한 걸음이었다. 이로써 우리는 늘 자연에 순응해야 하는 신세에서 벗어나 수적인 규칙성을 종교 생활과 사회 조직의 기초로 삼게 되었다. 이

후 7일로 이루어진 일주일은 세계의 달력 제작법에서 가장 오래 이어져온 전통이 되었다.

그런데 왜 하필 7일일까? 유대인들이 신께서 세상을 6일 동안 창조하고 하루를 쉬었다고 선언할 당시에 이미 7은 가장 신비로운 수였다. 더 과거의 사람들도 달력에서 7일 주기를 사용했다. 비록 그들의 주기는 끝없이 반복되지 않았지만 말이다. 종교적 맥락에서 7이 우위를 점하는 것에 대한 가장 일반적인 설명은 고대인들이 밤하늘에서 '행성' 7개를 관찰했다는 것이다. 태양, 달, 금성, 수성, 화성, 목성, 토성이 그것들이다. 실제로 토요일, 일요일, 월요일 등의 명칭은 그 '행성들'에서 유래했다. 물론 행성과 요일이 짝지어진 것은 7일로 된 일주일이 도입되고 몇백 년이 지난 헬레니즘 시대의 일이지만 말이다. 유대인이 도입한 일주일—천문 현상과 무관한 최초의 달력 주기—이 결국 천문 현상에서 유래한 이름을 가진 요일들로 채워지게 된 것은 꽤 얄궂은 일이다. 일주일 주기가 다른 주기들보다 더 강인하게 살아남은 것은 어쩌면 점성술과 관련이 있을 것이다. 일부 역사가들은 태음력의 한 달인 29.53일의 4분의 1이 대략 7일이기 때문에 애당초 7일 주기가 선택된 것이라고 주장한다. 그러나 한 달을 여러 주기로 나누는 것이 관건이었다면, 6일로 된 일주일 5개, 또는 5일로 된 일주일 6개, 심지어 10일로 된 일주일 3개를 한 달로 삼는 것이 더 정확한 달력을 만드는 방법이었을 것이다.

고대 이집트에서 7을 뜻하는 상형 문자는 인간의 머리를 표현한  이었다. 이 사실은 7의 상징적 중요성에 또 다른 이유가 있을 수 있음을 시사한다. 머리에는 구멍이 7개 있다. 눈구멍 2개, 콧구멍 2개, 귓구멍 2개, 입 1개를 합하면 7개이다. 인체의 생리학에 기초한 다른 설명들도 있다. 당신이 하루 휴식하기에 앞서 일하는 시간의 가장 적절

한 길이가 6일일 가능성이 있다. 또는 우리의 작업 기억working memory이 다루기에 가장 적합한 수가 7일 가능성이 있다. 평균적인 사람이 동시에 관심을 둘 수 있는 사안들의 개수는 7(플러스마이너스 2)개이다.

지금까지 언급한 이유들은 제각각 상당히 인상적이지만, 나는 어느 것도 확신하지 않는다. 7은 행성들이나 인체의 구멍들 때문이 아니라 산술 때문에 특별하다. 7은 맨 처음 자연수 10개 중에서 그 수들을 가지고 곱셈하거나 나눗셈한 결과로 나오지 않는다는 점에서 독특하다. 1, 2, 3, 4, 5에 2를 곱하면 10 이하의 결과가 나온다. 6, 8, 10은 10 이하의 다른 수들로 나누어떨어지며, 9는 3으로 나누어떨어진다. 우리가 손가락으로 셀 수 있는 수들 가운데 유일하게 7만 외톨이이다. 7은 나머지 수들의 곱셈이나 나눗셈에서 산출되지 않는다. 그러니 특별하게 느껴지는 것이 당연하다!

심리학자들은 7의 특별함을 수십 년 동안 연구했다. 사람들에게 0부터 9까지의 숫자 중에 하나를 떠올려보라고 요청하면, 7을 떠올릴 가능성이 가장 높다. 1부터 20까지 수들 중에 하나를 떠올리라고 하면, 많은 사람들이 17을 떠올린다. 7로 끝나는 수를 향한 잠재의식적 충동은 한 가지 고전적인 마술의 기초가 될 정도로 강력하다. 그 마술에서 마술사는 자원한 관객에게 1부터 50까지 수들 중에서 두 자리 수이며 각 자리의 숫자가 서로 다른 홀수인 수(그러니까 15는 되지만, 11은 안 된다)를 하나 생각하라고 요청한 다음에, 그 관객이 생각한 수를 알아맞힌다. 그 수가 무엇인지를 다음 페이지에 각주로 제시했다. 당신이 스스로 답을 추측한 다음에 그 각주를 보기 바란다.• 심리학자 마이클 쿠보비와 조지프 소트카의 주장에 따르면, 숫자 하나를 무작위로 떠올리라는 요청을 받은 사람들은 너무 작위적인 듯한 숫자들—짝수, 3의 배수, 숫자열의 맨 앞, 맨 뒤, 가운데에 나오는 0, 9, 5—을 배제할 가능성이 높다. 배제될 가능성이 가장 낮은 숫자는 7이다.

당신이 좋아하는 수는 당신의 개성을 반영한다. 가장 개성이 강한 수를 선택하고 싶다면, 궁극의 열외자인 7을 고르는 것이 최선이다.

수는 양을 나타낸다. 그러나 내가 실시한 온라인 조사에서 참가자들은 흔히 수에 질을 부여했다. 특히 주목할 만한 것은 색깔이었다. 고유한 색깔이 있다는 지적을 가장 많이 받은 수는 4였고(52표), 4의 색깔은 파란색이라고 응답한 참가자가 가장 많았다(17표). 2위는 7이었으며(28표), 7의 색깔은 녹색이라고 응답한 참가자가 가장 많았다(9표). 3위는 5였고(27표), 5의 색깔은 빨간색이라고 응답한 참가자가 가장 많았다(9표). 수에서 색깔을 보는 것은 공감각synaesthesia 현상이다. 공감각이란 특정 개념이 그에 걸맞지 않은 반응을 일으키는 것을 말한다. 이 현상은 뇌의 부분들 사이의 이례적 연결에서 비롯된다고 여겨진다.

나의 조사에서 수들에 부여된 질적 속성으로는 색깔 외에 '따뜻함' '바삭바삭함' '원통함' '평화로움' '오만함' '즙이 많음' '조용함' '날것임'도 있었다. 이런 술어들은 따로 떼어놓고 보면 터무니없게 느껴지지만 종합해서 보면 수들의 개성을 놀랄 만큼 일관되게 묘사한다. 아래 목록은 1부터 13까지 수 각각에 부여된 술어들을 정리한 것이다.

1 독립적임, 강함, 정직함, 용감함, 간단명료함, 개척적임, 외로움

2 조심스러움, 지혜로움, 예쁨, 연약함, 개방적임, 다정함, 조용함,

• 대부분의 사람들은 37을 생각한다.

깨끗함, 융통성 있음

3 역동적임, 따뜻함, 친절함, 외향적임, 풍요로움, 부드러움, 편안함, 우쭐댐

4 느긋함, 불량함, 단단함, 신뢰할 만함, 다재다능함, 현실적임, 매력적임

5 균형 잡힘, 중심임, 귀여움, 뚱뚱함, 지배적이지만 너무 그렇지는 않음, 행복함

6 낙관적임, 섹시함, 유연함, 부드러움, 강함, 용감함, 진짜임, 대담함, 겸손함

7 마법적임, 바꿀 수 없음, 똑똑함, 어색함, 오만함, 남성적임

8 부드러움, 여성적임, 친절함, 사려 깊음, 뚱뚱함, 단단함, 관능적임, 껴안고 싶음, 유능함

9 조용함, 튀지 않음, 치명적임, 성별이 없음, 전문적임, 부드러움, 관대함

10 실용적임, 논리적임, 깔끔함, 안심시킴, 정직함, 튼튼함, 결백함, 정신이 말짱함

11 겉과 속이 다름, 의성어 같음, 귀족적임, 지혜로움, 편안함, 대담함, 튼튼함, 매끄러움

12 유연함, 영웅적임, 황제 같음, 참나무 같음, 태평함, 대립을 좋아하지 않음

13 흐느적거림, 잠정적임, 창조적임, 정직함, 불가사의함, 호감을 사지 못함, 다크호스(dark horse)

굳이 할리우드 극작가가 아니더라도 눈치챌 수 있듯이, 1군Mr One은 위대한 낭만주의적 영웅이 될 소질이 있고, 2양Miss Two은 고전적인 엘

리트 숙녀이다. 이 목록은 터무니없지만 일리가 있다. 1을 남성적인 특징들과 연결하고 2를 여성적인 특징들과 연결하는 경향도 역력히 드러난다.

나는 자발적인 참가자들을 대상으로 조사를 실시했으므로, 조사 결과에 주로 반영된 것은 수에 대한 감정적 애착을 이미 강하게 품은 사람들의 의견이라고 보아야 한다. 그럼 그런 애착이 없는 사람들의 의견은 어떨까?

44를 생각해보자.

당신은 이 수를 좋아하는가? 아니면 싫어하는가? 이도 저도 아니고 그냥 무덤덤한가?

앞에서 샴푸 '징크 24'를 이야기하면서 언급한 댄 킹과 크리스 자니스제프스키가 실시한 실험에서 피실험자들은 1부터 100까지 수 각각에 대해 자신이 그 수를 좋아하는지, 싫어하는지, 또는 그냥 무덤덤하게 느끼는지 밝혔다. 연구진은 수들에 선호도 순위를 매겼다.

실험 결과는 연구진의 질문이 무의미하지 않았음을 보여주었다. 수에 대한 우리의 선호에서 명확한 패턴이 드러난 것이다. 아래 '득점 지

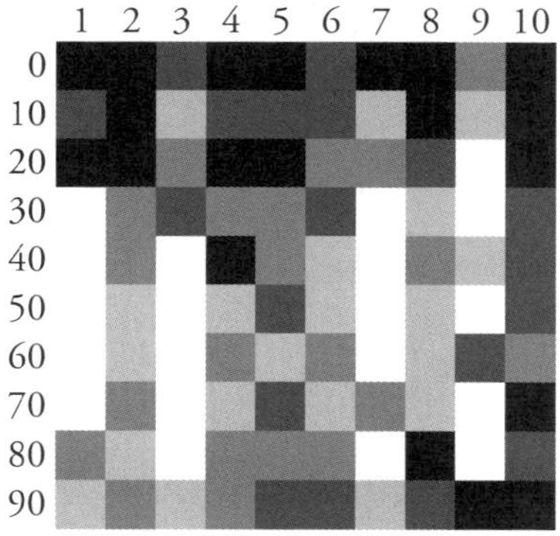

도'는 그 패턴을 보여준다. 지도 속 정사각형들은 1부터 100까지 수들을 나타낸다(맨 위 행은 1부터 10까지, 둘째 행은 11부터 20까지 등을 나타냄). 검은색 사각형들은 '선호도가 가장 높은'(순위 20위까지) 수들, 흰색 사각형들은 '선호도가 가장 낮은'(순위 하위 20위까지) 수들, 회색 사각형들은 그 사이의 수들을 의미한다.

이 득점 지도를 보면, 눈에 띄는 특징들이 있다. 검은색 사각형들은 주로 격자의 윗부분에 몰려 있다. 이 특징은 작은 수들에 대한 선호도가 가장 높음을 의미한다. 좌상귀에서 우하귀로 이어진 대각선에 위치한 수들, 즉 동일한 숫자 2개로 이루어진 수들도 선호도가 높다. 역시나 우리는 패턴을 좋아한다. 하지만 가장 놀라운 것은 흰색 사각형들이 유난히 많은 열들이다. 그 열들은 1, 3, 7, 9로 끝나는 수들이 인기가 없음을 보여준다. 앞서 언급한 대로 여기에 대한 킹과 자니스제프스키의 견해는, 흔한 계산 문제에서 답으로 나오는 수들, 예컨대 구구단에 등장하는 수들이 더 순조롭게 처리되고 따라서 더 선호된다는 것이다. 소수는 순조롭게 처리할 수 없는 수이다. 짝수와 5로 끝나는 수는 (5만 제외하면) 소수일 리 없는 반면, 1, 3, 7, 9로 끝나는 수는 흔히 소수이다.

이와 유사하게 암스테르담대학교의 마리스카 밀리코프스키는 피실험자들에게 1부터 100까지 수들에 세 등급의 점수를 부여하라고 요청하는 실험을 했다. 피실험자들은 좋음-나쁨, 무거움-가벼움, 성마름-차분함을 기준으로 각각의 수를 세 등급으로 평가했다. 거듭 말하지만, 수들에 비수학적인 의미를 부여하라는 요청을 받았을 때 우리의 반응은 놀랄 만큼 일관적이다. 나는 밀리코프스키가 얻은 결과를 다음 페이지에 득점 지도들로 나타냈다.

패턴들이 두드러지게 보인다. '좋음' 격자에 포함된 흰색 사각형들

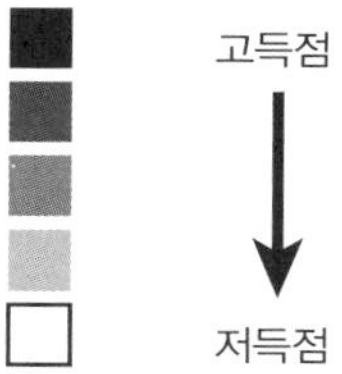

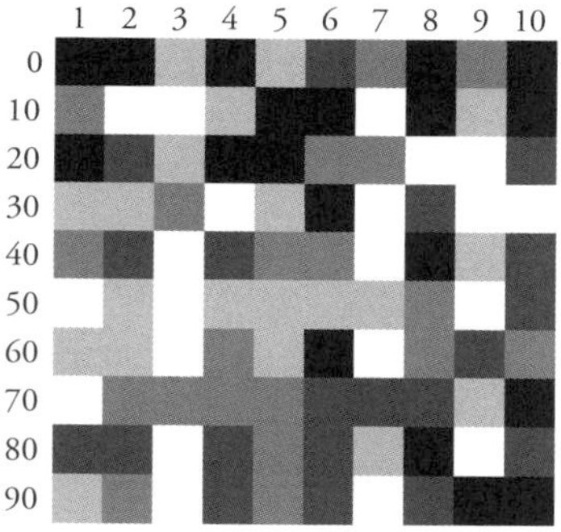

좋음

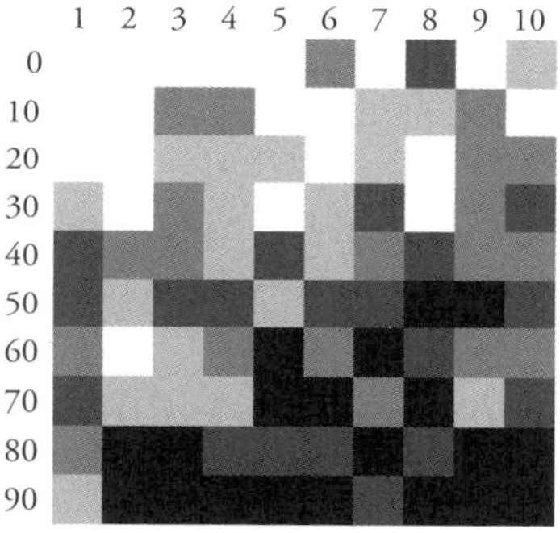

무거움

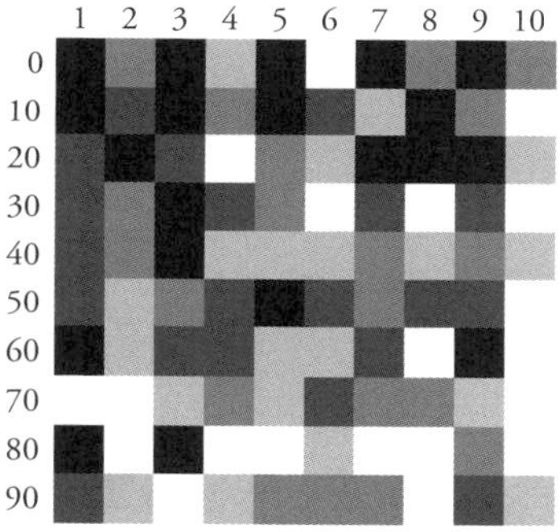

성마름

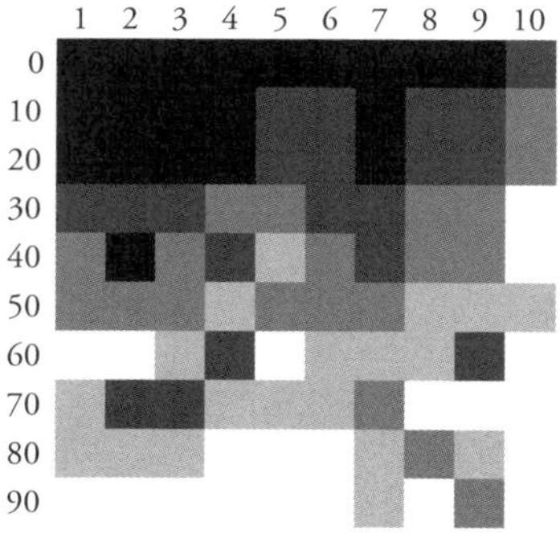

선호하는 수 하나만 고른
실험의 결과(나의 실험)

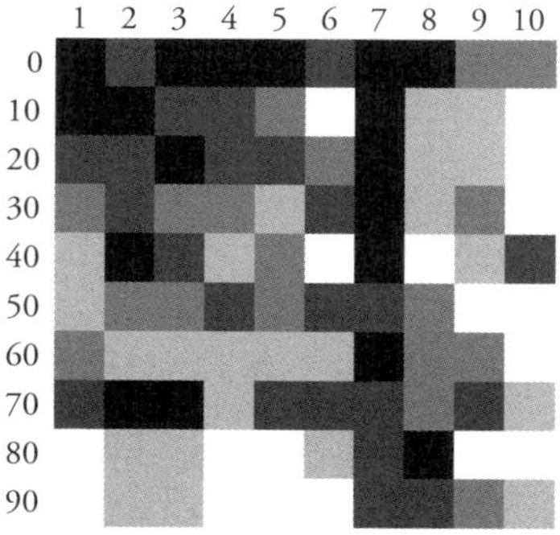

무작위로 떠올린 수

은 3, 7, 9로 끝나는 수들에 대한 선호도가 가장 낮음을 보여준다. 이것은 이미 살펴본 것이므로 그리 놀랍지 않을 것이다. '무거움' 격자 속의 검은색 사각형들은 아랫부분에 몰려 있다. 큰 수일수록 우리에게 더 무겁게 느껴진다는 뜻이다. '성마름' 격자에는 단박에 보이는 패턴이 없지만, 자세히 살펴보면 홀수로 끝나는 수들을 나타내는 열들이 나머지 열들보다 더 어둡다는 점이 눈에 띈다. 우리가 느끼기에 홀수는 성마르고 짝수는 차분하다. 우리는 수에 비수학적 의미를 쉽게 부여하며, 그 의미는 수의 속성을 반영한다. 가장 분명하게 반영되는 속성은 크기와 나누어떨어짐이다.

맨 아래 왼쪽 격자는 내가 실시한 수 선호도 조사의 결과를 보여주는 득점 지도이다. 순위 20위까지 수들을 검은색 사각형으로 나타냈다. 맨 아래 오른쪽 격자는 내가 실시한 또 다른 온라인 조사의 결과이다. 이 조사에서 참가자들은 1부터 100까지 수들 중에 하나를 무작위로 선택했다. 가장 많이 선택된 수 20개를 검은색 사각형으로 나타냈다. 흥미롭게도 이 두 격자는 서로 닮았다. 어떤 수를 좋아하느냐는 질문을 받았을 때, 그리고 아무렇게나 수 하나를 떠올리라는 요청을 받았을 때, 우리는 동일한 수를 지목하는 경향이 있다. 직관과 달리, 우리가 좋아한다고 지목하는 수는 일반적으로 우리가 가장 애착하는 수나 가장 좋다고 평가하는 수가 아니다. 좋아한다고 지목하는 것과 정말로 애착하는 것은 사뭇 다르다.

이 득점 지도들을 처음 보았을 때 나는 곧바로 제리 뉴포트를 떠올렸다. 나는 전직 택시 운전사이자 암산 세계 챔피언인 그를 애리조나주에서 만났다. 제리는 자신이 네 자리 수나 다섯 자리 수와 마주치면 자동적으로 그 수에서 소수들을 '걸러낸다'고 말했다. 다시 말해 그는 우선 그 수가 2로 나누어떨어지는지 계산하고, 이어서 3으로, 그 다음에는 5, 7, 11 등으로 나누어떨어지는지 계산한다. 목표는 그 수를 소인수분해하는 것이다.

앞에서 보았듯이

$$2761 = 11 \times 251$$

$$2762 = 2 \times 1381$$

$$2763 = 3 \times 3 \times 307$$

이다. 이 득점 지도들에서 나는 우리 모두가 소수 걸러내기를 한다는 것을 깨달았다. 다음에 나오는 득점 지도들은 앞에서 본 것들과 똑같지만 소수들에 별표가 붙어 있다. 별표들의 분포에 주목하라! '좋아함(킹과 자니스제프스키의 실험)' 격자와 '좋음' 격자에서 별표들은 거의 다 흰색 사각형에 위치한다. 마치 흰색 구멍들로 빠져나가는 듯하다. 반대로 '성마름' 격자, '선호함(나의 실험)' 격자, '무작위로 떠올린 수' 격자에서 소수를 나타내는 별표의 다수는 검은색이나 어두운 회색 사각형에 위치한다. 마치 이 격자들은 별표들을 걸러내기 위해 설계된 듯하다. 소수는 우리가 내면적으로 떠올리는 수들의 지형에서 중요한 특징물이다. 제리 뉴포트 같은 서번트에게만 그런 것이 아니라 우리 모두에게 그렇다. 우리의 뇌는 항상 계산할 준비가 되어 있다.

우리는 온종일 매 순간 수와 마주친다. 시계, 전화기, 신문, 컴퓨터 스크린, 도로 표지판, 가격표, 버스 정류장, 주소, 차량 번호판, 당구장, 책에서 수들이 아우성친다. 이 장에서 보았듯이, 수는 끊임없이

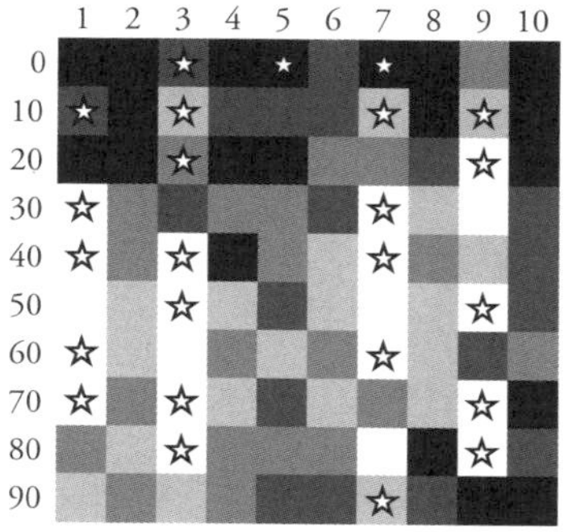

좋아함(킹과 자니스제프스키의 실험)

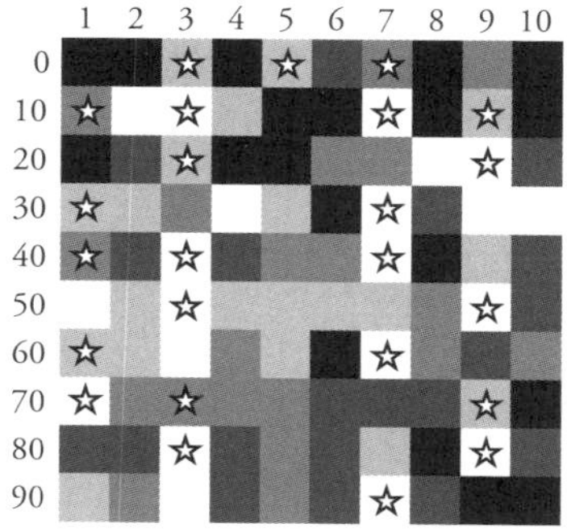

좋음

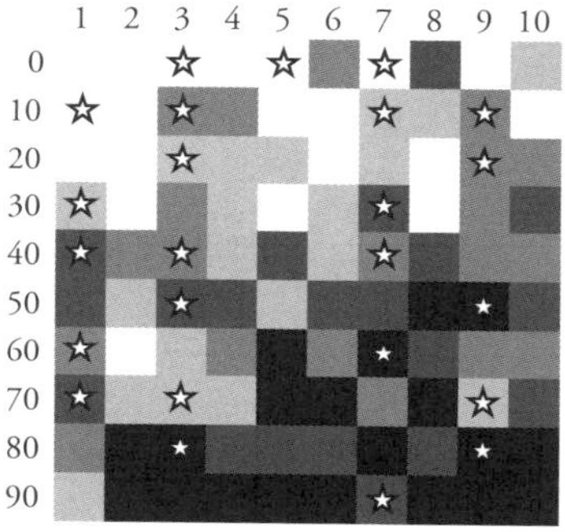

무거움

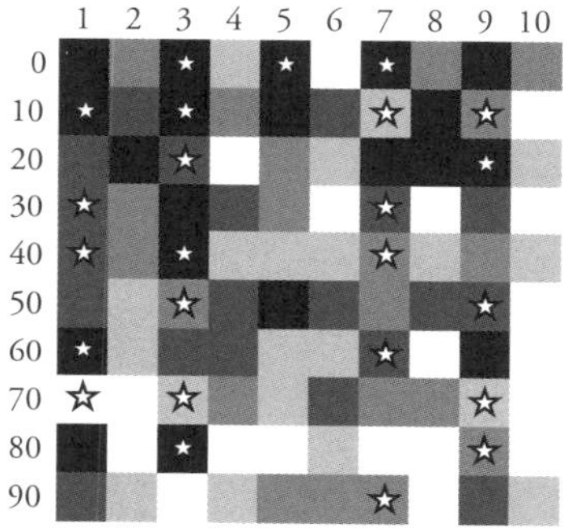

성마름

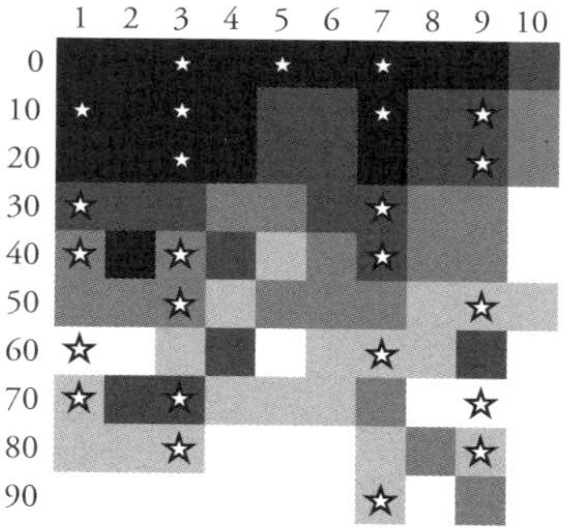

선호하는 수 하나만 고른
실험의 결과(나의 실험)

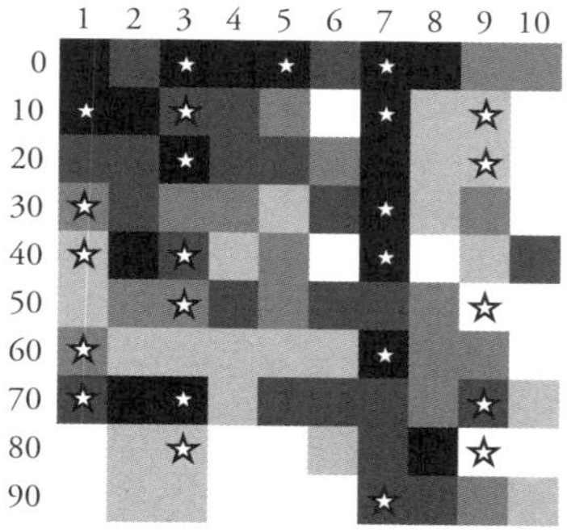

무작위로 떠올린 수

우리의 신경세포들을 자극한다. 그리고 우리가 수들을 작심하고 살펴보면, 놀라운 패턴들이 눈에 들어온다.

11:11
NOV
11
DAILY SCOOP
1-1
#1
1
FINANCIAL INVESTIGATOR
Suite 1
111 Main St
LA 11111

2장

꼬리가 긴 법칙

1085년, 정복자 윌리엄William the Conqueror은 잉글랜드를 조사하라는 명령을 내렸다. 자신이 다스리는 나라에 얼마나 많은 사람들이 사는지, 그들이 누구인지, 무엇을 소유했는지, 그 소유물의 가치가 얼마인지—그리고 이것이 가장 중요한데—그들이 어떤 세금들을 내는지 알고 싶어서였다. 그는 왕국 전역으로 관리들을 파견하여 자신의 요구들을 철저히 수행하게 했다. 『앵글로색슨 연대기』에 따르면 "수소, 암소, 돼지 한 마리까지 다 기록되었다."

조사 기록은 『최후 심판일 책Domesday Book』으로 명명되었다. 이 장부는 영국 최초의 인구통계이자 서양 최초의 대규모 자료로서 역사학자, 지리학자, 계보학자, 사전 편찬자에게 보물창고와 같다. 나는 그 문서에 혹시 수학적 비밀들이 숨어 있을지 궁금해서 첫째 꼭지를 검토했다. 그 꼭지는 켄트 카운티에 관한 자료이다.

첫 대목의 내용은 도버 시가 18파운드를 납부했는데, 그중 3분의 2가 에드워드 왕에게 갔고 나머지가 굿와인 백작에게 갔다는 것이다.

또 도버 시민들은 왕에게 배 20척을 15일 동안 제공했고, 각각의 배에 21명이 탑승했다.

나는 수에만 관심이 있었으므로, 위 내용을 18, 2, 20, 15, 21로 읽었다. 그러자 곧바로 눈에 띄는 것이 있었다. 수들의 첫째 자리 숫자를 보라. 차례로 1, 2, 2, 1, 2이다. 1과 2밖에 안 나온다. 이것들은 가장 작은 숫자들이다. 흥미로운 현상일까? 그럴 수도 있겠다. 하지만 이 표본은 크기가 작다. 너무 작기 때문에, 이 표본에서는 어떤 결론도 끌어낼 수 없었다. 그래서 나는 『최후 심판일 책』을 더 읽어나가면서 거기에 등장하는 수들의 첫째 자리 숫자를 기록했다. 1과 2가 많이 등장하는 경향은 계속 이어졌다. 물론 3, 4 등도 등장했지만 더 드물었다. 놀랍게도 작은 숫자들로 시작하는 수가 큰 숫자들로 시작하는 수보다 훨씬 더 흔했다.

9로 시작하는 수는 183번째에야 등장했다. 그 수는 바로 9였다. 셰퍼즈웰에 사는 울프와인의 아들 울프스탄이 거느린 소작인의 한 부류가 9명이었다. 그때까지 내가 읽은 수들 중에서 1로 시작하는 수는 53개, 2로 시작하는 수는 22개, 3으로 시작하는 수는 18개, 4로 시작하는 수는 15개였다. 이 개수들을 눈여겨보라. 명확한 패턴이 보인다. 1로 시작하는 수가 2로 시작하는 수보다 흔하고, 2로 시작하는 수가 3으로 시작하는 수보다 흔한 식으로 패턴이 유지되어 가장 드문 9로 시작하는 수까지 이어진다.

나는 왜 1이 가장 흔한지 이해할 수 있었다. 『최후 심판일 책』을 만든 조사관들은 이 마을 저 마을 돌아다니며 사람 수, 가축의 마릿수, 소유물의 개수를 셌다. 농장에 쟁기가 있으면 대개 하나만 있다. 1이 자주 나오는 것은 불가피하다는 판단이 섰다. 하지만 첫째 자리 숫자가 작은 수일수록 더 많이 등장하는 경향이 일관되는 것은 설명할 수 없었다. 특히나 수들이 캔터베리의 수도사들에게 지급된 청어가 4만 마리라거나 밀턴 레기스에 염전이 27곳 있다는 식으로 그 의미가 천차만별인데도 그런 일관된 경향이 나타난다는 것은 주목할 만한 현상이었다.

어쩌면 중세 특유의 현상일지도 모른다는 생각이 들었다. 나는 『최후 심판일 책』을 덮고 신속하게 800년이 지난 시점으로 날아갔다.

내가 착륙한 곳은 빅토리아 시대의 런던이었다. 1881년 3월 12일자 〈타임스The Times〉 지 1면을 살펴보았다. 25톤급 범선의 소유자가 남태평양 항해에 동행할 신사들을 모집하고 있었다. 배터시 소재 유기견 임시 보호소는 애완견을 구매하려는 사람들에게 보호소에 수용된 500마리에서 700마리의 개들을 한번 보라고 권했다. 사무엘 브랜드럼은 화요일 오후 3시에 올드 본드 가 33번지에서 입장료 5실링에 예약제로 열리는 그의 셰익스피어 낭독회를 널리 알려달라고 간곡히 부탁했다.

나는 1면에 등장하는 수들의 첫째 자리에 어떤 숫자가 얼마나 자주 나오는지 셌다. 이번에도 1로 시작하는 수가 가장 흔하고 9로 시작하는 수가 가장 드물었다. 19세기의 삶은 11세기의 삶과 달랐지만, 사회적 통계치들의 머리 숫자—수의 맨 앞 숫자—는 거의 똑같은 행동 패턴을 나타냈다.

오늘 당신이 어떤 신문이든지 펼쳐서 거기에 등장하는 수들을 살펴본다면 똑같은 패턴을 발견하게 될 것이다. 한번 해보라! 이 패턴을 적절히 이용하면 당신은 파티에서 인기를 끌고 마술사 행세까지 할 수 있다. 수들의 머리 숫자를 살펴보면, 언제나 1이 가장 많고, 그 다음으로 2가 많고, 그 다음으로 3이 많은 식으로 계속 빈도가 줄어서 결국 9가 가장 적음을 확인하게 될 것이다.

깜짝 놀랄 만한 일이다. 대다수 사람들은 당신의 말을 믿지 않다가 직접 숫자들을 세어본 다음에야 수긍할 것이다. 직관적으로 우리는 신문에 등장하는 수들에서 그런 패턴이 나타나리라고 예상하지 않는다. 그 수들은 매우 다양한 맥락에서 유래하고 전적으로 무작위하게 선택되니까 말이다. 그러나 스포츠 성적표에서 유래한 수이든, 가격표나 사망자 통계에서 유래한 수이든 상관없이 가장 흔한 머리 숫자는 1, 가장 드문 머리 숫자는 9일 것이라고 장담할 수 있다.

이것은 놀라운 일이다. 왜냐하면 우리는 모든 각각의 수가 등장할 확률이 동일하다고 추측하기 때문이다. 실제로 상자 속에 1부터 999까지의 수가 매겨진 탁구공 999개를 집어넣고 아무렇게나 하나를 꺼낸다면, 특정한 머리 숫자를 가진 수가 나올 확률은 정확히 9분의 1, 곧 11%이다. 어느 머리 숫자든지 다른 머리 숫자와 똑같은 확률로 선택될 것이다. 그러나 신문에 등장하는 수들의 머리 숫자는 이런 식으로 골고루 분포하지 않는다. 대신에 명백한 불균형을 나타낸다.

1로 시작하는 수들이 월등히 많이 등장하는 기이한 현상에 처음 주목한 사람은 캐나다 출신의 미국인 천문학자 사이먼 뉴컴이었다. 그는 1881년에 『미국 수학 저널*American Journal of Mathematics*』에 실린 짧은 논문에서 낡은 로그표들을 살펴본 끝에 그런 기이한 현상이 존재한다는 결론에 이르렀다고 밝혔다. 어느 로그표를 보든지, 1로 시작하는 수들의 로그 값이 나오는 첫 페이지가 9로 시작하는 수들이 등재된 마지막 페이지보다 더 너덜너덜했다. 이것은 사용자들이 로그표를 첫 페이지부터 읽어나가다가 재미가 없어서 중간에 그만 두었기 때문이 아니라 1로 시작하는 수의 로그 값이 필요한 경우가 가장 많았기 때문이었다. 뉴컴은 머리 숫자들이 다음 그래프와 같이 분포한다고 추측했다.

머리 숫자 1은 전체의 30.1%의 비율로, 2는 17.6%, 3은 12.5%의 비

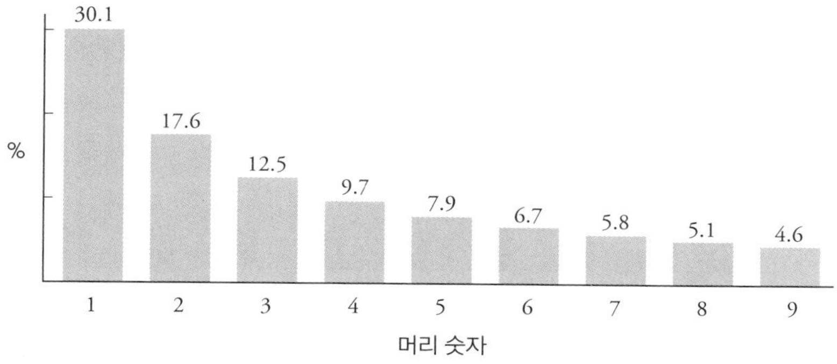

율로 등장한다는 것이다. 이 비율들은 급격히 감소한다. 머리 숫자가 9일 확률은 1일 확률보다 거의 7배 낮다.

뉴컴이 추측한 비율들은 로그함수에서 도출되었다. 임의의 수가 d를 머리 숫자로 가질 확률은 $\log(d+1) - \log d$라고 그는 주장했다(관련 설명은 부록 1 참조). 그는 이 주장이 왜 옳은지 엄밀하게 증명하지 않았다. 대신에 마치 진기한 물건을 내놓듯이, 느슨하고 짧은 논증만 제시했다.

반세기 넘게 세월이 흐른 1938년, 뉴욕의 제너럴 일렉트릭 사에서 일하는 물리학자 프랭크 벤포드는 그 머리 숫자 현상을 역시 로그표들이 낡은 정도에 착안하여—아마도 뉴컴의 논문을 모르는 채로—'재발견했다.' 그러나 벤포드의 연구는 로그표에만 국한되지 않았다. 그는 머리 숫자 1이 풍부하고 9가 드물다는 것을 그가 살펴본 모든 자료에서 발견했다. 그는 미국 도시들의 인구를 기록한 표, 『미국 과학자 *American Men of Science*』의 첫부분에 등재된 수백 명의 주소, 원소들의 원자량, 강들의 면적을 알려주는 표, 야구 통계에서 머리 숫자들을 셌다. 대다수의 데이터 집합들은 예상과 상당히 일치하는 패턴을 나타냈다.

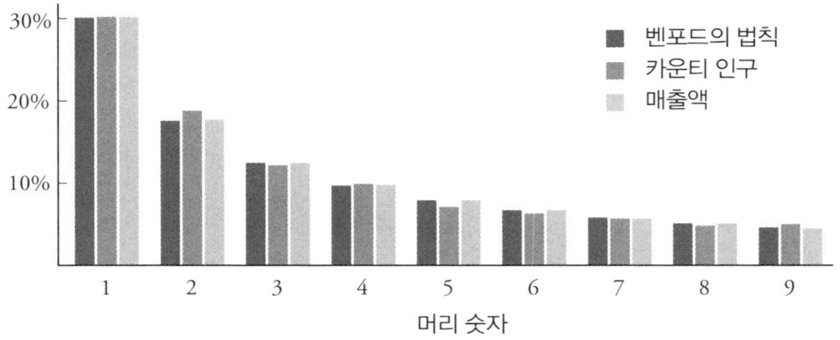

많은 현실 데이터 집합들은 벤포드의 법칙을 근사적으로 따른다. 이를테면 미국 카운티 3221곳의 인구, 1961년에서 2011년까지 미국 상장회사 3만 525곳의 분기당 매출액이 그러하다.

맥락이 전혀 다른 데이터 집합들에서 똑같은 패턴을 발견하는 것은 틀림없이 충격적인 경험이었을 것이다. 물론 위의 비율들이 정확히 나온 것은 아니었지만(실제 세계는 그렇게 정확하지 않다), 예측된 비율과 실제 데이터는 대체로 10분의 몇 % 규모의 작은 오차 범위 안에서 일치했다. 자연적으로 일어나는 무작위한 과정에서 유래한 데이터가 어느 정도 오차를 포함하는 것은 물리학, 재정학, 경제학, 계산학에서 용인되는 부분이므로, 벤포드는 머리 숫자 1은 전체의 약 30%, 2는 약 18% 등이라는 결론을 내렸다. 그는 이 현상이 어떤 보편적인 법칙을 반영하는 것이 틀림없다고 주장하면서 그 법칙을 '이례적인 수들의 법칙Law of Anomalous Numbers'으로 명명했다. 이 명칭은 그리 와닿지 않았다. 그러나 벤포드의 이름은 확 와닿았다. 오늘날 이 현상은 '벤포드의 법칙'으로 불린다.

이 법칙은 우리 주위의 세계에서 나타나는 많은 중요한 수 패턴들 중 하나이다. 나는 잠시 후에 다른 패턴을 몇 개 더 언급할 텐데, 그전에 먼저 꼼꼼히 짚어볼 사항들이 있다.

나는 대럴 도럴을 생각하면 곰이 떠올랐다. 이런 연상 습관은 부분적으로 우리가 포틀랜드에서 만난 것에서 유래했다. 포틀랜드는 곰이 많은 오리건 주의 중심 도시이다. 다른 한편으로 대럴의 듬직한 덩치, 억센 콧수염, 약간 으르렁거리는 목소리도 한 원인이었다. 또한 그의 직업이 금융 조사관financial investigator이라는 점도 한몫했다. 대럴은 저녁거리를 찾는 회색곰의 본능으로 데이터 조작을 적발한다. 당신의 장부에 부정의 흔적이 조금이라도 있다면, 대럴이 그 장부에 접근하지 못하게 하는 것이 좋다. CIA와 미국 법무부, 미국 증권거래위원회가 모두 대럴에게 '법회계학forensic accounting' 서비스를 의뢰한다. 법회계학이란 회계 부정 조사를 뜻하는 전문용어이다. 대럴은 언제나 총기를 소지할 수 있는 허가증을 가지고 있다. "이곳의 모든 문은 안에서 잠글 수 있게 되어 있습니다"라고 그는 말했다. "우리 때문에 불행해지는 사람들이 많거든요."

대럴은 2000년대 초에 벤포드의 법칙에 대해서 처음 들었을 때 사람들이 큰 상실을 겪은 다음에 거치는 것과 똑같은 과정을 거쳤다. 당황, 이어서 부정, 분노, 그 다음은 수용이었다. "처음에는 '왜 내가 지금까지 이 얘기를 한 번도 못 들었지?'라는 생각이 들었어요. 이어서 '이건 참일 리 없어!'라고 생각했지요. 하지만 그것을 이해하기 시작하면서 '기가 막히는군. 이건 우리가 이용할 수 있는 또 하나의 수단이야.'라는 깨달음에 이르렀습니다." 현재 대럴이 회계 부정을 조사할 때 가장 먼저 하는 작업들 중 하나는 은행 거래 내역과 회계 장부에서 머리 숫자들을 세는 것이다. 여러 크기 등급에 분산된—1달러 규모, 10달러, 100달러, 1000달러 규모의 수들이 섞여 있는—회계 데이터는 벤포드의 법칙을 따를 것이다. 만일 그렇지 않다면, 경우에 따라 합당한 설명이 있을 수 있다. 이를테면 40달러짜리 물품을 거듭 구매했다면, 머리 숫자 4가 이례적으로 많이 발견될 것이다. 하지만 벤포드의 법칙 위반은 회계 부정을 의미할 수도 있다. 따라서 그런 데이터는 더 꼼꼼히 조사할 필요가 있다.

대럴은 액자에 넣어 사무실 벽에 걸어둔 어느 신문의 1면을 가리켰다. 거기에는 그 지역의 재무 상담사 웨슬리 로즈가 투자자들의 돈 수백만 달러를 횡령하여 고전적인 명품 자동차들을 산 혐의로 유죄 판결을 받았다는 기사가 실려 있다. “이 사람을 조사할 때 벤포드의 법칙을 이용했죠”라고 대럴은 말했다. 로즈가 투자자들에게 보낸 데이터는 머리 숫자 검사를 통과하지 못했다. 이 사실은 그 데이터에 무언가 문제가 있음을 시사했다. 더 세밀한 조사에 착수한 대럴은 로즈가 데이터를 조작했음을 발견했다. 현재 대럴은 벤포드의 법칙을 ‘정량적 조사의 DNA’라고 부른다. 대럴에 따르면 ‘그 법칙은 숫자들의 행동에 관한 기본 전제이다. 내가 법정에서 여러 번 설명했지만, 정말 멋지게도 그 법칙은 과학이다. 벤포드의 법칙은 이론이 아니라 법칙이다.’

데이터의 머리 숫자들을 조사하여 벤포드의 법칙과 일치하는지 확인하는 조사 방법은 데이터 조작을 적발하기 위해 점점 더 많이 사용되는 추세이다. 회계뿐만 아니라 벤포드의 법칙이 적용된다고 보는 것이 합당한 모든 분야에서 그 방법이 쓰인다. 2006년에 노스캐롤라이나 주 듀크대학교의 스콧 데 마르치와 제임스 해밀턴은 공장들이 스스로 보고한 납과 질산의 배출량이 벤포드의 법칙을 따르지 않는다고 지적했다. 이 불일치는 공장들의 보고가 정확하지 않음을 시사했다. 미시간대학교의 정치학자 월터 미베인은 벤포드의 법칙에 의지하여, 2009년 이란 대통령 선거에 부정이 있었다고 주장했다. 그는 후보들의 득표수 데이터를 분석했고, 보수적인 현역 대통령 마무드 아마디네자드의 득표수 데이터는 벤포드의 법칙을 많이 벗어나는 반면, 개혁적인 경쟁자 미르호세인 무사비의 득표수 데이터는 그렇지 않음을 발견했다. '가장 간단한 설명은 아흐마디네자드의 득표수는 모종의 방식으로 부풀리고 무사비의 득표수는 그냥 놔뒀다는 것이다.'라고 미베인은 썼다. 과학자들도 판단의 보조 수단으로 벤포드의 법칙을 사용한다. 지진이 일어났을 때, 지진계 기록에 나타나는 마루들과 골들은 벤포드의 법칙을 따른다. 오스트레일리아국립대학교의 말콤 샘브리지는 2004년 인도네시아 지진을 측정한 2개의 지진계 기록을 분석했다. 하나는 페루에서 측정한 것이었고, 다른 하나는 오스트레일리아에서 측정한 것이었다. 전자는 벤포드의 법칙에 부합한 반면, 후자는 그렇지 않았다. 이 사실에 기초하여 샘브리지는 캔버라 근처에서 일어난 작은 지진이 오스트레일리아의 지진계 기록에 영향을 미친 것이 분명하다고 추론했다. 아무도 알아채지 못했던 작은 지진이 머리 숫자 검사 덕분에 포착된 것이다.

머리 숫자에서만 1이 2보다 흔한 것이 아니다. 수의 둘째 자리, 셋째 자리, 넷째 자리 등, 한마디로 임의의 자리에서 1이 2보다 더 자주 발견된다. 아래 그림은 둘째 자리 숫자들(머리 숫자와 달리 0도 포함됨)의 분포를 보여준다. 머리 숫자에서만큼 두드러지지 않지만 둘째 자리 숫자들 사이의 차이는 여러 모로 써먹기에 충분할 만큼 크다. 이를테면 회계 자료와 선거 자료의 분석에 써먹을 만하다. 셋째 자리, 넷째

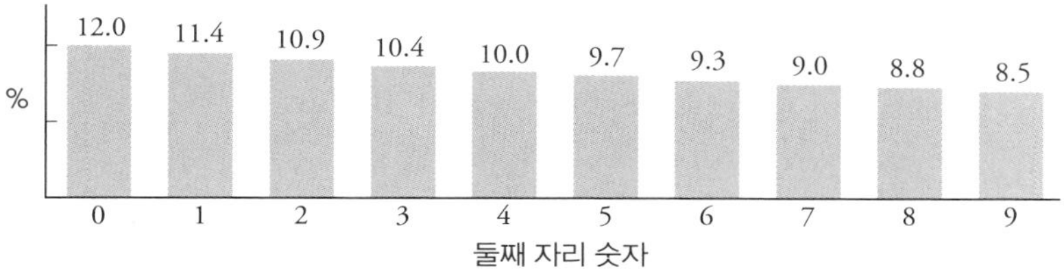

자리 등으로 이동할수록, 숫자들의 비율은 서로 점점 더 비슷해진다. 벤포드의 법칙은 머리 숫자에서만 나타나는 현상이 아니다. 세상에는 정말로 1이 다른 숫자들보다 더 많다!

대럴 도럴은 벤포드의 법칙이 왜 참인지 설명해달라는 요청을 법정에서 자주 받는다. 그러면 그는 차트 앞에 서서 수들을 1부터 차례로 소리 내어 세면서 차트에 적는다. 마치 아이들에게 수학을 가르치는 선생님처럼 보인다. "판사와 변호사는 황당하다는 표정을 짓습니다"라고 그는 말했다.

우리도 그를 흉내 내보자. 1부터 20까지의 수들을 적으면 아래와 같다.

1, 2, 3, 4, 5, 6, 7, 8, 9, 10, 11, 12, 13, 14, 15, 16, 17, 18, 19, 20

절반이 넘는 수들이 1로 시작된다. 11부터 19까지가 모두 1로 시작된다는 점을 생각하면 쉽게 알 수 있다. 다음 수들을 계속 적어보자. 어느 수에서 멈추든, 우리가 적은 수들 중에서 1로 시작하는 수는 2로 시작하는 수보다 더 많거나 같을 것이다. 왜냐하면 20대의 수, 200대의 수, 2000대의 수에 도달하려면 반드시 10대의 수, 100대의 수, 1000대의 수를 통과해야 하기 때문이다. 마찬가지 이유에서 2로 시작하는 수는 3으로 시작하는 수보다 더 많거나 같을 것이며, 이런 패턴은 9로 시작하는 수까지 유지된다. 이 논증은 벤포드의 법칙이 왜 참인지를 직관적으로 느끼게 해주고 법정에서 충분한 설득력을 발휘한다. 그러나 더 엄격한 수학의 법정에서 따지면, 이 논증은 증명이 아니다.

벤포드의 법칙이 가진 가장 놀라운 속성 하나는 이 패턴이 측정 단위와 무관하다는 점이다. 파운드 단위로 기록한 회계 데이터 집합이 벤포드의 법칙을 따른다면, 그 데이터 집합은 달러 단위로 변환해도 벤포드의 법칙을 따른다. 킬로미터 단위로 측정한 지리 데이터 집합이 벤포드의 법칙을 따른다면, 마일 단위로 변환해도 따른다. 이른바 '척도 불변성scale invariance'이라고 부르는 이 속성은 반드시 성립한다. 전 세계의 신문, 은행 거래 내역, 지도책에서 유래한 수들이 측정 단위나 정확도와 무관하게 모두 똑같은 머리 숫자 분포를 나타낸다.

마일 단위의 수를 킬로미터 단위로 변환하려면 1.6을 곱하면 되고, 파운드를 달러로 변환하려면 그날의 환율에 따라 정해진 값을 곱하면 된다. 벤포드의 법칙의 척도 불변성을 확인하는 가장 쉬운 방법은 수들에 2를 곱하면 어떻게 되는지 보는 것이다. 1로 시작하는 수에 2를 곱한 결과의 머리 숫자는 2나 3이다(예컨대 12×2 = 24, 166×2 = 332). 2로 시작하는 수에 2를 곱하면, 결과로 4나 5로 시작하는 수가 나온다(예컨대 2.1×2 = 4.2, 25×2 = 50). 아래 표의 처음 두 행은 수들에 2를 곱하면 머리 숫자가 어떻게 바뀌는지 보여준다.

*n*의 머리 숫자	1	2	3	4	5	6	7	8	9
2*n*의 머리 숫자	2 또는 3	4 또는 5	6 또는 7	8 또는 9	1	1	1	1	1
벤포드의 법칙에 따른 비율(%)	30.1	17.6	12.5	9.7	7.9	6.7	5.8	5.1	4.6

벤포드의 법칙을 따르는 수들의 집합 S가 있다고 해보자. S에 속한 모든 수 각각에 2를 곱해서 얻은 결과들로 새로운 집합을 만들고, 그

집합을 T라고 하자. 앞 표를 보면, S에 속한 수들 중에서 5로 시작하는 수는 7.9%, 6으로 시작하는 수는 6.7%, 7, 8, 9로 시작하는 수는 각각 5.8%, 5.1%, 4.6%이다. 따라서 S에서 5, 6, 7, 또는 8, 9로 시작하는 수의 비율은 7.9 + 6.7 + 5.8 + 5.1 + 4.6 = 30.1%이다. 이 수들에 2를 곱하면, 결과로 항상 머리 숫자가 1인 수가 나온다. 바꿔 말해 T에서 1로 시작하는 수의 비율은 30.1%, 벤포드의 법칙에 따른 비율과 정확히 일치한다!

다른 머리 숫자들을 따져봐도 마찬가지이다. 벤포드의 법칙을 따르는 집합의 원소들에 2를 곱해서 얻은 결과들로 새로운 집합을 만들면, 그 집합의 머리 숫자들의 분포는 벤포드의 법칙을 정확히 따른다. 내가 2를 곱하는 조작을 선택한 것은 단지 그 조작이 가장 쉽기 때문이다. 1.6이나 π를 비롯한 임의의 수를 곱하는 조작을 선택할 수도 있었다. 어떤 수를 곱하든지, 벤포드의 법칙을 따르는 성질, 곧 '벤포드성Benfordness'은 보존된다. 척도를 어떻게 바꾸든, 머리 숫자들은 마치 신의 손길이 작용하기라도 한 것처럼 다시 벤포드의 법칙에 부합하는 분포를 이룬다.

프랭크 벤포드가 발견하고 나서 수십 년 동안 벤포드의 법칙은 단지 데이터의 기발한 행동, 마술쇼에나 유용한 규칙성, 수학의 논제라기보다 수비학numerology의 논제로 여겨졌다. 그러나 1990년대에 조지아 공과대학교의 테드 힐 교수는 벤포드의 법칙을 이론적으로 설명하기 위한 연구에 착수했다. 현재 그는 대럴 도렐이 사는 곳에서 태평양 해안을 따라 내려오면 나오는 캘리포니아 주 로스오소스에 산다. 테드는 여전히 군대의 분위기를 풍기는 전직 군인이다. 큰 키에 어깨가 넓고 군살이 없으며 머리카락은 깨끗이 면도하고 흰 콧수염을 길렀다.

내가 방문했을 때, 그는 나를 정원 가장자리의 작은 오두막으로 안내했다. 태평양과 국립 공원 두 곳이 내려다보이는 위치였다. 딱딱 소리를 내며 장작이 타고 있었다. 그는 그 오두막을 '수학 다차dacha(별장을 뜻하는 러시아어—옮긴이)'라고 부른다. 그곳은 벤포드의 법칙에 대한 수학적 연구의 세계적 중심지이다.

테드가 거둔 첫 번째 주요 성과는 만일 머리 숫자들이 보편적으로 따르는 패턴이 존재한다면, 벤포드의 법칙은 그 패턴일 가능성이 있는 유일한 후보자임을 증명한 것이다. 이를 증명하기 위해 테드는 머리 숫자들이 따르는 패턴이면서 척도를 바꿔도 보존되는 패턴은 오직 벤포드의 법칙뿐임을 보여주었다. 그는 이 통찰을 발판으로 다음과 같은 게임을 개발했다. 그는 나와 함께 그 게임을 했다.

"당신이 수 하나를 골라요. 나도 수 하나를 고릅니다"라고 테드가 말했다. "이제 두 수를 곱해요. 만일 결과의 머리 숫자가 1이나 2나 3이면 내가 이겨요. 4나 5, 6, 7, 8, 9이면 당신이 이기고요."

얼핏 들으면 나에게 유리한 게임인 듯하다. 그에게 승리를 안겨줄 숫자는 3개밖에 없는데, 나에게는 6개나 있으니까 말이다. 그러나 테드가 벤포드의 법칙에 맞는 비율로 수들을 고른다면, 그가 나보다 더 많이 이기게 되어 있다. 다시 말해 그의 필승 전략은 게임을 반복하면서 머리 숫자가 1인 수들을 30.1%에 최대한 가깝게 고르고, 머리 숫자가 2인 수들을 17.6%에 최대한 가깝게 고르고, 이런 식으로 벤포드의 법칙에 최대한 맞는 비율로 수들을 고르는 것이다. 그렇게 하면, 내가 고르는 수는 곱셈 결과의 머리 숫자에 영향을 미치지 못한다. 그 결과의 30.1%는 머리 숫자가 1, 17.6%는 2, 12.5%는 3일 것이다. 이 세 비율의 합은 60.2%이다. 따라서 테드의 승률은 60.2%가 되게 마련이다. 이 게임을 잘 활용하면 큰돈을 벌 수 있을 성싶다. 1, 2, 3만 당신의 몫으로 삼고 4, 5, 6, 7, 8, 9를 상대의 몫으로 주어도, 겉보기와 달리 당신의 승률이 훨씬 더 높으니까 말이다.

이 게임은 많은 자연적인 데이터 집합들이 벤포드의 법칙을 따르는 이유를 이해하는 데 도움이 된다. 테드와 내가 게임을 100회 하는데 그가 고르는 수들은 $\{a_1, a_2, a_3 \cdots a_{100}\}$, 내가 고르는 수들은 $\{b_1, b_2, b_3 \cdots b_{100}\}$이라고 해보자. 이미 보았듯이, 만일 테드의 수들이 벤포드의 법칙을 따른다면, 그의 수에 나의 수를 곱한 결과들로 만든 집합 $\{a_1 \times b_1, a_2 \times b_2, a_3 \times b_3 \cdots a_{100} \times b_{100}\}$도 벤포드의 법칙을 따른다. 따라서 이 수들에 또 다른 무작위한 수들인 $\{c_1, c_2, c_3 \cdots c_{100}\}$을 곱해서 새로운 집합 $\{a_1 \times b_1 \times c_1, a_2 \times b_2 \times c_2, a_3 \times b_3 \times c_3 \cdots a_{100} \times b_{100} \times c_{100}\}$을 만들어도, 이 집합 역시 벤포드의 법칙을 따를 것이다. 주목해야 할 점은 이것이다. 우리가 이런 식으로 아무리 많은 집합들을 곱하더라도, 그 집합들 중에서 하나만 벤포드의 법칙을 따른다면, 최종 결과로 나오는 집합은 벤포드의 법칙을 따르게 되어 있다. 바꿔 말해 벤포드의 법칙은 전염성이 강하다. 임의의 곱셈 연쇄에 벤포드의 법칙을 따르는 집합이 하나만 들어 있어도, 전체 곱셈의 결과는 그 법칙에 감염된다. 많은 현상들—예컨대 주가, 인구, 강의 길이 등—은 무작위하며 서로 독립적인 여러 요인들의 영향으로 증가하고 감소하므로, 벤포드의 법칙에 맞는 비대칭적 분포가 어디에서나 나타나는 것은 그리 놀라운 일이 아니다.

테드가 내놓은 정리들 중에서 가장 높은 평가를 받은 것은 아래와 같다.

무작위로 선택한 데이터 집합들에서 무작위로 표본들을 추출할 경우, 그

> 집합들과 표본들이 많을수록, 추출된 표본들의 머리 숫자 분포는 벤포드의 법칙에 따른 분포에 더 접근한다.

이 정리는 벤포드의 법칙이 적용되리라고 예상할 수 있는 때가 언제인지 말해준다. "무작위하게 분포하는 데이터에서 무작위로 표본들을 추출했다는 가정이 타당할 경우, 표본들은 벤포드의 법칙을 근사적으로 따라야 합니다"라고 테드는 말했다. 이 결론은 왜 신문에 등장하는 수들이 벤포드의 법칙을 고분고분 따르는지 설명해준다. 사실상 그 수들은 이를테면 주가나 기온, 선거에 관한 여론 조사, 로또 당첨 번호 같은 무작위한 데이터 집합들에서 무작위하게 추출한 표본들이다. 많은 데이터 집합들이 벤포드의 법칙을 따르지 않더라도, 우리가 더 많은 집합들을 고려하고 더 많은 표본들을 추출한다면, 표본들의 분포는 벤포드의 법칙에 따른 분포에 점점 더 접근한다. 우리가 집합들과 표본들을 무한정 늘린다면, 표본들의 분포는 벤포드의 법칙에 따른 분포와 100% 일치할 것이다.

나는 테드에게 그의 정리를 직관적으로 쉽게 설명할 수 있냐고 물었다. 그는 고개를 가로저었다. 그는 '에르고딕 이론ergodic theory'을 이용하여 그의 정리를 증명했다. 에르고딕 이론이란 확률론과 통계물리학이 조합된 고등 분야로 대학원 수준에서만 가르친다. 테드의 정리는 단순명료하게 진술되지만 간단한 증명은 없다. "가까운 장래에 간단한 증명이 나올 전망도 없습니다. 쉽게 도출되지 않는 정리예요."

그러나 테드의 연구는 법정에서 벤포드의 법칙을 이용하는 것을 수학적으로 정당화했다. 더 나아가 그는 벤포드의 법칙이 과학적 데이터에도 적용될지를 알고 싶은 과학자들을 위해 든든한 조언자의 역할을 맡았다. 그가 받은 가장 특이한 요청은 어느 기독교 단체에서 온 것이었다고 테드는 말했다. 그 단체는 바닷물과 지각에 들어 있는 다양한 광물들의 분포가 모두 벤포드의 법칙을 따른다는 것을 발견했다. 이것은 너무나 놀랍고 경이로운 사실이어서 지적인 설계자의 작품이라고 볼 수밖에 없다는 것이 그 단체의 견해였다. 그들은 이렇게 요청했다. "텍사스 주의 학교들에서 창조론을 가르쳐야 한다는 우리의 캠페인을 위해 당신이 증언을 해주시면 좋겠습니다."

테드는 순수 수학에서 벤포드의 법칙이 등장하는 사례들을 재미삼아 찾아보았다.

공비가 2인 등비수열(앞 항에 2를 곱한 값을 이번 항으로 삼은 수열)

1, 2, 4, 8, 16, 32, 64, 128, 256, 512, 1024 …

공비가 3인 등비수열(앞 항에 3을 곱한 값을 이번 항으로 삼은 수열)

1, 3, 9, 27, 81, 243, 729, 2187, 6561, 19683 …

심지어 공비가 번갈아 2이거나 3인 수열(이번 항을 만들 때, 앞 항에 2를 곱해서 만드는 규칙과 3을 곱해서 만드는 규칙을 번갈아 적용하여 생산한 수열)

1, 2, 6, 12, 36, 72, 216, 432, 1296, 2592, 7776, 15552 …

이 모두 벤포드의 법칙을 따른다.

피보나치수열도 마찬가지이다. 피보나치수열의 각 항은 앞선 두 항의 합이다.

1, 1, 2, 3, 5, 8, 13, 21, 34, 55, 89, 144 …

수열이 벤포드의 법칙을 따른다 함은, 더 많은 항들을 고려할수록 항들의 머리 숫자 분포가 벤포드의 법칙에 따른 분포에 점점 더 접근한다는 뜻이다.

또한 테드는 무작위한 수를 첫 항으로 삼고 '앞 항에 2를 곱하고 1을 더해서 이번 항을 만든다'라는 규칙를 따르는 임의의 수열도 벤포드의 법칙에 부합함을 증명했다. 무작위한 수를 첫 항으로 삼고 '앞 항을 제곱해서 이번 항을 만든다'라는 규칙을 따르는 임의의 수열도 마찬가지이다. 그러나 그는 '앞 항을 제곱하고 1을 더해서 이번 항을 만든다'라는 규칙을 따르는 수열을 탐구하다가 놀라운 사실을 발견했다.

"첫 항을 임의로 선택했을 때 그 수열은 거의 항상 벤포드의 법칙을 따릅니다"라고 그는 말했다. "그러나 일부 수를 첫 항으로 삼을 경우에는 그렇지 않으며, 그런 수를 발견하기는 매우 어렵죠. 나는 그런 수들이 존재하리라고 생각하지 않았어요. '그럴 리 없어! 암, 없고말고!' 라고 생각했죠. 그러나 우리는 그런 수를 하나 발견했습니다. 그 수를 제곱하고 1을 더해서 둘째 항을 만들고, 똑같은 규칙으로 계속 다음 항들을 만들면, 놀랍게도 모든 항의 머리 숫자가 9가 됩니다. 정말 놀라운 일이죠. 그 수는 시스템에 들어 있는 버그bug예요."

그 수는 9.94962308959395941218332124109326…이다.

실제로 '제곱하고 1 더하기' 규칙에 대한 버그는 무한히 많지만, 그 버그들이 수직선에 극도로 성기게 분포하기 때문에 무작위로 선택한 수가 버그일 확률은 정확히 0이다. 벤포드의 법칙에 관한 많은 사항들이 아직 수수께끼로 남아 있다고 테드는 덧붙였다.

벤포드의 법칙은, 미지의 무작위한 요인들이 아주 많이 관여하는 과정이 매우 단순한 수 패턴을 산출할 수 있음을 보여주는 가장 극적인 예들 중 하나이다. 주가의 등락이나 도시 인구의 증가를 일으키는 사건들의 연쇄는 너무 복잡하거나 예상 밖이어서 끝내 정확하고 완전하게 이해하지 못할 수도 있다. 그러나 그런 사건들의 연쇄가 빚어내는 결과는 복잡하지 않으며 고분고분 규칙을 따른다. 특정 주식의 미래 가격이나 특정 도시의 미래 인구는 예측할 수 없더라도, 전반적으로 주식들의 가격과 도시들의 인구가 항상 벤포드의 법칙을 따르리라는 것을 우리는 확신할 수 있다.

책에도 단순한 수 패턴들이 들어 있다. 한 예로 제임스 조이스의 『율리시스』를 보자. 1940년대에 위스콘신대학교의 연구자들은 이 책에 사용된 모든 단어의 목록을 14개월에 걸쳐 정리했다. 그들은 책 전체를 스티커 종이에 타자한 다음에 낱낱의 단어를 잘라서 수만 장의 종이에 붙였다. 그런 다음에 자주 등장하는 순서대로 단어들을 나열했다. 그 데이터는 언어 전공 학생들뿐만 아니라 단어 연상을 연구하는 심리학자들에게도 흥미로운 자료였다. 또한 하버드대학교의 독문학 교수 조지 킹슬리 지프 같은 괴짜 학자들에게도 그러했다. 지프는 놀라운 것을 발견했다.

단어	순위	사용 빈도
I(나)	10	2653
say(말하다)	100	265
bag(가방)	1000	26
orangefiery(붉은 주황색)	10,000	2

순위 10위의 단어는 100위의 단어보다 거의 정확히 10배 더 자주 사용되었고, 1000위 단어보다는 거의 정확히 100배 더 자주, 1만 위 단

어보다는 거의 정확히 1000배 더 자주 사용되었다. 조이스는 일부러 이런 정확한 비율로 단어들을 선택하지 않았다. 그런데도 그의 작품은 그 패턴을 따른다.

수학적으로 보면, 『율리시스』에 등장하는 단어들은 대략 다음 관계식을 따른다.

$$\text{사용 빈도} \times \text{순위} = 26{,}500$$

이 식을 다음과 같이 고쳐 쓸 수 있다.

$$\text{사용 빈도} = \frac{26{,}500}{\text{순위}}$$

이 등식은 아래와 같은 일반 공식의 한 예이다.

$$\text{사용 빈도} = \frac{k}{\text{순위}} \ (k\text{는 상수})$$

이 공식은 사용 빈도가 순위에 반비례한다는 것을 의미한다. 바꿔 말해 당신이 순위에 임의의 수 n을 곱한다면 사용 빈도는 n으로 나눠야 한다.

다른 텍스트들도 연구한 끝에 지프는 모든 언어로 쓰인 모든 책에서 단어의 사용 빈도와 순위 사이에는 아래와 같은 약간 변형된 반비례 관계가 성립한다는 결론에 도달했다.

$$\text{사용 빈도} = \frac{k}{\text{순위}^a} \ (k\text{와 } a\text{는 상수})$$

이 등식을 '지프의 법칙'이라고 한다. (x^y는 'x의 y제곱'으로 읽으며, x를 y번 곱한다는 뜻이다. 학교에서 배웠듯이 $4^2 = 4 \times 4$, $2^3 = 2 \times 2 \times 2$이다. 그런데 y가 반드시 정수일 필요는 없다. 예컨대 $2^{1.5}$는 2를 1.5번 곱한다는 뜻이며, 그 결과는 2.83이다. y가 1에 가까워지면, x^y은 x에 가까워진다.)

지프는 책의 저자나 주제와 상관 없이 a는 항상 1에 매우 가깝다는 것을 발견했다. 이것은 사용 빈도와 순위 사이의 관계가 항상 반비례에 매우 가까움을 의미한다. 『율리시스』의 경우에 a는 1이다.

나는 지프의 법칙이 무척 흥미롭다. 그 법칙은 단어 선택을 지배하는 수학적 패턴이 존재한다는 것뿐만 아니라 그 패턴이 매력적일 정도로 단순하다는 것도 보여준다. 나는 당신이 지금 읽고 있는 이 책에도 그 법칙이 적용되는지 확인하기로 했다. 단어들의 사용 빈도를 세기 위해 나는 스티커 종이와 가위 대신에 컴퓨터 소프트웨어를 이용했다. 단어들을 사용 빈도 순위대로 나열한 표를 살펴본 결과, 실제로 사용 빈도가 순위에 대략 반비례함을 확인할 수 있었다. 내가 이 책에서 가장 자주 사용하는 단어는 'the(그)'이다. 이 단어는 사용 빈도 순위 10위인 'was(이었다)'보다 대략 10배 더 자주 나온다. 또 순위 100위인 'who(누구)'보다는 약 100배, 순위 1000위인 'spirals(나선들)'보다는 약 1000배 더 자주 나온다.

다음 페이지의 왼쪽 그림은 이 책에 쓰인 단어들의 순위/사용 빈도 데이터를 그래프로 나타낸 것이다. 점들이 x축과 y축에 붙어 있는 것처럼 보인다. 반비례 그래프는 항상 이런 식으로 L자 모양의 곡선을 이룬다. 맨 앞 순위들에서는 빈도가 급격히 감소한다. 곧이어 빈도의 변화가 거의 없는 '긴 꼬리' 구간이 이어진다. 이 곡선 형태에서 몇 개의 단어가 엄청나게 자주 쓰이고, 다른 모든 단어들은 거의 쓰이지 않

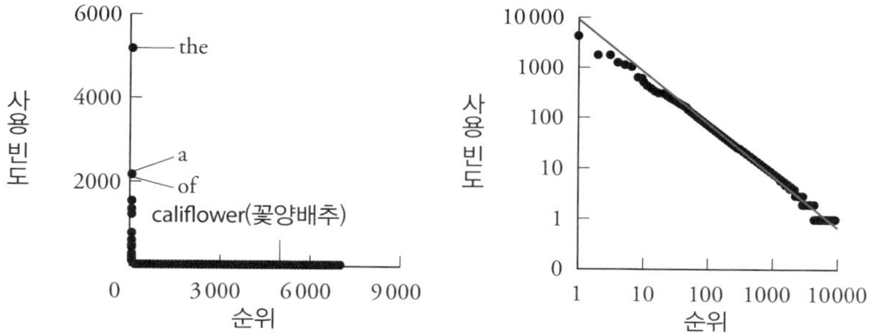

이 책에 쓰인 단어들의 사용 빈도 분포

음을 알 수 있다. (실제로 길이를 막론하고 어느 텍스트에서나 모든 단어들 중 약 50%는 한 번만 사용된다. 이 책에서는 그런 단어의 비율이 51%이다.)

오른쪽 그래프는 똑같은 데이터를 다른 척도로 나타낸 것이다. 이 그래프에서는 1과 10 사이의 거리, 10과 100사이의 거리, 100과 1000 사이의 거리가 *x*축과 *y*축 모두에서 똑같은 길이로 표현되어 있다. 이런 척도를 '이중 로그 척도double logarithmic scale', 또는 '로그-로그log-log 척도'라고 부른다. 보라, 곡선이 팽팽해졌다! 축 처졌던 밧줄이 마법에라도 걸린 듯이 막대처럼 탄탄해졌다. 이제 수학적 질서가 눈에 띈다. 점들이 한 직선 위에 아름답게 배치되었다.

로그-로그 척도에서 직선이 나타난다는 것은 데이터가 지프의 법칙을 따른다는 것을 의미한다(관련 설명은 부록 2 참조). 직선은 급강하에 이어 긴 꼬리가 나타나는 곡선보다 수학적으로 더 유용하다. 왜냐하면 직선의 속성들을 분석하기가 더 쉽기 때문이다. 예컨대 직선은 기울기가 일정하다. 우리는 나중에 기울기의 개념을 다시 다룰 텐데, 일단 여기에서는 기울기란 직선이 '얼마나 가파른가'를 나타내는 양으로, 직선 위의 한 점에서 다른 점까지의 수직 거리를 수평 거리로 나눈 값과 같다는 점만 알면 된다. 앞의 오른쪽 그래프에서 점들의 배치와 '가장 잘 들어맞는' 직선을 그으면, 그 직선의 기울기는 지프의 법칙 방정식에 들어 있는 상수 *a*와 같다. 내가 계산해보니 그 기울기는 1보다 약간 더 크다. 이것은 제임스 조이스에 비해 내가 자주 쓰는 단어들을 더 심하게 자주 쓰고 드물게 쓰는 단어들을 더 심하게 드물게 쓴다는 것을 의미한다.

그래프를 더 자세히 살펴보면 점들이 정확히 직선 위에 놓여 있지 않음을 알 수 있다. 일부 점들은 최적의 직선에서 벗어나 있다. 특히 대략 20위권 이내의 최상위 단어들을 나타내는 점들이 그러하다. 그러나 전반적으로 점들은 놀랄 만큼 고분고분하게 규칙을 따른다. 이 책에 나오는 단어들 중 대다수에 대해서 단어의 사용 빈도를 알면 순위를 꽤 정확하게 알 수 있고 그 반대도 마찬가지라는 것은 놀라운 일이다.

지프 교수는 또 다른 자료인 '1940년 미국 인구조사 보고서'에서도 똑같은 반비례 관계를 발견했다. 그러나 이 책에서 그가 주목한 것은 단어들의 사용 빈도가 아니라 미국 대도시들의 인구였다.

대도시 구역	순위	인구
뉴욕 시/ 뉴저지 주 뉴어크	1	1200만
클리블랜드	10	120만
해밀턴/미들타운	100	11만

이번에도 조작이라도 한 것처럼 뚜렷한 패턴이 나타난다. 최대 도시 뉴욕의 인구는 크기 순위 10위의 도시 클리블랜드보다 10배 많고, 100위의 도시 해밀턴보다 100배 많다. 미국인들은 이렇게 정확히 규

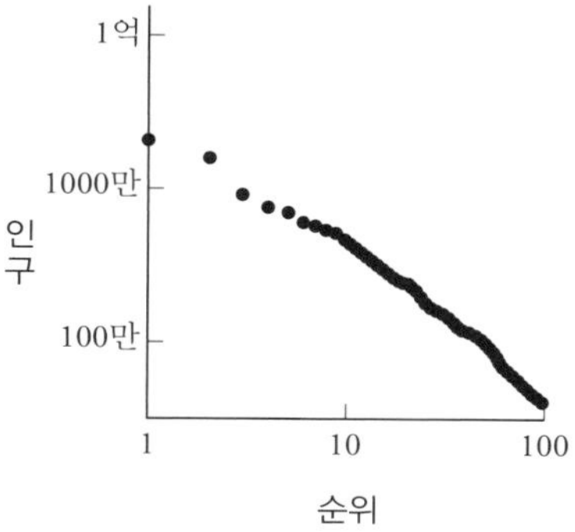

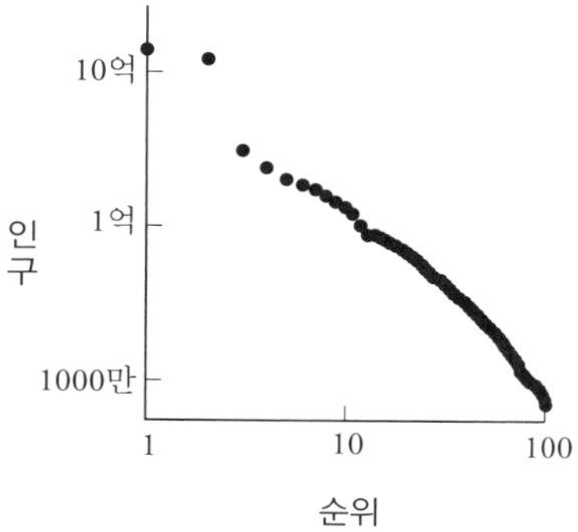

2000년 미국 최대 도시의 인구 분포(왼쪽)와 2013년 세계 100대 도시의 인구 분포(오른쪽)

칙에 따라서 거주지를 선택하라는 지시나 권고를 받지 않았다. 그런데도 그들은 대단히 규칙적인 방식으로 거주지를 선택했으며 지금도 마찬가지이다. 사실은 우리 모두가 그렇다. 위의 그래프들은 2000년 미국 인구조사에서 나온 미국 도시들의 인구/순위 데이터와 2013년 세계 100대 도시들의 인구/순위 데이터를 로그-로그 척도로 나타낸 것이다.

점들이 얌전한 개미들처럼 직선 위에 있다. 이것은 앞에서 본 일반 공식이 여기에도 적용됨을 의미한다. 즉 아래 공식이 성립한다.

$$\text{인구} = \frac{k}{\text{순위}^a} \ (k\text{와 } a\text{는 상수})$$

이번에도 지프는 많은 도시들과 국가들에서 a는 1에 가깝거나 정확히 1임을 발견했다. 미국 도시들에서 a는 0.947, 세계에서 a는 1.156이다. 1940년 미국 인구조사에 등재된 도시들에서 a는 1이다.

물론 편차가 없는 것은 아니다. 특히 가장 큰 국가들과 도시들에서 편차가 눈에 띄게 나타난다. 세계에서 인구 순위 2위 국가인 인도는 지프의 법칙이 예측하는 것보다 더 많은 인구를 가졌다. 그러나 최상위권에서 편차가 나타나는 것은 불가피하다. 왜냐하면 그 구간에는 다른 구간들에 비해 훨씬 더 적은 데이터 점들이 놓이기 때문이다. 또 도시들과 국가들의 인구가 경제, 사회, 환경 요인들 때문에 변화하여 순위가 뒤바뀔 가능성을 고려해야 한다. 최상위권에서 이런 순위 변동이 일어나면, 직선을 벗어나는 편차가 더 두드러질 것이다. 그러나 이러한 최상위권의 편차에 주목하느라고, 나머지 구간에서 규칙이 엄격하게 지켜진다는 점을 간과해서는 안 된다. 단어들, 도시들, 국가들의 행동은 보편 법칙을 따르는 것으로 보인다.

다양한 맥락에서 동일하고 기초적인 수학적 패턴을 발견한 것은 지프에게 영적인 깨달음이었다. "우리는 일상적인 현상들에서 통일성과 질서와 균형을 발견합니다. 우리의 이해력을 초월하는 전체의 궁극적 합리성을 믿지 않을 수 없어요"라고 말하면서 그는 이른바 '최소 노력의 원리'를 자신의 경험적 관찰들의 바탕에 깔린 이론적 토대로 제시했다. 우리가 소수의 단어들을 자주 사용하는 것은, 그렇게 하는 것이 우리의 뇌에 더 수월하기 때문이며, 우리가 대도시에 사는 것은, 그렇게 하는 것이 더 편리하기 때문이다.

그러나 지프는 자신의 법칙을 수학적으로 엄밀히 도출하는 작업에는 실패했다. 그 법칙의 원조 격인 벤포드의 법칙이 나온 지 거의 한 세기가 지났지만, 아직 아무도 이 법칙들을 수학적으로 도출하지 못했다. 많은 사람들이 시도했고, 그중 소수는 특정 분야들에서 타당한 도출에 성공했다고 주장했지만, 벤포드의 법칙이 참인 이유는 여전히 수수께끼로 남아 있다. 수학적 모형은 흔히 복잡한 행동을 지나치게 단순화한다는 비판을 받는다. 그러나 지프의 모형은 정반대이다. 실제로 나타나는 패턴은 어린아이도 이해할 수 있을 만큼 간단명료한데, 모형은 지독하게 난해하다.

1900년대 초에 이탈리아 경제학자 빌프레도 파레토는 인구 집단에서 재산의 분포는 아래 법칙을 따른다고 주장했다.

$$\text{개인의 재산} = \frac{k}{\text{순위}^a} \quad (k\text{와 } a\text{는 상수})$$

한눈에 알아볼 수 있듯이, 파레토의 법칙은 지프의 법칙과 수학적으로 동치다. 한 국가에 속한 모든 사람 각각의 재산을 조사하여 순위에 따른 재산 분포를 보여주는 그래프를 그리면, 그 그래프의 모양은 이 책에 나오는 단어들의 사용 빈도 분포를 보여주는 그래프와 똑같은 모양이 된다. 일반적으로 한 국가에서 가장 부유한 사람은 재산 순위 2위인 사람보다 상당히 더 부유하고, 2위인 사람은 3위인 사람보다 상당히 (그러나 1위와 2위의 차이보다는 적게) 더 부유하고, 3위인 사람은 4위인 사람보다 상당히 (그러나 2위와 3위의 차이보다는 적게) 더 부유하다. 이런 패턴은 다음 순위들에서도 유지된다. 전반적으로 보면, 전체 인구 중에서 극소수만 부유하고 대다수는 가난하다. 파레토는 많은 국가들에서 나온 데이터를 분석하여 그의 법칙을 발견했다. 파레토의 법칙은 지금도 많은 지역에서 대체로 들어맞는다.

반비례 관계는 기가 막힐 정도로 극단적인 불평등을 의미한다. 지프의 법칙에서는 극소수 단어들이 거의 작품 전체를 차지한다. 파레토의 법칙에서는 소수의 인구가 거의 모든 재산을 차지한다. 1906년, 파레토는 이탈리아에서 약 20%의 인구가 전체 토지의 80%를 소유하고 있다고 썼다. 그의 비판적인 지적은 '파레토 원리Pareto principle' 또는 '80/20 법칙'이라는 명칭으로 대중문화에 진입했다. 원인들 중 20%가 전체 결과의 80%를 산출한다는 이 규칙은 삶의 불공정함을 폭로하는 표어이다. 파레토 원리에 관한 책을 쓴 리처드 코흐에 따르면, 직원의 20%가 생산량의 80%를 만들어내고, 소비자의 20%가 매출의 80%를 유발하며, 우리는 인생의 20% 동안에 행복의 80%를 누린다. 80/20 법칙은 "우리의 삶을 통제하는 열쇠"라고 코흐는 말한다. 우리가 핵심적인 20%에 집중함으로써 현대세계의 압력들을 초월할 수 있기 때문이라는 것이다. 파레토 원리는 80 + 20 = 100이라는 간단한 덧셈을 연상시키기 때문에 쉽게 외워진다. 그러나 이 덧셈은 파레토 원리가 표현하는 수학적 패턴과 거의 무관하다. 그 패턴은 많은 것들의 상호 관계가 대략 반비례라는 것이다.

파레토의 법칙과 지프의 법칙은 둘 다 하나의 양이 다른 양의 거듭제곱에 반비례한다고 진술한다. 가변적인 두 양을 x와 y라고 한다면, 이 수학적 진술의 일반 형태는 아래와 같다.

$$y = \frac{k}{x^a} \text{ (}k\text{와 }a\text{는 상수)}$$

이런 형태의 방정식을 일컬어 '멱법칙power law'이라고 한다. 가장 유명한 멱법칙은 지프의 법칙과 파레토의 법칙이지만, 최근에 엄청나게 다양한 맥락에서 여러 멱법칙이 발견되었다. 예컨대 스웨덴 사람들의 성생활에 대한 조사에서 아래 패턴이 발견되었다.

$$\text{지난 1년 동안 }n\text{명 이상의 상대와 섹스한 남성의 비율(\%)} \approx \frac{k}{n^{2.31}}$$

기호 '≈'은 스웨덴 여성들이 곱슬곱슬한 수염을 가진 남자를 선호한다거나 뭐 그런 의미가 아니다. 이 기호는 '대략 같다'는 뜻이며 위 등식이 근사적으로만 성립하기 때문에 쓰였다. 스웨덴 남성 1000명 중에 약 1명은 1년 동안 20명의 상대와 섹스하지만, 대다수는 단 한 명의 상대와 섹스한다. 뒤에 나오는 그래프에서 최적 직선을 연장하면, 스웨덴 남성 1만 명 중에 약 1명은 1년에 약 60명과 섹스한다는 추정에 이른다.

연애에서나 전쟁에서나 마찬가지이다. 분쟁 지역의 폭력을 연구하는 학자들은 아래 패턴을 발견했다.

$$\text{콜롬비아 내전에서 } n\text{명 이상의 사상자를 낸 사건의 비율} \approx \frac{k}{n^{2.5}}$$

많은 사상자를 낸 사건은 극히 드물다. 반면에 단 1명의 사상자를 낸 사건은 많다. 다른 전쟁들에 대한 조사에서도 유사한 결과가 나왔다. 많은 전쟁들을 비교한 결과도 마찬가지이다. 수백만의 사망자를 낸 전쟁은 몇 개밖에 없다. 수십만의 사망자를 낸 전쟁은 약간 더 많다. 수만 명의 사망자를 낸 전쟁은 그보다 더 많다.

찰스 다윈은 평생 동안 수천 통의 편지를 써서 보냈다. 그중 다수는 그가 받은 편지에 대한 답장이었다. 그는 편지를 받으면 대개 이튿날 답장을 보냈다. 그러나 일부 편지에 대해서는 답장을 보내기까지 여러 해가 걸렸다.

$$\text{찰스 다윈이 답장을 보내기까지 } n\text{일이 걸릴 확률} \approx \frac{k}{n^{1.5}}$$

우리도 이메일에 답장을 보낼 때 똑같은 패턴을 따른다. 대부분의 이메일에는 즉시 답장하지만, 일부 이메일은 받은편지함 바닥에 하염없이 머무른다.

일본 학자들은 2005년부터 2006년까지의 책 판매량을 조사하여 아래 패턴을 발견했다.

$$\text{2005/2006년에 일본 내 판매량 순위 } n\text{위인 책이 서적 총판매량에서 차지하는 비율} \approx \frac{k}{n^{0.65}}$$

바꿔 말해 소수의 책은 베스트셀러가 되지만, 대다수는 거의 팔리지 않는다. 영화판의 사업 전략은 이 패턴을 기초로 삼는다. 제작사는 막대한 자금을 들인 소수의 영화로 돈을 벌어서 흥행하지 못한 대다수 영화가 가져온 손실을 메꾼다. 책과 영화 모두에서 성공작과 실패작의 비율을 수학적으로 예측할 수 있다.

위에 제시한 4개의 방정식은 실험적인 데이터를 로그-로그 척도로 그래프화하고 최적 직선의 기울기를 측정함으로써 도출한 것들이다. 그 그래프들을 다음 페이지에 제시했다. (일본의 책 판매량 그래프에서 오른쪽 끄트머리가 최적 직선을 벗어나 아래로 떨어지는 것은 서점의 진열 공간이 유한하기 때문이다. 서점들은 입고된 책을 모두 진열할 수 있을 만큼 넓지 않다.) 로그-로그 그래프에서 직선은 멱법칙을 나타내고, 그 직선의 기울기는 멱법칙 방정식에 들어 있는 상수 a를 나타낸다. 나는 모든 방정식에서 상수 k를 제거했다. 왜냐하면 k는 곡선의 모양이 아니라 표본의 크기를 알려주는 지표로서, 우리의 관심사가 아니기 때문이다. 거듭되는 말이지만 한마디 덧붙이겠다. 만약에 내가 데이터를 평범한 척도로 그래프화했다면, 처음에 급강하가 일어난 다음에 긴 꼬

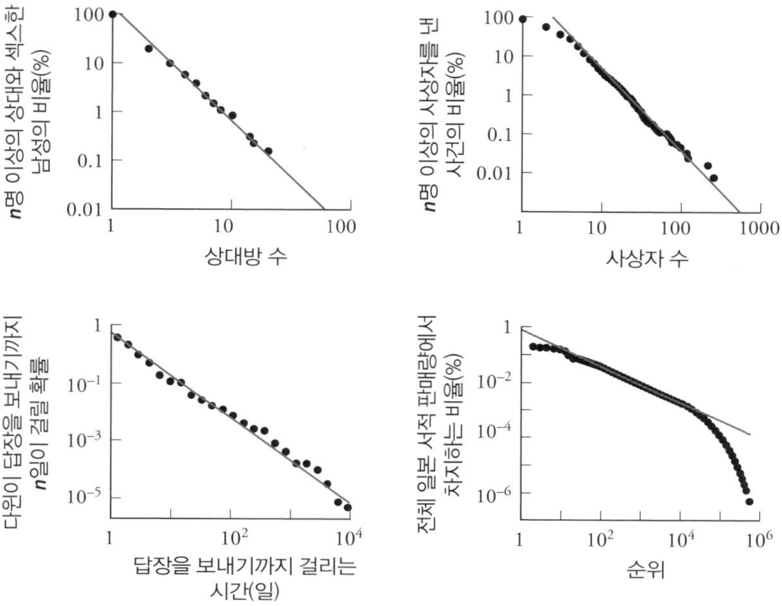

스웨덴 연인의 행동, 콜롬비아의 사상자, 찰스 다윈과 일본 서적에 관한 자료는 멱법칙을 보여준다.

리가 이어지는 L자 모양의 곡선이 그려졌을 것이다.

내가 이렇게 많은 예를 제시한 이유는 당신이 세계를 보는 방식이 조지 지프, 빌프레도 파레토, 리처드 코흐의 방식과 더 유사해지기를 바라기 때문이다. 이를테면 한 집단에 속한 사람들의 키를 생각해 보자. 이 경우에는 평균 키가 존재하고(예컨대 영국 남성의 평균 키는 175cm) 대다수 사람의 키는 그 평균에 가깝다. 그러나 단어 사용 빈도, 재산의 분포, 섹스 상대의 수, 전쟁 사상자, 편지에 답장하는 데 걸리는 시간, 책과 영화의 흥행을 이야기할 때는 평균을 다르게 이해해야 한다. 이 경우에는 대다수 사례들이 평균 근처에 몰리지 않는다. 인간의 행동이 관건일 경우, 우리가 사는 세계는 양극단으로 치우친다.

멱법칙은 인간을 다루는 과학들뿐만 아니라 물리학에서도 풍부하게 나타난다. 지진의 규모는 그 규모 지진의 발생 빈도에 대략 반비례한다. 달 표면 크레이터의 크기는 그 크기 크레이터의 개수에 대략 반비례한다. 만일 당신이 얼린 감자를 벽에 던져 산산이 부순다면, 파편 각각의 크기는 그 크기 파편의 개수에 반비례한다. 멱법칙이 물리학에서 흔히 등장한다는 점은 사회적 시스템에서 멱법칙을 연구하는 많은 과학자들이 물리학자 출신인 이유로 꼽을 만하다. 보스턴 소재 노스이스턴대학교의 특훈 교수distinguished professor 앨버트-라슬로 바라바시도 그런 과학자이다.

바라바시의 현재 연구 분야는 연결망network이다. 일부 연결망, 예컨대 인터넷에 대해서는 거기에서 멱법칙들이 성립하는 이유를 설명해주는 공인된 수학 이론이 존재한다. 예컨대 웹사이트의 인기도는 근사적으로 멱법칙을 따른다. 트위터 사용자의 인기 순위와 팔로워follower 수도 마찬가지이다. "멱법칙들이 이렇게 일반적이고 보편적이고 예외없이 성립한다는 것은 대단히 신기한 일입니다."라고 바라바시는 말했다. "생각과 달리 세상은 그다지 다양하지 않습니다!"

다음 페이지의 왼쪽 그림이 나타내는 연결망을 보자. 이 연결망은 마디점node 3개와 연결선link 2개로 이루어졌다. 마디점은 사람이나 웹사이트일 수 있고, 연결선은 마디점들 사이의 온갖 연결일 수 있다. 바라바시에 따르면, 연결망이 '선호 연결preferential attachment'의 원리에 의해 성장할 경우에 멱법칙들이 성립한다. 선호 연결에 의해 성장한다 함은, 연결망에 새 마디점이 추가되었을 때, 그 새 마디점에서 임의의 기존 마디점으로 연결선이 뻗어갈 확률은 그 기존 마디점이 이미 가진 연결선들의 개수에 비례한다는 것을 뜻한다. 쉽게 말해서 많은 연결선을 보유한 마디점은 더 많은 연결선을 보유하게 된다. 부자는 더 부

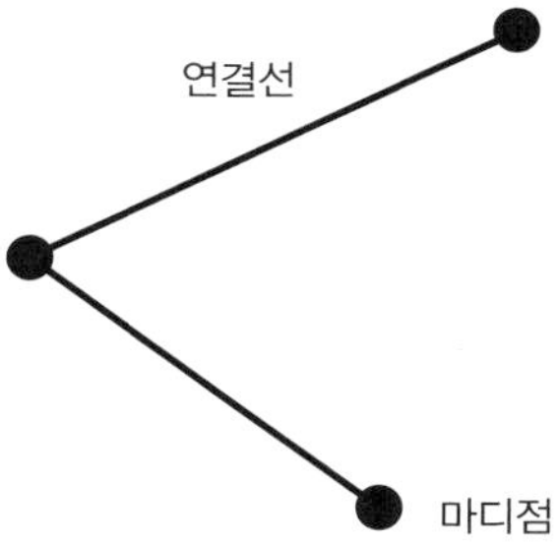

왼쪽 연결망이 선호 연결에 의해 성장하면, 결국 오른쪽 연결망과 유사한 모양이 된다.

유해진다. 유명인은 더 유명해진다. 가장 많은 연결선을 보유한 마디점은 새 연결선을 얻을 확률이 가장 높고, 더 많은 연결선을 얻을수록 그 마디점의 매력은 더 상승한다.

만일 왼쪽 연결망이 선호 연결에 의해 성장한다면 마디점이 200개 정도 추가된 후에는 오른쪽 연결망과 유사한 모양이 될 것이다. 오른쪽 연결망에서 대다수의 마디점은 연결선이 하나뿐이고, 연결선이 여럿인 마디점, 즉 허브는 몇 개밖에 없다. 만일 연결선의 개수를 기준으로 마디점에 순위를 매기고 그 개수와 순위를 그래프로 나타낸다면, 어느새 우리에게 익숙해진 긴 꼬리 곡선이 그려질 것이다. "(어디로 연결선을 뻗을지에 대한) 결정권을 마디점에 주면, 어김없이 멱법칙이 발생합니다"라고 바라바시는 말한다. 만일 당신이 마디점 수백만 개를 더 추가하면서 선호 연결을 허용하면, 연결망은 트위터의 팔로윙 관계를 보여주는 지도나 인터넷의 모형과 유사해지기 시작할 것이다.

멱법칙 연결망이 아주 흔한 이유 중 하나는 그 연결망이 유난히 강인하다는 점에 있다. 당신이 멱법칙 연결망에서 마디점 하나를 무작위로 골라 제거한다면, 중요하지 않은 마디점이 제거될 확률이 허브가 제거될 확률보다 훨씬 더 높다(왜냐하면 중요하지 않은 마디점이 허브보다 훨씬 더 많기 때문에). 따라서 일반 마디점 하나의 제거가 연결망 전체에 미치는 영향은 미미할 것이다. 물론 반대로 허브를 골라서 공격한다면, 멱법칙 연결망은 유난히 취약하다. 내 웹사이트가 먹통이 되면, 나 말고는 아무도 신경 쓰지 않는다. 그러나 구글이 5분 동안 먹통이 되면, 전 세계가 대혼란에 빠질 것이다.

멱법칙은 복잡한 현상들을 놀랄 만큼 간단한 수학적 모형으로 설명한다는 점에서 매력적이다. 또한 아주 쉽게 발견할 수 있기 때문에 유혹적이다. 우리가 보았듯이, 데이터 점들이 로그-로그 척도 그래프에서 직선을 그리면, 점들의 좌표에 해당하는 두 변수는 멱법칙을 따른다고 결론내릴 수 있다.

그러나 과학자들이 섣불리 멱법칙을 추론하는 경우도 있다는 주장이 최근에 제기되었다. 때로는 데이터 점들이 직선과 약간 다른 곡선들을 그리고, 그 곡선들은 멱법칙이 아니라 다른 방정식들로 기술된다는 것이다. 이것은 중요한 논쟁거리지만 이 책에서 다루기는 부적절하다. 아무튼 멱법칙이 다음과 같은 매혹적인 수학적 속성을 가진다는 것은 부인할 수 없는 사실이다.

멱법칙 방정식 $y=\frac{1}{x^2}$을 생각해보자. 이 방정식의 그래프를 $x=2$부터 $x=10$까지 그리면, 다음 페이지 왼쪽 곡선이 나온다. 또 $x=20$부터 $x=100$까지 그리면, 오른쪽 곡선이 나온다.

양쪽 곡선의 차이가 눈에 띄는가? 두 곡선은 똑같은 모양이다. 일반적으로 $y=\frac{1}{x^2}$이 기술하는 곡선을 임의의 n에 대해서 $x=n$부터 $x=5n$까지 그리면, 이 두 곡선과 똑같은 모양의 곡선이 그려진다. 마찬가지

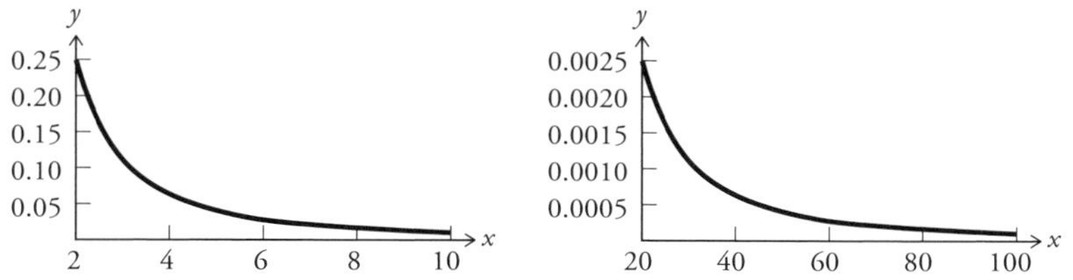

두 가지 척도로 그린 $y = \frac{1}{x^2}$ 곡선

로 a/b가 일정하기만 하다면, 이 곡선을 x좌표로 임의의 a부터 임의의 b까지 그리면, 그 결과는 항상 똑같은 모양이다. 곡선의 꼬리를 따라 아무리 멀리 이동하더라도, 멱법칙은 모든 척도에서 동일한 패턴을 나타낸다.

긴 꼬리 이야기가 나와서 말인데, 고질라는 꼬리가 길다.

일본에서 상상해낸 괴물 고질라는 돌연변이 공룡인데 키도 엄청나게 커서 성인 남성의 약 50배에 달하는 100m라고 한다. 그런데 사람을 확대해서 모양은 그대로 유지하면서 키가 50배 커지게 만든다고 상상해보자. 확대된 사람은 좌우 폭도 50배, 앞뒤 두께도 50배 커질 터이므로, 몸무게는 $50 \times 50 \times 50 = 125{,}000$배 커질 것이다. 반면에 뼈의 단면적은 고작 $50 \times 50 = 2{,}500$배 커질 것이다. 이것은 모든 뼈의 단면적 1cm^2가 지탱해야 하는 무게가 50배로 커진다는 것을 의미한다. 따라서 이 거대한 사람이 걷기를 시작하자마자 뼈는 부러져버릴 것이다. 고질라도 그런 운명에 처할 것이다.

영화 속 괴물이 현실에 존재할 수 없다고, 자기만 똑똑한 척 투덜거리는 것만큼 꼴불견도 없다는 것, 나도 잘 안다. 하지만 이 얘기는 왜 동물의 크기가 다르면 모양도 달라야 하는지와 직결된다. 동물의 덩치가 클수록, 동물의 키 대비 뼈의 굵기는 더 커진다. 이 사실은 1638년에 갈릴레오가 처음 지적했다. 코끼리의 키 대비 뼈의 굵기는 인간의 그것보다 더 크고, 인간의 키 대비 뼈의 굵기는 개의 그것보다 더 크다. 덩치가 크면 뼈의 단위 단면적이 지탱해야 하는 무게가 증가하기 때문에 뼈들이 더 굵어야 한다는 점을 갈릴레오는 간파했다.

우리는 뼈의 굵기에 관한 갈릴레오의 통찰을 단면적과 부피에 관한 방정식으로 표현할 수 있다. 우선 물체의 단면적은 높이의 제곱에 비례하는 반면, 물체의 부피는 높이의 세제곱에 비례한다는 진술을 아래 두 방정식으로 표현할 수 있다.

$$\text{단면적} = l \times \text{높이}^2$$

$$\text{부피} = m \times \text{높이}^3$$

(l과 m은 상수)

두 식을 조작하여 변수(높이)를 제거하면 아래 등식이 나온다.

$$\text{단면적}^3 = \frac{l}{m} \times \text{부피}^2$$

양변의 세제곱근을 취하면 아래와 같다.

$$\text{단면적} = \frac{l}{m} \times \text{부피}^{2/3}$$

이것은 아래 형태의 방정식이다.

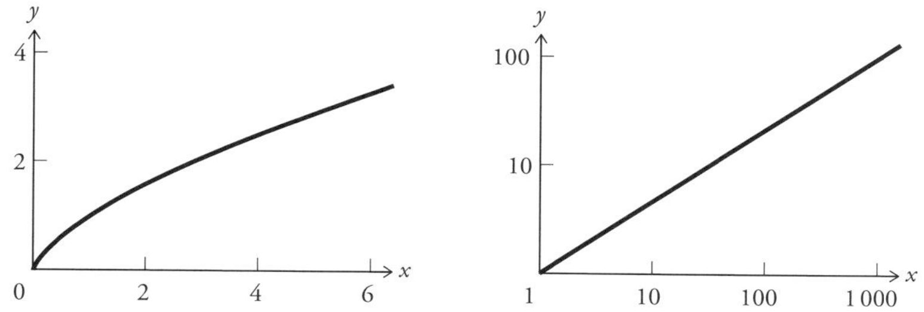

표준 척도와 이중 로그 척도로 그린 $y = x^{2/3}$ 곡선

$$y = kx^a$$

(x와 y는 변수, k와 a는 상수)

이런 방정식의 명칭이 바로 멱법칙이다. 멱법칙이 위 형태일 경우, 우리는 y가 x^a에 비례한다고 말한다. 반대로 앞선 논의에서처럼 멱법칙이 $y = \frac{1}{x^a}$의 형태일 경우에는 y가 x^a에 반비례한다고 말한다.

멱법칙 방정식 $y = x^{2/3}$의 그래프를 위 그림에서 볼 수 있다. 왼쪽 그래프는 평범한 척도로 그린 것인데, 여기에서 곡선은 기울기가 점점 감소한다. y가 단면적이고 x가 부피라면, 이 그래프는 부피가 증가하면 단면적도 증가하지만 부피보다는 느리게 증가함을 보여준다. 비례 멱법칙을 로그-로그 척도로 그래프화하면 직선이 그려진다. 위 오른쪽 그래프에서 보듯이, 그 직선은 오른쪽으로 갈수록 상승하는 형태를 갖는다.

부피와 단면적 사이에 성립하는 멱법칙은 '크기 변환법칙scaling law'의 한 예이다. 크기 변환법칙은 물체를 전체적으로 확대하거나 축소할 때 물체의 양적 속성들—이를테면 단면적과 부피—이 어떻게 변화하는지 알려준다.

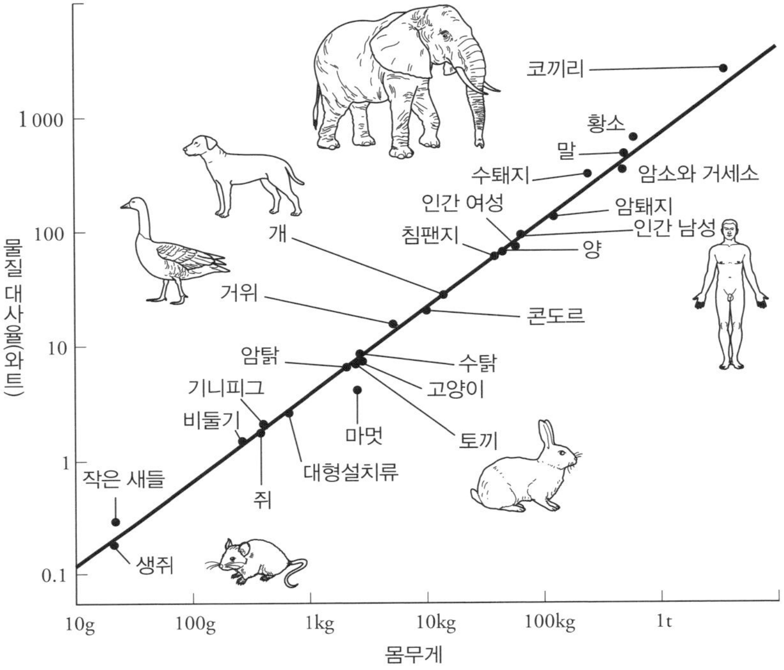

클라이버의 법칙

1930년대에 스위스 동물학자 막스 클라이버는 여러 포유류의 몸무게와 물질 대사율을 측정했다. 물질 대사율이란 동물이 단위 시간 동안 소모하는 에너지를 의미한다. 클라이버가 측정 데이터를 로그-로그 그래프로 나타내자, 직선이 그려졌다. 이것을 근거로 그는 아래와 같은 멱법칙을 도출했다.

물질 대사율 $\approx 70 \times$ 몸무게$^{3/4}$

이 방정식을 '클라이버의 법칙Kleiber's law'이라고 한다. 그의 뒤를 이은 생물학자들은 앞의 페이지에서 보듯이 이 법칙을 모든 정온 동물로 확장했다. 물질 대사율은 몸무게보다 느리게 증가한다. 이것은 몸무게가 무거운 동물일수록 에너지를 더 효율적으로 사용함을 의미한다. 이밖에도 많은 크기 변환법칙들이 동물에서 발견되었다. 동물의 수명은 (몸무게)$^{1/4}$에 비례하고, 심장 박동률은 (몸무게)$^{1/4}$에 반비례한다. 이렇게 멱법칙에 등장하는 지수exponent가 항상 $\frac{1}{4}$의 배수인 듯하기 때문에, 생물학적 멱법칙들은 '$\frac{1}{4}$승 크기 변환법칙'으로 불린다. 동물계의 다양성을 생각할 때—포유류 중에서도 사비피그미땃쥐Etruscan shrew는 몸무게가 약 1g에 불과한데 흰수염고래는 그보다 1억 배 더 무겁다—동물의 몸무게만 알면 그 동물의 속성들을 이렇게 많이 예측할 수 있다는 점은 예사롭지 않다.

산타페연구소의 물리학자 제프리 웨스트와 뉴멕시코대학교의 생물학자 제임스 브라운, 브라이언 엔퀴스트는 $\frac{1}{4}$승 크기 변환을 설명하는 수학 이론을 고안했다. 그들의 주장은 대략 다음과 같다. 생물을 운송 시스템으로 간주하고—혈액은 대동맥을 따라 운송된다. 대동맥은 여러 동맥으로 갈라지고, 그 동맥들은 더 가는 혈관들로 갈라진다—정해진 부피 안에서 그 시스템을 최적화하면, 멱법칙이 산출된다. 자세한 내용은 이 책의 수준을 뛰어넘지만, 그 내용이 웨스트의 후속 연구에 영향을 미쳤다는 점은 언급해둘 필요가 있다. 웨스트는 생물에 이어 또 다른 유기체인 도시를 연구했다.

그와 동료들은 마을과 도시가 멱법칙들의 소굴임을 발견했다. 방대한 경제 및 사회 데이터를 분석하고 수많은 로그-로그 그래프를 그린 끝에 그들은 미국에서 예컨대 아래 법칙들이 성립함을 발견했다.

$$\text{발명가의 수} \approx k \times \text{인구}^{1.25}$$

$$\text{임금 총액} \approx k \times \text{인구}^{1.12}$$

$$\text{에이즈 환자 수} \approx k \times \text{인구}^{1.23}$$

$$\text{중범죄 건수} \approx k \times \text{인구}^{1.16}$$

이 방정식들에서 지수가 1보다 크다는 것은 도시가 커지면 인구 1인당 발명가 수, 임금, 에이즈 환자 수, 중범죄 건수가 증가함을 의미한다. 이 모든 양들의 절대치가 증가할 뿐더러 인구를 감안한 상대치도 증가한다는 것이다. 보다시피 이 모든 대도시 지표들의 계산식에 등장하는 지수들은 모두 1.2 근처에 분포한다. 이렇게 지수들이 몰려 있다는 사실은 그 자체로 호기심을 자아낸다. 모든 지수를 1.2로 상정한다면, 도시의 인구가 두 배로 증가할 경우 인구 1인당 발명가 수, 임금, 에이즈 환자 수, 중범죄 건수는 약 15% 증가한다는 예측이 나온다.

일부 지표의 계산식에서는 지수가 1보다 작다. 이것은 도시가 커지면 그 지표의 인구 1인당 값이 감소함을 의미한다.

$$\text{주유소 개수} \approx k \times \text{인구}^{0.77}$$

$$\text{전선 길이} \approx k \times \text{인구}^{0.83}$$

도시의 인구가 두 배로 증가하면, 인구 1인당 주유소 개수와 전선 길이는 약 15% 감소한다고 예측할 수 있다. 요컨대 도시들은 수학적으로 예측 가능한 규모의 경제economy of scale를 나타낸다. 세계 어디에서나 마찬가지이다. "일본의 도시들은 유럽이나 미국의 도시들과 아무 상관없이 진화했지만, (어느 나라에서나) 똑같은 패턴이 나타납니다"라고 웨스트는 말한다. "이것은 어떤 보편적인 동역학이 작용함을 시사해요." 웨스트는 도시들에서 멱법칙이 나타나는 이유와 동물에서 멱법칙이 나타나는 이유가 동일하다고 주장한다. 도시도 운송망이다. 동물의 순환계가 굵은 관, 보통 관, 가는 관을 따라 혈액을 운송하듯이, 도시는 거듭 갈라지는 도로, 케이블, 관의 연결망을 통해 자원을 분배한다.

우리는 어디에 살지를 스스로 결정한다. 돈을 어디에 쓰고 시간을 어떻게 보낼지도 마찬가지이다. 그러나 수학의 렌즈를 통해서 보면 우리의 집단적 행동은 예측 가능할 뿐더러, 단순하며 양립 가능한 수학 법칙들을 따른다. 우리가 전 세계에 분산된 방식은 모든 각각의 국가에서 인구가 분산된 방식과 같다. 도시와 마을의 약 30%는 인구가 1로 시작하는 수이며, 도시의 크기는 그 도시가 크기 순위에서 차지하는 등수에 대략 반비례하고, 크든 작든 간에 모든 도시는 동일한 멱법칙들을 따른다. 세계는 복잡할지 모르지만 또한 단순하다.

수는 우리 주위의 세계를 이해하는 데 필수적인 도구이다. 도형도 마찬가지이다. 서양 수학은 특히 한 도형에 대한 연구 덕분에 시작되었다.

3장

삼각형 사랑

롭 우돌의 취미는 표지석 탐사이다. 그는 표지석을 찾아다닌다. 현재까지 롭보다 표지석들을 더 많이 방문한 사람은 없다. 표지석이란 허리 높이까지 오는 콘크리트 기둥으로 과거에 지도 제작자들과 토지 조사원들이 이용한 위치 확인용 시설물이다. 영국의 시골을 돌아다녀 본 사람이라면 아마도 표지석을 한번쯤 보았을 것이다. 표지석은 대개 구릉 꼭대기에 있다. 표지석을 만나는 것은 힘겹게 언덕을 오른 사람이 받는 상이다. 영국 육지측량부Ordnance Survey는 1936년부터 1962년까지 6500개가 넘는 표지석을 설치했는데, 현재 남아 있는 것은 약 6200개이다. 사람들은 최대한 많은 표지석을 방문하는 것을 놓고 경쟁한다. 50세인 롭은 지금까지 6155개를 방문했으니 거의 다 방문한 셈이다. 현재 그는 2위를 달리는 경쟁자를 1000개가량 앞서 있다.

표지석 탐사를 시작할 당시에 롭은 2주에 한 번 시간을 내고는 했다. 그는 피터버러에 위치한 집을 금요일 밤에 떠나 월요일 아침에 돌아오고는 했다. 표지석들은 평균 5km 간격으로 설치되어 있는데, 롭의 목표는 주당 약 50개를 방문하는 것이었다. 운이 좋을 때는 표지석이 도로 가에 있었다. 그러면 운전하던 차를 세우고 내리는 것만으로 충분했다. 하지만 많은 경우에 표지석은 도로나 오솔길을 한참 벗어나 덤불이나 관목 숲이나 가시나무 울타리 속에 숨어 있었다. 그는 손을 다치지 않고 목표물에 도달하기 위해 원예용 가위를 지참하기 시작했다.

표지석은 중세의 요새나 로마 시대의 곧은 도로와 마찬가지로 과거의 기술적 잔재요 고고학적 유물이다. 롭이 표지석 탐사를 좋아하는 것은 그 취미활동 중에 매혹적인 장소들을 방문하고 모험감과 성취감을 느끼기 때문이다. 한밤중에 남의 밭을 전속력으로 가로지르는 일은 부지기수이고, 한 번은 타조 우리에 뛰어들기도 했다. 어떤 땅 주인을 3년 동안 설득한 끝에 허락을 받고 그의 땅에 있는 표지석을 본 적도 있다. 나도 표지석을 사랑한다. 표지석은 삼각형의 위대함을 찬양하는 제단이다. 세계를 바꾼 도형인 삼각형의 위대함을.

수는 약 8000년 전에 출현했지만, 제대로 된 수학이 이집트에 들어온 것은 기원전 600년경의 일이다.

공개적인 시연 하나가 출발점이 되었다. 그리스 철학자 탈레스는 기자 대피라미드의 높이를 그 위로 올라가지 않고도 재는 법을 보여주었다. 그는 우선 막대기를 땅에 꽂았다. 다음 페이지의 그림에서 보듯이, 막대기와 그 그림자는 삼각형의 두 변을 이뤘다. 마찬가지로 피라미드와 그 그림자도 또 하나의 삼각형을 형성했다. 탈레스의 천재적인 발상은 이 두 삼각형이 엄청난 크기 차이에도 불구하고 모양이 같음을 깨달은 것이었다. 햇빛 광선들이 평행하므로 두 삼각형은 모양이 같을 수밖에 없다. 이것은 작은 삼각형의 높이에서 큰 삼각형의 높이를 도출할 수 있음을 의미했다. 오늘날의 표기법을 쓰면, 탈레스는 아래 등식을 간파했다.

$$\frac{\text{막대기의 높이}}{\text{막대기 그림자의 길이}} = \frac{\text{피라미드의 높이}}{\text{피라미드 밑면 중심에서 피라미드 그림자 끝까지 거리}}$$

막대기와 그 그림자의 길이는 쉽게 측정할 수 있다. 하지만 피라미드 그림자 끝에서부터 피라미드 밑면의 중심까지 거리는 직접 측정할 수 없다. 왜냐하면 피라미드가 장애물의 구실을 하기 때문이다. 어쩌면 탈레스는 햇빛이 적당한 각도로 비춰 피라미드의 그림자 끝이 피라미드 밑면의 경계와 일치할 때까지 기다렸을지도 모른다. 그때는 피라미드의 밑면 중심에서 그림자 끝까지 거리가 피라미드 밑면의 절반과 같아지니까 말이다. 아무튼 위 등식에서 세 항의 값을 알아낸 탈레스는 나머지 한 항, 곧 피라미드의 높이를 계산할 수 있었다.

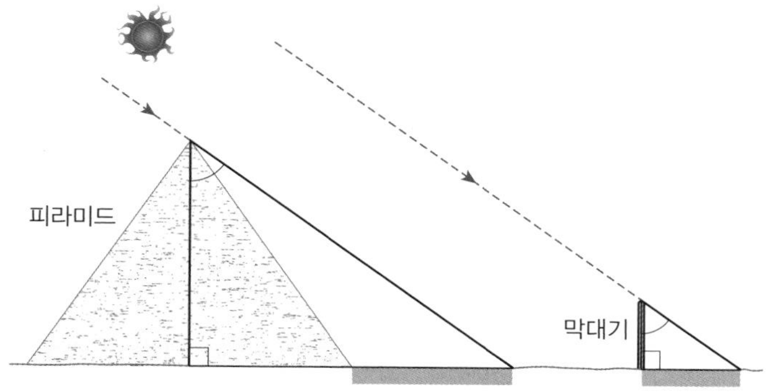

평행한 햇빛 광선들에 의해 닮은꼴 삼각형 2개가 만들어진다. 한 삼각형은 피라미드와 그 그림자로, 다른 삼각형은 막대기와 그 그림자로 이루어진다.

탈레스의 성취는 삼각법으로 나아가는 작은 한걸음이었다. 삼각형에 관한 과학인 삼각법의 발명은 인류가 이룬 위대한 도약이다. 측정값을 도형의 속성들에서 논리적으로 도출하는 탈레스의 방식은 이집트인의 문제 해결 방식과 달랐다. 이집트인들은 피라미드 건설 같은 실용적인 활동에서는 대단한 솜씨를 발휘했지만, 그들의 수학 지식은 사실상 어림규칙들과 실제로 있는 삼각형들에 국한되었다. 탈레스의 계산에 등장하는 삼각형들은 햇빛 광선들이 만든 추상적인 대상이었다. 탈레스의 통찰은 이성적 사고의 등장을 대표한다. 그리스인의 이성적 사고는 일반적으로 서양 수학, 철학, 과학의 토대로 여겨진다.

탈레스는 수학적 발견에 자신의 이름을 남긴 최초의 인물이기도 하다. 탈레스의 정리란 원의 지름과 원주 위의 한 점으로 이루어진 삼각형은 직각삼각형이라는 것이다. 또한 탈레스는 훌륭한 연역 솜씨로 기원전 585년의 일식을 예측했으며, 그의 고향 밀레토스의 올리브 수확량이 몇 년 동안 저조하다가 개선되리라는 것도 예측했다. 그는 올리브가 흉년일 때 올리브유 압착기들을 헐값에 사들였다가 풍년일 때 팔아 부자가 되었다. 한 세기 후에 희극 작가 아리스토파네스는 탈레스가 생각에 잠겨 하늘을 쳐다보며 걷다가 도랑에 빠졌다는 이야기를 퍼뜨려 그 위대한 현자를 놀림거리로 만들었다. 탈레스는 사상 최초의 수학자 겸 철학자로뿐만 아니라 사상 최초의 정신 나간 교수로도 우리의 기억에 남아 있다.

탈레스가 기자에서 벌인 시연은 가까운 지점에서 먼 지점까지의 거리를 그 먼 지점까지 가지 않고도 삼각형을 이용하여 측정하는 방법을 보여주었다. 후대 사람들은 삼각형을 이용하여 피라미드의 높이보다 훨씬 더 큰 거리를 쟀다. 그 덕분에 천문학, 항해술, 지도 제작법은 획기적으로 발전했다. 우리는 잠시 후에 그 발전을 다룰 것이다. 그러나 때로는 수직으로 꽂은 막대기의 그림자에 대해서 숙고하는 간단한 방법으로도 어마어마한 거리를 측정할 수 있었다. 탈레스가 그림자와 연역 논리를 이용하여 파라오의 감탄을 자아낸 때로부터 300년 후, 에라토스테네스는 똑같은 기술을 써서 사상 최초로 지구의 크기를 참값에 가깝게 측정했다.

에라토스테네스는 헬레니즘 시대 이집트의 수도 알렉산드리아에서 살았다. 그는 그리스 제국 최대의 도서관이었던 알렉산드리아도서관의 책임자였다. 그는 하지 정오에 알렉산드리아에서 수직 막대기 꼭대기의 '그림자 각'을 측정하여 그 값이 한 회전(360°)의 약 50분의 1임을 알아냈다. 또한 하지 정오에 이집트 최남단의 도시 시에네에 있는 유명한 우물에는 바닥까지 햇빛이 닿는다는 것을 그는 알고 있었다. 즉 하지 정오에 시에네의 우물에는 햇빛에 의한 그림자가 생기지 않는다는 것을 알았다. 이 두 가지 사실에 기초하여 그는 알렉산드리아에서 시에네까지의 거리는 지구 둘레의 50분의 1과 같아야 함을 도출했다.

그는 다음 과정을 거쳐 그 결론에 이르렀다. 첫째, 당시 사람들은 지구가 둥글다는 것을 알았다. 멀리 떠나는 배가 수평선에서 마치 가라앉는 것처럼 보인다는 것, 월식 중에 달에 드리우는 지구의 그림자가 둥글다는 것이 그 증거였다. 둘째, 에라토스테네스는 시에네가 알렉산드리아에서 대략 정남쪽에 있음을 알았다. 이 두 사실에 기초하여 그는 다음 페이지 왼쪽 그림을 그릴 수 있었다. 이 그림은 하지 정오의 알렉산드리아와 시에네를 통과하는 지구의 단면을 보여준다. 햇빛 광선들은 시에네의 우물에서는 정면으로 바닥까지 비춰 지구의 중심을 향하고 알렉산드리아의 막대기는 비스듬히 비춘다. 그 막대기는 수직으로 꽂혀 있으므로, 막대기의 방향은 지구의 중심을 향한다. 따라서

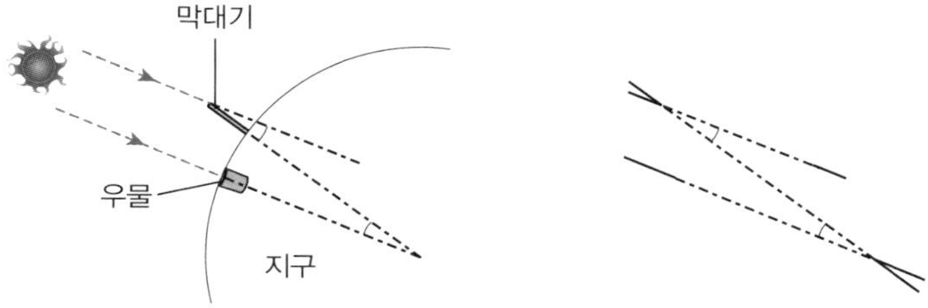

하지 정오에 시에네에서 햇빛은 그림자를 만들지 않는다. 반면에 알렉산드리아에서는 수직으로 꽂은 막대기의 그림자가 생긴다. 그 막대기의 '그림자 각'은 두 도시에서 지구 중심으로 그은 직선들이 이루는 각과 같다.

우리는 오른쪽과 같은 추상적이고 기하학적인 그림을 그릴 수 있다. 이 그림에서 평행선들은 햇빛 광선들을 나타내고, 그것들과 교차하는 직선은 막대기 꼭대기에서 지구 중심으로 이어진 직선이다.

그리스 기하학의 기본정리 하나는 두 평행선이 한 직선과 만날 때 생기는 엇각들alternate angles은 서로 같다는 것이다. 즉 두 평행선과 만나는 직선은 각각의 평행선과 동일한 각도로 만난다. 따라서 햇빛 광선과 막대기가 이루는 각은 지구 중심에서 생기는 각과 같다. 에라토스테네스는 막대기와 햇빛 광선이 이루는 각도가 한 회전의 50분의 1임을 측정으로 알아냈다. 따라서 지구 중심에서 생기는 각의 크기도 마찬가지라고 추론했다. 그렇다면 알렉산드리아와 시에네 사이의 거리는 지구 둘레의 50분의 1이라는 결론이 나온다.

따라서 지구의 둘레가 얼마인지 알아내려면 간단히 알렉산드리아에서 시에네까지의 거리에 50을 곱하면 된다. 그리스인들은 이 거리를 꽤 정확하게 알고 있었다. 측정할 거리를 며칠 동안 걸으면서 걸음의 수를 셈으로써 알아내는 일을 직업으로 하는 '베마티스트bematist'들에 따르면, 그 거리는 5000스타디아였다. (에라토스테네스가 지구의 둘레를 측정하여 지리학을 창시한 것은 세 가지 지리학적 행운 덕분에 가능했다. 첫째, 이집트인들이 남쪽 멀리 시에네까지 거주했다. 시에네는 북회귀선에 위치하기 때문에 그림자가 생기지 않는 날이 1년에 최소한 하루 있다. 북회귀선보다 북쪽에 위치한 곳에서는 정오에 그림자가 생기지 않는 날이 없다. 둘째, 알렉산드리아에서 정남향에 시에네가 위치한다. 셋째, 이 두 도시 사이에 거의 직선으로 길이 뚫려 있었다.) 1스타디온('스타디아'의 단수형)은 현대의 단위로 약 166m이다. 따라서 지구 둘레의 계산값은 166m×5000×50, 즉 4만 1500km이다. 이 값은 참값보다 겨우 1500km—약 4%—더 크다. 에라스토테네스 이후 거의 1000년 동안 아무도 이 값보다 더 정확한 값을 얻지 못했다.

시에네의 현재 명칭은 아스완이다. 그곳에 가면 에라스토테네스가 이용했다는 우물을 볼 수 있다. 물론 하지 정오의 뜨거운 햇빛을 마다하지 않는 관광객은 드물겠지만 말이다.

에라토스테네스의 시대에 그리스 수학은 삼각형에 관한 탈레스의 통찰에서 더 발전하여 상당히 많은 정리와 증명을 보유하고 있었다. 그리스 사상에서 삼각형은 가장 중요한 도형이었다. 왜냐하면 직선들로 이루어진 모든 도형—사각형, 오각형 등—을 삼각형들로 분할할 수 있고, 경계의 일부나 전부가 원, 타원, 포물선 같은 곡선인 도형도 삼각형들의 배열로 근사할 수 있기 때문이다.

더 나아가 모든 삼각형을 직각삼각형—직각, 곧 4분의 1 회전을 포함한 삼각형—들로 분할할 수 있으므로 그리스인은 모든 도형 가운데 직각삼각형을 가장 중시했다. 다음 페이지 왼쪽 그림은 삼각형을 직각삼각형들로 분할하는 방법을 보여준다. 가장 긴 변과 마주한 꼭짓점에서 직선을 그어 가장 긴 변과 직각으로 만나게 하면 된다. 직각삼각형은 교과 과정에서 일찌감치 등장한다. 우리는 직각과 마주한 변을 뜻하는 '빗변'이라는 단어를 배우고 곧이어 오른쪽 그림이 나타내는 피타고라스의 정리를 배운다. 이 정리는 아래와 같다.

직각삼각형에서 빗변의 제곱은 다른 두 변 각각의 제곱의 합과 같다.

피타고라스의 정리는 수학에서 가장 유명한 정리이다. 그 이유는 여러 가지인데, 가장 중요한 이유는 이 정리가 평면기하학의 필수 단위인 직각삼각형에 관한 명제라는 점이다.

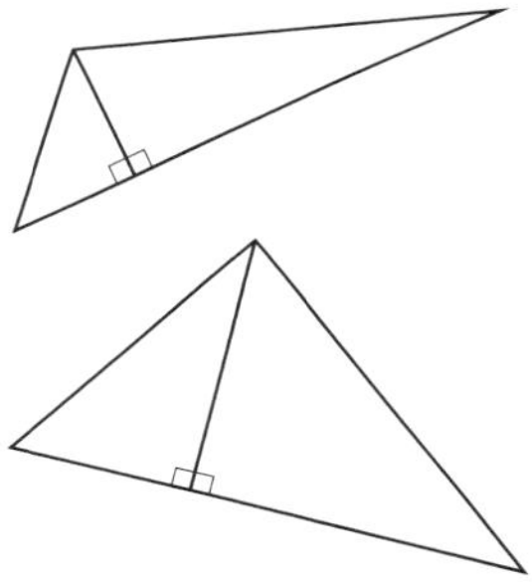

삼각형을 직각삼각형들로 분할하기

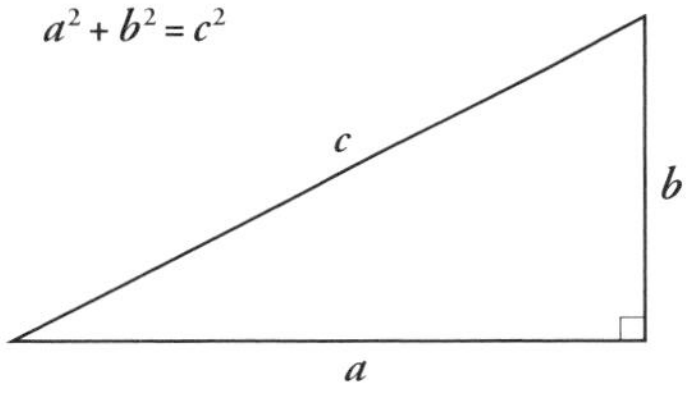

피타고라스의 정리

앞서 탈레스를 언급할 때 보았듯이, 직각삼각형은 햇빛 광선으로 막대기의 그림자가 생길 때도 등장한다. 그런데 태양이 움직이면, 그림자의 길이는 단순히 '그림자 각'의 변화에 정비례하지 않는 방식으로 변화한다. 다음 페이지의 그림에서 보듯이, 각도가 일정하게 증가한다면, 그림자의 길이는 점점 더 빠르게 증가한다. 결국 해가 지기 직전에 우리는 그림자들이 마치 기어가듯이 빠르게 길어지는 것을 본다. 해시계 제작자는 물론이고 천문학자도 그림자 각과 길이 사이의 관계

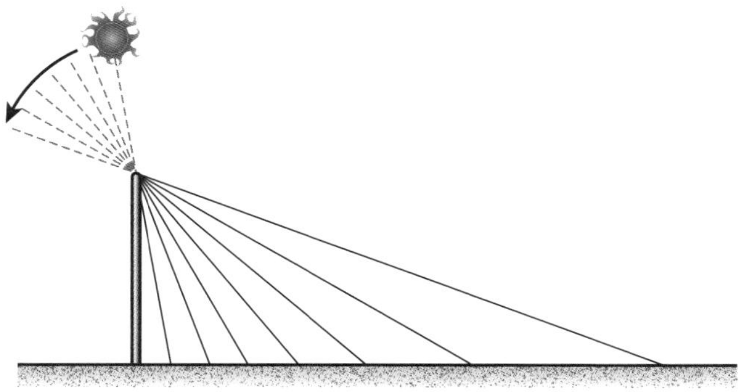

햇빛 광선과 막대기가 이루는 각(그림자 각)이 일정하게 변화할 때, 그림자의 길이는 일정하게 변화하지 않는다.

에 특별한 관심을 기울였다. 그러나 고대 그리스인들은 그 관계를 이해하는 데 필요한 개념적 도구를 갖추지 못했다. 그들의 숫자 체계는 몹시 거추장스러웠다. 삼각형에 관한 지식이 발전하려면 분수 표기법이 개량될 필요가 있었다.

그리스인의 수 표기법은 이집트인에게서 유래했다. 이집트의 수 표기법은 두 가지였다. 나무나 돌에 숫자를 새길 때, 이집트인은 상형 문자를 사용했다. 상형 문자에서는 1에서 100만까지 10의 거듭제곱 각각을 고유한 기호로 표현했다. 세로획은 1, U자를 뒤집어놓은 기호는 10, 나선은 100, 연꽃과 줄기는 1000, 세워서 약간 구부린 손가락은 1만, 올챙이는 10만, 무릎 꿇고 양손을 치켜든 사람은 100만을 뜻했다. 수 하나를 나타내려면 이 기호들을 반복해서 사용해야 했다. 예컨대 314만1592는 아래와 같이 표기되었다.

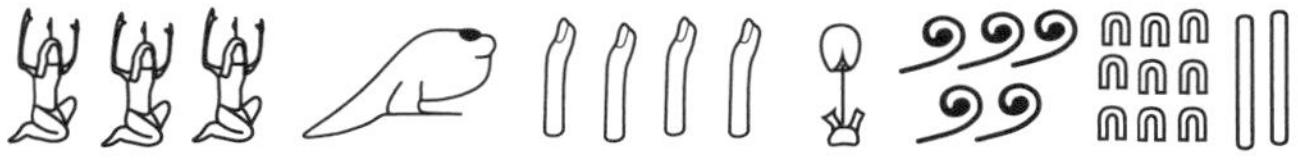

파피루스에 기록할 때는 덜 복잡한 '성직자용hieratic' 문자를 사용했는데, 이 문자는 펜과 잉크로 필기하기에 더 적합했다. 성직자용 문자 체계에서는 1부터 9까지 숫자들과 10의 배수들을 나타내는 기호가 쓰였다. 예컨대 7을 적으려면 지루하게 세로획 7개를 긋는 대신에 단 하나의 기호()를 사용했다. 반복에 기초한 숫자 체계에서 기호에 기초한 숫자 체계로의 전환은 중요한 진보였다.

상형 문자에서 분수는 숫자 위에 입 모양의 기호()를 붙여서 표현했다. 이 기호가 붙은 숫자는 그냥 숫자의 역수를 뜻했다. 예컨대 는 $\frac{1}{3}$, 는 $\frac{1}{10}$을 의미했다. 성직자용 문자에서 분수는 숫자 위에 점을 찍어서 표현했다. $\frac{1}{7}$은 로 표기했다. 이집트인은 거의 항상 분자가 1인 분수(단위 분수)만 사용했다. 따라서 $\frac{2}{5}$를 적으려면, 이 분수를 애써 분할하여 $\frac{1}{3}+\frac{1}{15}$로 적고, $\frac{2}{101}$는 $\frac{1}{101}+\frac{1}{202}+\frac{1}{303}+\frac{1}{606}$로 적었다. 이 표기법에서 단위 분수들이 점점 작아지는 것은 우리의 십진법을 연상시킨다. 예컨대 십진법에서 0.234는 $\frac{2}{10}+\frac{3}{100}+\frac{4}{1000}$를 나타내니까 말이다. 그러나 이집트인의 분수 표기법은 십진법만큼 편리하고 효과적이지 않았다.

유클리드의 시대에 그리스인은 이집트 성직자용 문자에서 유래한 숫자 체계를 사용했다. 그들은 그리스어 알파벳 27개를 기호로 삼아 27개의 수를 나타냈다. 예컨대 444는 υμδ로 적었다. υ는 400, μ은 40, δ는 4를 뜻했기 때문이다. 분수는 '83개 중에 11개'라는 식으로 말로 표현하거나 현대 표기법인 $\frac{11}{83}$과 유사하게 분자와 분모가 있는 꼴로 적었다. 그러나 그리스인은 단위 분수에 매달리는 역사적 관행을 유지했다. 이집트와 그리스의 숫자 체계는 천문학에서 행성의 운동을 추적하기 위해 각을 세분해야 할 때 적합하지 않았다. 분수 계산은 성가신 일이기 때문이다.

반면에 메소포타미아에서는 훨씬 더 융통성 있는 숫자 체계가 쓰였다. 바빌로니아인은 '자리값'이 있는 숫자 체계를 사용했다. 그 체계에서 숫자가 나타내는 값은 숫자의 자리에 따라 달라졌다. 오늘날 우리가 사용하는 십진법에도 자리값이 있다. 예컨대 123은 1의 자리가 3, 10의 자리가 2, 100의 자리가 1인 수이다. 자리값 체계의 큰 장점은 1보다 작은 수에도 확장하여 적용할 수 있다는 것이다. 즉 1보다 작은 수를 분모가 10의 거듭제곱인 분수(십진분수)들의 합으로 나타낼 수 있다. 이 방법은 소수 표현과 직결된다. 예컨대 0.56은 $\frac{1}{10}$의 자리가 5, $\frac{1}{100}$의 자리가 6인 수이다.

바빌로니아인은 '60진법' 자리값 체계를 사용했다. 바꿔 말해 수를 셀 때 60을 기준으로 삼았다. '123'은 1의 자리가 3, 60의 자리가 2, $(60 \times 60) = 3600$의 자리가 1인 수를 의미했다. (바빌로니아 숫자는 두 가지 기호, 곧 수직 쐐기()와 수평 쐐기()가 조합된 형태였다.) 그들이 60을 기준으로 삼은 이유는 알려지지 않았다. 어쩌면 60이 1, 2, 3, 4, 5, 6으로 나누어떨어지는 가장 작은 수이기 때문일지도 모른다. 이런 특징 때문에 60을 기준으로 삼으면 일부 계산들이 더 쉬워졌을 것이다. 바빌로니아인은 1보다 작은 수에도 똑같은 숫자 체계를 적용했는데, 우리의 소수점에 해당하는 기호는 없었다. 따라서 맥락을 살펴서 자리들의 값을 추론해야 했다. 그러므로 '123'은 1의 자리가 1, $\frac{1}{60}$의 자리가 2, $\frac{1}{3600}$의 자리가 3인 수를 의미할 수도 있었다. 소수 계산과 분수 계산을 해본 사람이라면 누구나 알듯이, 소수 표현은 분수 표현보다 훨씬 더 우월하다. 필요한 기호들이 더 적고 계산할 때 더 간편하다. 바빌로니아인은 $\sqrt{2}$의 값을 60진법으로 세 자리까지 정확하게 계산했다. 즉, 참값을 약 0.000008만큼 벗어난 계산 값을 얻었다. 당시로서는 놀라운 성취였던 셈이다. 그들은 각을 세분하는 작업을 쉽게 할 수 있었던 덕분에 당대 최고의 천문학 지식에 도달했다.

바빌로니아인은 한 회전을 360°로 분할했다. 이 분할은 어쩌면 황도를 12궁, 36십분각decan으로 나눈 것에서 영향을 받았을 수도 있고, 1년이 대략 360일인 것에서 영향을 받았을 수도 있다. 최근에는 아래 그림처럼 원의 내부에 정삼각형 6개를 맞춤하게 배치할 수 있고, 정삼각형의 각 하나를 60진법에 맞춰 60°로 분할했기 때문에 360이 선택되었다는 주장이 제기되었다. 이 모든 설명들은 서로를 보완한다. 아무튼 바빌로니아의 각도 표기법은 대단히 오랫동안 명맥을 이어왔다.

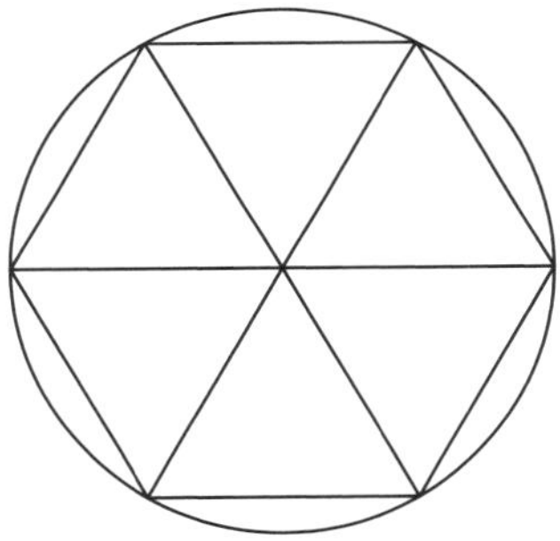

기원전 2세기에 그리스인은 바빌로니아 숫자 체계를 받아들였다. 각도는 전통적으로 더 작은 단위 60개로 분할되었다. 그 작은 단위 각각을 라틴어로 '파스 미누타 프리마pars minuta prima', 곧 '일차 미세 부분'으로 불렀다. 일차 미세 부분은 다시 더 작은 단위 60개로 분할되었으며, 이 단위는 '파스 미누타 세쿤다pars minuta secunda', 곧 '이차 미세 부분'으로 불렸다. 이 라틴어 명칭들은 영어에서 시간의 단위들인 'minute(분)'과 'second(초)'의 기원이 되었다. 이 영어 단어들은 고대 60진법의 가장 두드러진 잔재이다.

마침내 적합한 숫자 체계가 마련되자 그리스 천문학자 히파르코스는 삼각형의 각과 변 사이의 관계를 연구하기 시작했다. 그는 원 위의 두 점을 잇는 선분인 '현chord'을 연구 대상으로 삼았다. '현'이라는 명칭은 그 선분이 팽팽한 활시위처럼 보이기 때문에 붙었다. 아래 그림에서 보듯이 모든 현 각각은 원의 중심과 함께 삼각형 하나를 형성한다.

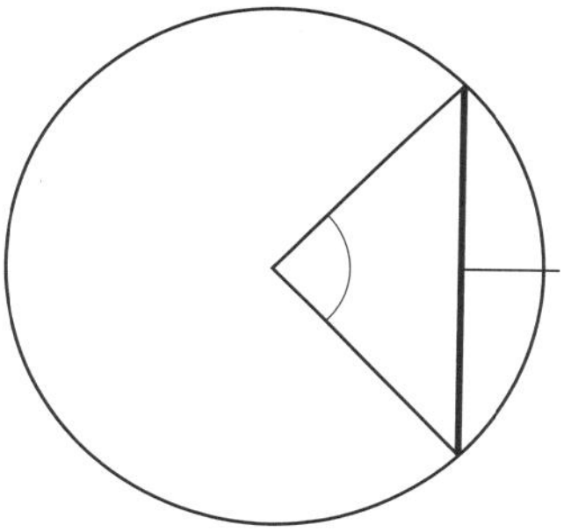

원의 크기가 일정하다면, 중심에서의 각(중심각)에 특정한 현의 길이가 대응한다. 히파르코스는 각이 7.5°의 배수일 때 그에 대응하는 현의 길이가 얼마인지 보여주는 표를 작성했다. 기원후 2세기에 천문학자 프톨레마이오스는 이 아이디어를 확장했다. 그는 중심각이 0°부터 180°까지 0.5°씩 증가할 때 현의 길이가 어떻게 증가하는지 보여주는 표를 만들었다. 히파르코스와 프톨레마이오스의 현의 길이 표는 서양 천문학자들에게 이루 말할 수 없이 소중했다. 그들은 지구와 천체들을 거대한 삼각형의 꼭짓점들로 간주하고 거리를 계산했다. 삼각형은 먼 우주의 위치들을 최초로 측정할 수 있게 해준 인류 최초의 망원경이었다.

천문학은 기원후 첫 천년기 중반에 인도에서 꽃을 피웠다. 바빌로니아에서 천문학이 번성한 것과 같은 이유에서였다. 인도인은 자리값이 있는 숫자 체계를 보유한 덕분에 아주 큰 수와 작은 수를 편리하게 표현할 수 있었다. 인도의 숫자 체계는 바빌로니아의 그것보다도 우월했다. 왜냐하면 60보다 더 다루기 쉬운 10을 기준으로 삼았고, 0을 바빌로니아 숫자 체계에서처럼 자리 표시용 기호로만 본 것이 아니라 어엿한 수로 간주했기 때문이다. 인도 천문학자들도 삼각형의 각과 변 사이의 관계를 알려주는 표에 의지했다. 그러나 그들은 현 대신에 '반현half-chord'에 주목했다. 다음 페이지의 왼쪽 그림에서 보듯이 반현은 반지름을 빗변으로 하는 직각삼각형의 한 변이기도 하다. 나머지 한 변은 현을 이등분하는 직선(이등분선)의 일부이다. 반현은 계산에 이용하기가 더 편리한 개념이다. 왜냐하면 앞서 언급했듯이 모든 삼각형을 직각삼각형들로 분할할 수 있기 때문이다. 인도의 자리값 숫자 체계, 그리고 삼각형의 변에 대한 관심은 아랍 세계를 거쳐 유럽까지 전파되었다. 오늘날 우리가 사용하는 숫자—0부터 9까지—는 인도에서 유래했다. 현대 수학에서 반현을 선호하는 관행도 마찬가지이다.

일찍이 기원전 6세기에 탈레스는 삼각형의 속성들 중에 가장 중요한 것을 발견했다. 삼각형에 관한 모든 지식의 주춧돌 격인 그 속성은 다음과 같다. 만일 한 삼각형의 각들과 또 다른 삼각형의 각들이 모두 같다면, 첫째 삼각형에서 변들 사이의 비율은 둘째 삼각형에서 그 비율과 같다.

그로부터 2000년 후, 수학자들은 이 속성에 기초를 둔 세 가지 개념을 고안했다. 영어권에서 학교를 다닌 사람들은 아래 문구를 기억할

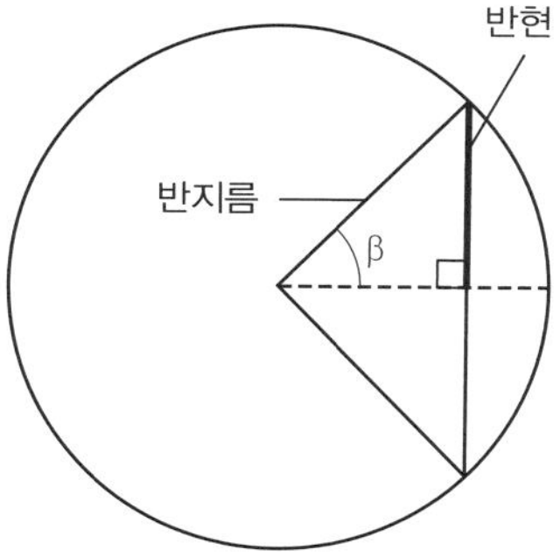

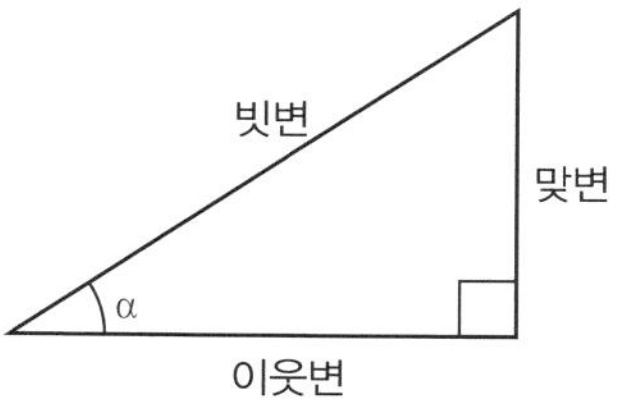

것이다.

SOH-CAH-TOA! (소-카-토아)

학생들이 교실에서 경쟁하듯 목 놓아 외치는 이 문구의 뜻은 아래와 같다.

$$\text{사인(S)} = \frac{\text{맞변(O)}}{\text{빗변(H)}} \quad \text{코사인(C)} = \frac{\text{이웃변(A)}}{\text{빗변(H)}} \quad \text{탄젠트(T)} = \frac{\text{맞변(O)}}{\text{이웃변(A)}}$$

이 공식들에 의해 정의되는 사인, 코사인, 탄젠트를 일컬어 '삼각비 trigonometric ratio'라고 한다. 이 세 가지 삼각비는 위의 오른쪽 그림과 같은 직각삼각형에 적용된다. 각 α(알파)의 사인(사인 알파)은 맞변의 길이 나누기 빗변의 길이이다. α의 코사인(코사인 알파)은 이웃변의 길이 나누기 빗변의 길이이다. α의 탄젠트(탄젠트 알파)는 맞변의 길이 나누기 이웃변의 길이이다.

위의 오른쪽 그림의 직각삼각형을 임의로 확대하더라도, 변들 사이의 비율은 변함없이 유지된다. 각 α가 정해지면, 사인 알파, 코사인 알파, 탄젠트 알파가 항상 상수라는 뜻이다. 이 삼각비들은 직각삼각형의 모양을 알려주는 식별 부호와 같다. 직각삼각형의 모양은 각들에 의해 결정되는데, 그 각들이 정해지면 사인, 코사인, 탄젠트도 정해진다.

사인과 반현의 관련성은 앞 페이지의 왼쪽 그림에서 분명하게 드러난다. 각 β(베타)의 사인은 $\frac{\text{맞변}}{\text{빗변}}$, 따라서 $\frac{\text{반현}}{\text{반지름}}$이다. 반지름이 1이라면, 사인 베타는 반현과 같다.

'사인sine'이라는 단어의 어원을 살펴보면 이 단어가 인도에서 유래했음을 알 수 있다. 산스크리트어에서 '반현'을 뜻하는 단어는 '지아-아르다jya-ardha'(직역하면 '현의 절반')였다. 아랍인은 이 단어를 '지바jiba'라는 무의미한 용어로 번역했다. 그런데 '지바'의 발음이 가슴 또는 만灣을 뜻하는 '자이브jaib'와 약간 유사한 탓에, '자이브'라는 명칭이 쓰이게 되었다. 아랍 텍스트를 라틴어로 번역한 사람들은 '자이브'를 여성의 가슴을 가리는 토가toga(로마인의 겉옷—옮긴이) 자락을 뜻하는 '시누스sinus'로 번역했고, 이 번역어에서 '사인sine'이 유래했다.

아래에 간단한 삼각비 표를 제시했다. 각이 딱 떨어지더라도 삼각비들은 지저분할 수 있다. 각이 0°에서 90°까지 변할 때, 사인은 0에서 1까지 변한다. 코사인은 1에서 0까지, 탄젠트는 0에서 무한대까지 변한다. 최초의 삼각비 표들은 15세기와 16세기에 작성되었다. 기하학과 산술의 기법들을 써서 작성한 그 표들은 삼각형의 황금시대를 위한 발판이 되었다.

$\sin 1^\circ = 0.0175$	$\cos 1^\circ = 0.9998$	$\tan 1^\circ = 0.0175$
$\sin 10^\circ = 0.1736$	$\cos 10^\circ = 0.9848$	$\tan 10^\circ = 0.1763$
$\sin 30^\circ = 0.5000$	$\cos 30^\circ = 0.8660$	$\tan 30^\circ = 0.5774$
$\sin 45^\circ = 0.7071$	$\cos 45^\circ = 0.7071$	$\tan 45^\circ = 1.0000$

$\sin 60^\circ = 0.8660$	$\cos 60^\circ = 0.5000$	$\tan 60^\circ = 1.7321$
$\sin 90^\circ = 1.0000$	$\cos 90^\circ = 0.0000$	$\tan 90^\circ =$ 무한대

역사에 관한 전문적인 이야기는 이것으로 갈음하고, 이제 삼각비를 써먹어보자. 예컨대 우리가 어떤 나무의 높이를 측정하고 싶다면, 이 측정 과제를 아래 그림에서처럼 직각삼각형에 관한 문제로 변환해야 한다.

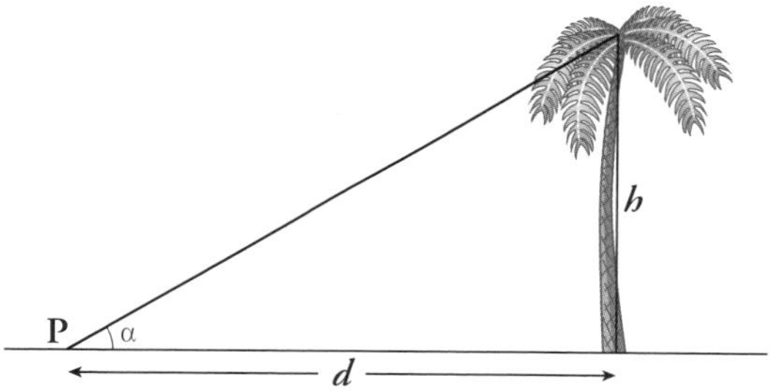

관찰자가 위치 P에서 바닥에 엎드려 나무 꼭대기를 바라볼 때, 그의 시선과 바닥이 이루는 각이 α라면

$$\tan \alpha = \frac{\text{나무의 높이}}{\text{관찰자의 위치에서 나무까지 거리}} = \frac{h}{d}$$

가 성립한다. 이 등식을 아래와 같이 정리할 수 있다.

$$h = d \times \tan \alpha$$

이 등식은 아래처럼 곱셈 기호를 생략한 형태로 적는 것이 일반적이다.

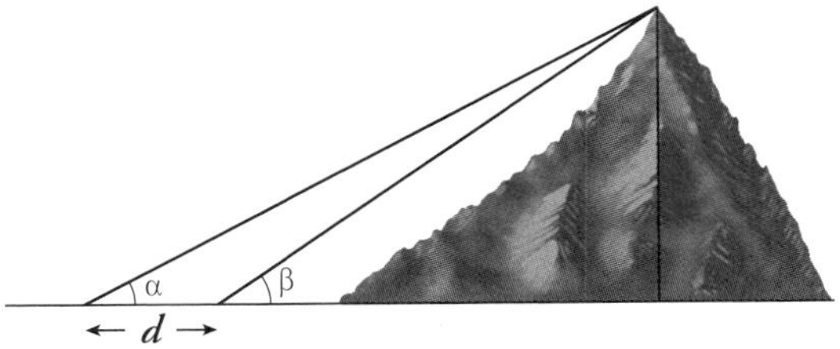

$h = d \tan \alpha$

르네상스 시대의 측량 기술자는 뷰파인더viewfinder와 각도기로 각 α를 측정할 수 있었을 것이다. 또 α 값을 얻고 나면 삼각비 표를 뒤져서 탄젠트 알파를 알아냈을 것이다. 이어서 그는 줄자나 끈을 이용하여 *d*를 측정했을 것이다. 이런 방법으로 그는 나무 위로 올라가지 않고도 나무의 높이를 측정할 수 있었을 것이다.

산의 높이를 측정하려면 위 그림처럼 삼각형 2개가 포함된 그림을 그릴 필요가 있다. 왜냐하면 산꼭대기에서 똑바로 아래에 위치한 꼭짓점에 도달하는 것이 불가능하기 때문이다. 이 문제를 해결하기 위해 측량사는 서로 다른 두 지점에서 산꼭대기를 관찰해야 한다. 그 두 지점은 제각각 산꼭대기와 한 직선을 이루어 각 α와 β를 산출한다. 측량사는 두 지점 사이의 거리 *d*도 측정한다. 그러면 탄젠트 알파, 탄젠트 베타, 그리고 *d*를 가지고 산의 높이를 계산할 수 있다(계산 방법은 부록 3 참조).

삼각비는 항해술, 전쟁 기술 등을 바꿔놓았다. 삼각비를 이용하면 위험해서 직접 갈 수 없는 위치까지의 거리를 측정할 수 있기 때문이다. 아랍 학자 알비루니가 에라토스테네스의 지구 둘레 측정 기록을 경신한 것도 삼각비 덕분이었다. 기원후 11세기, 알비루니는 펀자브

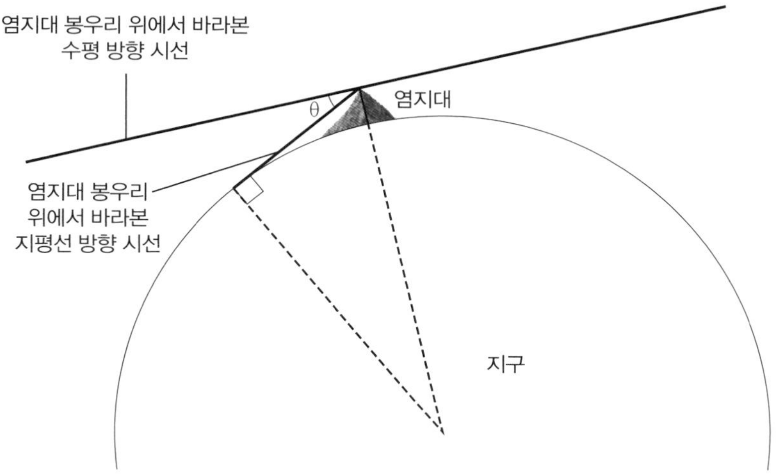

알비루니의 지구 반지름 측정 방법

지방 염지대Salt Range의 한 요새에 머물던 중에 산의 높이를 측정하기에 딱 알맞은 지형을 발견했다. 그것은 넓은 평지에 봉우리 하나가 솟은 지형이었다. 그 봉우리의 높이를 삼각법으로 측정하지 않는다는 것은 도리에 어긋난 행동일 터여서, 알비루니는 도리를 지켰다. 그러나 그 다음에 그는 짐을 꾸려 길을 떠나는 대신에 그 봉우리 위로 올라가서 자신의 수평 방향 시선과 지평선 방향 시선 사이의 각(위 그림에서 θ)을 측정했다. 그는 봉우리 위 자신의 위치와 지구의 중심을 잇는 선분을 긋고, 자신의 지평선 방향 시선과 지구가 만나는 지점에서 지구 중심까지 또 하나의 선분을 그어 직각삼각형을 그렸다. 그리고 삼각법을 이용하여 지구의 반지름은 산의 높이에 $\frac{\cos\theta}{1-\cos\theta}$를 곱한 값과 같다는 결론에 도달했다(증명은 부록 3 참조). 그가 이 방법으로 계산한 지구의 반지름은 6335km였다. 이 반지름에 기초하여 지구의 둘레를 계산하면 3만 9800km가 나오는데, 이 값은 참값보다 겨우 0.5% 작다. 에라토스테네스의 계산 값보다 거의 10배 더 정확한 셈이다. 삼각비는 건축가, 천문학자, 포병, 과학자, 항해사의 삶을 바꿔놓았을 뿐만 아니라 피타고라스의 정리를 비롯한 고전 기하학을 새로운 눈으로 보게 함으로써 새로운 추상적 수학을 낳았다. 101쪽의 그림을 보면서 피타고라스의 정리를 상기해보자. 그 정리는 아래와 같다.

$a^2 + b^2 = c^2$ (c는 빗변, a와 b는 나머지 두 변)

b와 c가 이루는 각을 α라고 하면

$$\sin\alpha = \frac{a}{c} \qquad \cos\alpha = \frac{b}{c}$$

이다. 바꿔 말해 $a = c\sin\alpha$, $b = c\cos\alpha$이다. 이 a와 b를 피타고라스의 정리에 대입하면

$$(c\sin\alpha)^2 + (c\cos\alpha)^2 = c^2$$

이다. 괄호를 풀면 아래와 같다.

$$c^2(\sin\alpha)^2 + c^2(\cos\alpha)^2 = c^2$$

양변을 c^2으로 나누면 아래와 같다.

$$(\sin\alpha)^2 + (\cos\alpha)^2 = 1$$

깔끔하다! 이 간단한 공식을 이용하면 사인 값에서 코사인 값을 계산할 수 있고 그 반대로도 계산할 수 있다. 삼각형을 그릴 필요도 없다. 이 공식은 이른바 '삼각함수 항등식들trigonometric identities' 가운데 가장 간단한 것이다. 삼각함수 항등식이란 삼각비(사실상 삼각함수)들을 포함하며 항상 참인 등식이다. 아래 등식은 알비루니와 동시대에 활동한 아랍 수학자 이븐-유누스가 발견했다고 한다.

$$\cos\alpha \times \cos\beta = \frac{\cos(\alpha+\beta)+\cos(\alpha-\beta)}{2}$$

이 공식은 대단히 중요했다. 비록 수학자들이 그 중요성을 깨닫기까지 500년이 걸렸지만 말이다. 이 공식은 까다로운 계산인 곱셈을 훨씬 더 간단한 덧셈으로 변환할 길을 열어준다.

예컨대 0.2897에 0.3165를 곱한다고 해보자.

두 수가 모두 0과 1사이에 놓이므로, 이 수들을 코사인 값으로 가지는 각도들이 존재한다. 그 각도들이 무엇인지는 삼각비 표를 찾아보면 알 수 있다.

$$\cos 73.160^\circ = 0.2897$$
$$\cos 71.548^\circ = 0.3165$$

따라서 아래 등식이 성립한다.

$$0.2897 \times 0.3165 = \cos 73.160^\circ \times \cos 71.548^\circ$$

저 위의 공식에 따라서, 우변의 곱셈은 아래 덧셈과 같다.

$$\frac{\cos(73.160 + 71.548)^\circ + \cos(73.160 - 71.548)^\circ}{2}$$

$$= \frac{\cos 144.708^\circ + \cos 1.612^\circ}{2}$$

삼각비 표를 참조하여 계산하면 다음과 같다.

$$\frac{\cos 144.708^\circ + \cos 1.612^\circ}{2} = \frac{-0.8162 + 0.9996}{2}$$

$$= \frac{0.1834}{2} = 0.0917$$

이 값은 우리가 하려는 곱셈 0.2897×0.3165의 결과와 같다. 이 우회적인 계산 방법은 대단히 정확하다. 당신이 계산기로 이 곱셈을 직접 해보면, 소수점 다섯째 자리에서 반올림한 결과가 정확히 0.0917로 나올 것이다.

이 변환 계산법은 곱셈을 공연히 복잡하게 수행하는 방법처럼 보일지 몰라도 16세기 후반에는 다른 모든 방법보다 탁월하게 쉬운 곱셈법이었다. 곱셈 과정을 일일이 적으려면 시간과 공이 많이 든다. 반면에 이 변환 계산법을 쓰면, 표를 참조하고, 두 수의 덧셈과 뺄셈을 하고, 다시 표를 참조하고, 두 수를 더한 다음에 2로 나누면 계산이 완료된다. 이 계산법을 '프로스타페레시스prosthaphaeresis'라고 부른다. 이 명칭은 덧셈과 뺄셈을 뜻하는 그리스어 '프로스테시스prosthesis'와 '아페레시스aphaeresis'에서 유래했다.

프로스타페레시스에서 영감을 받은 스코틀랜드 사람 존 네이피어는 곱셈을 덧셈으로 변환하는 방법을 더 개선할 길을 모색했다. 그리하여 1614년에 로그를 발견했다. 로그를 이용하면 두 수를 곱하는 작업을 더하는 작업으로 변환할 수 있다. 네이피어의 로그는 곱셈 절차를 더욱 단순화함으로써 프로스타페레시스를 과거의 유물로 만들었다. 그러나 그때까지 몇십 년 동안 프로스타페레시스는 탁월한 곱셈법으로 영광을 누렸고 기하학의 정수인 직각삼각형은 산술에서 비밀병기의 구실도 맡았다.

삼각형들은 개별적으로도 유용하지만 특히 팀을 이뤘을 때 쓸모가 많다. 당신이 아래 그림처럼 삼각형들의 연결망을 그리고 거기에 포함된 모든 각들을 측정했다면, 추가로 변 하나만 측정하면 나머지 모든 변의 길이를 알 수 있다. 우리가 굵은 선으로 표시된 변의 길이만 아는데, 그 길이가 l이라고 가정하자. '사인법칙sine rule'이라는 삼각함수 항등식을 이용하면, l이 속한 삼각형의 나머지 두 변을 알아낼 수 있다. 그 두 변은 각각 $\frac{l \sin \beta}{\sin \alpha}$, $\frac{l \sin \gamma}{\sin \alpha}$이다. 이때 α는 굵은 선과 마주한 각, β와 γ는 나머지 두 각이다. 우리는 연결망에 포함된 모든 각

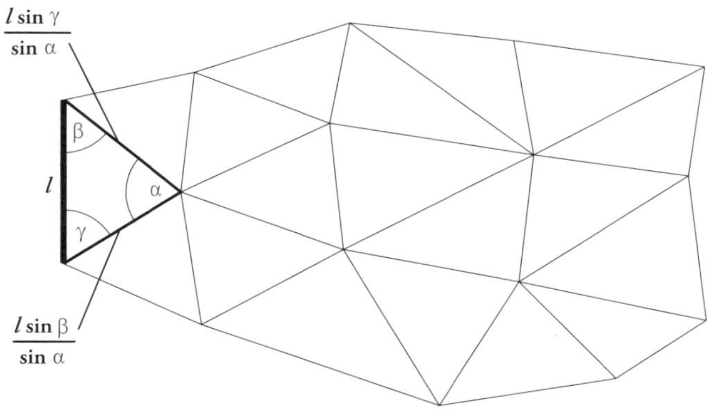

삼각측량법

을 알고 있으므로, 변의 길이 하나를 새로 알게 될 때마다 다른 변 2개의 길이를 계산할 수 있다. 결국 우리는 연결망에 포함된 모든 변의 길이를 알 수 있다. 이 방법은 삼각형들의 모양이 어떠하든지 상관없이—직각삼각형이 아니더라도—유효하다.

1533년에 네덜란드 수학자 게마 프리시우스는 이 방법, 곧 삼각측량법이 지도 제작에 안성맞춤임을 깨달았다. 왜냐하면 각도 측정은 먼 곳까지의 거리 측정보다 훨씬 더 쉽기 때문이다. 그의 아이디어는 주요 지점들을 선정하되, 각각의 지점에서 최소한 2개의 다른 지점들을 볼 수 있도록 선정한 다음에, 그 지점들을 이어 삼각형들의 연결망을 만든다는 것이었다. 그는 연결망에 포함된 각들을 '경위의theodolite'로 측정했다. 간단히 말해서 경위의는 받침대를 갖춘 원형 각도기이다. 프리시우스는 연결망에 포함된 한 변(이른바 '바탕선base line')의 길이를 측정한 다음에 삼각비 표를 참조함으로써 나머지 모든 변의 길이를 알아내고 정확한 지도를 작성할 수 있었다.

프랑스는 삼각측량을 전국적으로 실시한 최초의 국가였다. 그 측량은 1668년에 시작되었다. 모든 삼각측량에서 가장 어려운 과제는 바탕선의 길이를 재는 것이다. 성직자 장 피카르는 파리 근교 빌쥐프의 한 방앗간에서 쥐비니의 파빌리온pavilion at Juvigny까지 이어진 11km 길이의 직선 도로를 바탕선으로 삼았다. 그는 이 바탕선의 길이를 나무 막대들을 이용하여 꼼꼼히 측정했다. 이어서 그는 북쪽으로 이동하면서 시계탑이나 산꼭대기 같은 특징적인 지형물을 삼각형의 꼭짓점으로 삼고 그런 삼각형의 각들만 측정했다. 이런 방법으로 마침내 대서양에 도달한 피카르는 프랑스 해안선과 파리 사이의 거리가 기존의 생각보다 훨씬 더 가까움을 발견했다. "당신의 측량 덕분에 내 영토의 상당 부분이 사라졌다"고 루이 14세는 투덜거렸다. 피카르가 시작한 삼각측량은 그가 죽은 후에도 100년 동안 계속되었고, 결국 프랑스는 삼각형 400개로 뒤덮였다. 그 결실로 제작된 유명한 프랑스 지도는 기존의 어떤 지도보다 더 상세하며 오늘날 관광객들이 표준으로 삼는 노란색 '미셸린 관광지도'와 축척이 거의 같다.

프랑스인은 삼각형을 미친 듯이 사랑했다. 1735년에 루이 15세는 뜨거운 과학 논쟁 하나를 매듭짓기 위해 두 팀의 삼각측량 기술자들을 지구의 양쪽 끝으로 파견했다. 지구는 완벽한 공 모양이 아니다. 그런데 당시에 뜨거운 논쟁거리는 지구가 자몽처럼 양극이 납작한가, 아니면 레몬처럼 적도 근처가 납작한가 하는 문제였다. 영국인은 자몽이 정답이라고 추측했고, 프랑스인은 이에 맞서 레몬을 옹호했다. 프랑스인은 북극 근처에서 위도 차이가 1°인 두 지점 사이의 거리—정확히 말하면 남북 방향 거리—와 적도 근처에서 그런 두 지점 사이의 거리를 비교함으로써 무엇이 정답인지 알아낼 수 있음을 깨달았다. 만일 지구가 완벽한 공 모양이라면, 위도 차이가 1°인 두 지점 사이의 거리는 어디에서나 똑같이 지구 둘레의 360분의 1일 것이었다. 그러나 만일 그 거리가 북극 근처에서 더 크다면, 지구의 북극 근처가 더 불룩하다는 뜻일 테고, 만일 그 거리가 북극 근처에서 더 작다면, 지구의 적도 근처가 더 불룩하다는 뜻일 터였다. 프랑스인은 한 탐사 팀을 라플란드로 보내고 또 한 팀을 남아메리카에 위치한 현재의 에콰도르 영토로 보냈다. 그들은 별을 관찰하여 출발점의 위도를 계산한 다음에 라플란드에서는 정북향으로 삼각측량을 하고 에콰도르에서는 정남향으로 삼각측량을 했다. 삼각측량을 종결하는 지점에서는 다시 별을 보고 위도를 측정했다. 스칸디나비아에서는 눈보라와 모기떼에 시달리고 안데스 산맥에서는 고산병에 시달린 끝에 두 팀은 위도 차이가 1°인 두 지점 사이의 거리가 라플란드에서 더 짧음을 발견했다. 이로써 영국인이 선택한 과일이 정답으로 밝혀졌다. 실제로 지구는 거대한 자몽 모양이었다.

프랑스인은 삼각형을 사회와 과학의 진보를 위한 견인차로 삼았다. 다른 한편 영국인은 삼각형을 제국의 통치를 위한 도구로 삼았다. 19세기의 대부분에 걸쳐 진행된 대인도 삼각측량Great Trigonometical Survey of India은 당대 최대의 과학적 사업이었다. 희생된 인명과 소모된 비용에서 그 사업은 당대 인도에서 일어난 많은 전쟁들을 능가했다고 한다. 인도 남단에서 시작된 측량 작업은 정글을 지나고 데칸 고원과 북부 평야를 통과하여 조지 이브리스트 대령의 지휘 아래 히말라야 산맥에 이르렀다. (이브리스트의 이름과 에베레스트 산의 이름은 철자가 Everest로 같지만 일반적으로 다르게 발음한다.)

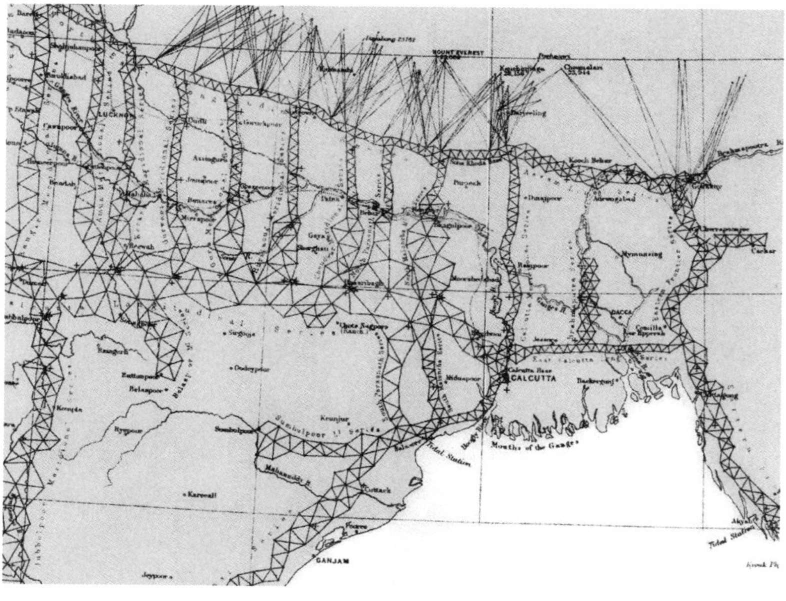

대 인도 삼각측량도에서 콜카타(과거의 캘커타)와 히말라야 산맥을 포함한 북동부 구역

삼각측량을 할 때는 수평 각도와 수직 각도를 둘 다 측정한다. 그렇게 해서 3차원 삼각형 연결망을 만들면 주요 지점들의 거리뿐만 아니라 고도도 알 수 있다. 히말라야 산맥에서 가장 큰 관심사는 봉우리들의 높이였다. 당시에는 100년 전에 프랑스인이 삼각측량으로 그 높이를 알아낸 에콰도르의 침보라소 산이 세계 최고봉으로 여겨졌다. 히말라야 산맥은 만년설로 덮여 있고 웅장하기로 유명했지만, 그 산맥이 안데스 산맥보다 더 높다는 주장은, 뱀을 부리는 마술사와 밧줄 묘기가 넘쳐나는 인도에서 지어낸 또 하나의 낭설로 치부되었다. 히말라야 산맥에 도착한 측량 팀은 이런 평가를 바꿔놓았다. 가장 높은 봉우리는 현지에서 부르는 이름이 알려져 있지 않았다. 결국 그 봉우리는 이브리스트 대령을 기리는 의미에서 에베레스트로 명명되었다. 명명 의도에 비춰볼 때 지금도 그 이름이 잘못 발음되는 산인 에베레스트는 세계 최고봉이다.

최초의 영국 영토 삼각측량은 1783년부터 1853년까지 실시되었다. (이 측량에서 바탕선의 한쪽 끝점은 현재 히드로 공항 주차장의 한 지점이었다. 그곳에는 작은 기념물이 설치되어 있다. 바탕선과 공항은 평지를 좋아한다.) 또 한 차례의 삼각측량(재삼각측량retriangulation)은 1935년부터 1962년까지 실시되었다. 이때 육지 측량부는 삼각형들의 꼭짓점에 총 6000개가 넘는 콘크리트 표지석을 설치했다. 그 표지석들은 공식 지도들에서 지금도 쓰이는 격자 시스템의 기초를 제공했다.

그러나 재삼각측량은 거의 즉시 과거의 유물이 되었다. 국토를 삼각측량할 필요성이 있으려면, 거리보다 각도를 측정하기가 훨씬 더 쉽다는 전제 조건이 있어야 한다. 그런데 1960년대에 '레이저'라는 신기술이 등장하여 먼 거리를 정확하게 측정할 수 있게 되었다. 한 지점에 레이저 송출기를 설치하고 다른 지점에 수신기를 설치하면, 레이저

빔은 두 지점 사이를 광속으로 이동할 것이다. 이때 송출기와 수신기 사이의 거리는 '광속 곱하기 레이저 빔이 이동하는 데 걸리는 시간'과 같다. 측량 기술자들이 레이저를 이용할 수 있게 되면서 삼각형은 쓸모없게 되었다.

영국 전역에 남아 있는 6200개의 표지석은 오늘날 마치 성지처럼 많은 순례자들을 불러들인다. 롭 우돌 같은 열성 동호인뿐만 아니라 다양한 사람들이 온갖 이유로 모여든다. 꼭대기를 잘라낸 피라미드 모양을 한 표지석의 기하학적 단순성은 유행을 타지 않는 신비로운 매력을 지녔다. 어느새 세파에 깎이고 마모된 표지석을 보노라면, 몇십 년 전의 지리학자들이 아니라 켈트 족의 성직자들이 설치한 작품을 보는 듯한 느낌이 들기도 하다.

그러나 지금도 삼각형은 신기술의 주춧돌이다. 삼각비는 전 지구 위치 확인 시스템(GPS)의 핵심 요소이다. 인공위성에 기초한 GPS 덕분에 우리는 전 세계 어디에서나 스마트폰과 차량용 내비게이션 컴퓨터의 위치를 정확히 알아낼 수 있다. GPS에 참여하는 위성 각각은 고유한 궤도를 따라 운동하는데, 사인과 코사인을 이용하여 몇 가지 변수의 값을 계산하면 위성의 위치를 알 수 있다. 내 스마트폰이 자신의 위치를 계산하려면, 최소 4개의 위성으로부터 데이터를 수신한 다음에 자체 메모리에 저장된 사인 표와 코사인 표를 참조하여 그 데이터를 처리해야 한다.

과학자들은 지금까지 2000년 동안 삼각비 표를 사용해왔다. 요새 우리는 삼각비 표를 스마트폰에 저장하여 주머니에 넣고 다닌다. 한 삼각형의 각들과 또 다른 삼각형의 각들이 모두 같으면, 첫째 삼각형에서 변들 사이의 비율은 둘째 삼각형에서 그 비율과 같다. 이 원리는 사상 최초의 수학 증명에 이용되었으며 정보 시대인 지금도 여전히 핵심적인 구실을 한다.

4장

원뿔을 자르면

직각삼각형을 업그레이드해보자. 빗변이 아닌 변 하나를 축으로 삼아 직각삼각형을 회전시키는 것이다. 그러면 3차원 물체인 원뿔이 만들어진다. 원뿔은 밑면이 원이고 꼭대기가 뾰족한 입체이다. 원뿔은

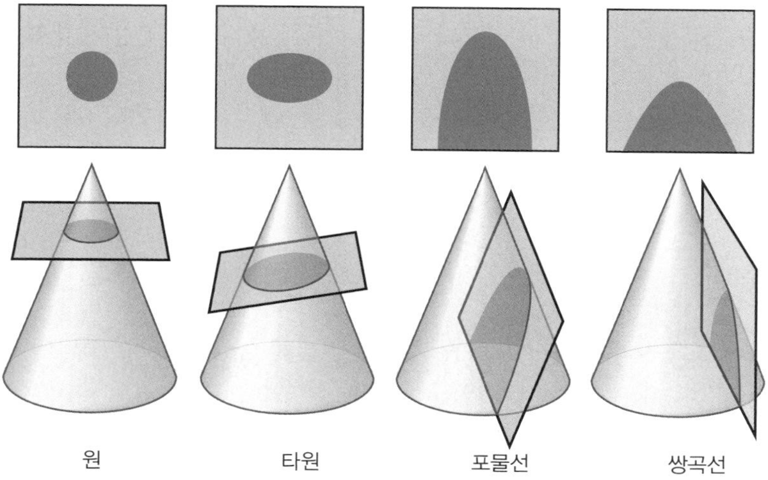

원뿔곡선

실생활에서 요긴하게 쓰이지 않는다. 공처럼 굴릴 수도 없고 정육면체처럼 쌓을 수도 없다. 그러나 역사 속에서 원뿔은 머리에 쓸 것으로 틈새 영역을 확보했다. 벼농사를 짓는 베트남 농민, 마술사, 어릿광대가 모두 뾰족한 원뿔 모양의 모자를 쓴다. 고대 그리스인도 펠트나 가죽으로 만든 원뿔 모자 '필로스pilos'를 썼다. 그러나 그들은 옷차림보다 앎을 위해 원뿔에 관심을 기울였다. 수학자에게 원뿔은 숨은 보물이다.

원뿔을 칼로 자를 때 생기는 단면의 윤곽은 네 가지 곡선 중 하나이다. 원, 타원, 포물선, 쌍곡선이 그 곡선들이다. '원뿔곡선conic section'으로 불리는 이 곡선들 중 어느 것이 단면의 윤곽으로 나오느냐는 원뿔을 어떤 각도로 자르느냐에 달려 있다. 앞 페이지의 그림이 보여주듯이, 수평으로 자르면 원이 나오고, 수평이 아니지만 칼이 원뿔을 통과하여 반대편으로 빠져나오게 자르면 타원이 나오고, 원뿔의 옆면과 평행하게 자르면 포물선이 나오고, 그보다 더 가파르게 자르면 쌍곡선이 나온다. 원뿔곡선에 대한 분석은 그리스 기하학의 정점이며 특별한 목적 없이 수행한 연구가 수천 년 뒤에 중대하게 응용된 대표적인 사례이다. 우주에 관한 근본적인 질문들에 대한 답이 보잘것없는 원뿔에 들어 있었다.

원은 누구나 아는 도형이다. 중심으로부터 일정한 거리만큼 떨어진 점들을 모으면 원이 만들어진다. 한쪽 끝을 핀으로 고정한 끈에 연필을 묶고 끈이 팽팽해지도록 당기면서 연필을 움직이면, 원을 그릴 수 있다. 이번에는 다음 그림처럼 핀 2개를 꽂고 끈으로 고리를 만들어 핀들을 둘러싸보자. 연필을 고리 안쪽에 걸고 끈이 팽팽해지도록 당기면서 움직여 핀들 주위를 한 바퀴 돌면, 타원이 그려진다. 모든 원은

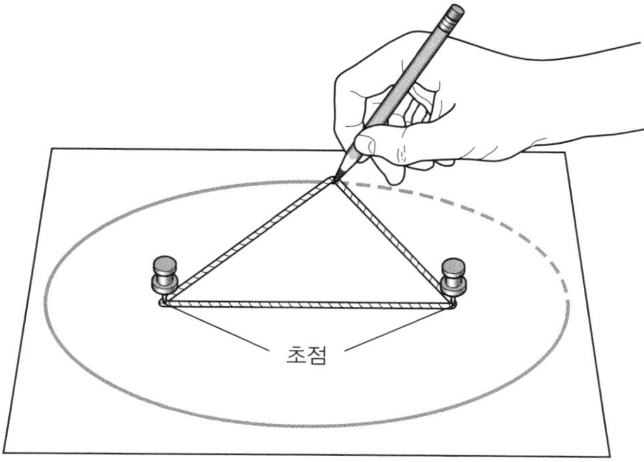

타원 그리기

모양이 같다. 다시 말해 임의의 원을 확대하거나 축소하면 임의의 다른 원으로 만들 수 있다. 반면에 타원은 핀들—'초점들'—사이의 간격을 다르게 하면 그에 따라 모양도 가지각색이 된다. 그 간격이 좁을수록 타원은 원과 비슷해진다. 만일 그 간격이 0이라면—두 초점이 일치한다면—타원은 원이 된다. 실제로 수학자들은 원을 타원의 하위 범주로 분류한다. 원이란 두 초점이 일치하는 특수한 타원이라는 것이다.

원을 비스듬히 보면 타원으로 보인다. 바퀴, 동전, 시계, 훌라후프, 고리는 우리가 이것들을 정면으로 보는 드문 경우를 제외하면 항상 타원으로 보인다. 거꾸로 어떤 타원이든지 적당한 각도로 비스듬히 보면 원으로 보인다(이 책에 나오는 타원들로 실험해보라).

타원은 실내 운동을 즐기는 사람들이 관심을 가질 만한 기하학적 속성 하나를 지녔다. 만일 당구대가 타원 모양이라면, 한 초점에서 친 공은 경계에서 되튀어 반드시 다른 초점을 향할 것이다. 처음에 공을 어

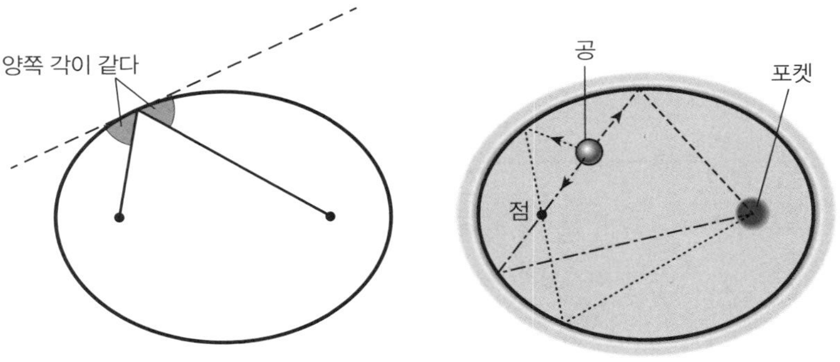

타원 위의 한 점에서 초점 각각으로 그은 두 직선은 타원과 동일한 각으로 만난다. 따라서 오른쪽 그림에서 쿠션을 이용하여 공을 포켓에 넣는 방법은 세 가지다.

느 방향으로 치든 상관없이 말이다. 꽤 신기한 이 특징은 다음과 같은 속성의 귀결이다. 위 왼쪽 그림에서 보듯이, 한 초점에서 타원 위의 한 점으로 그은 직선과 타원이 이루는 각은, 그 점에서 다른 초점으로 그은 직선과 타원이 이루는 각과 같다. 큐를 잡아본 사람이라면 누구나 알듯이, 당구대의 경계에서 공이 되튈 때 공이 경계에 접근하는 각도와 경계에서 멀어지는 각도는 서로 같다. 따라서 타원형 당구대의 한 초점에서 출발한 공은 경계에서 되튄 다음에 반드시 다른 초점을 향한다.

1960년대 초반, 코네티컷 주의 고등학생 아트 프리고 주니어는 학교 수학 동아리에서 원뿔곡선을 공부한 후에 타원형 당구대를 제작했다. 아트의 당구대에는 한 초점에 점이 찍혀 있고 다른 초점에 포켓이 있었다. 여느 포켓볼 당구대와 달리 경계에는 포켓이 없었다. 위 오른쪽 그림처럼 아트의 당구대 위에 공이 하나만 있다면, 그 공을 쿠션을 이용하여 포켓에 넣는 방법은 세 가지이다. 첫째, 점을 겨누고 공을 치는 방법이다. 이 경우에 공은 점을 지나고 쿠션에서 되튀어 포켓에 들어갈 것이다. 둘째, 점을 겨누지 않고 그 반대 방향을 겨눌 수도 있다.

그러면 공은 쿠션에서 되튀어 포켓에 들어갈 것이다. 셋째, 포켓 방향의 정반대로 공을 칠 수도 있다. 그러면 공은 쿠션에서 되튀고 점을 지나서 다시 쿠션에서 되튄 다음에 포켓에 들어갈 것이다. 요컨대 아트의 당구대에서는 공을 포켓에 넣기가 식은 죽 먹기이다. 아트는 그의 당구대에서 흰 공 하나와 색깔 공 6개를 가지고 하는 '엘립티풀Elliptipool'이라는 게임을 제안했다. 타원형 당구대가 새롭고 매혹적인 당구의 세계를 개척한 것이다.

아트는 고등학교에서 제작한 그의 당구대를 스케넥터디 소재 유니언칼리지에 입학할 때 가지고 갔다. 그 당구대는 남학생 휴게실에서 큰 인기를 끌어 텔레비전 뉴스에까지 등장했다. 그후에 아트는 그의 당구대로 특허를 받았고, 전국적인 장난감 회사 한 곳이 그에게 거래를 제안했다. "주문이 8만 대나 들어왔다. 당시 스물한 살이던 나는 '내가 백만장자가 되는구나'라고 생각했다"라고 그는 말했다. 그 회사는 바로 얼마 전에 내기 당구를 소재로 한 드라마 〈허슬러The Hustler〉에 출연했던 폴 뉴먼을 광고 모델로 기용했다. 그러나 여러 장애물이 있었다. 당구대가 시판되기까지 거의 1년이 걸렸고, 판매된 당구대는 휘어지기 십상이었다. 자판기처럼 동전을 넣고 사용하는 더 튼튼한 신형 당구대가 제작되어 주요 도시의 술집 수백 곳에 깔렸다. 그러나 그 당구대도 인기를 끌지 못했다.

한 업소에 들른 아트는 자신의 테이블이 사용되지 않는 것을 보고 실망했다. "사람들이 그 게임을 이해하지 못한다는 것을 알고 마음이 아팠다"라고 그는 말했다. "사람들은 그 당구대를 약간 다른 원형 당구대로 여겼다. 타원의 초점에 대해서 모르니, 공이 잘 들어갈 리 없었다. 공의 진로를 예상할 수 없으니, 공을 포켓에 넣을 수 없었다." 그러나 그는 그 경험에서 제품을 시장에 내놓지 말아야 할 때가 언제인지 배웠다. 그후 그는 다이아몬드와 스펀지 걸레를 취급하는 사업가로 성공했다. 현재 그는 플로리다에 살면서 올리브유를 수입한다.

타원의 두 초점 사이의 수학적 관계는 비록 미국의 당구 문화 창달에는 실패했을지 몰라도 조명 산업에서는 실로 찬란하게 응용되었다. 타원의 한 초점에서 친 당구공이 되튀어 다른 초점을 향하는 것과 똑같이, 빛을 반사하는 소재로 타원을 만들고 그 초점에 광원을 설치하면, 그 광원에서 나오는 모든 광선은 타원에서 반사하여 다른 초점을 향한다. 두 초점을 통과하는 직선을 축으로 삼아 타원을 회전시키면, '타원체'라는 3차원 입체가 만들어진다. (정확히 말하면, 타원체의 경계, 곧 '타원면'이 만들어진다.) 그 타원체 내부의 한 초점에 전구를 설치하고 타원체의 안쪽 표면을 거울로 덮으면 스포트라이트의 주요 부분이 완성된다. 빛다발이 한 곳에 집중되도록 만드는 데는 이보다 더 나은 방법이 없다. 전구에서 나온 빛은 거울에 반사되어 또 다른 초점으로 모여든 다음에 렌즈를 통해 굴절된다. 이처럼 원뿔곡선이 광학에 유용하다는 사실은 '초점'이라는 단어가 유래한 이유이기도 하다. 초점을 뜻하는 영어 'focus'는 원래 '불자리fireplace'를 뜻하는 라틴어이다. 독일어에서는 이 어원이 더 선명하게 드러난다. '초점'을 뜻하는 독일어는 'Brennpunkt', 즉 '불타는 점'이다.

지붕이 타원면인 건물은 특별한 속성들을 가진다. 왜냐하면 한 초점에서 발생한 소리가 지붕의 모든 지점에서 반사하여 다른 초점으로 모일 것이기 때문이다. 예컨대 솔트레이크시티에 위치한 모르몬 성막Mormon Tabernacle의 거대한 돔은 의도적으로 타원면의 절반과 같은 모양으로 제작되었다. 한 초점에는 설교단이 설치되어 있는데, 거기에서 바늘 하나를 떨어뜨리면, 그 소리가 52m 떨어진 다른 초점에서 또렷하게 들린다.

고대 그리스 수학은 기원전 600년경의 탈레스부터 기원후 300년경에 활동한 마지막 주요 인물인 알렉산드리아의 파포스까지 거의 1000년 동안 명맥을 유지했다. 최고의 주인공들은 고전 고대 수학의 성삼위라고 할 만한 유클리드, 아르키메데스, 아폴로니우스이다. 이들은 모두 기원전 3세기에 활동했다. 우리는 유클리드와 아르키메데스를 나중에 다시 다룰 것이다. 세 명 중에 가장 후배인 아폴로니우스는 알렉산드리아에서 공부하고 가르쳤으며 터키 페르가몬에서도 살았다. 페르가몬에는 그리스 제국에서 두 번째로 큰 도서관이 있었다. 오늘날 아폴로니우스는 성삼위 가운데 가장 덜 유명하지만 당대에는 '위대한 기하학자Megas Geometris'로 불렸다. 그는 많은 책을 썼지만, 지금 전해지는 것은 『원뿔곡선론』 한 권뿐이다.

이 책에서 아폴로니우스는 원뿔을 잘라서 세 가지 원뿔곡선을 얻는 방법을 보여주고 그 원뿔곡선들에 이름을 붙였다. '타원'을 뜻하는 영어 'ellipse'는 '배제하다'를 뜻하는 그리스어 '레이페인leipein', '포물선'을 뜻하는 'parabola'는 '같음' 혹은 '곁'을 뜻하는 '파라para', '쌍곡선'을 뜻하는 'hyperbola'는 '초과' 또는 '너머'를 뜻하는 '하이퍼hyper'에서 유래했다(접미어 -bola는 '던져진 것'을 뜻함). 아폴로니우스가 지은 이름들은 원뿔곡선이 차지하는 면적과 관련이 있는데, 자세한 내용은 여기에서 설명하기에 너무 복잡하다. 그러나 그의 작명 의도를 이 장 맨처음에 나오는 그림의 자르기 각도에 빗대어 이해할 수 있다. 자르기 각도가 원뿔 옆면의 기울기보다 작을 때(기준에 못 미쳐 배제될 때) 나오는 원뿔곡선은 타원leipein이다. 자르기 각도가 옆면의 기울기와 '같으면' 포물선para이 나오고, 그 각도가 그 기울기보다 더 크면(초과하면) 쌍곡선hyper이 나온다. 387개의 명제를 제시하는 『원뿔곡선론』은 읽기가 쉽지 않다. 한 가지 이유는 아폴로니우스가 오늘날에는 쓰지 않는 거추장스러운 표기법을 사용했기 때문이다. 하지만 그의 성취는 당대에 어마어마한 것이었고 지금은 그리스 기하학의 절정으로 평가받는다. 아폴로니우스는 원뿔곡선의 속성들을 철저히 파헤침으로써 2000년 뒤에 일어난 중요한 과학적 발전의 기초를 닦았다.

『원뿔곡선론』에서 아폴로니우스는 오직 재미를 위해 연구할 가치가 있는 분야가 존재한다고 자신 있게 선언했다. 하지만 그는 실용성이 있는 수학도 연구했다. 일찍이 천문 관찰자들은 행성들이 곧장 이동하지 않고 하늘에서 이리저리 돌아다니고 흔히 역진하여 고리를 그린다는 것을 발견했다. ('행성'을 뜻하는 영어 'planet'은 '떠돌이'를 뜻하는 그리스어 'planetes'에서 나왔다.) 플라톤의 선언에 따르면, 행성들은 가장 단순하고 우아한 도형인 원을 그리며 움직여야 했다. 이 단언의 근거는 세계가 기하학적으로 단순하고 우아하게 제작되었다는 플라톤의 확고한 믿음이었다. 그는 경험 데이터에 아랑곳없이 이 신념을 유지했다. 그리하여 후대의 사상가들은 원운동들을 적당히 조합하여 행성들의 실제 운동을 설명해야 하는 과제를 짊어지게 되었다. 아폴로니우스는 이 과제를 해결하기 위해 거의 2000년 동안 표준 모형의 구실을 한 시스템을 고안했다.

행성의 운동에 관한 아폴로니우스의 설명에서 우주의 중심은 고정된 지구이다. 행성 각각은 '주전원'이라는 작은 원을 그리며 운동하는데, 그 주전원 자체도 지구를 중심으로 하는 더 큰 원(수송원輸送圓, deferent)을 그리며 운동한다. 다음 그림을 참조하라. 식탁보의 레이스를 닮은 행성 궤도는 스피로그래프Spirograph로 그린 곡선과 원리적으로 같은 모양이다. 스피로그래프는 그리기용 장난감인데, 펜이 꽂힌 작은 톱니바퀴가 큰 톱니바퀴 안에서 돌면서 곡선을 그리게 되어 있다. 행성이 주전원을 그리고, 그 주전원 전체가 움직여 수송원을 그리면, 행

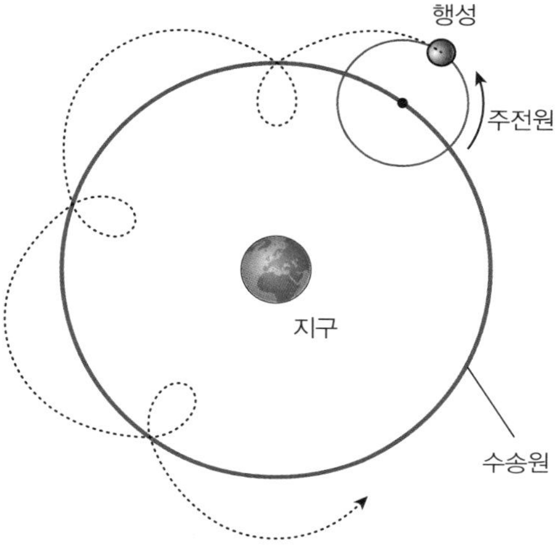

성은 때때로 역진하여 고리를 그리게 된다. 이런 연유로 행성들은 종종 역진한다고 아폴로니우스는 설명했다. 그의 시스템은 약간의 오차를 허용할 경우 관찰 데이터와 잘 맞아떨어졌고, 주전원을 추가로 도입하면, 그 오차를 더 줄일 수 있었다. 주전원을 추가로 도입한다는 것은, 행성의 운동을 세 가지 원운동의 조합으로 설명한다는 것이다. 즉, 행성이 원을 그리고, 그 원이 두 번째 원을 그리고, 이 두 번째 원이 지구를 중심으로 세 번째 원을 그린다는 뜻이다.

그리스 천문학자 프톨레마이오스가 기원후 2세기에 쓴 『알마게스트』에서 서술한 주전원-수송원 시스템은 16세기까지 우주의 참된 모형으로 보편적인 인정을 받았다. 측정 데이터가 개선됨에 따라 그 모형에 점점 더 많은 주전원이 추가되기는 했지만, 프톨레마이오스의 접근법 자체를 문제 삼은 사람은 아무도 없었다. 프톨레마이오스 시스템의 최종 버전은 수송원과 주전원 39개로 행성 5개와 태양과 달의 궤도를 설명했다. 플라톤이 꿈꾼 기하학적 우아함은 간 데 없고, 당혹스러울 만큼 복잡한 시스템만 남았다. 심지어 교회도 그것을 비이성적인 설계라며 비판했다. "전능한 주께서 창조에 착수하기 전에 나에게 조언을 구했더라면, 나는 더 단순한 무언가를 권했을 텐데"라고 카스티야의 왕 알폰소 10세는 투덜거렸다. 그의 별명은 '엘 사비오El Sabio', 즉 '지혜로운 자'였다.

우리는 아폴로니우스가 틀렸음을 안다. 잠시 후에 다루겠지만, 행성 궤도들을 설명하는 더 단순한 모형이 실제로 있다. 오늘날 '주전원 추가adding epicycles'라는 표현은 나쁜 과학을 가리키는 말, 언젠가 맞게 되리라고 기대하며 틀린 이론을 끝없이 고치는 작업을 가리키는 말로 쓰인다. 그러나 주전원 시스템은 아주 오랫동안 대세였다. 왜냐하면 실제로 믿기 어려울 만큼 효과적이었기 때문이다. 일반적으로 이론은 거짓으로 판명되면 퇴출된다. 그러나 주전원 이론은 거짓으로 판명된 적이 없다. 왜냐하면 거짓으로 판명될 수 없는 이론이기 때문이다. 놀랍게도 수송원들과 주전원들을 적당히 조합하면 연속적이며 닫힌 궤도라면 어떤 것이든지 구성할 수 있다. 아폴로니우스의 아이디어가 너무나 훌륭했기 때문에 대안을 모색할 필요가 없었다.

2005년에 아르헨티나의 크리스티안 카르만과 라미로 세라는 엄청나게 복잡한 궤도 하나를 선택해서 주전원 시스템으로 그것을 산출해 보기로 했다. 그들은 호머 심슨의 윤곽을 선택했다. 왜냐하면 그 윤곽은 전혀 궤도처럼 보이지 않는데다가—다른 이유가 있겠는가!—호머 심슨이기 때문이었다. 다음 그림의 뒤얽힌 원들은 그 호머 궤도의 주전원 모형이다. 가장 큰 원은 수송원이며, 작은 원들은 9999개의 주전원이다. 행성은 9999번째 주전원을 그리고, 그 주전원은 9998번째 주전원을 그리는 식으로 관계가 계속 이어져 첫 번째 주전원은 수송원을 그린다. 행성이 수송원 주위를 한 바퀴 돌면—즉, 첫 번째 주전원을

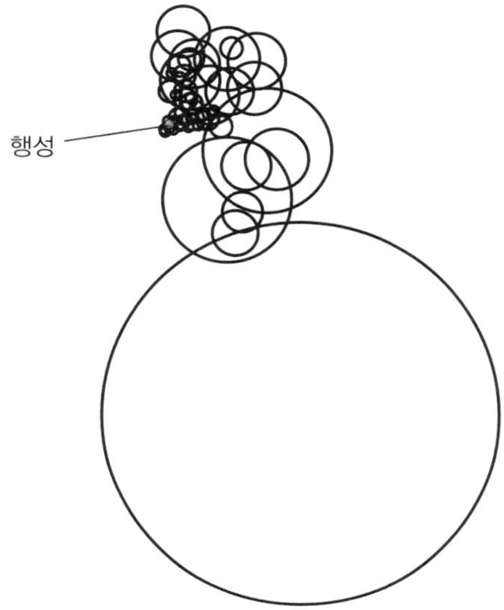

마지 심슨처럼 보이지만, 호머 심슨이다. 1만 개의 원으로 구성된 이 주전원 시스템이 산출하는 궤도를 따라 운동하는 행성의 궤적은 심슨 가족의 가장 호머의 모습을 그린다.

두 바퀴, 두 번째 주전원을 세 바퀴… 9999번째 주전원을 1만 바퀴 돌면—행성의 궤적은 호머 심슨을 그리게 된다. 카르만과 세라는 호머 심슨의 그림을 얻고 '진정한 흥분과 만족'을 느꼈다. 아마 플라톤이 호머(호메로스)의 시에서 느낀 감정도 그와 유사하지 않았을까 싶다.

요하네스 케플러는 1571년 5월 16일 오전 4시 37분에 독일의 소도시 바일 데어 슈타트Weil der Stadt에서 잉태되었다. 태어난 때는 그로부터 224일, 아홉 시간, 53분 뒤인 12월 27일 오후 2시 30분이었다. 이렇게 상세한 정보는 케플러가 스물여섯 살 때 스스로 친 별점에 관한 기록에서 유래했다. 그 기록에서 케플러는 자신이 천연두로 죽을 고비를 넘겼으며 양손에 심한 장애가 있고 늘 피부병에 시달리며, 21세에 동정을 잃을 때는 '상상 가능한 최대의 어려움을 겪었고, 방광에 최고의 통증을 느꼈다'는 것도 밝힌다. 이 유별난 고백에서 그의 삶을 지배한 특징들을 읽어낼 수 있다. 건강 염려증, 자기 성찰, 별에 대한 강박, 수에 대한 사랑을 말이다. 그 별점을 친 시기는 케플러가 첫 책『우주의 신비』를 이미 출판한 뒤였다. 이 책에서 그는 니콜라우스 코페르니쿠스의 혁명적 이론에 기초한 행성 시스템 모형을 제시했다. 반세기 전에 나온 코페르니쿠스의 이론은 행성들이 태양 주위를 돈다는 것이 핵심이었다. 그렇게 지구 중심론을 버렸음에도 불구하고 코페르니쿠스는 여전히 행성들이 주전원을 그린다고 믿었다. 케플러는 행성 궤도들과 플라톤입체들—정사면체, 정육면체, 정팔면체, 정십이면체, 정이십면체—을 대응시키는 모형으로 코페르니쿠스의 이론을 보강했다. 그 플라톤입체들은 크기가 제각각이지만 모두 태양을 중심으로 삼았다. 그것은 당연히 틀린 모형이었지만, 케플러는『우주의 신비』를 쓴 저자로 지식인 사회에 이름을 알렸다. 저명한 덴마크 천문학자 튀코 브라헤는 프라하 근처에 천문대를 신설하면서 젊고 야심 있는 독일인 케플러를 조수로 채용했다.

브라헤는 파란만장한 귀족이었다. 그는 금과 은으로 된 가짜 코를 착용했는데, 이것은 그가 사촌과 수학 공식을 놓고 다툰 끝에 결투를 하다가 진짜 코를 잘렸기 때문이었다. 또한 그는 말코손바닥사슴을 애완동물로 키웠는데, 그 사슴은 저녁 식사 중에 맥주를 너무 많이 마신 후 죽어버렸다. 그러나 브라헤는 천문학 데이터를 다룰 때만큼은 훨씬 더 조심스러웠다. 그의 데이터는 역사를 통틀어 가장 정확하고 방대하기로 유럽 전역에 명성이 자자했다. 그는 케플러에게 화성의 궤도에 대한 연구를 맡겼다. 화성은 원에서 가장 많이 벗어난 궤도를 따르는 행성이다. 그 연구는 고되고 지루했다. 가능한 궤도들을 상정하고, 미래 위치들을 계산하고, 그 결과를 관찰 데이터와 비교해야 했다. “이 지겨운 과정이 혐오스럽다면, 당신은 마땅히 나를 가엾게 여겨야 한다. 나는 그 과정을 최소한 70번 실행했으니까”라고 나중에 케플러는 설명했다.

‘화성과 전쟁을 치르는’ 동안에 케플러는 잠시 휴식 삼아 새로운 광학을 연구했다. 그의 저서 『천문학의 광학적 부분』의 한 절은 원뿔곡선인 타원, 포물선, 쌍곡선 모양의 거울을 다룬다. 사실 ‘초점’이라는 단어는 그 대목에서 케플러가 ‘반사한 광선들에 의해 불이 붙는 지점’이라는 뜻으로 처음 고안한 것이다. 다시 화성 연구로 복귀한 케플러는 데이터와 일치하는 궤도를 원운동들을 조합하여 구성할 길이 없어 골머리를 앓은 끝에 주전원 이론을 폐기하기로 결정했다. 그는 이 새로운 방향에 대해서 그리 낙관적이지 않았다. 그는 이렇게 한탄했다. “나는 더러운 마구간을 청소하듯이 천문학에서 원들과 나선들을 치워버렸다. 이제 남은 것은 단 한 수레의 똥뿐이다.” 케플러는 1년 동안 달걀 모양의 궤도, 즉 한쪽 끝은 뾰족하고 반대쪽 끝은 둥근 궤도를 가지고 실험했다. 비록 개인적으로는 그런 모양을 대칭적이지도 않고 조화롭지도 않아서 싫어했지만 말이다. 그러나 그는 계산 과정에서 달걀 모양을 타원으로 근사했다. 그가 광학을 연구할 때 원뿔곡선들을 다루면서 익히 알고 있었던 타원을 이를테면 기하학적 받침대로 삼은 것이었다. 그리고 깨달음에 이르렀다. 오히려 그 받침대가 더 정확한 모형이었다. “세상에, 이걸 몰랐다니!”라고 그는 외쳤다. “행성의 궤도는 다름 아니라 완벽한 타원이야.”

원래 케플러는 화성 궤도의 후보에서 타원을 배제했었다. 왜냐하면 타원은 너무 간단한 아이디어여서 선배 과학자들이 간과했을 리 없다고 생각했기 때문이다. 또한 타원이 초점을 2개 가진다는 점도 태양의 유일성과 상충하는 듯했다. 태양이 유일하다는 사실은 태양이 시스템

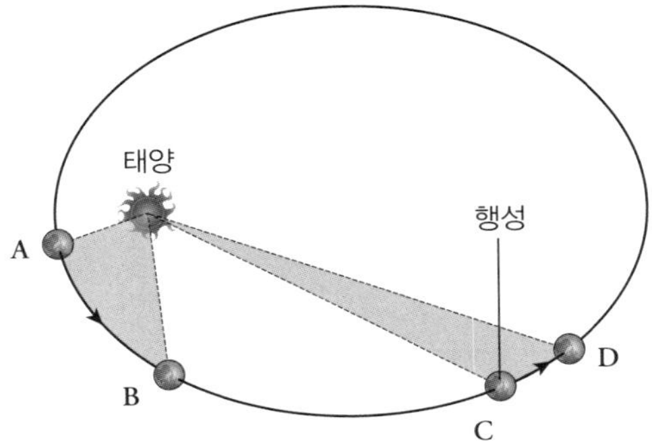

행성이 A에서 B까지 이동하는 시간은 C에서 D까지 이동하는 시간과 같다. 어둡게 칠한 두 구역의 면적이 같기 때문이다. 요컨대 행성은 태양에서 멀리 떨어질수록 더 느리게 운동한다.

의 중심에 놓여야지, 동등하게 중요한 두 점 중 하나에 놓여서는 안 된다는 것을 시사했다.

그러나 더 나중에 그는 외견상의 모순에도 불구하고 실제로 태양은 타원의 한 초점에 위치하면서 행성의 궤도운동 전체를 지배함을(다른 초점에는 아무것도 없음을) 깨달았다. 타원 궤도로 운동하는 행성은 태양에 접근할수록 속력이 더 빨라지지만, 위 그림에서 보듯이, 동일한 시간에 동일한 면적을 휩쓸고 지나간다. 철학자 노우드 러셀 핸슨에 따르면, 케플러의 혁신은 과학사를 통틀어 가장 과감한 상상력 발휘였다. '심지어 (20세기의) 개념적 반란들도 그 정도로 철저한 과거와의 단절을 요구하지 않았다.' 아폴로니우스의 주전원 모형은 타원에 의해 돌이킬 수 없게 대체되었다. 공교롭게도 타원은 위대한 기하학자 아폴로니우스가 명명하고 누구보다도 상세히 연구한 곡선이다.

1610년에 케플러는 알프스 너머에 사는 저명한 천문학자 갈릴레오 갈릴레이로부터 아래와 같은 메시지를 받았다.

smaismrmilmepoetale v m i b u n e n u g t t a v i r a s

갈릴레오는 너무나 놀라워서 자기만 알고 있을 수 없는 소식을 가지고 있었다. 그러나 그 소식은 그와 케플러의 연구에 도움이 되지 않는 타인에게 알리기에는 너무나 소중했다. 그래서 그는 그 소식을 철자들의 순서를 뒤바꾼 암호문으로 전달했다. 이것은 자신이 최초 발견자임을 확실히 하면서도 상세한 내용은 비밀에 부치고, 혹시 자신이 오류를 범했을 경우에 대비하여 설레발을 삼가기 위해서였다.

갈릴레오의 암호문은 케플러를 애태웠다. 얼마 후에 케플러는 뒤죽박죽된 철자들을 재배열하여 'Salve umbistineum geminatum Martia proles', 즉 '만세! 주변에 머무는 쌍둥이, 화성의 자식'이라는 문구를 만드는 것이 수수께끼의 해법이라는 믿음에 이르렀다. 물론 이렇게 풀려면, 갈릴레오가 독일어 'umbeistehen(곁에 머물다)'을 라틴어화한 표현을 사용했다고 전제해야 했지만 말이다. 케플러는 자신의 경쟁자가 화성의 위성 2개를 발견했다고 확신했다. 더 나중에 갈릴레오는 그 암호문을 해독한 결과가 'Altissimum planetam tergeminum observavi', 즉 '나는 가장 먼 행성이 삼중의 형태를 가졌음을 관찰했다'라고 밝혔다. 갈릴레오의 발견은 화성이 아니라 토성에 관한 것이었다. 토성은 양쪽 옆구리에 혹이 있었다. 오늘날 우리는 그 혹들이 토성의 고리임을 안다. 그러나 놀랍게도 화성의 위성에 관한 케플러의 생각은 옳았던 것으로 판명되었다. 실제로 화성은 2개의 위성, 포보스와 데이모스를 가지고 있다. 이 위성들은 200년 넘게 지난 뒤에 발견되었다.

얼마 후 갈릴레오는 또 다른 암호문으로 케플러를 자극했다. 그러나 이번 암호문은 뜻이 있었다. 도발하려는 의도가 역력한 그 암호문은 '*Haec immatura a me iam frustra leguntur – oy*', 즉 '지금 나는 이 설익은 것들을 종합하는 중이다. 오이oy!' 이번에도 케플러는 그럴 듯한 해독문을 발견했다. 그것은 'Macula rufa in Jove est gyratur mathem etc', 즉 '목성에는 수학적으로 회전하는 붉은 점이 있다'였다. 이것 역시 틀린 해독이었다. 갈릴레오가 전하려 한 메시지는 'Cynthiae figuras aemulatur Mater Amorum', 즉 '사랑의 어머니(금성)는 신시아(달)의 모양들을 흉내낸다'였다. 즉, 금성의 모양이 달과 마찬가지로 변한다는 뜻이었다. 그러나 케플러의 틀린 해독문은 이번에도 예지를 담고 있었다. 50년 후, 천문학자들은 실제로 목성에서 붉은 반점을 관찰했다. 거대한 폭풍의 모습인 그 반점은 '대적점'으로 불린다.

갈릴레오와 케플러는 과학자의 이미지를 수동적인 학자에서 발견하는 영웅으로 바꿔놓았다. 우주가 하나밖에 없는 상황에서 과학자들은 우주의 구석구석을 가장 먼저 파악한 공로를 차지하기 위해 경쟁했다. 갈릴레오의 뒤를 이은 로버트 훅, 크리스티안 하위헌스, 아이작 뉴턴을 비롯한 많은 과학자들은 자신의 지적 재산을 보호하기 위해 해독하기 어려운 암호문을 사용했다. 이 관행은 18세기에 논문을 저널에 실어 출판하는 것이 새로운 과학적 성과를 공표하는 표준적인 방법으로 자리 잡을 때까지 유지되었다.

갈릴레오는 지구가 태양 주위를 돈다는 코페르니쿠스의 이론을 받아들였지만 행성들의 궤도가 타원이라는 케플러의 가설은 배척했다. 그러나 갈릴레오는 다른 유형의 둥근 물체들의 운동에 대한 연구를 대폭 발전시켰다. 1592년 여름, 젊은 수학 교수 갈릴레오는 친구이자 후원자인 구이도발도 델 몬테 후작을 우르비노 근처에 위치한 그의 성에서 만났다. 구이도발도 후작은 직업이 토스카나 지방의 요새들을 점검하는 것이어서 포탄의 궤적에 관심이 많았다. 전통적인 아리스토텔레스 역학의 추측대로, 포탄은 곧장 직선으로 날아간 다음에 수직으로 떨어질까? 아니면 모종의 곡선을 따라 날아가 표적에 도달할까?

답을 알기 위해 두 사람은 간단한 실험을 했다. 너무 간단해서 그때까지 아무도 그 실험을 해보지 않았다는 것을 믿기 어려울 정도였다. 그들은 작은 쇠구슬에 잉크를 묻힌 다음에 비스듬히 기울인 판 위에서 그 구슬을 대각선 방향으로 굴려 올렸다. 쇠구슬이 굴러가면서 그린 궤적은 좌우대칭의 곡선이었다. 갈릴레오는 물체들이 위로 올라갈 때와 똑같은 방식으로 아래로 내려온다는 것을 깨달았다. 상승 경로는 하강 경로의 거울상이었다. 이 대칭성의 발견은 운동을 수평 성분과 수직 성분으로 분해할 수 있다는 통찰로 이어졌다. 발사된 물체의 수평 방향 운동은 수직 방향 운동과 무관하다. 나중에 갈릴레오는 잉크를 묻힌 공을 가지고 다른 실험들을 수행함으로써 탁자 가장자리에서 수평으로 발사한 물체의 운동에 대해서 아래 사항들을 입증했다.

(i) 수평 이동 거리는 시간에 비례한다. 즉, 만일 물체가 1초 동안 1단위만큼 이동한다면, 2초 동안에는 2단위, 3초 동안에는 3단위만큼 이동할 것이다.

(ii) 수직 이동 거리는 시간의 제곱에 비례한다. 즉, 만일 물체가 1초 동안 1단위만큼 낙하한다면, 2초 동안에는 4단위, 3초 동안에는 9단위만큼 낙하할 것이다.

아폴로니우스와 원뿔곡선에 관한 지식을 기초로 삼아서 갈릴레오는 다음 왼쪽 그림에서 탁자의 경계를 벗어난 공의 궤적은 포물선이라

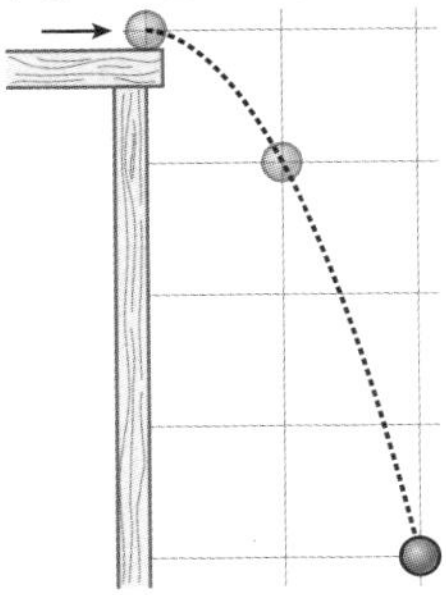

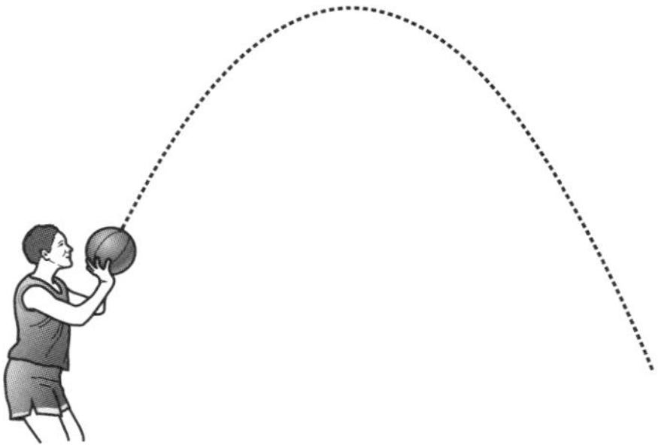

는 결론에 이르렀다. 오른쪽 그림에서처럼 농구공 같은 물체가 비스듬히 위로 발사될 때도, 물체의 궤적은 포물선이다. 다만 물체가 한동안 상승하다가 낙하한다는 점만 다르다. 포물선은 중력을 받아 자유낙하하는 물체를 식별하는 지문과도 같다. 분수의 물줄기, 날아가는 화살, 공중으로 찬 축구공이 모두 포물선을 그린다. 소설가 토머스 핀천은 자신의 대표작에 『중력의 무지개』라는 제목을 붙였다. 독일군의 V2 로켓이 남긴 포물선 비행운에 착안하여 지은 이 제목은 문화의 흥망을 은유한다.

거의 2000년 동안 원뿔곡선들은 그리스 기하학의 절정으로 간주되었다. 그 곡선들은 흥미롭지만 실용성은 없었다. 그러다가 갑자기, 빤히 보이는 응용 사례 2개가 발견된 것이다. 행성들은 타원 궤도를 따라 운동하고, 공중으로 던진 물체는 포물선을 그린다. 17세기 말에 아이작 뉴턴은 이 두 가지 운동이 그의 보편중력법칙과 운동법칙들에서 도출됨을 보여주었다. 갈릴레오와 케플러는 동일한 문제를 다른 규모에서 연구했던 것이다. (엄밀히 말하면, 공중으로 던진 돌멩이는 실은 지구를 둘러싼 타원 궤도를 따라 운동하기 시작한다. 만일 지구 대신에 질량이 지구와 같은 점 하나가 지구의 중심에 있다면, 그 돌멩이는 그 타원 궤도를 일주

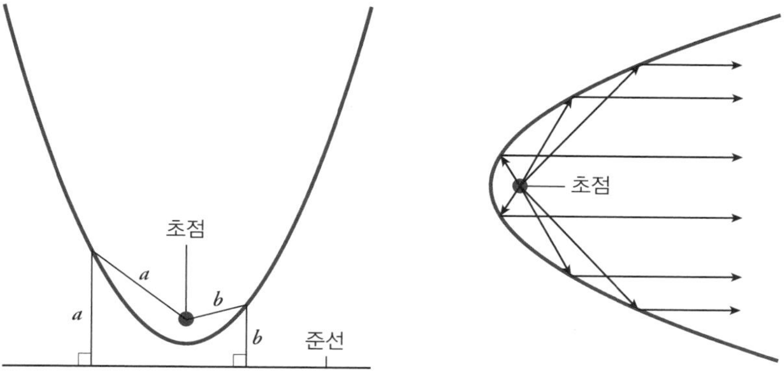

포물선의 기하학

할 것이다. 그러나 지상의 관찰자는 그 돌멩이가 포물선 궤도를 따라 운동한다고 간주할 수 있다.)

포물선에 관한 중요하고 놀라운 사실 하나는 모든 포물선의 모양이 같다는 것이다. 한 포물선을 확대하거나 축소하여 임의의 다른 포물선을 만들 수 있다. 한 원을 확대하거나 축소하여 임의의 다른 원을 만들 수 있는 것과 마찬가지이다. 이 사실은 이 장의 첫 그림(117쪽)이 보여주는 원뿔곡선들의 원래 정의에서 귀결된다. 각각의 자르기 각도가 고유한 모양을 산출한다. 그런데 원이나 포물선을 만들려면 단 하나의 각도로 잘라야 한다. 즉 수평으로 잘라야만 원이 만들어지고, 원뿔의 옆면과 평행하게 잘라야만 포물선이 만들어진다. 반면에 타원과 쌍곡선은 다양한 각도로 잘라서 만들 수 있고 따라서 모양이 다양하다.

포물선은 두 가지 방식으로 정의할 수 있다. 첫째, 포물선은 고정된 점(초점)과 고정된 직선(준선directrix)에서 동일한 거리만큼 떨어진 점들의 집합이다. 앞의 왼쪽 그림을 참조하라. 둘째, 빛을 반사하는 소재로 포물선을 만들고 그 초점에 광원을 설치하면, 그 광원에서 나오는 모든 광선들은 포물선에서 반사하여 평행하게 뻗어나간다. 앞의 오른쪽 그림을 참조하라.

첫째 정의를 응용하면 종이접기에서 쉽게 포물선을 만들 수 있다. 아래 왼쪽 그림처럼 종이에 점 F를 찍어라. 종이의 아래 경계에 임의로 점 P를 찍은 다음에 P와 F가 포개지도록 종이를 접어라. 그림의 점선과 같은 금을 얻는 것이 목적이다. 다른 많은 P들에 대해서 똑같은 작업을 반복하여 많은 금들을 만들어라. 그러면 금들로 이루어진 포물선이 만들어진다. 왜 그런지 이해하는 일은 독자에게 맡기겠다. (힌트: 각각의 금은 초점 F와 임의의 점 P에서 동일한 거리만큼 떨어진 점들의 집합이다.)

둘째 정의는 조명용품점에서 가장 흔한 곡선이 포물선인 이유를 알려준다. 포물선 거울의 초점에 놓인 전구의 광선들은 거울에서 반사하여 모두 한 방향으로 뻗어나갈 것이다. 포물선을 그 축을 중심으로

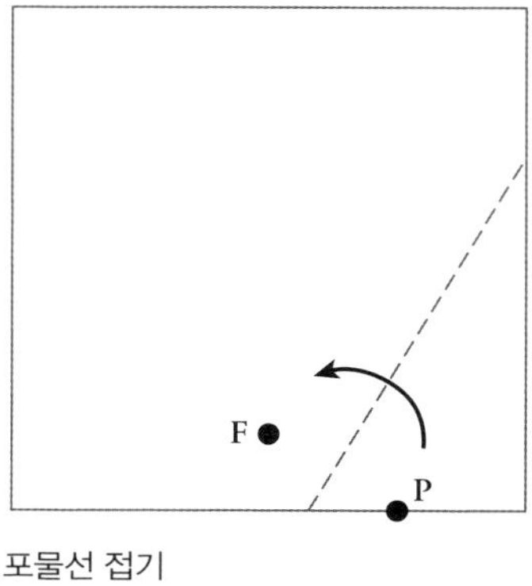

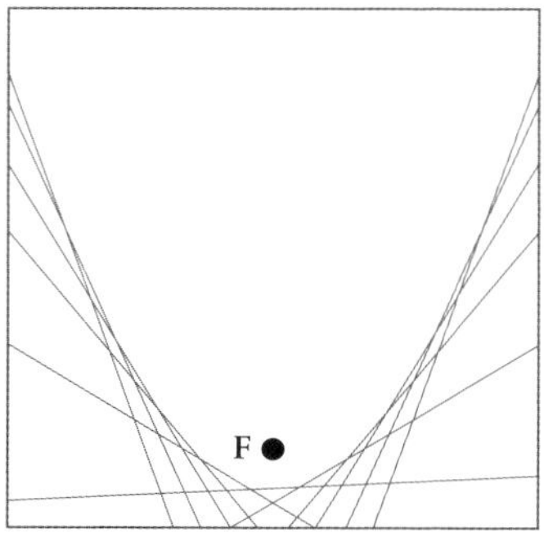

포물선 접기

회전시키면 포물면이 만들어진다. 이 포물면 모양의 거울은 손전등, 탐조등, 자동차 전조등에서 반사경으로 쓰인다.

거꾸로 광선들을 모을 때도 포물선을 이용할 수 있다. 평행한 광선들이 포물면 거울에 도달하여 반사하면 모두 포물면의 초점을 향한다. 따라서 거울의 용도가 예컨대 햇빛을 모으는 것이라면—태양은 아주 멀리 있으므로, 햇빛 광선들은 사실상 평행하다—거울의 모양은 포물면이 적당하다. 태양 에너지 기술에서 포물면은 필수 요소이다. 예컨대 셰플러 반사경Scheffler Reflector은 금속으로 만든 포물면 접시로 흔히 개발 도상국에서 요리에 필요한 열을 얻는 데 쓴다. 접시가 태양을 마주보게 한 다음에 태양의 움직임에 따라 접시를 천천히 회전시켜 최대한 많은 햇빛을 포물면의 초점에 모으는 것이 셰플러 반사경의 기능이다. 포물면의 초점에는 요리용 화덕이 있다. 세계에서 가장 성능이 좋은 태양열 화덕은 프랑스 피레네 산맥 오데요에 설치된 높이 54m짜리 포물면 거울이다. 이 거울은 덩치가 워낙 크다 보니 전체적으로는 고정되어 있는데, 이 거울을 이루는 작은 평면거울 63개는 회전하면서 햇빛을 반사한다. 포물면의 초점에는 원형 표적이 있다. 햇빛이 좋은 날에 그 표적의 온도는 섭씨 3500℃에 달할 수 있다. 납을 끓이고, 텅스텐을 녹이고, 멧돼지를 한 줌의 재로 만들기에 충분한 온도이다.

포물면 접시는 멀리 떨어진 물체에서 나온 전자기파와 소리를 반사시켜 초점으로 모을 때도 쓰인다. 이런 용도의 접시는 익숙한 도시 풍경의 일부이다. 가장 흔한 예로 텔레비전 시청자가 사는 집의 지붕에 설치된 고정형 접시 안테나를 들 수 있다. 교통통제센터와 군용 시설의 통신 탑에도 그런 접시가 있다. 스파이, 텔레비전 음향 기술자, 조류 연구자는 음원에서 멀리 떨어진 곳에서 작은 소리를 포착하기 위해 포물면 접시가 달린 마이크를 사용한다. 원리는 동일하다. 포물면

프랑스 오데요의 태양열 화덕

은 평행한 파동을 반사시켜 한 점으로 모으는 속성을 가진 유일한 모양이다.

1668년에 아이작 뉴턴은 최초의 '반사' 망원경을 제작했다. 그 망원경의 핵심 부품은 거울이었다. 렌즈를 핵심 부품으로 사용한 기존의 망원경들과 달랐던 것이다. 뉴턴은 주경(주 반사경)에 가장 적합한 모양은 포물면임을 깨달았다. 비록 포물면 반사경을 만들 기술이 없어서 구면 반사경으로 만족했지만 말이다. 그러나 이런 미흡함에도 불구하고 그 반사 망원경은 기존 망원경들보다 성능이 훨씬 더 좋았다. 17세기 이후에 제작된 망원경의 대다수는 반사 망원경이다.

포물선과 관련해서 뉴턴이 발견한 또 하나의 사실은 원래 이론적 관심사에 불과했지만 지금은 망원경 제작에 응용된다. 액체를 원통형 그릇에 담고 회전시키면, 액체의 표면이 포물면을 이룬다. 회전 때문에 액체의 표면이 가장자리로 갈수록 더 높아지고 중앙이 낮아지는데, 그 표면을 수직으로 자르면, 잘린 경계가 포물선을 이루는 것이다. 따라서 융해된 유리를 원통형 그릇에 담고 돌리면서 응고시키면 포물면 거울을 만들 수 있다. 세계 최고 성능의 망원경들 중 하나인 대형 쌍안 망원경Large Binocular Telescope은 이 공법으로 만들었다. 이 망원경에 들어 있는 지름 8.4m짜리 포물면 거울 2개는 투손에 위치한 애리조나대학교 풋볼 경기장 지하의 실험실에 있는 거대한 회전 화덕에서 만들었다. 그 실험실은 1년에 단 1개의 거울을 수천만 달러의 비용으로 제작할 수 있다. 그러나 유사한 거울을 유리를 갈아서 생산하려면 훨씬 더 많은 비용과 훨씬 더 긴 기간이 필요하다.

대형 쌍안 망원경에 적용된 기술보다 더 저렴한 것은 '액체 거울 망원경'이다. 이 기술에서는 빛을 반사하는 액체가 담긴 회전식 그릇을 바닥에 놓고 그 위에 망원경을 제작한다. 밴쿠버 근처에 있는 대형 천정 망원경Large Zenith Telescope은 수은을 담은 지름 6m짜리 원형 그릇을 부품으로 쓴다. 그 그릇을 회전시키면, 수은이 포물면 거울의 구실을 한다. 이 기술은 대형 망원경을 얻는 다른 기술들에 비해 탁월하게 저렴하지만 한 가지 단점이 있다. 액체를 담은 그릇이 반드시 수평면에서 회전해야 한다는 점이 그것이다. 따라서 액체 거울 망원경은 오직 하늘 꼭대기, 즉 천정을 향할 수밖에 없다.

1637년에 프랑스 수학자 르네 데카르트는 좌표를 고안했다. 그 결과로 원뿔곡선에 대한 지식은 아폴로니우스의 시대 이래 가장 큰 폭으로 진보했다. 데카르트 좌표계는 평면상의 점을 수평축과 수직축을 기준으로 삼아 나타낸다. 모든 각각의 점이 고유한 좌표 (a, b)를 가진

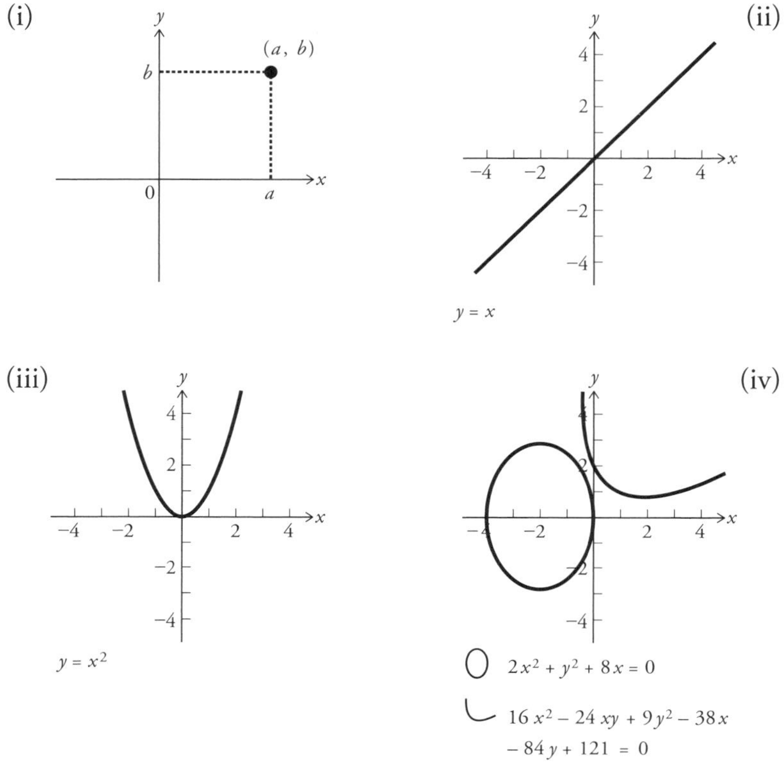

데카르트 좌표와 그래프

다. 위 그림 (i)에서 보듯이, a는 수평좌표, b는 수직좌표이다. 좌표는 곡선을 방정식으로 서술하고 방정식을 곡선으로 표현할 수 있게 해주기 때문에 중요하다. 요컨대 좌표는 모양을 연구하는 기하학과 방정식을 연구하는 대수학을 연결하는 다리라고 할 수 있다. 데카르트의 시대까지 기하학과 대수학은 별개의 수학 분야였다.

통상적으로 우리는 방정식을 적을 때 변수 x와 y를 사용하며 방정식의 그래프를 그릴 때 x를 수평좌표, y를 수직좌표로 삼는다. 바꿔 말해 (x, y)를 좌표로 삼는다. 예컨대 방정식 $x = y$의 그래프는 수평좌표 x와 수직좌표 y가 $x = y$를 만족시키는 모든 점들의 집합이다. 그림 (ii)에서 보듯이, (1, 1), (2, 2), (3, 3) 등이 이 집합에 속한다. $y = x^2$의 그래프는 수평좌표 x와 수직좌표 y가 $y = x^2$을 만족시키는 모든 점들의 집합이다. (0, 0), (1, 1), (2, 4), (3, 9) 등이 이 집합에 속한다. 그림 (iii)에서 보듯이, 이 집합은 원점, 즉 (0, 0)에서 수평축과 접하는 포물선이다. 학교 교과 과정은 기하학보다 대수학을 더 중시하기 때문에—예컨대 원뿔곡선들에 대한 기하학적 논의는 교과 과정에서 제외되었다—우리는 대개 $y = x^2$의 그래프를 그리면서 포물선과 처음 만난다. 어쩌면 당신도 어린 시절에 수학 시간에 만났던 이 옛 친구를 알아볼 것이다.

대수학의 뿌리는 실용적인 문제 풀이이다. 예컨대 정사각형의 면적을 구하는 공식은 무엇일까? 정사각형의 변을 x, 면적을 y라고 하면, 그 공식은 $y = x^2$이다. 방정식에 x^2이나 y^2이 나오고 2보다 더 큰 지수가 달린 x의 거듭제곱이나 y의 거듭제곱은 나오지 않으면, 그 방정식을 '이차방정식'이라고 부른다. 바빌로니아인은 이차방정식의 해법을 나름대로 고안했다. 특히 면적 계산에 관한 문제들을 풀기 위해서였다. 이미 르네상스 시대에 이차방정식은 더할 나위 없이 잘 연구되어 있는 주제였다. 이차방정식에 대해서 더 알아낼 수 있는 것이 과연 있을까라는 질문이 나올 만했다.

데카르트 좌표계 덕분에 이차방정식이 원뿔곡선에 대응한다는 사실이 드러났다. 바꿔 말해 모든 각각의 이차방정식은 원뿔곡선 하나를 서술하고, 모든 각각의 원뿔곡선은 이차방정식 하나로 서술될 수 있다.

가장 많이 연구된 수학 분야로 꼽힌 대수학과 기하학은 알고 보니 서로를 표현했다. 이차방정식의 일반형은 $Ax^2 + Bxy + Cy^2 + Dx + Ey + F = 0$이다. 이때 A, B, C, D, E, F는 상수이며 A, B, C 중에 최소한 하나는 0이 아니다. 이런 이차방정식은 좌표 그래프에서 항상 원뿔곡선으로 표현되고, 거꾸로 좌표 그래프 상의 임의의 원뿔곡선은 항상 이런 이차방정식으로 표현된다. 140쪽 그림 (iv)에서 타원의 방정식은 $2x^2 + y^2 + 8x = 0$이고 그 위 오른쪽 포물선의 방정식은 $16x^2 - 24xy + 9y^2 - 38x - 84y + 121 = 0$이다.

19세기 중반에 독일 수학자 아우구스트 페르디난트 뫼비우스는 포물선 $y = x^2$의 놀라운 속성을 하나 발견했다. 알고 보니 그 곡선은 '곱셈 기계'였다.

뫼비우스는 기하학적 눈썰미가 대단했다. 그는 종이 띠를 한 번 꼰 다음에 양끝을 붙여서 만드는 뫼비우스 띠를 고안했을 뿐만 아니라 포물선을 계산에 이용하는 방법도 개발했다. 아래 왼쪽 그림은 그 계산법을 보여준다. 곱셈 $a \times b$를 하려면, 포물선상에서 수평좌표가 $x = -a$인 점에서부터 $x = b$인 점까지 선분을 그어야 한다. 그러면 그 선분과

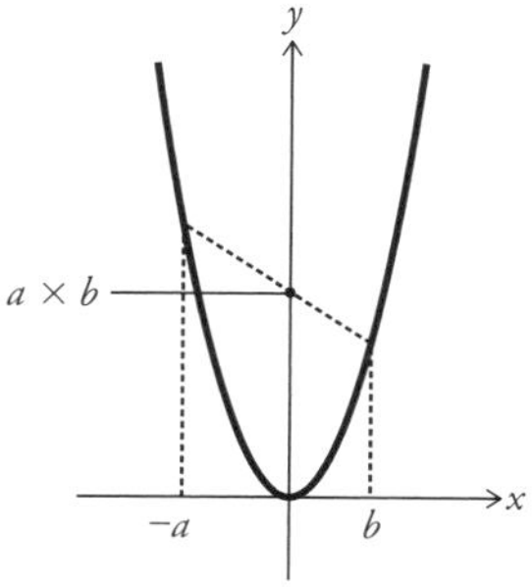

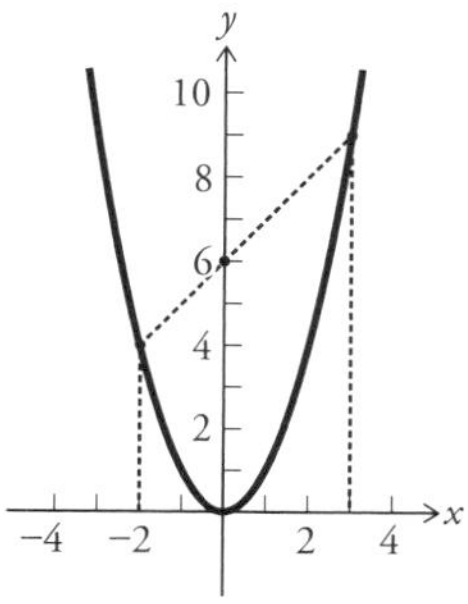

포물선을 이용하여 두 수를 곱셈하는 방법

y축이 만나는 점의 수직좌표가 그 곱셈의 결과이다. 필요한 것은 선분을 긋고 교차점의 수직좌표를 읽어내는 능력뿐이다. 142쪽 아래 오른쪽 그림은 한 예로 2×3을 계산한 결과이다. 포물선상에서 $x = -2$인 점과 $x = 3$인 점을 이은 선분은 $y = 6$에서 y축과 만난다. 이 방법은 임의의 두 수의 곱셈에 적용할 수 있다(이 계산법의 타당성에 대한 증명은 부록 4 참조).

뫼비우스는 이 기발한 곱셈 기계를 1841년 8월에 『순수 및 응용 수

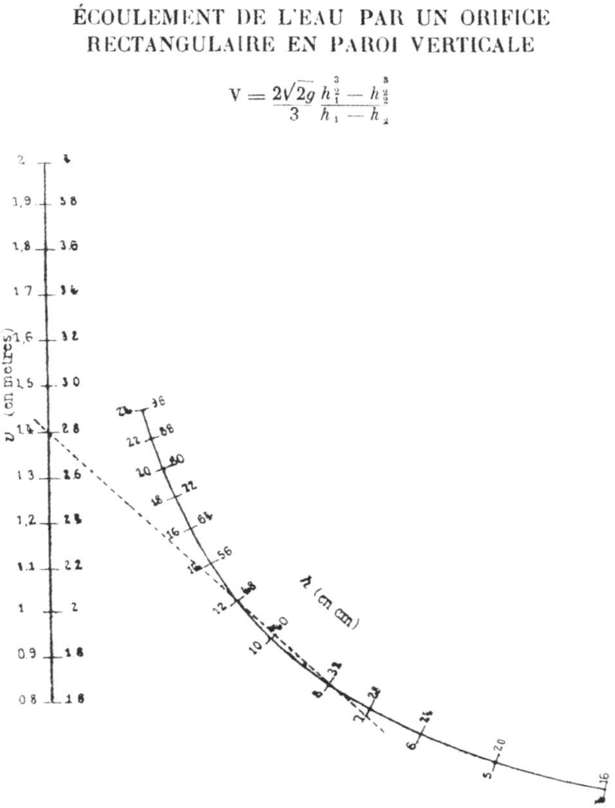

계산용 보조 수단인 '계산 도표'는 휴대용 계산기가 발명되기 전까지 널리 쓰였다. 1921년에 고안된 이 계산 도표는 둑을 통과하는 물의 흐름과 관련이 있다.

학 저널』에 실은 논문의 각주에서 소개했다. 그후 그는 이 계산법을 다시는 언급하지 않았지만, 기하학을 이용하여 계산 문제를 푼다는 발상은 훗날 젊은 프랑스 공학도 모리스 도카뉴가 다시 제기했다. 도카뉴는 $a \times b$ 외에도 많은 계산들을 그래프상의 두 점을 잇는 직선을 긋고 좌표를 읽는 방법으로 수행할 수 있음을 발견했다. 1891년에 도카뉴는 이런 식으로 계산에 이용할 수 있는 임의의 그림을 '계산 도표nomogram'로 명명했다. 그는 많은 계산 도표들을 고안했다. 각각의 계산 도표는 단 하나의 계산식에만 유효하다. 앞의 그림에 등장하는 계산식은 사각둑rectangular weir의 홈을 통과하는 물의 속도를 계산하는 공식이다. 여기에서 V는 속도, h_1과 h_2는 홈의 위쪽 경계와 아래쪽 경계의 높이이다. 식 아래에 나오는 계산 도표는 이 공식에 따른 계산을 위해 1921년에 고안되었다. 곡선상에서 h_1의 값과 h_2의 값을 잇는 직선을 그으면, 그 직선은 정확한 V 값에서 수직선과 만난다. 이 복잡한 공식에 따른 계산을 위해서 필요한 것은 막대 자와 멀쩡한 손뿐이다. 계산 도표들은 고되고 지루한 계산을 간단히 해결할 수 있게 해주었다. 1970년대까지만 해도 공학과 군사 분야에서 계산 도표가 널리 쓰였다. 그러나 전자계산기가 등장하면서 계산 도표는 한순간에 과거의 유물로 전락했다. 기발하고 편리한—또한 흔히 아름다운—계산 도표를 이용한 계산법은 오늘날 맥이 끊겼다.

쌍곡선은 두 부분으로 이루어졌다는 점에서 다른 원뿔곡선들과 구별된다. 왜 그런지 이해하려면 원뿔을 자르는 작업과 관련이 있는 원뿔곡선들의 원래 정의를 다시 살펴볼 필요가 있다(117쪽 그림 참조). 만일 그 자르기 그림을 온전하게 그렸다면, 우리의 칼이 실은 이중원뿔

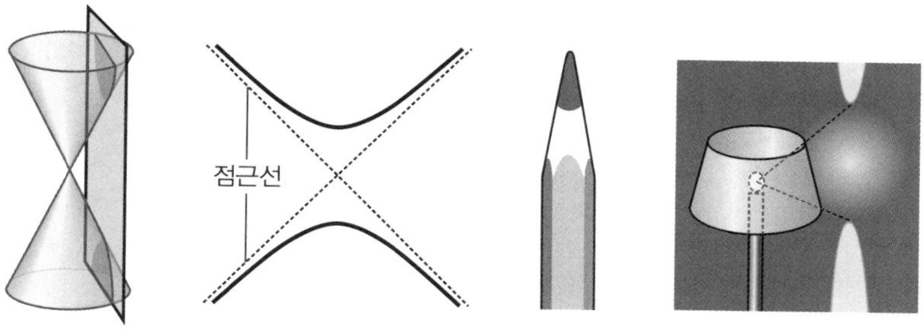

(i) (ii) (iii) (iv)

쌍곡선

을 자른다는 것을 알 수 있었을 것이다. 이중원뿔이란 동일한 원뿔 두 개가 뾰족한 꼭대기를 맞대고 위아래로 쌓여 있는 형태이다. 타원과 포물선을 만드는 자르기 각도에서는 칼이 위쪽 원뿔에 닿지 않는다. 반면에 쌍곡선을 만드는 자르기 각도에서는 칼이 위쪽 원뿔과 아래쪽 원뿔을 모두 잘라서 서로 대칭인 U자형 곡선 한 쌍을 만들게 된다. 위 그림 (i)를 참조하라.

쌍곡선에 대한 연구에서 흥미로운 기하학적 개념 하나가 새로 도입되었다. '점근선aymptote'이 그것인데, 이 개념 역시 아폴로니우스가 고안했다. 한 곡선이 어떤 직선에 무한히 접근하지만 끝내 닿지 않을 때, 그 직선을 점근선이라고 부른다. 그림 (ii)에서 보듯이, 쌍곡선은 서로 교차하는 점근선 2개를 틀로 삼는다. 쌍곡선의 두 부분 곡선 각각은 꾸준히 점근선에 접근하지만 끝내 닿지 않는다. 스페인 사상가 미구엘 데 우나무노는 이렇게 썼다. "자신의 점근선과 하나가 되려는 쌍곡선의 이 처절하고 부질없는 몸부림을 그 기하학자가 의식했더라면, 그는 쌍곡선을 살아 있으며 또한 비극적인 존재로 소개했을 것이라고 나는 믿는다." 쌍곡선은 집 안에서 흔히 볼 수 있다. 연필을 뾰족하게 깎으면 옆면에 아치 모양의 곡선이 생기는데, 그 곡선이 쌍곡선이다.

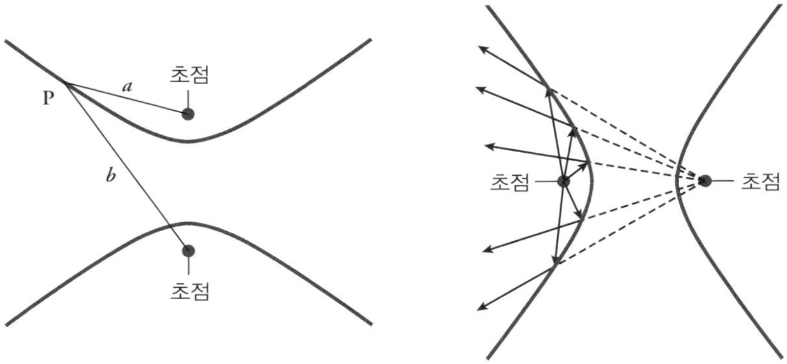

쌍곡선의 기하학

(연필의 뾰족한 꼭대기 근처는 원뿔이고, 각진 옆면은 원뿔의 절단면이다.) 램프의 그림자에도 쌍곡선이 있다. (빛다발은 원뿔이고, 벽면은 원뿔의 절단면이다.) 그림 (iii)과 (iv)를 참조하라.

쌍곡선은 타원과 마찬가지로 초점이 2개이다. 쌍곡선이 무엇인지 생각하는 좋은 방법 하나는 한 방향으로 무한히 뻗어나간 다음에 반대 방향으로 돌아와 완성되는 타원이 곧 쌍곡선이라고 생각하는 것이다. 우리는 타원을 다룰 때와 마찬가지로 쌍곡선을 두 초점의 속성들을 이용하여 정의할 수 있다. 쌍곡선이란 두 초점에서 떨어진 거리의 차가 일정한 점들의 집합이다. 반면에 타원은 두 초점에서 떨어진 거리의 합이 일정한 점들의 집합이다. 위 왼쪽 그림에서 a는 임의의 점 P에서 한 초점까지 거리, b는 P에서 다른 초점까지 거리이다. 이때 P의 위치를 변화시키면서 $(a-b)$의 값이 일정하게 유지되게 하면, P는 쌍곡선 궤적을 그린다. 정확히 말하면, 쌍곡선의 부분 곡선 하나가 P의 궤적으로 나오는데, 그 반대편 부분 곡선을 얻으려면 $(a-b)$ 대신에 $(b-a)$를 기준으로 삼으면 된다. 타원과 마찬가지로 쌍곡선도 빛의 행동을 통해 정의할 수 있다. 한 초점에서 나온 광선들은 쌍곡선 거울

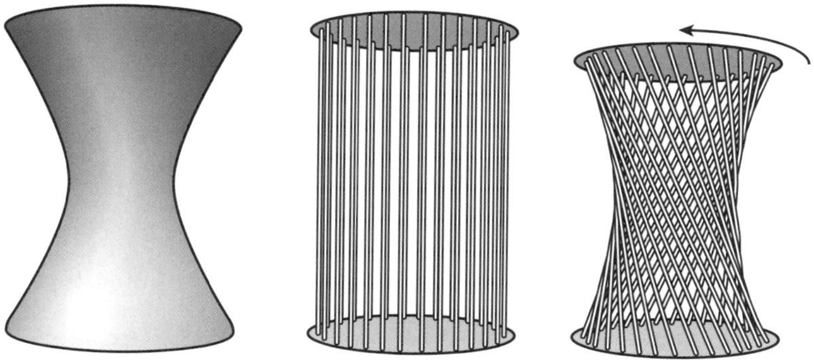

끈으로 쌍곡면을 만드는 법

에서 반사하여 바깥쪽으로 뻗어나가는데, 그 광선들의 방향은 또 다른 초점을 향한 방향의 정반대이다. 앞 페이지의 오른쪽 그림을 참조하라. 대형 천체 망원경의 가장 흔한 유형인 리치-크레티앙 망원경 Ritchey-Chrétien telescope은 쌍곡면 거울을 부품으로 사용한다.

앞서 타원과 포물선을 만드는 방법을 소개했으니 쌍곡선을 만드는 방법도 이야기해야 마땅할 것이다. 이번에는 3차원 모형을 제작해보자. 우리는 쌍곡면hyperboloid을 만들 텐데, 쌍곡면이란 1970년대에 유행한 등받이 없는 의자의 옆면과 같은 모양이다. 쌍곡선을 그 축을 중심으로 회전시키면 위 왼쪽 그림과 같은 쌍곡면이 만들어진다. 쌍곡면을 만들려면 빳빳한 종이로 된 원반 2개와 끈 여러 개가 필요하다. 가운데 그림에서 보듯이, 첫 단계는 한 원반과 다른 원반을 끈으로 연결하여 원통 모양을 만드는 것이다. 둘째 단계는 오른쪽 그림처럼 원반 하나를 돌리는 것이다. 그러면 쌍곡면이 만들어진다.

17세기에 영국의 젊은 천문학 교수 크리스토퍼 렌은 어느 상점의 진열창에서 버드나무 가지를 엮어서 만든 둥근 통을 보았는데, 그 통에 위 오른쪽 그림과 같은 패턴이 있었다. 그는 불현듯 쌍곡면의 놀라운 속성 하나를 깨달았다. 쌍곡면은 매끄럽게 휘어 있음에도 불구하고 오직 직선들로만 이루어져 있다. 이 사실을 이용하면 단단한 재료로 된 쌍곡면을 곧은 칼날 하나만 가지고 만들 수 있음을 렌은 즉각 깨달았다. 돌림판 위에 원통형 점토 덩어리가 놓여 있다고 해보자. 칼날을 원통의 축에 비스듬한 방향으로, 점토를 약간 파고들도록 대라. 그런 다음에 칼날을 고정하고 돌림판을 돌려라. 돌림판이 한 바퀴 돌고 나면, 원통형 점토 덩어리가 쌍곡면으로 바뀔 것이다. 렌은 망원경용 쌍곡면 렌즈 제작에 관심이 있었다. 그는 쌍곡면이 직선들로 이루어졌다는 자신의 발견이 수백 년 뒤에 건축에 멋지게 응용될 것임을 예상하지 못했다. 이 응용 덕분에 렌은 건축 분야에서 훨씬 더 유명해졌다.

쌍곡면 냉각탑

19세기에 프랑스 수학 교육자 테오도르 올리비에는 교육용으로 쌍곡면과 원뿔의 모형을 여러 개 제작했다. 목재와 금속 틀과 색실로 된 그 모형들은 많은 대학교수들의 호응을 받았다. 결국 여러 모형들은 런던과학박물관에 전시되어 1930년대에 영국 미술가 헨리 무어를 매혹했다. 무어는 조각 작품에 끈을 사용하기 시작했다. "나를 흥분시킨 것은 그 모형들에 대한 과학적 고찰이 아니었다. 새장 속을 들여다보듯이 끈들 너머를 볼 수 있다는 점, 한 형태 내부의 다른 형태를 볼 수 있다는 점이었다"라고 무어는 말했다. 올리비에의 아름다운 끈 모형들은 착시 현상이 아닌가 하는 생각을 일으킨다. 자세히 보면, 그 모형들의 휜 표면이 직선들로 이루어졌음을 알 수 있다. (올리비에의 모형들은 19세기 후반에 스케넥터디유니언칼리지가 소유하게 되었다. 한참 뒤에 아트 프리고 주니어는 이 학교에 다니면서 '엘립티풀'을 출시했다.)

147쪽의 끈 모형에서 위쪽 원반은 시계 방향으로 회전했다. 그래서 앞쪽 끈들이 \처럼 왼쪽으로 기운 모습으로 보인다. 만일 그 원반이 반대 방향으로 똑같은 각도만큼 회전했다면, 똑같은 쌍곡면이 만들어졌겠지만, 앞쪽 끈들은 /처럼 오른쪽으로 기운 모습이었을 것이다. 버드나무 가지로 엮은 쌍곡면 통이 튼튼하려면, 한쪽 방향으로 기운 가지들과 반대 방향으로 기운 가지들을 함께 엮어야 할 것이다. 더 큰 인공물에서 쓰이는, 강철 보들의 격자로 이루어진 쌍곡면은 유난히 튼튼하다. 그런 쌍곡면을 이용하면, 아주 크면서 휜 구조물을 곧은 보만 가지고 만들 수 있다. 건축에서 쌍곡면은 1896년에 러시아 니즈니 노브고로드에 건설된 37m 높이의 배수탑에 처음 쓰였다. 그후 많은 쌍곡면 건축물이 제작되었다. 발전소들의 콘크리트 냉각탑은 쌍곡면이다. 중국 광저우의 높이 600m 광저우 타워Canton Tower도 마찬가지이다. 이 건물은 독립 건축물 중에서는 세계에서 네 번째로 높다.

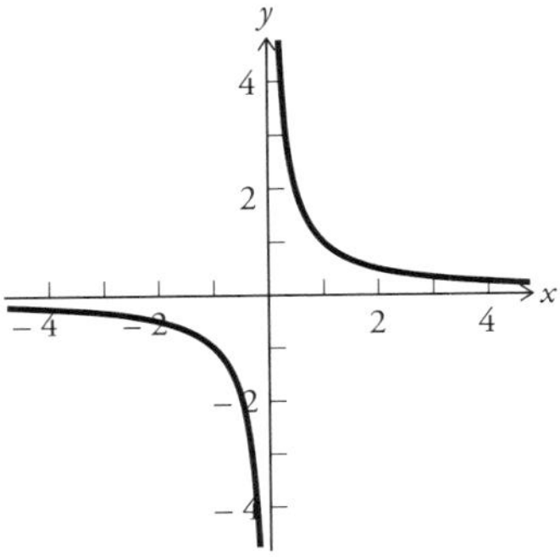

곡선 $y = \frac{1}{x}$은 쌍곡선이다.

나는 쌍곡선을 원뿔곡선들 중에서 맨 마지막으로 소개했지만, 사실 쌍곡선은 이 책에서 일찌감치 등장했다. 제임스 조이스의 『율리시스』에 나오는 단어들의 사용 빈도와 순위가 그렇듯이, 두 양이 서로 반비례할 때, 그 반비례 관계를 $y = \frac{k}{x}$ (k는 상수)로 나타낼 수 있다. 그런데 이 방정식은 수직축과 수평축을 점근선으로 가진 쌍곡선에 대응한다. 서로 반비례하는 양들은 많은 자연법칙들에 등장한다. (예컨대 보일의 법칙은 기체의 압력이 부피에 반비례한다는 것이다.) 따라서 쌍곡선은 과학에서 분야를 막론하고 등장한다. 통계학자들이 흔히 쓰는 표현인 '긴 꼬리long tail'는 대개 쌍곡선과 그 점근선을 뜻한다.

우리는 이 장의 첫머리에 원뿔곡선들을 정확히—원뿔의 단면들로—정의하고 그 다음에 원뿔곡선 각각의 속성들을 살펴보았다. 이제 마지막으로 모든 원뿔곡선을 아우르는 궁극의 정의를 제시하겠다. 원뿔곡선이란 한 점(초점)에서 떨어진 거리와 한 직선(준선)에서 떨어진 거리의 비율이 일정한 곡선이다. 그 비율, 즉 $\frac{\text{곡선에서 초점까지 거리}}{\text{곡선에서 준선까지 거리}}$가 1보다 크면, 다시 말해 곡선이 초점보다 준선에 더 가까이 위치하

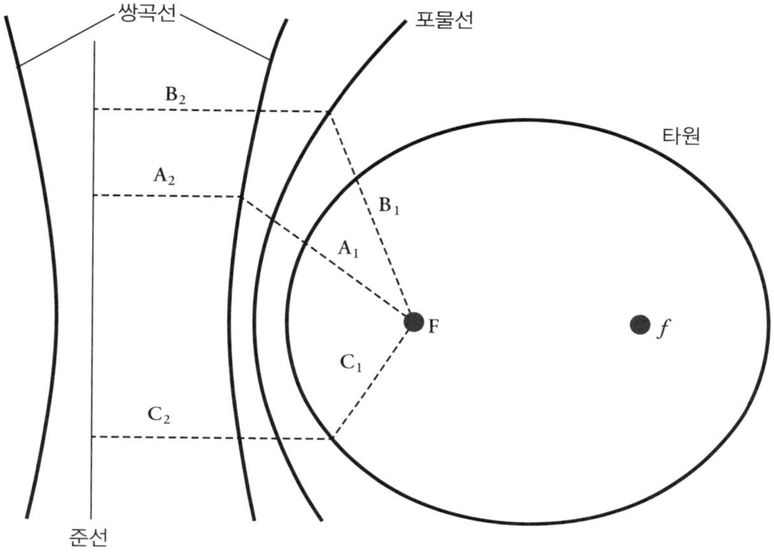

원뿔곡선	쌍곡선	포물선	타원	원
이심률	$\frac{A_1}{A_2} = k > 1$	$\frac{B_1}{B_2} = 1$	$\frac{C_1}{C_2} = k < 1$	0

원뿔곡선들의 이심률

면, 원뿔곡선은 쌍곡선이 된다. 위 그림을 참조하라. 그 비율이 1이면, 포물선이 만들어진다. 그 비율이 1보다 작으면 타원이 만들어진다. 이 중요한 비율을 곡선의 '이심률eccentricity'이라고 부르는데, 이 명칭에는 곡선이 원과 얼마나 다른지를 이 비율이 알려준다는 뜻이 담겨 있다. 위 그림에서 세 곡선은 초점 F와 준선을 공유한다. 타원은 이심률이 0.75, 쌍곡선은1.25이다.

이제 당신이 천문학자이고 이 그림이 태양계의 모형이라고 상상해 보자. F는 태양이라고 하자. 그러면 F를 초점으로 하는 모든 원뿔곡선은 가능한 모든 천체들의 궤도이다.

행성들의 궤도는 타원이다. 지구의 궤도는 이심률이 0.0167로 원과 매우 유사하다. 천체가 궤도를 따라 운동하는 속력이 빠를수록, 천체 궤도의 이심률은 더 크다. 예를 들어 핼리혜성은 궤도 속력이 지구의 두 배에 달한다. 따라서 핼리혜성의 궤도는 파도타기 판을 닮았고, 태양은 그 판의 한쪽 끄트머리에 놓인다. 이런 연유로 핼리혜성은 75년 주기의 대부분 동안 지구에서 너무 멀리 떨어져 있어 맨눈으로는 볼 수 없다. 핼리혜성 궤도의 이심률은 0.967로, 포물선의 이심률 1과 거의 같다. 만일 어떤 혜성의 궤도가 이심률이 1인 포물선이라면, 그 혜성은 딱 한 번 태양에 접근했다가 영영 멀어질 것이다. 혜성 궤도의 이심률이 1보다 큰 쌍곡선일 수도 있다. 하지만 이런 유형의 혜성은 드물다. 지금까지 관찰된 쌍곡선 궤도 혜성들의 속력은 타원 궤도를 탈출하는 데 필요한 속력보다 약간 더 빠른 수준이다. 1980년에 관찰된 C/1980 E1 혜성의 궤도는 이심률이 1.057이다. 이 혜성은 현재까지 발견된 혜성들 가운데 속력이 가장 빠르다.

앞 페이지 그림의 초점 F와 준선이 고정되어 있다고 해보자. 우리가 알아보려는 것은 이심률이 변화할 때 원뿔곡선이 겪는 변화이다. 이심률이 0이면, 원뿔곡선은 F에 위치한 점이 된다. 이제 이심률을 0에서 1까지 천천히 증가시킨다고 해보자. 그러면 타원이 나타나서 점점 더 커진다. F는 고정되어 있으므로, 또 다른 초점 f는 타원이 커짐에 따라 점점 오른쪽으로 이동할 것이다. 마침내 이심률이 1에 도달하면, 타원이 터져서 포물선이 되고 f는 무한히 먼 곳에 놓인다. 이심률을 1보다 더 크게 증가시키면, 원뿔곡선은 쌍곡선이 되고 f는 반대편(그림의 왼쪽 가장자리)에 나타난다. 이심률을 계속 증가시키면, 원뿔곡선은 쌍곡선으로 머물고 f는 꾸준히 오른쪽으로 이동한다. 요하네스 케플러는『천문학의 광학적 부분』에서 원뿔곡선을 이런 식으로 변형할 수 있다는 생각을 최초로 제기했다. 그가 내놓은 다른 많은 아이디어와 마찬가지로 이 제안도 중요한 전환점이었다. 당시까지 철학자들을 괴롭혀온 두 가지 개념, 곧 연속성과 무한에 관한 신선한 통찰이었기 때문이다. 케플러의 제안은 수학을 하는 새로운 방식을 향한 중요한 한걸음이었다. 우리는 위대한 독일 과학자 케플러와 그의 생각들을 나중에 미적분학을 논하면서 다시 다룰 것이다.

원뿔곡선은 그리스 수학의 위대한 유산들 중 하나이다. 간단히 기술할 수 있고 어디에서나 볼 수 있는 원뿔곡선은 아름다운 이론들과 세월에 빛바래지 않는 응용 사례들을 낳았다. 이 장을 읽고 나면, 원은 가장 따분한 유형의 타원이라는 인상이 들지도 모르겠다. 그러나 그것은 진실과 동떨어진 인상이다. 원은 독자적으로 한 장을 차지할 자격이 있다.

ff

5장
돌려라 돌려

원은 기하학적 완벽함의 화신이다. 어디를 봐도 매끄럽고 조화로우며 대칭적이다. 원이란 중심에서 동일한 거리만큼 떨어진 점들의 집합이며 가장 단순한 2차원 도형이다. 그러나 원의 둘레(원주)를 지름으로 나누면, 숫자들의 끝없는 아우성을 듣게 된다.

3.14159265358979323846264338327950288419716939937510582097494459230781640628620 8…

이 수는 원의 둘레를 지름으로 나눈 값이며 모든 원에서 동일하고, 소수점 아래로 숫자들이 어떤 규칙도 없이 무한정 이어진다. 18세기에 고유한 이름이자 기호로 '파이π'를 얻은 이 수는 모든 문화권에서 아이콘이 되었다. π는 과학에서 가장 유명한 상수요 경이로운 우주의 상징이다. 누구나 학교에서 π를 배우며, 많은 이들에게 π는 수학 시간에 배운 내용 중에 유일하게 기억하는 것이다.

자, 이제 충격적인 이야기를 들려주겠다.

π는 틀렸다.

물론 계산은 옳다. $\frac{\text{원둘레}}{\text{지름}}$는 3.14로 시작하는 위의 수가 분명히 맞다. π가 틀렸다는 말은 π가 원을 대표하기에 부적절하다는 뜻이다. π는 지금처럼 국제적 명성을 누릴 자격이 없다. 틀린 아이돌, 아이돌을 사칭하는 사기꾼인 것이다.

적어도 미국 수학자 밥 팔레스가 2001년에 쓴 글에 따르면 그렇다. 그는 원을 대표하기에 훨씬 더 적합한 상수는 $\frac{\text{원둘레}}{\text{반지름}}$라고 주장했다. 왜냐하면 원의 중심에서부터 둘레까지 거리인 반지름이 지름보다 훨씬 더 근본적인 개념이기 때문이라는 것이었다. 많은 이들이 그의 생각에 동의한다. 나도 그렇다. 이 장의 첫 단락에 나오는 원의 정의를 보라. 중심으로부터 일정한 거리, 곧 반지름만큼 떨어진 점들의 집합이 원이다. 원의 한쪽 끝에서 반대쪽 끝까지의 거리를 의미하는 지름은 반지름보다 나중에 나오는 개념이다. 수학은 우아함과 명확함과 옳음을 추구한다. 그런 수학에서 가장 유명한 수가 원의 진실을 가장 명확하고 우아하고 옳게 반영하지 않는다는 것은 안타까운 일이다. (수학 시간에 '지름'이라는 단어는 오직 π를 배울 때만 등장했다가 거의 자취를 감춘다. 수학자들은 항상 지름을 반지름의 두 배로 간주한다.)

2010년에 실리콘밸리의 사업가 마이클 하틀은 $\frac{\text{원둘레}}{\text{반지름}}$를 그리스어 철자 타우$\tau$로 명명함으로써 π에 대한 반감에 힘을 실어주었다. 반지름의 두 배가 지름이므로, τ는 π의 두 배이다.

$$\tau = 2\pi = 6.283185307179586476925286766\cdots$$

π와 마찬가지로 τ를 소수로 표현하면, 알려진 패턴이 없는 숫자들이

무한정 이어진다.

'타우 성명서The Tau Manifesto'에서 하틀은 젊은 수학자들에게 π 대신에 τ를 사용하라고 권한다. 첫걸음은 모든 논문의 서두에 '편의상 $\tau=2\pi$로 정의한다'는 문구를 집어넣는 것이라고 한다. 하틀은 π를 밀어내기 위한 싸움이 오래 지속될 것이라고 경고한다. 왜냐하면 수백 년에 걸친 선전의 결과로 적이 매우 강한 세력을 얻었기 때문이다. 그에 따르면 "일부 관행은 안타깝지만 사실상 되돌릴 수 없다. … (그러나) π에서 τ로의 전환은… 점진적으로 일어날 수 있다. 정의를 바꾸는 것과 달리 이 전환은 단번에 일어날 필요가 없다."

기호 τ는 삼중으로 탁월한 선택이다. 이 기호는 다리가 하나뿐인 π처럼 보인다. 그래서 우리가 π와 τ를 분수 표기에 빗대고 다리의 개수—가로선 아래에 그은 선의 개수—를 분모로 간주한다면, 이미 이 기호들의 모양에서 τ가 π의 두 배임을 알 수 있다. 분자가 동일할 경우, 분모가 1인 분수는 2인 분수의 두 배니까 말이다. 또 τ는 영어 'turn(회전)'의 약자로 간주할 수 있다. π가 원래 'periphery(둘레)'의 약자인 것처럼 말이다. 게다가 π가 둥근 모양의 맛있는 간식인 파이와 발음이 같은 것처럼, τ는 중국어에서 길을 뜻하는 '타오'와 발음이 유사하다. 타오의 상징(☯)은 각각 멈춤과 운동을 뜻하는 음과 양이 원의 내부에서 뒤엉키는 모습이다.

'타우 성명서'는 진지한 메시지를 경쾌하게 전달한다. 원의 본질은 반지름의 회전이지, 원의 한쪽 끝에서 반대쪽 끝까지의 거리가 아니다. 실제로 바퀴에서 잘 드러나는 원의 동역학적 속성들은 문명의 토대이다. 이 장에서 당신은 원과 관련해서 가장 중요한 것을 세 가지 꼽으라면, 그것들은 회전, 회전, 회전임을 배우게 될 것이다.

우리 함께 굴러보자.

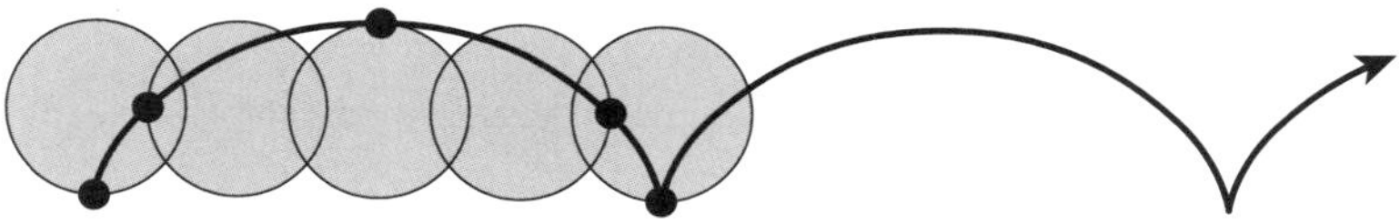

사이클로이드

구르는 바퀴의 가장자리에 찍은 한 점이 그리는 궤적은 당신이 이제껏 본 어떤 곡선과도 다를지 모른다. 적어도 갈릴레오에게는 확실히 그러했다. 그는 그 궤적을 '사이클로이드'로 명명하고 최초로 진지하게 연구했다. 근대 역학의 창시자인 갈릴레오는 역학적으로 발생하는 곡선들을 본능적으로 좋아했다. 바퀴는 연속적으로 구르지만, 바퀴 가장자리의 한 점이 그리는 궤적은 뾰족하게 꺾인 자리들을 포함한다. 그 점의 운동 방향이 정반대로 바뀔 때마다 그런 첨점cusp이 생겨난다. 사이클로이드에서 혹처럼 불룩하게 솟은 구간 각각은 바퀴의 1회전, 곧 원의 완성에 대응한다. 사이클로이드는 곡선이라기보다 한 줄로 늘어서 잠든 거북이들처럼 보인다.

위 그림에서 나는 바퀴가 1/4회전할 때마다 점이 어느 위치에 놓이는지 표시했다. 보다시피 그 점은 바퀴의 하반부에 있을 때보다 상반부에 있을 때 더 많이 움직인다. 바퀴는 두 가지 운동을 한다. 한편으로 지면과 나란하게 수평으로 운동하고, 또 한편으로 축을 중심으로 회전 운동을 한다. 이 두 가지 운동은 바퀴가 1회전을 완성하는 동안 다양한 방식으로 조합된다. 바퀴가 일정한 속력으로 회전한다면, 바퀴 가장자리의 점은 사이클로이드의 마루에서 (지면을 기준으로 속력을 따질 때) 최고 속력에 도달한다. 반면에 사이클로이드의 첨점에서는 순간적으로 속력이 0이 되어 최저 속력에 도달한다. 다시 말해 임의의 바퀴가 지면에서 구를 때—시속 300km 이상으로 달리는 경주용 자동차의 바퀴도 마찬가지이다—바퀴와 지면이 닿는 점은 놀랍게도 멈춰 있다. 화가들은 구르는 바퀴의 상반부가 하반부보다 더 빠르게 운동한다는 것을 안다. 그래서 흔히 바퀴의 상반부를 번지게 그리고 하반부를 또렷하게 그린다. 마찬가지로 달리는 자전거를 보면, 바퀴살은 지면 근처의 것들만 보이는 경우가 많다. 지면 근처에서는 바퀴살이 충분히 느리게 움직이기 때문에 눈에 보이는 것이다.

열차 바퀴는 2개의 원반으로 이루어졌다. 하나는 철로와 접촉하는 원반이고, 또 하나는 더 큰 테두리 원반이다. 아래 그림에서 보듯이 열차 바퀴가 구르면, 테두리 원반의 가장자리에 찍은 점은 철로 아래로 내려갔을 때 역진한다. 따라서 그 점의 궤적은 고리들을 포함한다. 요컨대 모든 달리는 열차의 바퀴에는 열차의 이동 방향과 반대로 운동하는 점들이 항상 있다.

사이클로이드는 17세기에 사람들로부터 열렬한 관심을 받았다. 곡선이 그런 열광적인 관심의 대상이 된 일은 수학사를 통틀어 전무후무하다. 사이클로이드는 대단히 아름다운데다가 그 아름다움에 사로잡힌 사람들을 격렬한 싸움으로 몰아갔기 때문에 '기하학자들의 헬레나'라는 평판을 얻었다. 1번 구혼자 갈릴레오는 실용적으로 접근했다. 그는 특정한 재료—이를테면 판자—를 사이클로이드(의 볼록한 구간 하

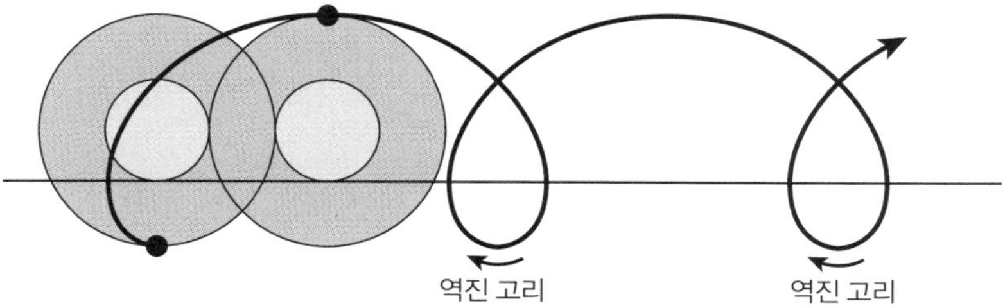

열차 바퀴에 찍은 점의 궤적

나의) 모양으로 잘라서 그 무게를 측정했다. 이어서 똑같은 재료로 그 사이클로이드를 산출하는 원반을 만들어 그 무게를 측정한 그는 전자가 후자의 π배임을 알았다. 그리하여 갈릴레오는 사이클로이드 아래의 면적은 그것을 산출하는 원의 면적의 π배라고 결론지었다. 거의 맞지만 정확히 맞는 결론은 아니었다. 사이클로이드 아래의 면적은 그것을 산출하는 원의 면적보다 정확히 3배 크다. 이 사실은 훗날 프랑스 수학자 질 페르손 드 로베르발(1602~1675)에 의해 증명되었다.

로베르발은 사이클로이드에 관한 정리들을 많이 증명했지만 하나도 발표하지 않았다. 그는 프랑스에서 가장 권위 있는 학교인 콜레주 드 프랑스의 수학 교수였는데 그 직책을 유지하려면 3년마다 공표되는 문제에 최고의 답을 제시해야 했다. 또한 그는 교수로서 그 문제들을 출제해야 했다. 따라서 그는 자신의 연구 성과들을 발표하여 잠재적 경쟁자들을 이롭게 할 이유가 없었다. 그의 직책은 그에게 명예와 보수를 주는 대신에 그로 하여금 업적을 남기지 못하게 했다. 그는 프랑스 수학자들 가운데 아마도 가장 덜 알려진 인물일 것이다. 또한 그는 성마르기로 유명했으며 나름대로 이미 증명한 결론을 다른 사람이 먼저 발표하면 몹시 언짢아했다. 그의 이탈리아인 친구 에반겔리스타 토리첼리가 1644년에 사이클로이드에 관한 최초의 논문을 출판했을 때, 발끈한 로베르발은 급히 편지를 보내 토리첼리가 자신의 업적을 표절했다고 비난했다. 토리첼리는 3년 후에 장티푸스로 사망했지만, 그의 죽음은 그 치욕적인 비난이 부른 수치심에서 비롯되었다는 소문이 돌았다.

1658년의 어느 저녁 파리에서 블레즈 파스칼은 심한 치통에 시달리며 침대에 누워 있었다. 한때 저명한 수학자였던 그는 신학과 철학에 집중하기 위해 수학을 포기한 상태였다. 그러나 통증을 잊기 위해서 사이클로이드에 대해 숙고하기로 결심했다. 그러자 기적처럼 통증이 사라졌다. 이것은 그 신성한 곡선을 계속 연구하라는 신의 권유가 틀림없다고 파스칼은 생각했다. 그는 8일 동안 열심히 사이클로이드를 연구하여 새로운 정리들을 많이 발견했다. 그러나 그것들을 발표하는 대신에 국제적인 현상 공모의 과제로 제시했다. 그는 자신이 얻은 일부 결론들을 증명해보라고 수학자들에게 제안하면서 1등 상으로 스페인 금화 40개, 2등 상으로 20개를 내걸었다. 응모한 수학자는 단 두 명, 영국의 존 월리스와 프랑스의 앙투안 드 랄루베레뿐이었다. 그러나 그들이 제출한 답안에는 오류가 있었기에 파스칼은 상을 수여하지 않았고, 그들은 분개했다. 대신에 파스칼은 자신의 연구 결과들을 소책자로 출판했다. 또한 그는 크리스토퍼 렌으로부터 편지를 받았다. 내용은 파스칼이 이미 아는 사실 하나에 대한 증명이었다. 렌은 사이클로이드에 관해서 던질 수 있는 가장 기본적인 질문이라고 할 만한 것에 대한 답을 제시했다. 사이클로이드의 길이는 얼마일까? 렌은 사이클로이드의 길이가 그것을 만드는 원의 반지름보다 정확히 8배 크다는 것을 증명했다. 이를 전해 들은 로베르발은 당연히 격분하면서 자신이 이 결론을 몇 년 전에 이미 증명했다고 주장했다.

크리스티안 하위헌스가 사이클로이드의 놀라운 역학적 속성 하나를 발견하면서 사이클로이드의 매력은 한층 더 상승했다. 네덜란드 과학자 하위헌스는 시계 설계의 새로운 기초로 삼기 위해 흔들이pendulum를 가지고 실험하는 중이었다. 단순흔들이는 다음 페이지의 왼쪽 그림처럼 끝에 추가 매달린 끈이다. 추가 흔들리면서 그리는 궤적은 원의 일부이고, 추가 수직 위치를 더 많이 벗어날수록 추가 한번 흔들리는 데 걸리는 시간이 더 길어진다. 그러나 흔들이를 시계의 부품

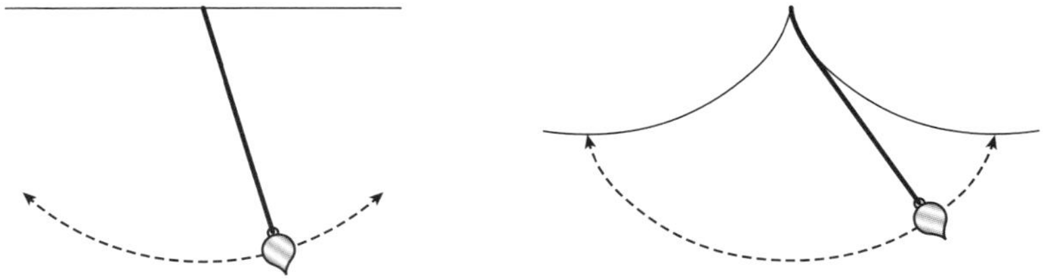

단순흔들이와 2개의 사이클로이드 사이에서 흔들리는 흔들이

으로 사용하고자 하는 하위헌스는 1회 흔들림에 필요한 시간이 흔들림의 폭과 상관없이 일정하기를 바랐다. 친구 파스칼의 현상 공모 과제에서 영감을 얻은 하위헌스는 자신이 추구하는 궤적이 다름 아니라 오른쪽 그림과 같은 뒤집힌 사이클로이드이며 흔들이 꼭대기에 사이클로이드 2개를 '엉덩이'처럼 설치하면 그 궤적을 얻을 수 있음을 깨달았다. 두 엉덩이 사이에서 흔들이가 흔들리면, 끈이 휘면서 추의 경로가 원을 벗어나 사이클로이드로 바뀐다. 이런 사이클로이드 흔들이에서는 1회 흔들림에 필요한 시간이 흔들림의 폭과 상관없이 정확히 동일하다.

이 놀라운 속성에 접근하는 또 다른 방법은 아래 그림처럼 뒤집힌 사이클로이드 모양의 선로를 따라 미끄러져 내려오는 공을 상상하는 것이다. (선로와 공 사이의 마찰은 없다고 가정하자.) 이런 선로에서

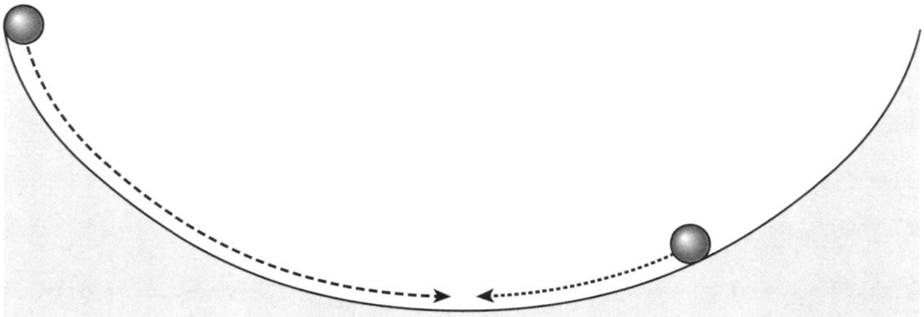

동시 하강 경로

는 공을 어느 위치에서 출발시키든지 상관없이 공이 선로의 밑바닥에 도달하는 시간이 동일하다. 높은 곳에서 출발한 공은 낮은 곳에서 출발한 공보다 더 가파른 경사를 내려오면서 더 많이 가속하여 더 빠른 속력에 도달한다. 따라서 그림 속의 두 공은 정확히 선로의 맨 아래 지점에서 충돌할 것이다. 사이클로이드가 '동시 하강 경로path of equal descent'—또는 '타우토크론tautochrone'(그리스어에서 '타우토'는 '같음', '크로노스chronos'는 '시간'을 뜻함)—라는 소식이 전해지자, 과학자들은 사이클로이드에 또 다시 매료되었다.

사이클로이드의 매력은 17세기가 저물 무렵에 최고조에 달했다. 라이프치히에서 출판된 새로운 과학 저널『악타 에루디토룸*Acta Eruditorum*』에 실린 한 논문은 다음과 같은 공고를 포함했다.

> 나, 요한 베르누이는 세계 최고의 수학자들에게 알린다. 지적인 사람에게는 정직하고 만만치 않으며 해결하면 오래 지속될 명성을 얻을 문제보다 더 매력적인 것은 없다. … 만일 위에 제시한 문제의 해답을 누가 나에게 알려준다면, 나는 그가 찬사를 받을 자격이 있다고 공개적으로 선언할 것이다.

베르누이가 언급한—그가 이미 해답을 아는—문제는 이것이었다. 가장 빠른 하강 경로는 무엇일까? 바꿔 말해 한 지점과 다른 지점을 마찰 없는 미끄럼틀로 연결할 때, 미끄럼틀의 모양을 어떻게 만들어야 물체가 그 틀을 따라 가장 빠르게 이동할 수 있을까? 이 문제의 정답인 곡선은 '브라키스토크론brachistochrone'이라는 별명을 얻었다. 그리스어에서 '브라키스토스brachistos'는 '가장 짧은'을, '크로노스'는 '시간'을

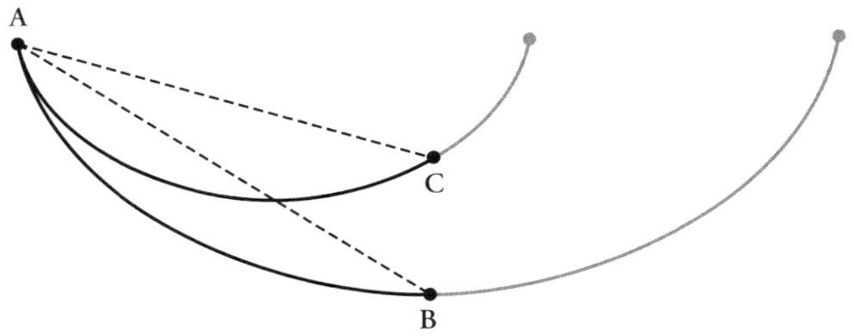

최속 하강 경로

의미한다. 베르누이는 정답이 직선은 아니지만 이미 잘 알려진 곡선이라고 말했다. 과연 어떤 곡선일까? 아마 당신도 짐작했겠지만, 바로 사이클로이드이다. 위 그림은 두 점 A와 B, A와 C를 잇는 브라키스토크론, 즉 최속最速 하강 경로를 보여준다.

모든 사이클로이드는 모양이 같으므로(즉, 닮은꼴이므로), 최속 하강 경로는 출발점과 도착점의 상대적 위치에 따라 달라지지만 한 경로를 확대하거나 축소하면 임의의 다른 경로를 얻을 수 있다. 최속 하강 경로는 A와 B 사이의 경로처럼 꾸준히 하강할 수도 있고, A와 C 사이의 경로처럼 하강했다가 상승할 수도 있다. 하강했다가 상승하는 경우에는 길고 가파른 처음 구간의 가속 효과가 상승하는 마지막 구간의 감속 효과를 능가한다. 당신이 우묵한 사이클로이드 모형을 만들고 그 위에서 공을 예컨대 A에서 B까지 굴려보내면서 동시에 또 하나의 공을 A와 B를 잇는 직선 미끄럼틀(점선)로 굴려보내면, 당신은 결과를 이미 예상했더라도 놀라지 않을 수 없을 것이다. 사이클로이드를 따라 신속하게 내려가는 공과 비교하면, 직선을 따라 하강하는 공은 마치 진흙을 헤치며 나아가는 것처럼 보인다. 18세기 이래로 대학들과 박물관들은 최속 하강 경로의 놀라운 속성을 보여주기 위해 목제 모형을 제작하기 시작했다. 그 모형들은 '동시 하강 경로'의 속성도 보여줄 수 있다. 우묵한 사이클로이드의 양편에서 하나씩 공을 내려 보내면, 공들의 출발점이 어디든 상관없이 두 공은 맨 아래 지점에서 충돌할 것이다.

여섯 달 뒤까지 베르누이가 받은 정답은 단 하나, 독일의 고트프리트 라이프니츠가 보낸 것뿐이었다. 그리하여 베르누이는 『악타 에루디토룸』에 다시 한 번 응모를 권하는 공고를 냈다. '특별한 방법으로 기하학의 가장 심오한 비밀들을 꿰뚫었을 뿐더러 기하학의 경계를 감탄스러운 방식으로 확장했다고 자부하는 응모자들'이 없다는 언급이 포함된 공고였다. 이 언급은 아이작 뉴턴과 그의 유율법method of fluxions을 겨냥한 것이었다. 유율법이란 최속 하강 경로와 같은 문제를 풀 수 있다고 알려진 새롭고 강력한 수학 기법이었다. 우리는 이 기법을 나중에 다룰 것이다. 베르누이는 공고가 실린 『악타 에루디토룸』 한 부를 뉴턴에게 보내 자신의 메시지를 뉴턴이 확실히 보게 했다. 당시에 50대였던 뉴턴은 케임브리지대학교의 교수직에서 물러나 런던타워Tower of London에 위치한 왕립조폐국의 수장을 맡고 있었다. 그는 직장에서 지친 채 귀가하여 베르누이의 편지를 읽은 후 잠들지 못하고 문제 풀이에 매달려 결국 새벽 4시에 답을 얻고 나서야 잠자리에 들었다. "외국인들이 수학에 관한 문제로 나에게 집적거리는 게 싫어"라고 그는 투덜거렸다. 뉴턴은 자신의 답안을 익명으로 제출했다. 그 답안을 읽은 베르누이는 "발톱을 보고 사자라는 것을 알아챘다"고 말했다고 한다.

그리하여 이미 많은 싸움을 유발한 사이클로이드는 계몽 시대 과학사에서 가장 큰 전쟁의 초기 전투 하나에 불을 댕겼다. 뉴턴의 유율법은 라이프니츠의 무한소 미적분학infinitesimal calculus과 수학적으로 동치였

다. 곧 보겠지만, 뉴턴과 라이프니츠는 지저분한 원조 논쟁을 벌였고, 그로 인해 영국 과학계와 유럽 과학계는 한 세기 동안 반목했다. 그러나 두 사람의 자존심 싸움은 사이클로이드의 고결함을 전혀 더럽히지 못했다. 베르누이의 논문을 모은 책의 표지에는 애정 어린 눈길로 사이클로이드를 쳐다보는 개를 그린 삽화가 '질투보다 높은 곳에Supra invidiam'라는 문구와 함께 들어 있다.

사이클로이드는 최속 하강 경로이므로, 스케이트보드장의 경사면을 사이클로이드 모양으로 만들면 좋겠다는 생각이 들 법하다. 그러나 내가 발견한 사이클로이드 경사면은 단 하나뿐이다. 그 경사면은 프랑스 미술가 라파엘 자르카가 2011년 뉴욕에서 물리학, 조형 예술, 공공시설을 융합하는 프로젝트의 일환으로 건설했다. 그러나 사용자들은 그 경사면이 너무 낯설어서 싫어했다. 스케이트 전문 저자 테드 배로는 이렇게 말했다. "내가 완벽하게 둥근 공이라면 아마도 그 경사면에서의 상승과 하강을 더 잘 만끽할 수 있을 것이다. 그러나 스케이드보드를 타는 사람은 균형을 유지하고 속력이 빨라지더라도 보드에서 떨어지지 않기 위해서 온갖 기술을 애써 터득해야 한다. 그런 사람으로서 나는 속력을 조절하고 나의 동작을 그 낯선 곡면에 맞추느라 바빴다. 가장 빠른 하강을 경험하는 것은 뒷전이었다." 스케이트보드용 사이클로이드 경사면은 인기를 끌지 못할 것이라고 그는 덧붙였다.

사이클로이드는 '룰렛roulette'으로 불리는 곡선 유형의 한 예이다. 룰렛은 구르는 바퀴에 찍힌 한 점의 궤적이다. 이때 바퀴는 온갖 지형에서 구를 수 있다. 바퀴가 자신과 똑같은 크기의 원을 휘감으며 구르면, 아래 왼쪽 그림에서처럼 '심장형cardioid'이 만들어진다. 이 곡선은 심장을 닮았기 때문에 이름이 '심장형'이다. 바퀴가 자신보다 반지름이 두 배 큰 원을 휘감으며 구르면 아래 가운데 그림에서처럼 '신장형nephroid'이 만들어진다. 신장형은 신장 한 쌍과 유사하다. 환한 창가에 찻잔을 놓으면, 수면에 드리운 햇빛이 엉덩이를 닮은 곡선을 그리는데, 그 곡선은 신장형의 절반이다. 그 곡선은 컵의 안쪽 면에서 반사한 빛에 의해 만들어진다. 아래 오른쪽 그림을 참조하라.

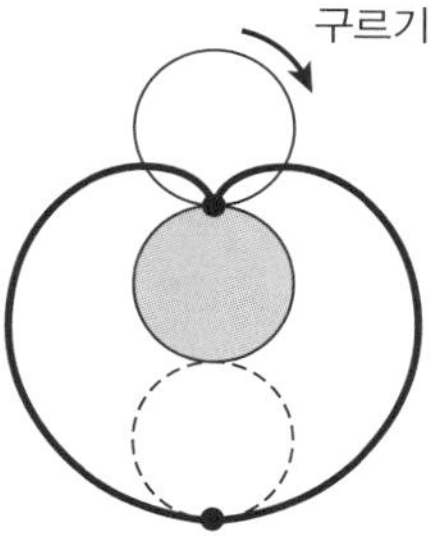

심장형

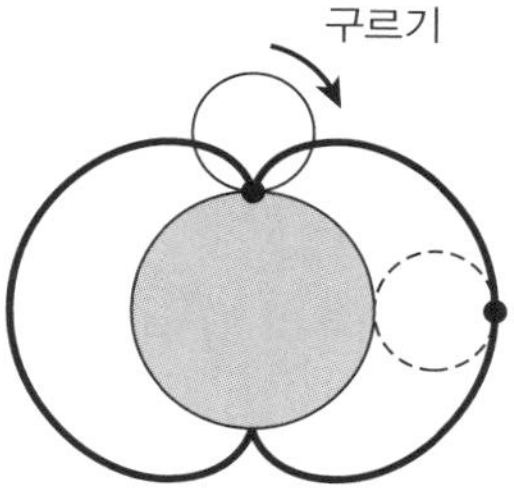

신장형

찻잔 속의 신장형(절반)

미술과 과학을 위해 곡선을 그리는 최초의 기계는 룰렛을 그렸다. 18세기에 이탈리아의 지암바티스타 수아르디가 발명한 '기하학 펜geometric pen'은 삼각대와 회전식 팔, 그리고 그 팔에 설치된 회전식 톱니바퀴와 거기에 끼운 연필로 이루어졌다. "기하학 펜만큼 다양한 곡선을 그리는 장치는 어쩌면 과거 역사를 통틀어도 없을 것이다"라고 영국의 왕 조지 2세의 도구 제작자 조지 애덤스 주니어는 감탄했다. 기하학 펜으로 그린 곡선들은 바로크적이고 마술적이었다. 19세기에 빈에서 활동한 데비뉴P. H. Desvignes는 룰렛을 그리는 장치를 고안하여 '스피로그래프spirograph'로 명명했다. 이 장치는 다이아몬드 첨필로 구리판에 곡선 장식을 새기는 데 쓰였다. 또 지폐에 정교한 패턴을 그려 넣어 위조를 막는 데도 쓰였다. 1965년에 플라스틱 톱니바퀴들로 이루어진 그리기용 장난감 '스피로그래프'가 출시되었다. 지금도 일부 아이들은 이 장난감으로 룰렛을 그리며 논다.

내가 가장 좋아하는 수학 수수께끼 하나는 한 동전을 휘감아 구르는 또 하나의 동전에 관한 것이다. 똑같은 동전 2개를 탁자 위에 나란히

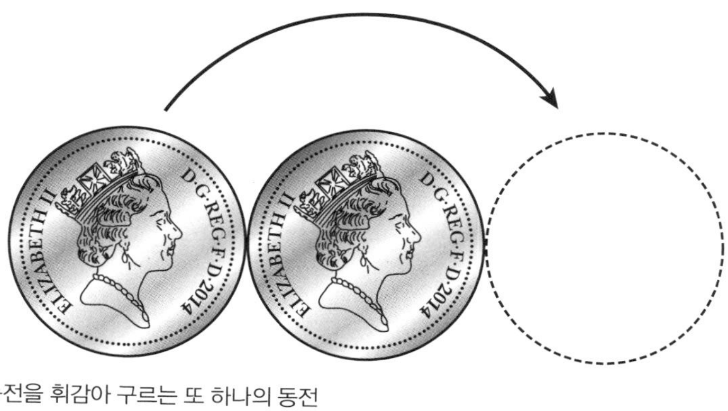

한 동전을 휘감아 구르는 또 하나의 동전

붙여놓아라. 두 동전 속 인물의 머리는 똑바로 위를 향해야 한다. 왼쪽 동전을 오른쪽 동전에 붙인 채로 굴려라. 그 동전이 반대편에 도달했을 때, 동전 속 인물의 머리는 어디를 향할까?

이 질문을 처음 받았을 때 나는 그 인물의 머리가 아래를 향할 것이라고 생각했다. 구르는 동전이 고정된 동전을 한 바퀴 도는 경로의 절반만큼 이동했으니까 말이다. 하지만 틀린 생각이었다. 동전이 오른편으로 건너오는 동안, 동전 속의 여왕은 한 바퀴를 온전히 돈다. 마치 똑바른 자세로 위엄을 유지하려는 듯이 여왕이 신속하게 회전하는 모습은 눈앞에 빤히 보면서도 이상하고 반직관적이다. 이 신기한 운동은 모든 룰렛의 속성에서 비롯된다. 룰렛은 서로 독립적인 두 방향의 운동을 조합한다. 이 경우에 동전은 자전하면서 또한 다른 동전의 둘레를 돈다. 왼쪽 동전은 오른쪽 동전의 둘레를 1°만큼 돌 때마다 2°만큼 자전한다.

바퀴를 굴리면 룰렛을 그릴 수 있다. 다른 한편, 중심이 고정된 바퀴를 회전시켜서 곡선들을 그릴 수도 있다. 이 곡선들은 룰렛보다 수학적으로 더 단순하다. 왜냐하면 방향이 단 하나인 운동, 즉 중심을 축으로 한 회전에 의해 산출되기 때문이다.

다음 페이지의 그림 (i)처럼 반시계 방향으로 회전하는 바퀴의 가장자리에 찍은 점을 생각해보자. 그 점의 높이를 수직좌표로 삼고 회전 각도를 수평좌표로 삼아 그래프를 그리면, 이른바 '사인곡선'이 만들어진다. 나는 원에 점들을 찍어 회전 각도 0, 45, 90, 225, 270°를 표시했다. 사인곡선은 90°에서 정점에 이르고 180°에서 수평축으로 복귀하며, 이어서 수평축 아래로 내려갔다가 회전 각도가 완전히 한 바퀴가

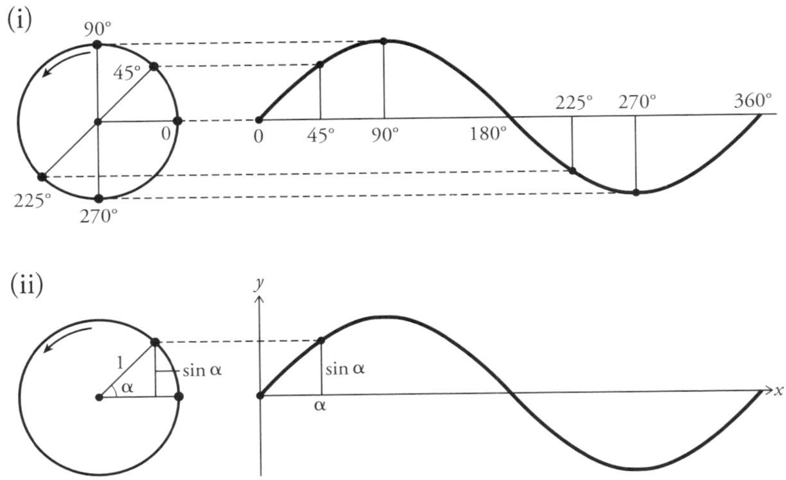

회전하는 점의 높이 변화와 회전 각도를 짝지어 그래프를 그리면 사인곡선이 나온다.

되면 출발점으로 돌아온다. 바퀴가 계속 회전한다면, 사인곡선은 이 패턴을 반복하면서 무한정 상하 대칭으로 오르내릴 것이다.

(왜 이 구불거리는 곡선의 이름이 직각삼각형의 두 변 사이의 비율을 뜻하는 '사인'과 같은지 의아한 독자도 있을 것이다. 이 곡선은 삼각형과 아무 상관이 없으니까 말이다. 그러나 사인의 개념이 원래 원에서 유래했음을 상기하면 의문이 풀린다. 사인은 반현과 관련이 있다. 아래 그림 (ii)는 원 속의 직각삼각형을 통해 이 사실을 더 분명하게 보여준다. 직각삼각형의 빗변이 1이라면, $\sin\alpha = \frac{\text{맞변}}{\text{빗변}} = \frac{\text{점의 높이}}{1}$ = 점의 높이이다.)

최초로 사인곡선을 그린 인물은 17세기의 질 드 로베르발이었다. 그는 사인곡선을 사이클로이드의 '짝꿍 곡선companion curve'이라고 불렀다. 그 짝꿍은 훗날 과학자와 수학자의 마음속에서(또한 발언 속에서) 더 우월한 지위에 오르게 된다.

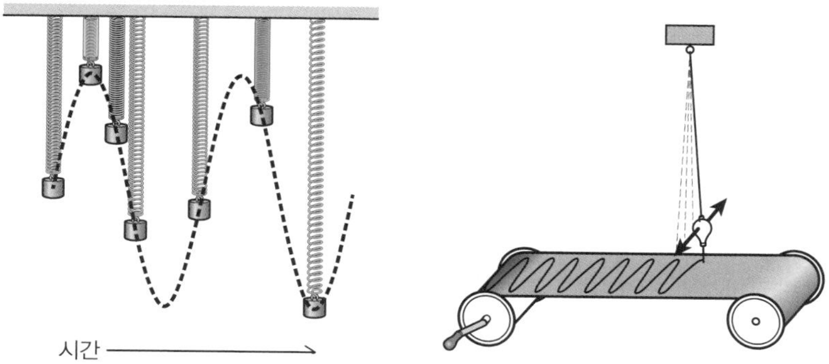

스프링에 매달린 추와 흔들이의 운동은 '단순조화운동'이다.

사인곡선과 같은 파형을 지닌 파동을 '주기파periodic wave'라고 한다. 주기파의 곡선은 수평축을 따라 똑같은 모양이 계속 반복된다. 사인곡선은 가장 단순한 주기파의 파형이다. 왜냐하면 사인곡선을 산출하는 원이 가장 단순한 기하학적 도형이기 때문이다. 사인곡선은 이렇게 기초적인 개념이지만 많은 물리 현상의 모형으로 손색이 없다. 세상은 사인곡선들의 카니발이다. 위 왼쪽 그림에서 보듯이 스프링에 매달려 오르내리는 추의 수직 위치는 사인곡선을 그린다. 추는 진동폭의 중앙에서 가장 빠르게 운동하고 맨 위와 아래에 접근할수록 속력이 줄어들어 (시간을 수평좌표로 잡고 추의 높이를 수직좌표로 잡으면) 사인곡선을 산출한다. 흔들이의 추가 모래 주머니인데, 오른쪽 그림처럼 주머니 밑바닥에 구멍이 뚫려서 모래가 흘러나온다고 해보자. 추가 남북 방향으로 흔들린다면, 그 아래에서 동서 방향으로 움직이는 콘베이어벨트에는 사인곡선이 그려질 것이다. 이렇게 스프링과 흔들이 등은 진동하면서 사인곡선을 그리는데, 이런 진동을 일컬어 '단순조화운동simple harmonic motion'이라고 한다.

우리는 앞에서 룰렛이 멋진 패턴들을 그리는 것을 보았다. 사인곡선도 마찬가지이다. 1840년대에 스코틀랜드 수학자 휴 블랙번은 모래 주머니 흔들이를 가지고 실험을 하다가 다음 그림처럼 모래 주머니를 Y자 모양을 이룬 끈 두 가닥에 매달아보기로 했다. 그는 r 지점에 고리를 달아 두 가닥의 끈이 합쳐지게 했다. 그는 고리를 고정시킨 상태에서 모래 주머니를 좌우로 흔들리게 했다. 그런 다음에 고리를 앞으로 당겼다가 놓아서 고리도 앞뒤로 흔들리게 했다. 따라서 모래 주머니의 운동은 서로 수직인 두 흔들림에 의해 결정되었고, 그 결과는 장관이었다. 2개의 사인 운동이 뒤섞여 수학적인 짝춤을 춘 결과로 놀

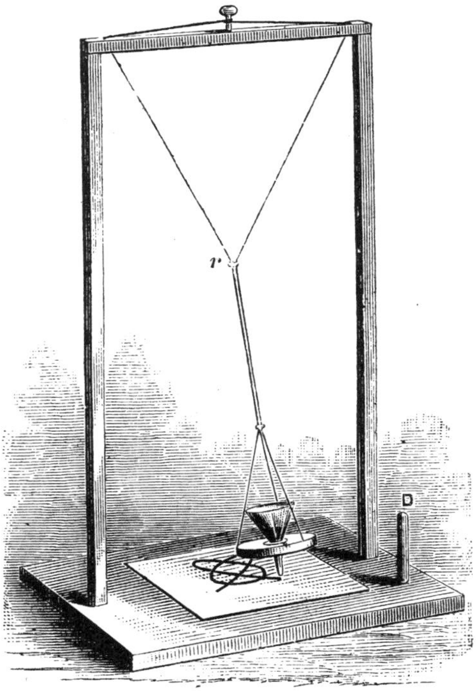

블랙번의 Y자 모양 흔들이. 1879년에 출판된 대중 과학서에서 따옴.

랄 만큼 복잡한 패턴이 바닥에 그려졌다. 얼마 지나지 않아 '하모노그래프harmonograph'라는 기계가 모험적인 도구 제작자들에 의해 양산되었다. 이 기계에 장착된 펜은 2개의 흔들이에 매달려 동시에 두 방향으로 진동하면서 선을 그린다. 하모노그래프의 사용자는 흔들이들의 길이와 진폭을 조절한 다음에 펜을 놓아 자유롭게 흔들리면서 바닥의 종이에 선을 그리게 한다. 펜은 아름다운 기하학적 곡선을 그리는데, 그 곡선은 기계적이지만 왠지 살아 있는 것처럼 느껴진다.

빅토리아 시대의 하모노그래프는 서랍장과 추시계를 합친 것 같은 모양이었다. 하모노그래프의 펜이 패턴을 그리는 과정은 매혹적인 볼거리였다. 그것은 기계적인 과정이라기보다 예술 공연에 가까웠다. 마찰에 의한 에너지 손실 때문에, 펜의 운동은 나선을 그리며 그 폭이 줄어들어 결국 평형점에서 멈춘다. 규모가 큰 하모노그래프들은 펜이 멈출 때까지 한 시간 넘게 곡선을 그릴 수 있었다.

하모노그래프가 대단한 인기를 끌자, 동일한 원리에 기초를 둔 다른 기계들이 많이 제작되었다. '심팔모그래프sympalmograph' '펜듈로그래프pendulograph' '이중 흔들이duplex pendulum' '4중 조화운동 흔들이'가 만들어졌고, 20세기 초에는 '크레이턴 복합 조화 운동 기계Creighton Compound Harmonic Motion Machine'와 '포토-레이쇼그래프photo-ratiograph'가 제작되었다.

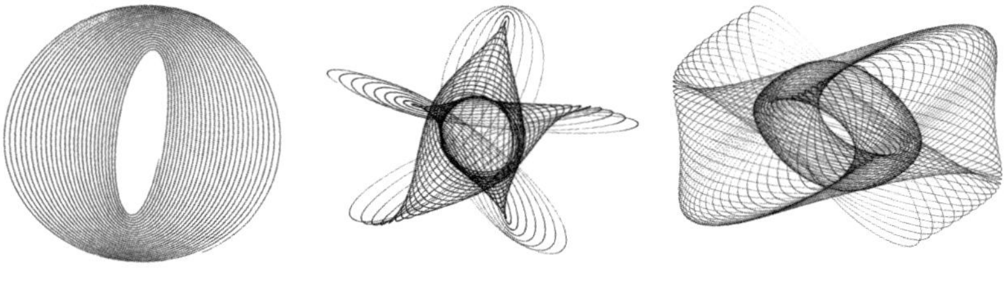

하모노그래프로 그린 패턴들

마지막 기계에서는 빛점이 운동하면서 그린 패턴을 사진으로 얻을 수 있다. 1950년대에 미국 미술가 존 휘트니는 제2차 세계대전이 남긴 군수품 폐기물로 하모노그래프를 제작했다. 그는 M5 대공 목표 지시기anti-aircraft director—ㄱ자 모양 손잡이들과 막대 손잡이들이 달린 큼직한 금속 상자로, 대공 사격 방향을 계산할 때 사용한 초기의 아날로그 컴퓨터라고 할 수 있다—를 사서 개조하여 그 회전 부위에 장착한 첨필이 서로 다른 두 방향으로 단순조화운동을 할 수 있게 만들었다. 휘트니는 첨필이 운동하는 속력과 폭을 전자 장치로 제어하여 마찰의 효과를 없애고 운동을 훨씬 더 정확하게 통제할 수 있었다. 그가 산출한 패턴들은 눈부시게 아름다웠고 수학적 미술의 역사에서 가장 대표적인 이미지의 반열에 올랐다. 그 패턴들은 알프레드 히치콕의 1958년 작 영화 〈현기증Vertigo〉의 포스터와 타이틀 시퀀스title sequence(영화의 맨 처음에 제목 등이 자막으로 나오는 대목—옮긴이)에 사용된 것으로 유명하다. 고리들이 어지럽게 겹친 그 패턴들은 그 영화가 그리는 고통스러운 내면 풍경에 대한 시각적 은유로 더없이 적합하다. 휘트니의 패턴들은 할리우드 영화에 최초로 등장한, 컴퓨터로 산출한 이미지였다. 뿐만 아니라 그의 전자 하모노그래프는 사상 최초의 컴퓨터 애니메이션 기계였다.

하모노그래프가 빅토리아 시대 화가들의 작업실에서 최고의 인기를 누릴 무렵, 파리의 물리학자 쥘 앙투안 리사주는 소리굽쇠 2개와 광선 하나로 하모노그래프로 그린 것과 똑같은 패턴들을 산출할 수 있음을 깨달았다. 그의 실험은 19세기에 이루어진 실험들 가운데 가장 아름다운 축에 든다. 소리굽쇠가 소리를 낼 때, 소리굽쇠의 진동은 단순조화운동이다. 리사주는 한 소리굽쇠에 작은 거울을 부착하고 거기

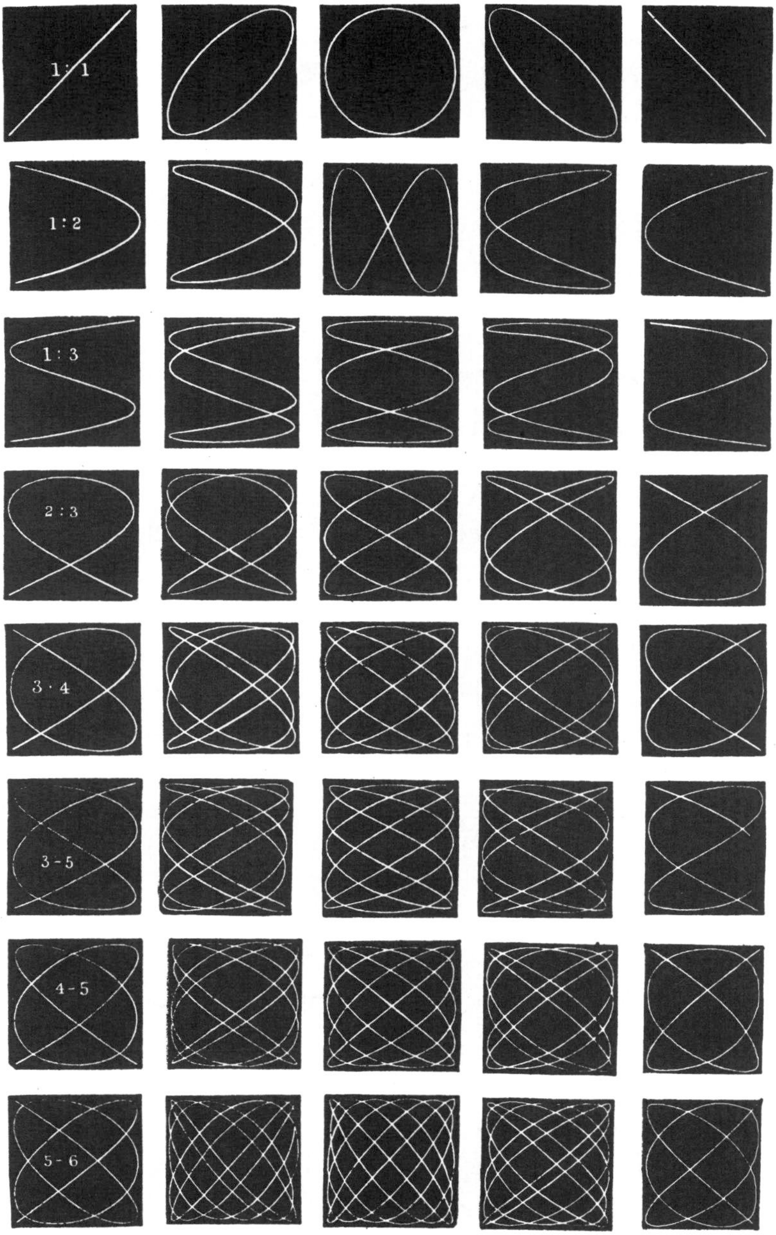

1875년에 출판된 책에 삽입된 리사주 도형들. 맨 왼쪽 열의 숫자들은 각 행에서 진동수들의 비율이 얼마인지 알려준다.

에 광선을 쏘아 광선이 반사하여 영사막에 도달하게 했다. 소리굽쇠를 진동시키자, 영사막의 빛점이 퍼져 수평선이 되었다. 물론 그 빛점은 좌우로 아주 빠르게 진동하는 것이었지만, 관찰자들은 빛점의 잔상들을 한꺼번에 보기 때문에 수평선을 본 것이었다. 이어서 리사주는 역시 거울이 부착된 두 번째 소리굽쇠를 추가했다. 이 소리굽쇠는 첫째 소리굽쇠가 진동하는 방향에 수직인 방향으로 진동하도록 배치되었다. 이제 광선은 첫째 소리굽쇠의 거울에서 반사하여 둘째 소리굽쇠의 거울에 도달하고 거기에서 다시 반사하여 영사막에 도달했다. 바꿔 말해 소리굽쇠들은 하모노그래프의 흔들이들과 같은 구실을 하여 광선을 서로 다른 두 방향으로 진동하게 했다. 그러나 그 진동의 횟수는 하모노그래프에서처럼 1초당 한 번 정도가 아니라 수백 번이었다. 관찰자들은 영사막에서 놀라운 이미지들을 보았다. 그 이미지들은 오늘날 '리사주 도형Lissajous figure'으로 불린다.

소리굽쇠들의 조합을 바꾸면 다른 곡선이 산출된다. 똑같은 소리굽쇠가 똑같은 크기로 소리를 내면—즉 양쪽 방향의 진동이 동일하면—영사막에 나타나는 곡선은 앞 페이지 첫째 행의 그림들 중 하나가 된다. 즉, 타원이나 직선, 또는 원이 된다. 정확히 무엇이 되느냐는 두 진동이 시작되는 순간의 차이에 따라 결정된다. 이 차이를 조절하기 위해 리사주는 소리굽쇠들 사이의 거리를 변화시켰다. 한 소리굽쇠의 진동수가 다른 소리굽쇠의 진동수보다 두 배 높으면, 곡선은 둘째 행의 그림들 중 하나가 된다. 즉, 포물선이나 8자 모양이 된다.

나머지 행들은 진동수들의 비율이 다른 정수비들일 때의 리사주 도형들을 보여준다. 진동수들의 비율이 정수비가 아니면, 광선은 출발점으로 돌아오지 못한다. 따라서 부옇게 번진 이미지가 만들어진다.

소리굽쇠의 진동수는 소리굽쇠가 내는 음의 높이를 결정한다. 예컨대 초당 262회 진동하는 소리굽쇠는 가온middle C음을 낸다. 따라서 리사주의 실험은 소리굽쇠 조율법을 개선할 길을 열어주었다. 두 소리굽쇠가 같은 음을 내는지의 여부를 귀가 아니라 눈으로 확인할 수 있게 해준 것이다. 음악 산업계의 장인들은 작업실에 광선 발생 장치를 들여놓았다. 두 소리굽쇠가 내는 음들의 높이가 약간 다르면, 두 소리굽쇠의 진동수들도 약간 다르고, 이중으로 반사된 광선이 그리는 곡선은 부옇게 번진다. 기술자들은 한 소리굽쇠를 표준으로 삼은 다음에, 그 소리굽쇠와 다른 소리굽쇠를 함께 울렸을 때 벽에 타원이 나타날 때까지, 그 다른 소리굽쇠를 줄로 갈아서 다듬었을 것이다. 벽에 나타난 타원은 두 소리굽쇠가 내는 음이 같음을 의미했다.

리사주 도형은 서로 수직인 사인 진동 2개를 조합한 결과이다. 그럼 축이 동일한 사인 진동들도 조합할 수 있을까?

물론이다! 게다가 그 조합은 수학에서 가장 풍부하고 유용한 몇 가지 정리들을 낳는다. 본격적인 논의에 앞서 파동을 이야기할 때 꼭 필요한 세 가지 개념을 정의할 필요가 있다. 그것들은 진동수, 진폭, 위상phase이다. 진동수란 정해진 시간 동안에 파동이 진동하는 횟수, 진폭이란 파동의 마루와 골 사이 수직 거리의 절반, 위상이란 파형 곡선에서 수평 위치를 알려주는 양이다.

이 개념들을 알았으면, 사인파의 산술을 대략적으로 살펴볼 수 있다. 다음 페이지의 그림을 참조하라.

(i) 이 곡선은 기본적인 사인파이다. 곡선의 방정식은 $y = \sin x$이다.

(ii) 진동수가 두 배로 커지면, 즉 파동이 원래 한 번 진동하던 시간

동안에 두 번 진동하게 되면, 방정식은 $y = \sin 2x$가 된다.

(iii) 진폭이 두 배로 커지면, 즉 파동이 원래보다 두 배 큰 폭으로 진동하면, 방정식은 $y = 2\sin x$가 된다.

(iv) 파동을 한 주기의 4분의 1만큼 왼쪽으로 옮겨서 위상을 바꾸면, 기본적인 코사인 파동 $y = \cos x$가 된다.

사인곡선의 진동수, 진폭, 위상을 바꿔서 만든 파동은 모두 사인곡선이다. 진동수, 진폭, 위상을 이해하는 데 유용한 한 가지 방법은 사인곡선이 회전하는 점에 의해 산출된다는 점을 상기하는 것이다. 그 회전의 속력이 진동수를, 반지름이 진폭을, 출발점이 위상을 결정한다.

(v) 이 곡선은 기본적인 사인파와 기본적인 코사인 파동의 합이다.

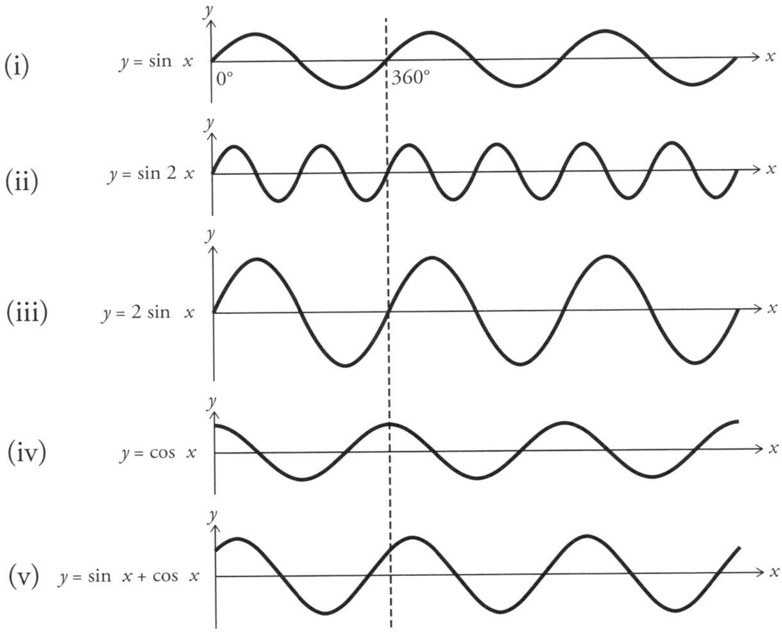

두 파동을 합하려면, 수평좌표 각각에서 두 파동의 수직좌표의 값들을 합하면 된다. 놀랍게도 사인파와 코사인 파동을 합한 결과도 사인파이다. 물론 이 사인파는 원래 파동들과 위상이 다르고 진폭은 $\sqrt{2}$배로 크지만 말이다. 일반적으로 진동수가 같은 사인파 2개를 합한 결과는 항상 사인파이다. 이 결과는 원래 파동들의 진폭이나 위상과 무관하다.

따라서 진동수는 같고 진폭과 위상은 다른 사인파들을 임의의 개수만큼 합한 결과도 항상 사인파이다. 이것은 상상 속에 나오는 괴물이 변신을 거듭하면서도 항상 원래 모습을 되찾는 것을 연상시킨다. 우리는 잠시 후에 회전하는 점의 산술을 다시 다룰 텐데, 그 전에 잠깐 또 다른 유형의 회전을 살펴보자. 공간적 배경은 프랑스이다.

1798년, 30세의 파리이공과대학교의 교수 조제프 푸리에는 국가가 그의 도움을 필요로 한다는 긴급한 연락을 내무부로부터 받았다. '선발대로 떠날 준비를 하라'는 것이었다. 두 달 뒤, 푸리에는 나폴레옹 보나파르트 장군이 지휘하는 병력 2만 5000명의 함대에 속해 툴롱에서 배에 올랐다. 장군이 공언한 목표는 이집트 침공이었다.

푸리에는 이집트 원정을 위해 소집된 저명한 학자—이른바 '사방savant'—167명 중 하나였다. 이들의 존재는 프랑스 혁명이 내세운 과학적 진보의 이데올로기를 반영했고, 열렬한 아마추어 수학자였던 나폴레옹은 자신과 관심사가 같은 사람들을 곁에 두기를 좋아했다. 전설에 따르면, 프랑스 군대가 기자의 대피라미드에 도착했을 때, 나폴레옹은 대피라미드의 그림자가 드리운 바닥에 앉아 메모지에 몇 자 끼적거리더니, 그 피라미드에 사용된 돌로 높이 3m에 두께 3분의 1m인 벽을 쌓으면 프랑스를 거의 완전히 둘러쌀 수 있다고 단언했다. 그의 수석 수학자였던 가스파르 몽주는 장군의 추정이 정확하다고 확인해주

었다.•

푸리에는 이집트에서 많은 행정 업무를 맡았다. 가장 중요한 것은 파리의 프랑스학사원Institut de France을 본뜬 문화유산센터 카이로연구소Cairo Institute의 사무차관permanent secretary 직책이었다. 그 연구소의 과학적 고고학적 발견들을 종합하여 37권짜리 『이집트 지*Description de L'Egypte*』를 펴낼 때, 푸리에는 서문을 썼다. 그는 사실상 이집트학의 아버지이다.

푸리에가 이집트에서 돌아오자 나폴레옹은 그를 그르노블을 중심으로 한 이제르 알프스 지역의 지방관으로 임명했다. 늘 건강이 시원치 않고 추위를 심하게 탄 푸리에는 여름에도 외투를 입어야만 집 밖으로 나섰고 만일에 대비하여 예비 외투를 지참한 하인과 동행할 때가 많았다. 집 안은 늘 뜨끈뜨끈하게 난방했다. 그르노블에서 그가 주로 연구한 주제도 열이었다. 1807년에 그는 「고체 내부에서 열의 전달에 관하여」라는 획기적인 논문을 출판했다. 이 논문에서 그는 사인파에 관한 놀라운 발견 하나를 발표했다. 유명한 푸리에의 정리에 따르면, 사인파들을 합해서 임의의 주기파를 만들 수 있다. 이것은 놀라운

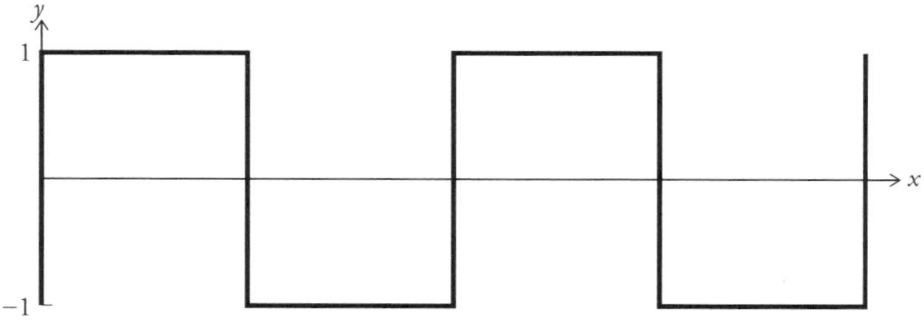

• 대피라미드의 밑면의 한 변은 229m, 높이는 146m이다. 프랑스는 대략 직사각형이며 남북 변은 770km, 동서 변은 700km이다. 이 수치들을 가지고 계산해보면, 나폴레옹의 추정이 정답에서 겨우 3% 벗어남을 알 수 있다.

결론이다. 푸리에의 동시대인들은 이 결론을 믿지 않았다. 많은 파동은 사인파와 전혀 닮지 않았다. 예컨대 180쪽 그림의 네모파square wave는 성벽 윗부분의 요철처럼 보인다. 네모파는 직선들로 이루어진 반면, 사인파는 연속적으로 휜 곡선이다. 그러나 푸리에가 옳았다. 우리는 사인파들만으로 네모파를 만들 수 있다.

이제부터 그 방법을 알려주겠다. 다음 그림은 사인파 3개를 보여준다. 기본 사인파, 이 파동과 비교할 때 진폭이 3분의 1이고 진동수가 3배인 둘째 파동, 진폭이 5분의 1이고 진동수가 5배인 셋째 파동이 그려져 있다. 이 파동들을 $\sin x$, $\frac{\sin 3x}{3}$, $\frac{\sin 5x}{5}$로 적을 수 있다.

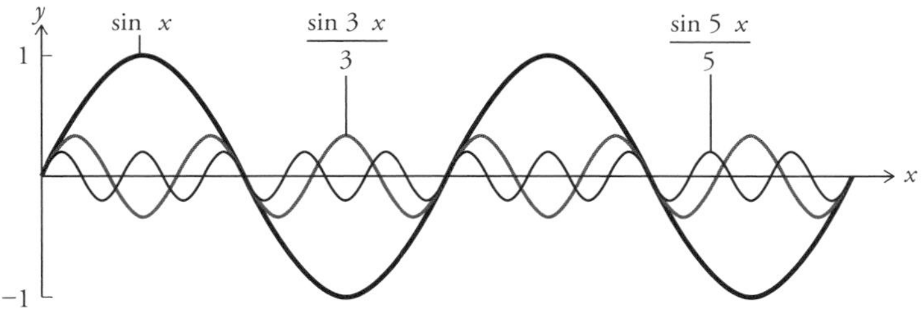

다음 페이지의 그림에서 나는 이 파동들을 합했다. 우선 기본 파동 $\sin x$가 보인다. 두 파동의 합, 즉 $\sin x + \frac{\sin 3x}{3}$는 어금니들을 이어놓은 것처럼 보이는 파동이다. $\sin x + \frac{\sin 3x}{3} + \frac{\sin 5x}{5}$는 전구의 필라멘트들을 이어놓은 것처럼 보이는 파동이다.

만일 아래와 같은 덧셈을 계속 이어나간다면, 어떤 결과가 나올까?

$$\sin x + \frac{\sin 3x}{3} + \frac{\sin 5x}{5} + \frac{\sin 7x}{7} + \cdots$$

덧셈의 결과는 점점 더 네모파에 접근할 것이다. 만일 무한히 많은

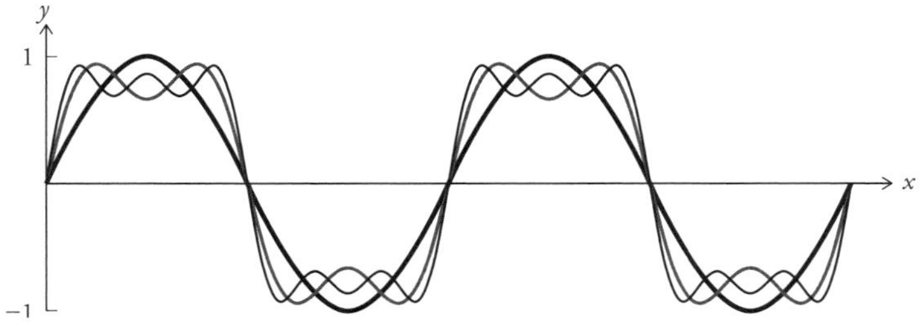

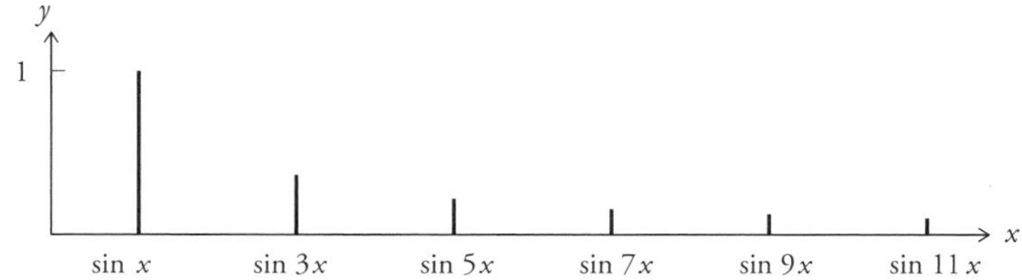

항들을 더한다면, 그 결과로 네모파가 만들어질 것이다. 구불거리는 사인파들만으로 이런 각진 모양을 만들 수 있다는 것은 참으로 놀라운 일이다. 꺾인 선, 매끄러운 곡선, 심지어 전자와 후자의 조합으로 이루어진 임의의 주기파를 사인파로 만들 수 있다.

한 파동을 만드는 사인파들의 합을 일컬어 그 파동의 '푸리에 급수Fourier series'라고 한다. 푸리에 급수는 연속적인 파동을 이산적인discrete 신호들로 이해할 수 있게 해주기 때문에 대단히 유용하다. 예컨대 네모파를 만드는 급수의 항들을 위처럼 막대그래프로 나타낼 수 있다.

수평축은 성분 사인파들의 진동수를, 수직축은 진폭을 나타낸다. 각각의 막대가 사인파 하나를 의미한다. 맨 왼쪽 막대는 '기본' 진동수의 사인파이다. 이런 그래프를 일컬어 파동의 '진동수 스펙트럼' 또는 '푸리에 변환Fourier transform'이라고 한다.

푸리에의 정리는 19세기 수학이 이룬 가장 중요한 성과 중 하나이다. 왜냐하면—광학부터 양자역학까지, 지진학부터 전기공학까지—많은 분야의 현상들을 주기파로 모형화할 수 있고, 많은 경우에 주기파를 탐구하는 최선의 방법은 그것을 단순한 사인파들로 분해하는 것이기 때문이다. 예컨대 음향학은 푸리에의 발견들을 응용하는 작업이라고 해도 과언이 아니다.

소리는 공기 분자들의 진동이다. 공기 분자들의 진동 방향은 소리가 퍼져나가는 방향과 같다. 아래의 맨 위 그림에서 보듯이, 클라리넷을 불어 공기 분자들을 진동시키면, 분자 밀집 구역과 희박 구역이 번갈아 형성된다. 임의의 위치에서 공기 압력의 시간에 따른 진동은 주기

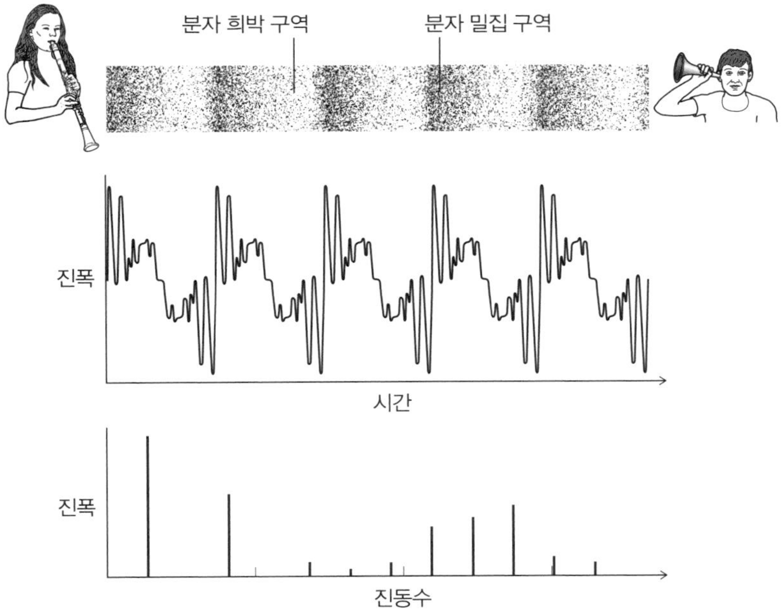

클라리넷의 소리 파동과 진동수 스펙트럼

파이다.

가운데 그림에서 보다시피, 클라리넷이 만드는 소리 파동은 들쭉날쭉 복잡하다. 그러나 푸리에의 정리에 따라서 우리는 그 파동을 사인파들의 합으로 분해할 수 있으며, 그 사인파들의 진동수는 모두 '기본' 진동수의 정수배이다. 바꿔 말해 우리는 그 파동을 여러 진폭의 진동수 스펙트럼으로 나타낼 수 있다. 맨 아래 그림은 클라리넷 소리 파동의 진동수 스펙트럼을 막대그래프로 보여준다.

들쭉날쭉한 파동과 그 아래의 막대그래프가 똑같은 소리를 나타낸다는 점을 상기하라. 그러나 각각의 그림은 정보를 다른 방식으로 표현한다. 파동 곡선에서 수평축은 시간인 반면, 막대그래프에서 수평축은 진동수이다. 음향 기술자들은, 파동 곡선은 '시간 영역time domain'에 있는 반면, 그것의 푸리에 변환은 '진동수 영역'에 있다고 말한다.

클라리넷 소리 파동의 푸리에 변환은 또한 소리굽쇠만으로 클라리넷 소리를 만들어내는 데 필요한 모든 정보를 제공한다. 맨 아래 막대그래프 속 막대 각각은 특정 진동수의 사인파를 의미한다. 이 대목에서 이 장의 초반에 등장했던 리사주의 소리굽쇠 실험을 상기하자. 소리굽쇠가 내는 음파는 사인파이다. 따라서 클라리넷 소리를 만들기 위해서는 그 막대그래프가 알려주는 대로 적당한 진동수의 소리굽쇠들을 골라서 적당한 크기로 울리기만 하면 된다. 마찬가지로 바이올린 소리의 진동수 스펙트럼은 소리굽쇠로 바이올린 소리를 만드는 방법을 알려준다. 클라리넷으로 연주한 가온 C음과 바이올린으로 연주한 가온 C음의 음색 차이는 똑같은 소리굽쇠들이 다른 상대 진폭으로 울리는 것에서 비롯된다. 그러므로 푸리에의 정리에서 도출되는 결과 하나는 베토벤의 모든 작품을 소리굽쇠만으로 연주할 수 있다는 것이다. 그 연주는 오케스트라의 연주와 청각적으로 구분할 수 없다.

샌프란시스코 돌비연구소Dolby Laboratories 근처로 소방차가 지나가면, 연구소 직원들은 모두 귀를 막는다. 해로운 소음으로부터 청력을 보호하기 위한 행동인데, 특히 청력이 예외적으로 뛰어나 '황금 귀golden ear'로 불리는 직원들이 그 행동에 열심이다. 돌비 사는 음악 및 영화 산업에서 소음 감소 기술로 명성을 쌓았으며 지금은 소비자용 전자 장치에 쓰이는 고음질 음향 소프트웨어를 만든다. 이 회사의 기술은 전적으로 사인파에 기초를 둔다.

소리 파동을 시간 영역에서 진동수 영역으로 전환하는 기술의 혜택은 한 영역에서 대단히 어려운 작업을 다른 영역에서 훨씬 더 쉽게 할 수 있게 해준다는 점이다. 디지털 장치—텔레비전, 전화기, 컴퓨터—에서 나오는 모든 소리는 시간 영역이 아니라 진동수 영역의 데이터로 저장되어 있다. 음향기술 담당 선임 연구 감독 브렛 크로켓은 나에게 "파형은 국수와 비슷해요. 움켜쥘 수 없거든요"라고 말했다. 반면에 진동수 스펙트럼은 저장하기가 훨씬 더 쉽다. 왜냐하면 이산적인 값들의 집합이기 때문이다. 우리의 귀가 모든 진동수들을 듣지 못한다는 것도 유리한 점이다. "온전한 그림은 (우리의 귀에) 필요하지 않아요"라고 크로켓은 덧붙였다. 돌비 사의 소프트웨어는 소리 파동을 사인파로 변환한 다음에 불필요한 것들을 제거하여 가능한 최고의 소리가 가능한 최소의 정보로 기록되고 저장될 수 있게 해준다. 그 정보를 소리로 재생하면, 남겨진 진동수들의 스펙트럼이 시간 영역에서의 파동으로 재변환된다.

듣기에는 쉬워도 실제로 진동수 스펙트럼에서 사인파들을 걸러내는 작업은 엄청나게 복잡하다. 우선 '고속 푸리에 변환Fast Fourier Transform' 이라는 컴퓨터 알고리즘이 필요하다. 이 알고리즘은 실시간으로 파동을 성분 진동수들로 변환한다. 둘째, 악기, 음악적 스타일, 목소리에 따라 다른 해법이 필요하다. 다루기가 가장 까다로운 소리 하나는 하모니카 소리이다. 왜냐하면 하모니카 소리의 진동수 스펙트럼은 마치 똑같은 막대를 나란히 세워놓은 것처럼 보이기 때문이다. 다시 말해 성분 파동들이 진동수는 다양해도 진폭은 똑같다. 그래서 일부 성분들을 제거하려면 우리 귀에 들리는 진동수들도 제거할 수밖에 없다. 현재 돌비가 보유한 최고의 지식으로도 제대로 재현하기가 가장 어려운 음원은 1961년에 헨리 맨시니가 부른 매혹적인 노래 〈문 리버Moon River〉이다. 브렛 크로켓과 함께 일하는 '황금 귀들'은 반세기도 넘는 과거에 녹음된 그 음원의 하모니카 리프riff(반복되는 짧은 악구—옮긴이)를 얼마나 충실하게 재현하는가를 기준으로 돌비 사의 신기술을 평가한다.

조제프 푸리에는 주기파를 진동수 스펙트럼으로 변환한 최초의 인물이다. 훨씬 더 나중에 생물학자들은 귀가 어떻게 작동하는지 알아냈다. 청각을 담당하는 기관은 달팽이관인데, 이 기관은 관처럼 생겼다. 관의 내벽에는 털 모양의 세포(이른바 모세포)들이 있고 내부에는 액체가 채워져 있다. 그 모세포들은 입력되는 소리 파동의 진동수에 맞게 진동한다. 가장 낮은 진동수로 진동하는 모세포들은 달팽이관의 한쪽 끝에 있고, 가장 높은 진동수로 진동하는 모세포들은 반대쪽 끝에 있다. 나선형인 달팽이관을 곧게 펴놓으면, 그 모양은 푸리에 변환의 수평축과 유사할 것이다. 자연은 소리를 듣는 귀가 출현했을 때부터 소리 파동의 진동수들을 분해해온 셈이다.

이 장의 주제는 원을 그리는 회전, 그러니까 맴돌이였다. 이제 그런 맴돌이를 벗어나자. 세상에는 점점 더 커지는 것들이 있다. 그런 것들은 어떤 일을 겪을까?

!
!
!
10!

6장
*e*에 관한 모든 것

나는 과학사를 통틀어 가장 성공적이라고 할 만한 강연을 해온 한 인물을 만나기 위해 콜로라도 주 볼더에 갔다. 콜로라도대학교의 명예 물리학 교수 앨버트 바틀릿은 '산술, 인구, 에너지'라는 제목의 강연을 1969년에 처음 했다. 그는 내가 찾아갔을 때까지 그 강연을 1712회 했고 90세가 다 된 그때도 연간 20회 꼴로 계속하고 있었다. 바틀릿은 키가 크고 덩치가 다부졌으며 인상적으로 말끔한 대머리에 서부 풍의 끈 넥타이를 매고 있었다. 넥타이를 죄는 금속 장신구에는 행성 하나와 별들이 새겨져 있었다. 그는 자신의 유명한 강연에서 인류의 가장 큰 결함은 지수적인 증가를 이해하지 못하는 것이라고 선언한다. 그럴 때 그는 마치 불길한 운명을 폭로하는 예언자 같다. 간단하지만 강력한 이 메시지는 최근 들어 그를 온라인 스타의 반열에 올려놓았다. 유튜브에 게재된 그의 강연 동영상 〈The Most IMPORTANT Video You'll Ever See(당신의 평생에 가장 중요한 비디오)〉는 조회수가 500만 건을 넘었다.

지수적(또는 기하급수적) 성장은 어떤 양이 거듭해서 똑같은 비율로 증가할 때 일어난다. 예컨대 그 비율이 2배라면, 아래 수열과 같은 지수적 성장이 일어난다.

1, 2, 4, 8, 16, 32, 64 …

3배 증가가 거듭되는 성장은 아래와 같다.

1, 3, 9, 27, 81, 243, 729 …

증가 비율이 1%만 되어도 다음과 같은 성장이 일어난다.

1, 1.01, 1.0201, 1.0303, 1.0406, 1.05101, 1.06152 …

우리는 위 수열들을 아래와 같이 다시 적을 수 있다.

$2^0, 2^1, 2^2, 2^3, 2^4, 2^5, 2^6$ …

$3^0, 3^1, 3^2, 3^3, 3^4, 3^5, 3^6$ …

$1.01^0, 1.01^1, 1.01^2, 1.01^3, 1.01^4, 1.01^5, 1.01^6$ …

정상 크기 숫자의 오른쪽 어깨에 붙은 작은 숫자는 이른바 '지수'이다. 지수는 정상 크기 숫자에 그 숫자 자신을 몇 번 곱해야 하는지 알려준다. 매번 같은 비율로 증가하는 수들의 열은 '지수적' 성장을 나타낸다. 다시 말해 그런 수열에서 다음 항의 지수는 이번 항의 지수보다 1만큼 크다.

어떤 양이 지수적으로 성장할 경우, 그 양은 갈수록 더 빠르게 성장한다. 매 단계의 증가가 몇 번만 거듭되어도 그 양은 아찔할 정도로 커진다. 종이접기를 반복할 때, 접힌 종이의 두께가 어떻게 성장하는지 생각해보자. 한 번 접을 때마다 두께는 두 배로 커진다. 일반적인 종이의 두께는 약 0.1mm이므로, 접기가 거듭될 때 접힌 종이의 두께는 아래와 같이 성장한다.

0.1, 0.2, 0.4, 0.8, 1.6, 3.2, 6.4 …

이것은 앞에서 본 2배 증가 수열과 본질적으로 같다. (다만, 소수점의 위치가 다르다.) 두께가 점점 더 커지기 때문에, 다음 번 접기에는 더 큰 힘이 필요하다. 일곱 번째 접기를 마치면, 다음 번 접기는 물리적으로 불가능하다. 이 단계에서 접힌 종이의 두께는 펼친 종이의 128배가 된다. 256쪽짜리 책을 펼쳐놓은 것과 같은 두께인 셈이다.

하지만 이론적으로라도 접기를 계속하면서 종이의 두께가 어떻게 되는지 조금 더 따져보자. 종이를 여섯 번 더 접으면, 두께는 거의 1m에 달한다. 거기에서 또 여섯 번을 접으면, 두께는 파리 개선문의 높이와 같아진다. 또 다시 여섯 번을 접으면, 두께는 3km에 이른다. 두 배 증가는 일상적인 현상이지만, 두 배 증가가 거듭되면 머지않아 상상을 초월하는 결과가 발생한다. 종이를 42번 접으면 그 두께는 지구와 달 사이 거리를 능가하고, 그 두께가 관찰 가능한 우주의 끝까지 거리와 같아지는 데 필요한 접기 횟수는 겨우 92회이다.

앨버트 바틀릿은 다른 행성들보다 우리가 사는 지구에 관심이 많았다. 그는 강의에서 지수적 성장을 설명하기 위해 정말 실감나는 비유를 들었다. 병 속에 박테리아가 들어 있는데, 그 개체수가 1분마다 2배로 증가한다고 상상해보자. 오전 11시에는 병 속에 박테리아 한 마리가 있었는데 한 시간 뒤 정오에는 병이 꽉 찬다고 해보자. 그 시점부터 거꾸로 거슬러 올라가면서 따져보면, 11시 59분에는 병의 절반이 꽉 찰 테고, 11시 58분에는 4분의 1이 꽉 차는 식으로 점점 더 공간이 넉넉해질 것이다. '당신이 그 병 속의 평균적인 박테리아라면 공간이 비좁아지는 것을 언제 깨달을까?'라고 바틀릿은 묻는다. 11시 55분에 그 병은 거의 빈 상태일 것이다. $\frac{1}{32}$, 즉 3% 정도만 차고 나머지 97%가 비었을 테니까 말이다. 병 속의 박테리아들은 겨우 5분 뒤에 병이 꽉 차리라는 것을 알아챌까? 바틀릿의 병은 지구를 상징한다. 인구가 지수적으로 증가한다면, 지구는 생각보다 훨씬 더 빨리 만원이 될 것이다.

볼더 시의 역사를 생각해보자. 바틀릿이 그곳으로 이주한 1950년부터 1970년까지 그 도시의 인구는 평균적으로 연간 6% 증가했다. 다시 말해 최초 인구에 1.06을 곱하면 1년 뒤의 인구가 되고 $(1.06)^2$을 곱하면 2년 뒤의 인구가 되고 $(1.06)^3$을 곱하면 3년 뒤의 인구가 되는 식으로 증가했다. 이 증가는 명백한 지수적 증가이다.

연간 6%는 그리 크지 않은 증가율로 느껴지지만, 20년이 지나자 볼더 시의 인구는 2만에서 6만 7000으로 세 배 넘게 증가했다. '정말 엄청난 증가량이다. 그때 이후 우리 볼더 시민들은 인구 증가를 늦추기 위해 애쓰고 있다.'라고 바틀릿은 말했다. (현재 볼더 시의 인구는 약 10만이다.) 바틀릿이 대중에게 지수적 증가를 설명하기 위해 노력하는 것은 그가 사는 산자락의 도시 볼더에서의 삶의 질을 보존하려는 마음에서 비롯된 행동이다.

단위 시간당 증가율이 일정하다면, 반드시 지수적 성장이 일어난다는 점을 기억하는 것이 중요하다. 처음에는 성장이 느리더라도, 머지않아 성장이 빨라져 문제의 양은 상상을 초월할 정도로 거대해질 것이다. 경제, 금융, 정치 분야의 성장—판매량 증가, 이익 증가, 주가 상승, 국내 총생산 증가, 인구 증가, 물가 상승, 원리합계 증가 등—은 거의 모두 단위 시간당 증가율을 통해 서술되므로, 세상을 이해하려면 반드시 지수적 성장을 이해해야 한다.

500년 전에도 마찬가지였다. 당시 사람들은 지수적 성장에 관심이 많은 나머지 '72의 규칙'이라는 산술 어림규칙을 사용했다. 이 어림규칙은 르네상스 시대 수학의 성경 격인 루카 파치올리의 『산술 집대성*Summa de Arithmetica*』에서 처음 언급되었다. 어떤 양이 지수적으로 증가한다면, 그 양이 두 배가 되는 시간 간격이 존재한다. 이를 '배가 시간doubling time'이라고 한다. 72의 규칙에 따르면, 일정한 기간마다 X% 증가하는 양은 대략 그 기간 곱하기 $\frac{72}{X}$ 만큼 시간이 지나면 두 배가 된다(이 어림규칙이 왜 유효한지에 대한 설명은 부록 5 참조). 예컨대 인구가 매년 1% 증가한다면, 인구가 두 배로 되는 데 걸리는 시간은 1년 곱하기 $\frac{72}{1}$, 즉 72년이다. 인구 증가율이 연간 2%라면, 인구가 두 배로 증가하는 기간은 $\frac{72}{2}$, 즉 36년, 볼더 시처럼 인구 증가율이 연간 6%라면, 인구가 두 배로 증가하는 기간은 $\frac{72}{6}$, 즉 12년이다.

배가 시간은 미래와 과거를 쉽게 파악할 수 있게 해주기 때문에 유용한 개념이다. 볼더 시의 인구가 12년 뒤에 두 배가 된다면, 24년 뒤에는 4배, 36년 뒤에는 8배가 될 것이다. (물론 인구 증가율이 똑같이 유지될 경우에 한해서.) 마찬가지로 과거를 되짚는다면, 연간 6% 증가하는 양은 12년 전에는 현재의 절반, 24년 전에는 현재의 1/4, 36년 전에는 현재의 1/8이었을 것이다.

증가율을 배가 시간으로 변환하면 양의 가속적 증가를 더 잘 실감할 수 있다. 이 때문에 72의 규칙은 지수적 성장을 다룰 때 필수적이다. 나는 어렸을 때 아버지가 그 어림규칙을 설명해주었던 것을 기억한다. 아버지는 할아버지에게서 그 규칙을 배웠는데, 할아버지는 계산기가 없던 시절에 런던 이스트엔드에서 포목상을 하면서 그 규칙을 써먹곤 했다. 만일 당신이 연리 10%로 돈을 빌린다면, 당신이 갚아야 할 돈이 약 7년 뒤에 두 배로 커지고 14년 뒤에 4배로 커지리라는 것을 72의 규칙을 이용하여 쉽게 알 수 있다.

지수적 증가에 대한 앨버트 바틀릿의 관심은 머지않아 볼더 시의 인구 과잉, 오염, 교통 혼잡에 대한 고민을 뛰어 넘었다. 왜냐하면 그가 시 당국에 제시한 논증들은 세계 전체에도 똑같이 적용되었기 때문이다. 지구는 지수적으로 성장하는 세계인구를 감당할 수 없다. 백번 양보하더라도, 아주 오랫동안 감당할 수는 없다. 바틀릿의 질문은 이것이었다. 박테리아가 병을 꽉 채울 때까지 몇 분이 남았을까? 그의 견해는 그를 현대의 토머스 맬서스로 만들었다. 맬서스는 인구의 지수적 증가가 식량 생산 증가와 균형을 이룰 수 없기 때문에 인구 증가가 굶주림과 질병을 가져올 것이라는 주장을 200년 전에 제기한 영국 성직자이다. 바틀릿은 "맬서스가 옳았다!"면서 이렇게 말했다. "맬서스는 석유와 기계화를 예견하지 못했지만, 그의 생각은 옳았다. 그는 지수적 성장과 선형 성장linear growth의 차이를 이해했다. 인구는 우리가 생존에 필요한 자원의 양을 증가시키는 속도보다 더 빠르게 증가할 잠재력을 가지고 있다." 바틀릿은 이렇게 덧붙였다. "전제들을 어떻게 설정하든 간에, 이 세기의 중반에 인구 재앙이 닥칠 것이다. 지금부터 약 40년 후이다."

바틀릿은 매혹적인 강사이다. 그는 지수적 성장을 고찰할 때 우리가 느끼는 현기증을 임박한 종말에 대한 공포로 영리하게 변환한다. 그의 강연은 대개 경제학자와 사회과학자가 주도하는 토론에 물리학의 기법들을 적용한다—문제의 본질을 추출하고 일반적인 법칙을 끌어낸다—는 점에서도 신선하다. 그는 상당히 분개하면서 경제학자들이 임박한 종말을 집단적으로 부정한다고 비난한다. "그들은 일자리 증가를 위해 인구 증가가 반드시 필요한 사회를 건설해놓았다. 그러나 증가 자체가 보상을 가져오는 경우는 결코 없다. 증가는 결국 재앙을 가져온다." 유일하게 실행 가능한 대안은 사회가 지수적 증가에 중독된 상태에서 벗어나는 것뿐이라고 바틀릿은 말한다.

바틀릿의 견해에 반대하는 사람들은 과학이 이제껏 그래왔듯이 식량 및 에너지 생산 증가를 위한 해법을 찾아낼 것이며 어차피 출산율은 전 세계적으로 감소하는 추세라고 주장한다. 그들은 핵심을 벗어난 이야기를 하는 것이라고 바틀릿은 말했다. "경제학자들이 보이는 가장 흔한 반응은 내가 문제를 이해하지 못한다는 것이에요. 문제가 나의 단순한 생각보다 더 복잡하다는 거죠. 나는 이렇게 응수합니다. '당신이 단순한 것을 이해하지 못한다면, 복잡한 것은 이해할 가망이 전혀 없습니다.'" 그는 빙그레 웃은 후 말을 이었다. "내 생각은 변함이 없어요. 당신은 인구 증가나 자원 소비의 증가를 감당할 수 없습니다. 논쟁은 끝났어요. 당신이 산술에 시비를 걸지 않는 한, 더 이상의 논쟁은 불가능합니다."

바틀릿은 지수적 성장을 이해하는 능력의 부족을 인류의 최대 결함으로 여긴다. 왜 우리는 지수적 성장을 이해하기가 그토록 어려울까? 1980년에 네덜란드 지각perception연구소의 기데온 케렌은 지수적 성장에 대한 오해에 문화적 차이가 있는지를 알아보는 실험을 했다. 그는 캐나다인들에게 가격이 매년 13% 오르는 스테이크의 미래 가격을 예측하라고 요청했다. 연구진은 피실험자들에게 1977년, 1978년, 1979년, 1980년의 가격을 알려주었다. 1980년의 가격은 3달러였다. 피실험자들은 13년 후인 1993년의 가격을 추정해야 했다. 실험 결과, 피실험자들의 평균 추정가는 7.7달러로 정답 14.7달러의 절반 정도였다. 무척 큰 오차가 발생한 것이다. 이어서 케렌은 똑같은 질문을 이스라엘인들에게 던졌다. 이번에는 화폐 단위를 이스라엘파운드(기호 I£)로 삼고 1980년의 스테이크 가격을 25I£로 설정했다. 피실험자들은 1993년의 스테이크 가격을 평균 106.4I£로 추정했다. 이 추정가도 너무 낮았지만 훨씬 더 정답(122.4I£)에 가까웠다. 케렌은 실험 당시에 이스라엘에서는 연간 약 100%의 인플레이션이 일어나는 반면에 캐나다에서는 그 비율이 약 10%였기 때문에 이스라엘인의 추정이 더 정확했다고 주장했다. 급격한 지수적 증가를 더 많이 경험한 이스라엘인이 지수적 증가에 더 민감해졌다는 것이 그의 결론이었다. 물론 이스라엘인의 추정가도 정답에 못 미쳤지만 말이다.

1973년에 대니얼 카너먼과 아모스 츠베르스키는 사람들이 1×2×3×4×5×6×7×8의 값을 8×7×6×5×4×3×2×1의 값보다 훨씬 더 작게 추정한다는 것을 실험으로 보여주었다. 실제로 두 곱셈의 값은 같은데도 말이다. 이 실험 결과는 우리가 숫자들의 순서에 불합리하게 휘둘림을 보여준다. (첫째 곱셈에 대한 추정가들의 중앙값은 512, 둘째 곱셈에 대한 그것은 2250이었다. 정답은 40,320이므로, 두 중앙값 모두 터무니없이 작았다.) 카너먼과 츠베르스키의 실험은 왜 우리가 지수적 성장을 늘 과소평가하는지에 관한 통찰을 제공한다. 줄지어 늘어선 수들을 볼 때 우리는 잠재의식적으로 맨 앞쪽 수들을 중시한다. 이 효과는 수들이 점점 더 커지는 순서로 배열되었을 때 가장 극단적으로 나타난다.

지수적 성장은 단계적일 수도 있고 연속적일 수도 있다. 바틀릿의 병 속 박테리아 비유에서는 박테리아 한 마리가 두 마리로, 두 마리가 네 마리로, 네 마리가 여덟 마리로 늘어나는 식으로 개체수가 성장한다. 즉 일정한 기간의 개체수 증가량이 정수이다. 그러나 다음 그림의 곡선들은 지수적이면서 또한 연속적인 성장을 보여준다. 모든 각각의 점에서 곡선은 자신의 높이에 비례하는 비율로 상승한다.

방정식이 $y = a^x$의 형태이고 a가 양수일 경우, 곡선은 연속적인 지수적 성장을 나타낸다. 아래 곡선들의 방정식은 각각 $y = 3^x$, $y = 2^x$, $y = 1.5^x$이다. 즉, 그 곡선들은 각각 2배 증가 과정, 3배 증가 과정, 50% 증가 과정을 보여준다. 예컨대 $y = 2^x$의 경우, x의 값이 1, 2, 3, 4, 5…일 때 y의 값은 2, 4, 8, 16, 32 … 이다.

규모가 작은 왼쪽 그래프에서 곡선들은 수직축의 좌표 1 지점에 핀을 꽂아 고정한 리본들처럼 보인다. 규모가 더 큰 오른쪽 그래프에서는 모든 곡선들이 유사한 운명을 맞이하는 것을 볼 수 있다. x축을 따라 얼마 나아가지 않아서 곡선들은 거의 수직선이 된다. 이 곡선들은 위로만 뻗어서 오른쪽으로는 나아가지 못할 성싶지만 실제로는 오른쪽으로도 얼마든지 나아간다. 만일 내가 $y = 3^x$의 그래프를 $x = 30$인

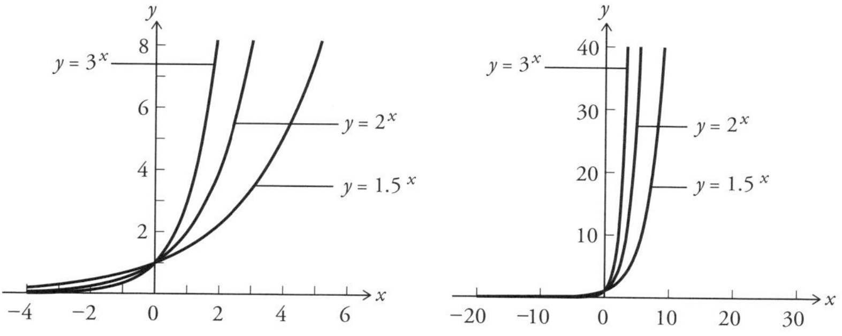

지수함수 곡선들

지점까지 그리려 했다면, 앞 페이지의 세로 길이가 1억 km에 달해야 했을 것이다.

지수적으로 상승하는 곡선은 높이 올라갈수록 더 가팔라진다. 우리가 곡선을 따라 상승한다면, 높이 올라갈수록 상승 속도가 더 빨라진다. 이 대목에서 '기울기gradient'라는 새로운 개념을 배울 필요가 있다. '기울기'는 가파른 정도를 의미하는 수학 용어이다. 경사면의 기울기는 $\frac{\text{높이 변화}}{\text{수평 거리 변화}}$로 정의된다. 자전거를 타고 오르막을 올라본 사람이라면 누구나 이 비율에 익숙할 것이다. 도로가 수평으로 400m 이어지는 동안 100m 상승한다면, 아래 그림에서 보듯이 기울기는 $\frac{100}{400}$, 즉 $\frac{1}{4}$이다. 이 기울기는 교통 표지판에 대개 경사도 '25%'로 표시된다.

이러한 기울기 정의는 직관적으로 수긍할 만하다. 가파른 도로일수록 기울기가 더 크게 나오니까 말이다. 그러나 조심할 필요가 있다. 기울기가 100%인 도로는 이동하는 수평 거리만큼 상승하는 도로이다. 다시 말해 이 도로의 경사각은 겨우 45°이다. 따라서 도로의 기울기는 이론적으로 100%를 넘을 수 있다. 심지어 무한대의 기울기도 가능하다. 수직 절벽의 기울기가 바로 무한대이다.

아래 그림의 도로는 기울기가 일정하다. 그러나 대다수의 도로는 기울기가 변한다. 더 가파른 구간도 있고, 더 완만한 구간도 있다. 기울기가 변화하는 도로나 곡선의 한 지점에서의 기울기를 구하려면 그 지점에서 접선tangent을 그리고 그 접선의 기울기를 구해야 한다. 접선이

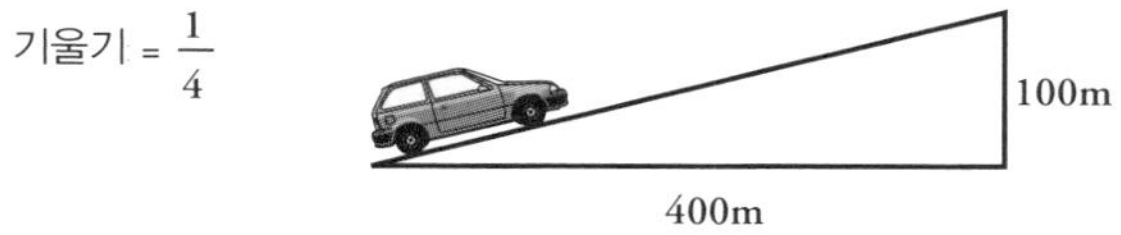

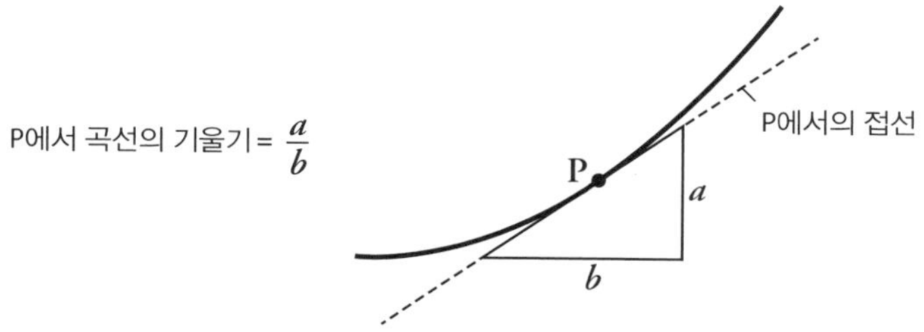

란 한 지점에서 곡선과 접촉하지만 교차하지는 않는 직선이다. (접선을 뜻하는 영어 'tangent'는 '접촉하다'를 뜻하는 라틴어 'tangere'에서 유래했다.) 위 그림의 곡선은 기울기가 변한다. 나는 한 지점 P와 거기에서의 접선을 표시했다. 이 접선의 기울기를 구하려면 직각삼각형을 그려서 수평 거리 변화 b에 대응하는 높이 변화 a를 알아내고 $\frac{a}{b}$를 계산해야 한다. 삼각형의 크기는 아무렇게나 정해도 좋다. 왜냐하면 그 크기와 상관없이 $\frac{a}{b}$는 일정할 것이기 때문이다. 점 P에서 곡선의 기울기는 거기에서 접선의 기울기, 즉 $\frac{a}{b}$이다.

이제 내가 지수함수 곡선에 대해서 설명했던 바를 돌이켜보자. 지수함수 곡선을 따라 상승할수록, 곡선의 기울기는 더 가팔라진다. 바꿔 말해 곡선을 따라 상승할수록, 곡선의 기울기는 더 커진다. 더 나아가 우리는 다음과 같이 과감하게 단언할 수 있다. 지수함수 곡선에서 기울기 대 높이의 비율은 항상 일정하다. 이 대목에서 곧바로 떠오르는 질문은 이것이다. 기울기 대 높이의 비율이 항상 1인—즉, 기울기와 높이가 항상 같은—지수함수 곡선은 무엇일까?

그 특별한 곡선의 방정식은 아래와 같다.

$$y = (2.7182818284\cdots)^x$$

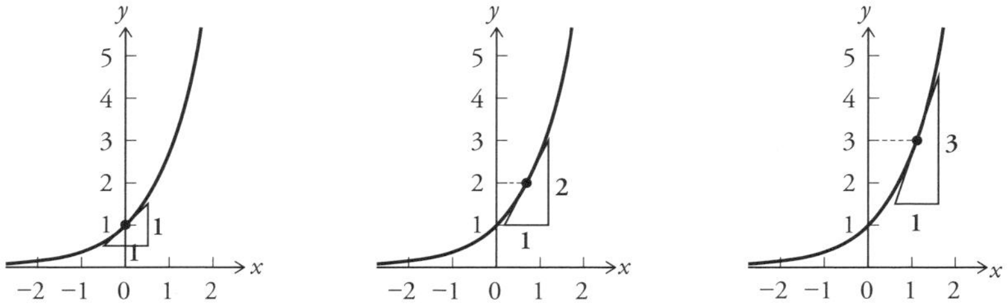

$y = e^x$ 곡선. 곡선상의 한 점의 높이는 그 점에서 곡선의 기울기와 항상 같다.

위 그림에서 보듯이, 이 곡선은 높이가 1일 때 기울기가 1, 높이가 2일 때 기울기가 2, 높이가 3일 때 기울기가 3이다. 마찬가지로 높이가 π일 때는 기울기가 π, 높이가 100만일 때는 기울기가 100만이다. 당신이 곡선을 따라 이동하면서 확인해보면, 곡선의 가장 근본적인 속성 2개—높이와 기울기—가 함께 증가하면서 서로 같은 상태를 유지한다. 말하자면 즐거운 동반 상승이다. 마치 샤갈의 그림에 나오는 하늘로 떠오르는 연인들 같다.

그러나 이 곡선의 아름다움은 이 곡선을 산출하는 방정식의 추함과 뚜렷이 대비된다. 그 방정식에는 2.718로 시작해서 반복 없이 무한정 이어지는 지저분한 수가 들어 있다. 우리는 그 수를 편의상 e로 표기하고 '지수 상수exponential constant'라고 부른다. e는 수학에서 π 다음으로 유명한 상수이다. 그러나 수천 년 전부터 관심을 받아온 π와 달리, e는 새로 떠오른 스타이다.

알베르트 아인슈타인은 역사상 가장 위대한 발명이 무엇이냐는 질문을 받자 '복리複利, compound interest'라고 간단히 대답했다고 한다. 아마 뜬소문이겠지만, 이 대답은 우리가 아인슈타인에게서 기대하는 유형의 장난스러운 대답이기 때문에 현대의 전설로 자리 잡았다. 이자란 당신이 돈을 빌려준 대가로 받는 수수료나 빌린 대가로 지불하는 수수료를 말한다. 일반적인 관행은 빌려주거나 빌린 금액의 몇 %를 이자로 책정하는 것이다. 단리simple interest는 원금을 기준으로 계산한다. 따라서 단리의 액수는 매번 동일하다. 예컨대 당신이 은행에서 연간 단리 20%로 100파운드를 빌린다면, 1년 후에 당신이 갚아야 할 금액은 120파운드, 2년 후에는 140파운드, 3년 후에는 160파운드이다. 반면에 복리는 원금과 이자의 총액을 기준으로 계산한다. 예컨대 당신이 연간 복리 20%로 100파운드를 빌린다면, 1년 후에 당신이 갚아야 할 금액은 120파운드, 2년 후에는 144파운드, 3년 후에는 172.80파운드가 된다. 그 이유는 아래와 같다.

1년 후: 원금 + 이자

$$= 100 + (100 \times \frac{20}{100}) = 120$$

2년 후: 원금과 이자의 총액 + 이자

$$= 120 + (120 \times \frac{20}{100}) = 144$$

3년 후: 원금과 이자의 총액 + 이자

$$= 144 + (144 \times \frac{20}{100}) = 172.80$$

복리는 단리보다 훨씬 빠르게 증가한다. 왜냐하면 지수적으로 증가하기 때문이다. 원금에 X%의 이자를 더하는 것은 원금에 $(1 + \frac{X}{100})$을 곱하는 것과 같다. 따라서 위 계산들은 아래와 같다.

1년 후 : $100\left(1+\frac{20}{100}\right)$

2년 후 : $100\left(1+\frac{20}{100}\right)\times\left(1+\frac{20}{100}\right)=100\left(1+\frac{20}{100}\right)^2$

3년 후 : $100\left(1+\frac{20}{100}\right)^2\times\left(1+\frac{20}{100}\right)=100\left(1+\frac{20}{100}\right)^3$

이 수열은 지수적으로 증가한다.

금융업자들은 우리가 아는 한에서 늘 단리보다 복리를 선호해왔다. 문헌에 등장하는 가장 오래된 수학 문제들 중 하나는 기원전 1700년에 제작된 메소포타미아 점토판에 새겨진 것인데, 그 내용은 이자가 연간 20%의 복리라면 원금이 두 배로 커지기까지 얼마나 시간이 걸리느냐는 질문이다. 은행이 많은 돈을 버는 이유 중 하나는 복리가 빚을 지수적으로 증가시키는 것에 있다. 요컨대 복리 때문에 당신은 단기간에 터무니없는 금액을 벌거나 잃을 수 있다. 로마인들은 복리를 최악의 이자라며 저주했다. 코란에 따르면, 복리는 죄이다. 그럼에도 현대의 지구적 금융 시스템은 복리에 의존한다. 은행 계좌의 잔액, 신용카드 지불액, 주택 담보 대출 상환금 등이 복리로 계산된다. 복리는 문명이 시작된 이래로 경제 성장을 촉진해온 주요 촉매이다.

17세기 후반에 스위스 수학자 야코프 베르누이는 복리에 관한 아주 기초적인 질문을 하나 던졌다. 이자를 받는 시간 간격은 원리합계(원금과 이자의 총액)에 어떤 영향을 미칠까? (야코프 베르누이는 앞 장에서 최속 하강 경로를 알아내라는 과제를 세계 최고의 과학자들에게 낸 인물로 등장한 요한 베르누이의 형이다.) 특정 연간 이자율로 계산한 복리를 1년에 한 번 몰아서 받는 것이 더 나을까, 아니면 그 이자율의 $\frac{1}{2}$로 계산한 복리를 반 년에 한 번씩 받는 것이 더 나을까? 혹시 그 이자율의 $\frac{1}{12}$로 계산한 복리를 매달 한 번씩 받거나 심지어 $\frac{1}{365}$로 계산한 복리를 매일 한 번씩 받는 것이 더 유리할까? 직관적으로 생각하면 이자를 자주 받을수록 더 유리할 성싶은데, 실제로 그러하다. 왜냐하면 그렇게 하면 이자에 또 이자가 붙는 기간이 길어지기 때문이다. 하지만 나는 구체적인 계산을 차근차근 제시하려 한다. 이 계산에서 흥미로운 산술 패턴이 나타나기 때문이다.

계산을 최대한 단순화하기 위해 원금이 1파운드, 연간 이자율이 100%라고 가정하자. 1년이 지나면, 원리합계는 2파운드가 될 것이다.

만일 우리가 연간 이자율과 이자 지급 간격을 반으로 줄이면, 우리는 50%의 이자율로 1년에 두 번 이자를 받는다.

따라서 6개월 후에 원리합계는 아래와 같이 된다.

$$(1 + \frac{50}{100}) = 1.50$$

또 1년 후에 원리합계는 아래와 같다.

$$(1 + \frac{50}{100})(1 + \frac{50}{100}) = (1 + \frac{50}{100})^2 = (1 + \frac{1}{2})^2 = 2.25$$

보다시피 이자를 반 년마다 받으면 1년마다 몰아서 받을 때보다 0.25파운드를 더 받게 된다. 마찬가지로 이자율이 $\frac{100}{12}$%이고 매달 한 번씩 1년에 12번 이자가 지급된다면, 1년 후에 원리합계는 아래와 같다.

$$(1 + \frac{1}{12})^{12} = 2.6130$$

매달 이자를 받으면, 약 0.61파운드를 더 받게 된다.

더 나아가 이자율이 $\frac{100}{365}$%이고 매일 한 번씩 연간 365번 이자가 지급된다면, 1년 후에 원리합계는 아래와 같다.

$$(1 + \frac{1}{365})^{365} = 2.7146$$

요컨대 우리는 약 0.71파운드를 더 받게 된다.

패턴이 뚜렷하게 드러난다. 이자 지급 기간을 줄이고 횟수를 늘릴수록, 우리가 받는 금액이 커진다. 하지만 한없이 커질 수 있을까? 야코프 베르누이는 이자 지급 기간을 줄이고 또 줄이면, 원리합계가 증가하면서 혹시 어떤 한계치(이른바 극한)에 접근하는지 알고 싶었다.

방금 보았듯이 연간 이자율을 n으로 나누고 이자 지급 횟수를 n배로 늘리면, 1년 후 원리합계는 파운드 단위로 아래와 같다.

$$(1 + \frac{1}{n})^n$$

베르누이의 질문을 대수학적으로 표현하면, 그는 n이 무한히 커질 때 위 항이 어떻게 되는지 물었던 것이다. 그 항도 무한히 커질까, 아니면 어떤 유한한 극한에 접근할까? 나는 이 문제를 줄다리기에 비유하기를 즐긴다. n이 커지면, $(1 + \frac{1}{n})$은 작아진다. 이것은 수직선에서 $(1 + \frac{1}{n})$의 위치가 왼쪽으로 당겨진다는 것이다. 반면에 지수 n은 저 위 항을 오른쪽으로 당긴다. $(1 + \frac{1}{n})$은 1보다 큰 수인데, 이런 수를 더 많이 제곱하면, 더 큰 결과가 나오니까 말이다. 줄다리기의 초반에

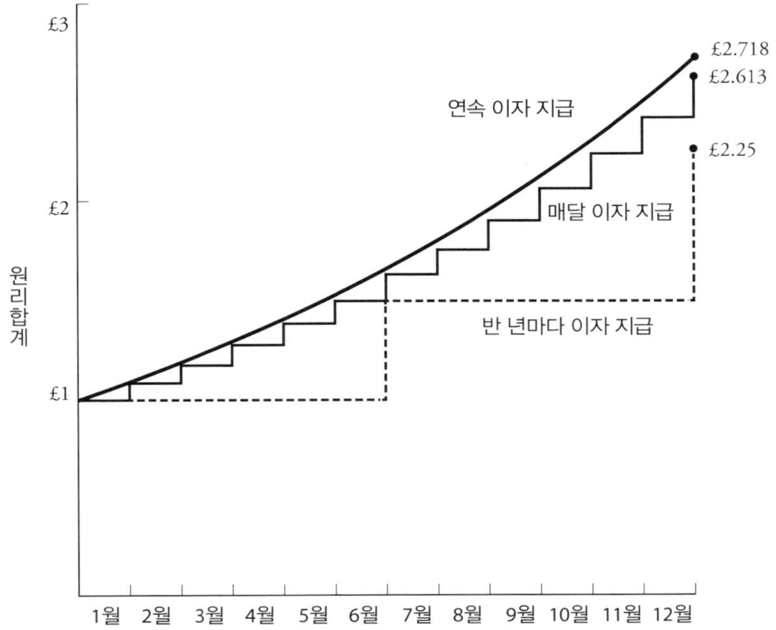

원금 1파운드, 연간 이자율 100%일 때, 복리를 반 년마다, 매달, 또는 연속해서 지급할 경우 원리합계의 변화.

는 지수가 더 큰 힘을 발휘한다. 우리가 이미 보았듯이, n이 1, 2, 12, 365일 때 $(1+\frac{1}{n})^n$의 값은 2, 2.25, 2.6130, 2.7146으로 점점 더 커진다. 하지만 n이 무한대로 나아가면, 줄다리기는 평형에 도달한다. 그리하여 베르누이는 뜻하지 않게 지수 상수를 발견했다. n이 무한히 커질 때 $(1+\frac{1}{n})^n$은 e에 접근한다.

이 과정을 시각화해보자. 위 그림은 원금 1파운드를 연간 이자율이 100%인 은행에 예금했을 때 일어나는 일을 세 가지 시나리오로 보여준다. 시나리오들의 차이는 이자 지급 간격의 차이에서 비롯된다. 점선은 이자 지급 간격이 반 년인 경우, 가는 실선은 한 달인 경우이다.

실선은 계단이 더 많고 더 높이 올라간다. 계단이 무한히 작아지면, 그 실선은 곡선 $y = e^x$이 된다. 이 곡선은 지수적 성장을 대표한다.

이 곡선이 나타내는 이자 지급 방식을 '연속 이자 지급'이라고 하는데, 이 말은 우리의 예금에 매순간 이자가 붙어 1년 내내 원리합계가 증가한다는 뜻이다. 이 경우에 우리가 예금한 1파운드는 1년 뒤에 2.718 … 파운드, 즉 e파운드로 불어난다.

베르누이는 복리를 연구하다가 e를 발견했다. 그런 e가 현대 금융업에서 주춧돌 구실을 한다는 것을 알았다면, 베르누이는 틀림없이 기뻐했을 것이다. 영국 금융 기관들은 법적인 의무에 따라 모든 금융 상품의 연속 이자 지급시 이자율을 명시해야 한다. 실제 이자 지급 기간이 한 달이든, 반 년이든, 1년이든 상관없이 말이다.

어떤 은행이 예금에 대해서 연간 이자율 15%의 복리를 1년에 한 번 지급한다고 해보자. 바꿔 말해 이 은행에 100파운드를 예금하면 1년 뒤에 115파운드를 받게 된다. 그런데 연간 이자율 15%의 복리를 연속 이자 지급 방식으로 준다면, e의 속성들에서 도출되는 공식에 따라서 1년 뒤에 받는 금액은 $100 \times e^{15/100}$ 파운드, 즉 116.18파운드로 늘어난다. 이 원리합계는 연간 이자율 16.18%에 상응한다. 은행은 법에 따라 이 이자율 16.18%를 명시해야 한다. 실제로 사용하지 않는 수치를 명시해야 한다는 것이 이상하게 느껴질 수도 있겠지만, 이 규정은 소비자들이 유사한 금융 상품들을 쉽게 비교할 수 있게 하기 위해 도입되었다. 이 규정 덕분에 소비자들은 이자를 매달 지급하는 금융 상품과 매년 지급하는 금융 상품을 연속 이자 지급시 이자율을 기준으로 쉽게 비교할 수 있다. 거의 모든 금융 상품은 복리를 채택하고 연속 이자 지급에 관한 모든 계산은 e를 포함하므로, 지수 상수 e는 금융 시스템 전체를 떠받치는 기둥과 같다.

돈에 대한 이야기는 이것으로 마무리하자. 지수적 성장은 다른 많은 현상에서도 나타난다. 예컨대 질병의 확산, 미생물의 번식, 핵분열 연쇄 반응, 인터넷 트래픽의 증가, 전기 기타 소리의 피드백이 그런 현상이다. 이 모든 사례에서 과학자들은 e를 이용하여 성장을 모형화한다.

앞서 지적했듯이, 방정식 $y = a^x$에서 a가 양수이면, 이 방정식은 지수함수 곡선을 나타낸다. 우리는 이 방정식을 e를 포함한 형태로 바꿀 수 있다. 지수에 관한 산술 규칙에 따라서 a^x는 특정한 양수 k를 포함한 e^{kx}와 같다. 예컨대 두 배 증가 과정을 나타내는 방정식 $y = 2^x$은 $y = e^{0.693x}$로도 적을 수 있다. 마찬가지로 3배 증가 과정의 방정식 $y = 3^x$은 $y = e^{1.099x}$와 같다. 수학자들은 $y = a^x$을 $y = e^{kx}$로 변환하는 편을 선호한다. 왜냐하면 e는 가장 순수한 형태의 지수적 성장을 대표하기 때문이다. e는 방정식을 단순화하고 계산을 용이하게 하며 더 우아하다. e는 성장을 다루는 수학의 핵심 요소이다.

우리가 학교에서 처음 배우는 상수는 π이며, e는 나중에 수학을 더 전문적으로 공부하는 사람들만 배운다. 그러나 대학 수학에서는 π보다 e가 더 많이 나온다. 물론 순전히 우연이긴 하지만, e는 영어에서 가장 많이 쓰이는 철자이기도 한데, 수학에서 e의 역할도 영어에서의 역할에 뒤지지 않는다. 방정식에 들어 있는 e는 지수적 성장의 싹, 꽃봉오리, 생명의 조짐이다. 마찬가지로 영어에서 e는 연속된 자음들 사이에서 그것들을 발음 가능한 단어로 변환하여 생명을 불어넣는다.

지수적 성장의 반대는 지수적 붕괴(또는 지수적 감소)exponential decay이다. 지수적 붕괴를 겪는 양은 동일한 비율로 감소하기를 거듭한다. 한 예로 아래와 같은 2배 감소 과정은 지수적 붕괴이다.

$$1, \frac{1}{2}, \frac{1}{4}, \frac{1}{8}, \frac{1}{16}, \frac{1}{32} \cdots$$

지수적 붕괴에서 '배가 시간'에 해당하는 개념은 '반감기half-life', 즉 양이 절반으로 줄어드는 데 걸리는 시간이다. 핵물리학에서는 이 용어가 자주 쓰인다. 방사성 물질 입자의 개수는 지수적으로 감소하는데, 그 감소율은 물질에 따라 천차만별이다. 수소 7의 반감기는 0.00000000000000000000023초인 반면, 칼슘 48의 반감기는 40,000,000,000,000,000,000년이다.

더 일상적인 예로, 뜨거운 차와 그 차를 담은 컵 사이의 온도 차이는 지수적으로 감소한다. 고도가 높아짐에 따라 기압이 변화하는 패턴도 지수적 감소이다.

가장 순수한 지수적 붕괴 곡선은 $y = \frac{1}{e^x}$이다. 이 방정식은 $y = e^{-x}$로 적을 수도 있으며, 곡선의 모양은 아래 그림을 참조하라. 이 곡선의 기울기는 항상 높이에 음의 기호를 붙인 값과 같다. 이 곡선을 수직

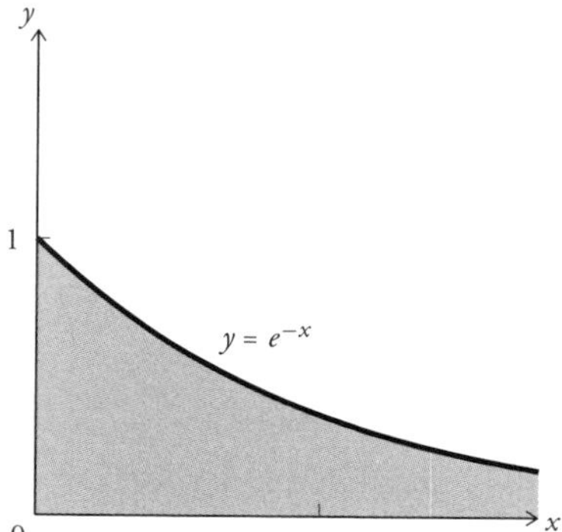

지수적 붕괴 곡선 $y = \frac{1}{e^x}$

축을 기준으로 반사시키면(좌우를 뒤집으면) $y = e^x$ 곡선이 만들어진다. $y = e^{-x}$ 곡선의 흥미로운 속성 하나는 곡선과 수직축과 수평축으로 둘러싸인 (그림에서 어둡게 칠한) 구역의 면적이 1이라는 점이다. 곡선이 끝내 수평축에 도달하지 않으므로, 그 구역은 길이가 무한한데도 면적은 유한하다.

e의 발견자 야코프 베르누이는『악타 에루디토룸』1690년 5월호에서 그때까지 한 세기 동안 수학자들을 괴롭혀온 문제를 다시 언급했다. 두 점 사이에 매달린 끈의 모양은 정확히 어떤 곡선일까? 이 곡선—이른바 '현수선'—은 아래에서처럼 끈이 자체 무게 때문에 아래로 늘어질 때 만들어진다. 현수선을 뜻하는 영어 'catenary'는 사슬을 뜻하는 라틴어 'catena'에서 유래했다. 늘어진 전깃줄, 양끝을 잡아 늘어뜨린 목걸이, 양쪽 손잡이를 잡고 들어 올린 줄넘기 줄 등이 현수선을 그린다. 바람에 부푼 돛의 절단선도 90° 회전시킨 현수선이다. 왜냐하면 바람은 중력이 수직 방향으로 하는 구실을 수평 방향으로 하기 때문이다. 야코프 베르누이는 17세기에 제기된 많은 수학 문제의 답을 알았지만 이 문제만큼은 정답을 모르는 채로 제기했다. 그는 1년

목걸이가 그리는 현수선

동안 연구했지만 여전히 정답을 알아내지 못했다. 결국 그의 동생 요한이 문제를 해결했는데, 이 일이 베르누이 집안에 큰 경사였으리라고 짐작하는 독자도 있을 것이다. 그러나 전혀 그렇지 않았다. 베르누이 가문은 수학사를 통틀어 최악의 콩가루 집안이었다.

원래 앤트워프에 살았던 베르누이 가문은 위그노파에 대한 스페인의 박해를 피해 17세기 초에 스위스 바젤로 이주해 향신료 상업에 종사했다. 1654년에 태어난 야코프는 수학뿐만 아니라 어느 분야에서도 유례를 찾을 수 없는 명가의 첫 수학자였다. 3대에 걸쳐 여덟 명의 베르누이가 뛰어난 수학자가 되어 주요한 발견들에 자기 이름을 붙였다. 야코프는 복리를 연구했을 뿐더러 어쩌면 확률에 관한 최초의 주요 서적을 쓴 업적으로 가장 유명할 것이다. 또한 어느 역사가에 따르면, 야코프 베르누이는 "독단적이고 완고하며 공격적이고 복수심이 강하며 자신의 능력에 대한 확신과 강박적인 열등감을 동시에 가지고 있었다." 그리하여 그는 자신과 성격이 비슷한 열세 살 아래의 동생 요한과 충돌했다. 요한은 현수선 문제를 즐겁게 풀었고 나중에 그 일을 회고하며 고소함을 느꼈다. "내 형의 노력은 헛수고였다. 하지만 나는 운이 더 좋아서 (내 자랑을 하는 것이 아니다. 진실을 숨길 이유가 있겠는가?) 그 문제를 완전히 푸는 기법을 발견했다"라면서 그는 이렇게 덧붙였다. "솔직히 나는 그 문제를 푸느라 하룻밤을 꼬박 새웠다." 형이 1년 동안 풀려고 애썼으나 실패한 문제를 하룻밤에 풀었다고? 입이 딱 벌어질 따름이다! 요한은 형에 못지않게 자기 아들들에 대해서도 질투심을 느꼈다. 그와 그의 둘째 아들 다니엘이 파리 아카데미로부터 공동으로 상을 받은 후, 그는 질투심에 다니엘을 집에서 쫓아냈다.

야코프 베르누이가 그 정체를 알기 위해 애태웠던 곡선은 알고 보니 그가 다른 맥락에서 발견한 e를 비장의 요소로 포함하고 있었다.

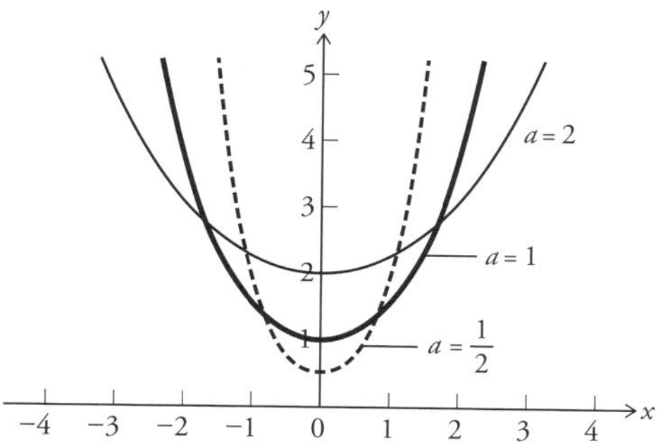

a가 다양한 값일 때 현수선 방정식 $y = \frac{e^{ax} + e^{-ax}}{2a}$의 그래프

오늘날의 표기법으로 현수선의 방정식은 아래와 같다.

$$y = \frac{e^{ax} + e^{-ax}}{2a}$$

a는 상수이며 곡선이 얼마나 벌어졌는지를 결정한다. a가 클수록, 늘어진 곡선의 양끝 사이 간격이 넓다. 위 그림을 참조하라.

$a = 1$이라면, 현수선 방정식은 아래와 같다.

$$y = \frac{e^{x} + e^{-x}}{2}$$

이 방정식을 자세히 살펴보자. e^x은 순수한 지수적 성장을, e^{-x}은 순수한 지수적 붕괴를 나타낸다. 이 방정식은 이 둘을 합산한 다음에 2로 나눈다. 이것은 익숙한 계산이다. 두 값을 더한 다음에 2로 나누는 것은 우리가 평균을 구하려 할 때 하는 계산이다. 요컨대 다음 페이지의 그림에서 보듯이, 현수선은 지수적 성장 곡선과 붕괴 곡선의 평균이다. 현수선상의 점 각각은 두 지수 함수 곡선 사이 정확히 중간에

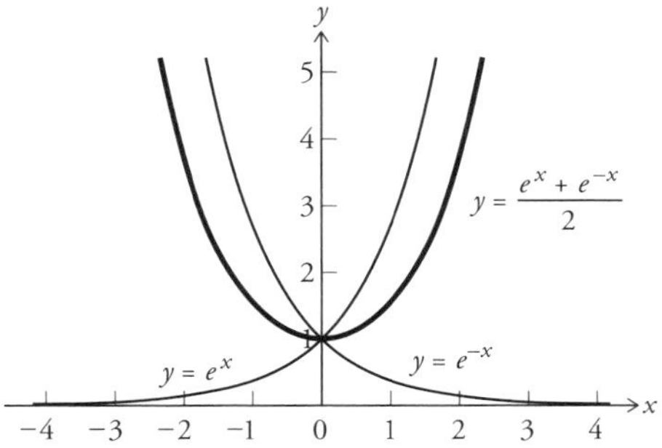

현수선은 지수적 성장 곡선과 지수적 붕괴 곡선의 평균이다

놓인다.

우리는 도처에서 π를 본다. 원을 보는 것은 원둘레 대 지름의 비율인 π를 보는 것과 마찬가지니까 말이다. e도 마찬가지이다. 공중에 매달린 사슬, 거미줄, 빨랫줄을 볼 때마다 우리는 e를 보는 셈이다.

17세기에 영국 물리학자 로버트 훅은 현수선의 특이한 역학적 속성 하나를 발견했다. 뒤집힌 현수선은 독립적인 아치 구조가 취할 수 있는 가장 안정적인 형태이다. 사슬이 매달려 현수선의 형태가 되면, 사슬의 모든 위치에서 사슬 내부의 힘들—곧 장력들—은 현수선과 나란한 방향으로 작용한다. 현수선을 뒤집어놓으면, 그 내부의 힘들이 장력이 아니라 압축력으로 바뀌지만, 이 압축력들도 현수선과 나란한 방향으로 작용한다. 따라서 뒤집힌 현수선 모양의 아치는 그 내부의 모든 압축력이 아치와 나란한 방향으로 작용하는 유일한 아치이다. 현수선 아치에서는 아치를 변형시키는 힘이 발생하지 않는다. 바꿔 말해 아치의 무게가 아치의 모양을 유지시킨다. 따라서 그 모양을 유지하기 위한 보강재나 버팀목이 필요하지 않다. 현수선 아치는 최소한의 건축 자재로 만들어도 제 형태를 굳건히 유지할 것이다. 현수선 아치를 벽돌로 만든다면, 심지어 시멘트 따위의 접합재도 필요하지 않을 것이다. 왜냐하면 벽돌들이 서로를 현수선과 나란한 방향으로 밀어 단단히 고정시킬 테니까 말이다. 훅은 자신의 발견에 만족하면서 그것은 "이제껏 어떤 건축가도 실현하기는커녕 시도조차 하지 않은" 아이디어라고 당당히 밝혔다. 그러나 머지않아 기술자들은 현수선을 건축에 이용하기 시작했다. 컴퓨터 이전의 시대에 가장 신속하게 현수선 아치를 만드는 방법은 사슬을 매달아 윤곽을 잡고 단단한 재료로 모형을 제작한 다음에 뒤집는 것이었다.

현수선 아치는 자연의 받침대이다. 두 발로 서는 가장 완벽한 방법이다. 그래서인지, 20세기 초반의 가장 경이로운 건축물 몇 점을 만든 카탈루냐의 건축가 안토니오 가우디는 현수선 아치를 마치 자신의 서명처럼 사용했다. 대표적인 예로 바르셀로나 성가족성당을 들 수 있다. 가우디는 현수선의 아름다움뿐만 아니라 수학적 의미에도 매력을 느꼈다. 그의 현수선 사용은 건물의 구조역학을 설계의 일차적인 고려 사항으로 삼는 태도와 맥이 닿는다.

그러나 건물 속의 아치가 홀로 서 있는 경우는 드물다. 대개의 아치는 벽, 바닥, 지붕과 연결되어 있다. 반면에 가우디는 늘어진 사슬의 모양을 건물 전체의 윤곽으로 삼을 수 있음을 깨닫고 실제로 그렇게 했다. 예컨대 그는 바르셀로나 근처 콜로니아 구엘에 지을 성당의 설계를 의뢰받고 건물의 뼈대 모형을 현수선 모양으로 제작했다. 이 과정에서 그는 쇠사슬 대신에 탄환을 담은 주머니를 수백 개 매단 끈을 이용했다. 탄환 주머니 각각의 무게를 받아 늘어진 끈은 '변형된' 현수선들의 그물망을 형성했다. 그 변형된 현수선들과 모양이 같은 아치들은 위쪽의 (지붕이나 건축 자재가 가하는) 무게를 가장 안정적으로 떠

바르셀로나 페드라-카사 밀라 박물관에 있는 가우디 사슬 모형의 복제품. 책을 거꾸로 놓고 보면 가우디가 구상한 건물의 윤곽을 볼 수 있다.

받칠 수 있었다. 완성된 성당의 모양을 미리 보기 위해 가우디는 현수선들의 그물망을 촬영한 후 사진을 거꾸로 놓고 보았다. 콜로니아 구엘 성당은 결국 완성되지 않았지만, 가우디는 이 작품에서 영감을 받아 나중 작업에서 동일한 기법을 사용했다.

가장 유명한 현수선 건축물은 아마도 미주리 주 세인트루이스에 있는 게이트웨이아치일 것이다. 높이가 192m인 그 조형물은 꼭대기 부분이 약간 더 가늘다는 점을 감안하여 완벽한 현수선보다 약간 덜 휘어진 형태로 제작되었다. 2011년에 런던의 건축설계회사 '포스터 앤 파트너스'는 예사롭지 않은 한 프로젝트에 현수선을 적용하기로 결정했다. 그 프로젝트는 지구상에서 사람이 살지만 거주 환경이 가장 열악한 곳 중 하나인 쿠웨이트에 거대한 공항을 건설하는 것이었다. 그 프로젝트의 수석 건축가 니콜라이 말쉬는 길이가 1.2km에 달하는 공항 건물의 지붕은 절단선이 현수선인 곡면으로 만드는 것이 최선이라고 나에게 설명했다. 그 현수선 곡면은 거대하겠지만—바닥면에서 폭 45m, 중앙에서 높이 39m—자체 무게를 효율적으로 지탱하기 때문에 두께는 16cm면 충분할 것이라고 했다. "비현수선 곡면도 얼마든지 가능하지만, 더 많은 건축 자재가 필요할 겁니다. 보들이 더 굵어야 할 테고, 전체적인 구조가 훨씬 더 복잡해야 할 거예요"라면서 그는 이렇게 덧붙였다. "설령 외피가 완전히 벗겨지고 내부의 모든 것이 무너져 폐허가 되더라도, 현수선 곡면의 지붕만큼은 여전히 서 있을 겁니다."

'포스터 앤 파트너스'의 사무실에는 이 회사의 가장 유명한 작품들의 세밀한 모형이 있다. 런던의 스위스 리 빌딩(일명 '작은오이 탑Gherkin tower'), 베를린 연방의회 건물, 프랑스 미요의 현수교의 모형들을 볼 수 있다. 그리고 니콜라이 말쉬의 책상 위에는 공중에 매달린 자전거 체인이 있다. "우리는 현수선을 사랑해요. 현수선이 지붕을 지탱하는 방법에 관한 이야기를 해주기 때문이죠"라고 그는 말했다.

건축에서 현수선은 비교적 덜 알려진 또 하나의 역할을 한다. 이 역할이 성당과 공항의 설계에서 나타날 가능성은 낮다. 뒤집힌 현수선 모양의 혹들이 솟아 있는 도로에서는 정사각형 바퀴를 단 자전거가 매끄럽게 달릴 수 있다. 볼링장의 바닥에 그런 혹들이 솟아 있다면, 주사위 모양의 공으로 볼링을 즐길 수 있다.

역사를 통틀어 중요한 수학자들을 가장 많이 배출한 집안은 베르누이 가문이지만, 베르누이 가문의 수학자들이 활동하던 시기에 바젤이 낳은 가장 위대한 수학자의 성은 베르누이가 아니었다. 레온하르트 오일러는 목사의 아들로 일찍부터 뛰어난 지적 능력을 보였다. 요한 베르누이는 그의 수학적 재능을 처음 발견하고 일요일 오후에 개인교습을 맡아 육성했다. 1727년, 19세의 오일러는 신설된 상트페테르부르크 과학아카데미에 취직하여 러시아로 이주했다. 요한의 아들 다니엘은 그곳에서 수학 교수로 일하고 있었다. 러시아의 지배자 표트르 대제는 왕실의 자금으로 유럽 최고의 지식인들을 불러모았고, 상트페테르부르크는 바젤보다 훨씬 더 생산적이고 수준 높은 지적 환경을 제공했다. 오일러는 머지않아 상트페테르부르크에서 최고로 평가받는 학자가 되었다.

오일러는 수학 천재는 사회생활에 서툴다는 싸구려 통념과 딴판으로 차분하고 가정에 충실했다. 특이한 점이 있다면, 기억력이 엄청나게 좋다는 점이었다. 그는 베르길리우스의 서사시 〈아에네이스Aeneis〉 1만 행을 모두 암송할 수 있었다고 한다. 하지만 더 엄청난 것은 그의 생산력이었다. 생산량에서 그와 경쟁할 만한 수학자는 전무후무하다. 그는 1년에 평균 800페이지의 논문을 썼다. 1783년에 그가 76세로 사망했을 때 그의 책상 위에는 어마어마한 분량의 원고가 남아 있었고,

미네소타 주 세인트폴 소재 매컬레스터칼리지의 수학자 스탠 웨건이 정사각형 바퀴를 단 자전거를 타고 있다.

그 원고는 그후 50년 동안 여러 저널에 출판되었다. 오일러는 평생 시력이 나빠서 고생했으며 오른쪽 눈은 20대 후반에, 왼쪽 눈은 60대 중반에 실명했다. 그는 가장 중요한 논문 몇 편을 실명한 상태에서 구술하여 받아 적게 했다. 방 안에 가득 찬 필기사들은 그의 말을 따라잡기 위해 허둥지둥 펜을 놀렸다. 그들의 증언에 따르면, 오일러가 수학을 창조하는 속도는 필기사가 받아 적는 속도보다 더 빨랐다.

그러나 오일러의 탁월함은 연구의 양에만 국한되지 않는다. 그는 연구의 질과 다양성에서도 탁월했다. 프랑스 수학자 피에르 시몽 라플라스는 학생들에게 애원하듯이 말했다. "오일러를 읽어요, 오일러를 읽으라고요. 그는 우리 모두의 스승입니다." 오일러는 당대의 거의 모든 과학 분야에 중요하게 기여했다. 그의 업적들은 수론부터 역학까지, 기하학부터 확률론까지 아우른다. 또한 그는 새 분야들을 창조하기도 했다. 그의 연구는 워낙 혁신적이었으므로 수학계는 그의 기호체계를 그대로 받아들였다. 예컨대 우리가 원주율을 π로, 지수 상수를 e로 표기하는 것은 오일러의 영향이다. 오일러는 원주율 기호 π를 최초로 사용한 인물이 아니지만—그 인물은 거의 알려지지 않은 웨일즈 수학자 윌리엄 존스이다—그 기호가 널리 쓰이게 된 것은 전적으로 오일러가 그것을 채택한 덕분이다. 반면에 지수 상수 기호 e는 오일러가 포탄의 탄도에 관한 논문 원고에서 최초로 사용했다. 그가 e를 선택한 것은 그 철자가 '사용되지 않는' 첫 번째 철자였기 때문이라고 여겨진다. a, b, c, d는 이미 수학 문헌에 수두룩했다. e가 '지수exponential'나 그의 성 '오일러'를 뜻한다는 설은 근거가 희박하다. 오일러는 성공한 사람이었지만 소탈한 태도를 유지했다.

오일러는 e에 관한 뜻밖의 발견을 하나 했다. 그 발견을 이야기하려면, 먼저 새로운 수학 기호로 느낌표를 도입할 필요가 있다. (이 기호는 오일러가 도입하지 않았다.) 정수 다음에 곧바로 붙어 있는 '!'은 그 정수에다가 그것보다 작은 모든 정수를 곱하라는 뜻이다. 이런 '!' 연산을 '팩토리얼'이라고 부른다. 따라서 n!은 '엔 팩토리얼'이라고 읽는다.

맨 처음 팩토리얼들은 아래와 같다.

(0!은 통상 1로 정의됨)

$1! = 1$

$2! = 2 \times 1 = 2$

$3! = 3 \times 2 \times 1 = 6$

$4! = 4 \times 3 \times 2 \times 1 = 24$

…

$10! = 10 \times 9 \times 8 \times 7 \times 6 \times 5 \times 4 \times 3 \times 2 \times 1 = 3{,}628{,}800$

…

팩토리얼들은 빠르게 성장한다. 20!만 해도 100경(10^{18})이 넘는다. 팩토리얼 기호로 느낌표를 선택한 것은 19세기 독일 수학자들이었는데, 이 선택의 바탕에 이런 급격한 증가에 대한 감탄이 있을지도 모른다. 심지어 당대의 일부 영어 문헌은 n!을 '엔 팩토리얼'이 아니라 '엔 어드머레이션admiration(감탄)'으로 읽을 것을 제안했다. 수긍이 가는 제안이다. 팩토리얼의 급격한 상승 궤적은 확실히 감탄을 자아낸다. 팩토리얼의 상승은 심지어 지수적 성장마저 능가한다.

팩토리얼은 조합과 순열을 계산할 때 가장 많이 등장한다. 예를 들어 특정한 명수의 사람들을 똑같은 개수의 의자들에 앉히는 방법은 몇 가지일까? 차근차근 생각해보자. 당연한 말이지만, 한 사람이 의자 하나에 앉는 방법은 단 한 가지이다. 두 사람이 의자 2개에 앉는다면, 두 가지 방법이 있다. 순열 AB와 BA가 그것이다. 세 사람이 의자 3개에 앉을 때는 여섯 가지 방법이 있다. ABC, ACB, BAC, BCA, CAB, CBA가 그것이다. 그런데 이런 식으로 모든 순열을 나열하지 않고도 순열의 총수를 알아내는 일반적인 방법이 있다. 맨 먼저 앉는 사람이 선택할 수 있는 의자는 3개, 두 번째 사람은 2개, 세 번째 사람은 1개이다. 따라서 세 사람이 앉는 방법의 총수는 $3 \times 2 \times 1 = 6$이다. 똑같은 방법을 네 사람과 의자 4개에 적용하면, 순열의 총수가 $4 \times 3 \times 2 \times 1 = 4! = 24$임을 알 수 있다. 일반적으로 사람 n명과 의자 n개가 있을 때

순열의 총수는 n!이다. 당신이 저녁 만찬에 10명을 초대한다면, 그들을 10개의 의자에 앉히는 방법은 놀랍게도 350만 가지가 넘는다.

이제 e로 돌아가자. 느낌표들을 떼로 동원하면 지수 상수를 표현할 수 있다. 이럴 수가!!! 참으로 희한하구나!!! 0 이상의 모든 정수 n에 대하여 $\frac{1}{n!}$을 계산해서 모두 합하면, 그 결과로 e가 나온다.

등식으로 적으면 아래와 같다.

$$e = \frac{1}{0!} + \frac{1}{1!} + \frac{1}{2!} + \frac{1}{3!} + \frac{1}{4!} + \frac{1}{5!} + \cdots$$

팩토리얼들을 계산하면 아래와 같다.

$$e = 1 + 1 + \frac{1}{2} + \frac{1}{6} + \frac{1}{24} + \frac{1}{120} + \cdots$$

우변의 항들을 순서대로 차례로 더해 나가면 아래와 같은 수열이 산출된다.

1
2
2.5
2.6666…
2.7083…
2.7166…

이 수열은 e의 참값을 향해 초고속으로 돌진한다. 10번 째 항까지만 더한 결과도 e의 참값과 소수점 아래 여섯 자리까지 일치한다. 이 정도면 거의 모든 과학적 응용 상황에서 충분히 정확한 근삿값이다.

왜 e는 팩토리얼들을 통해 이토록 아름답게 표현되는 것일까? 복리를 다룰 때 봤듯이, e는 n이 무한히 커질 때 $(1 + \frac{1}{n})^n$이 접근하는 극한이다. 자세한 증명은 생략하겠지만, 다음 사실이 중요하다. $(1 + \frac{1}{n})^n$을 전개하면, 분모가 팩토리얼이고 분자가 1인 분수들의 합이 나온다. 따라서 위 등식이 성립한다.

오일러는 놀이하듯이 수학을 연구했다. 하찮은 게임과 퍼즐도 자주 연구했다. 예컨대 어느 체스 광이 그에게 이런 질문을 던졌다. 체스판 위에서 나이트knight(기사)를 움직여 판 위의 모든 칸을 한 번씩 거치고 제자리로 돌아오는 것이 가능할까? 오일러는 그 방법을 발견했다. 이와 유사한 질문들은 지금도 연구된다. 오일러는 프랑스 카드 놀이인 '우연의 일치 게임jeu de recontre'에도 관심을 기울였다. 이 게임은 내가 어릴 적에 가장 좋아했던 카드 놀이 '스냅Snap'의 변형이다.

우연의 일치 게임에서 참가자 A와 B는 잘 섞은 카드 한 벌씩을 각자 받은 다음에 동시에 각자의 카드 한 장을 뒤집는다. 이 뒤집기는 카드가 소진될 때까지 계속된다. 언제라도 똑같은 카드 두 장이 뒤집히면, A가 이긴다. (스냅 게임에서는 이럴 때 재빨리 '스냅!'이라고 외쳐야 한다.) 만일 카드가 소진될 때까지 똑같은 카드 두 장이 뒤집히는 일이 없으면, B가 이긴다. 오일러는 A가 이길 확률을 알고 싶었다. 다시 말해 52회의 시도에서 최소한 한 번 우연의 일치가 일어날 확률을 알고 싶었다.

이 질문은 오랫동안 다양한 모습으로 등장해왔다. 예컨대 극장 관객들의 외투를 맡아두었다가 나중에 돌려주는 직원이 실수로 외투에 표찰을 다는 것을 깜박했다고 해보자. 나중에 그가 관객들에게 외투를 무작위로 돌려준다면, 최소한 한 명이 자기 외투를 받을 확률은 얼마일까? 또는 영화관에서 좌석 번호가 적힌 표를 파는데, 관객들은 마음대로 아무 자리에나 앉는다고 해보자. 영화관이 꽉 찼을 때, 최소한 한 명이 표에 적힌 좌석 번호와 일치하는 좌석에 앉아 있을 확률은 얼마일까?

오일러는 처음부터 차근차근 따져나갔다. 우연의 일치 게임에서 참가자 각각이 받은 카드 뭉치가 단 한 장의 카드로 이루어졌다면, 우연의 일치가 일어날 확률은 100%이다. 그 카드 뭉치가 2장의 카드로 이루어졌다면, 우연의 일치가 일어날 확률은 50%이다. 오일러는 카드 뭉치 속의 카드가 3장일 때와 4장일 때 가능한 순열들을 따져본 다음에 패턴을 파악했다. 즉, 카드 뭉치에 n장의 카드가 있을 때, 우연의 일치가 일어날 확률은 아래와 같다.

$$1-\frac{1}{2!}+\frac{1}{3!}-\frac{1}{4!}-\cdots\pm\frac{1}{n!}$$

잠깐! 이 패턴은 방금 전에 본, e를 산출하는 급수와 모양이 비슷하다. 증명을 생략하고 결론만 말하면, 이 급수의 값은 근사적으로 $(1-\frac{1}{e})$, 약 0.63이다. n이 무한히 크면, 이 급수의 값은 정확히 $(1-\frac{1}{e})$이다. 그러나 처음 몇 항만 계산해서 얻은 근삿값도 매우 정확하다. n이 한 벌을 이루는 카드의 장수, 즉 52라면, 위 급수의 값과 $(1-\frac{1}{e})$는 소수점 아래 거의 70자리까지 일치한다.

따라서 우연의 일치 게임에서 우연의 일치가 일어날 확률은 약 63%이다. 일어날 확률이 일어나지 않을 확률보다 대략 두 배 높은 셈이다. 마찬가지로 최소한 한 명의 관객이 자기 외투를 돌려받을 확률도 63%, 최소한 한 명의 영화관 관객이 올바른 좌석에 앉을 확률도 63%

이다. 흥미롭게도 카드, 극장 관객, 영화관 좌석의 수가 6이나 7보다 더 크다면, 정확한 카드의 장수, 극장 관객수, 영화관 좌석의 수는 최소한 한 번의 우연의 일치가 일어날 확률에 거의 영향을 미치지 않는다는 점에 주목하라. 카드, 관객, 좌석의 수를 하나 늘리면, 그 확률을 결정하는 위 급수에 항 하나가 추가된다. 예컨대 여덟 번째 카드를 추가하면, 급수에 여덟 번째 항 $\frac{1}{8!}$, 즉 0.0000248이 추가되어 급수의 값은 이 미미한 양만큼 바뀐다. 아홉 번째 카드가 추가될 때 일어나는 급수 값의 변화는 더 작다. 요컨대 우연의 일치가 일어날 확률은 게임에서 카드 한 벌을 다 사용하든, 한 가지 모양의 카드들만 사용하든, 거의 변함이 없다. 마찬가지로 외투를 맡긴 관객이 10명이냐, 혹은 100명이냐, 영화관이 50석 규모냐, 혹은 500석 규모냐는 사실상 따질 필요가 없다.

카드 놀이의 수학에 *e*가 들어 있다는 오일러의 발견은 그 상수가 지수적 성장과 명백한 관련이 없는 분야에서 튀어나온 최초 사례들 중 하나였다. 훗날 *e*는 카드 놀이 못지않게 경쟁이 치열한 분야인 배우자 찾기에서도 튀어나오게 된다.

잠깐 요하네스 케플러로 돌아가자. 그 독일 천문학자는 1611년에 홀아비가 된 후에 재혼 상대를 고르기 위해 11명의 여성과 맞선을 보았다. 초반에는 일이 잘 풀리지 않았다고 그는 썼다. 첫 번째 지원자는 '입 냄새가 심했고', 두 번째는 '성장 과정에서 자기 분수에 넘치는 사치를 누렸고', 세 번째는 창녀와의 사이에서 자식을 낳은 남자와 약혼한 관계였다. 그는 '키가 크고 몸매가 운동선수 같은' 네 번째 지원자와 결혼할 뻔했지만 다섯 번째 지원자를 보고 생각을 바꿨다. 다섯 번째 지원자는 '겸손하고 검소하며 부지런하고, 의붓자식들을 사랑할' 것

같았다. 그러나 그가 우물쭈물한 탓에 두 지원자 모두 떠나버렸고, 그는 여섯 번째 지원자를 면접했지만 고개를 가로저었다. 왜냐하면 '호화로운 결혼식에 큰 비용이 들 것을 걱정했기' 때문이었다. 일곱 번째 지원자는 '외모가 사랑받을 만했지만' 케플러가 또 우물쭈물하는 모습을 보이자 떠나버렸다. 여덟 번째 지원자는 '그녀의 어머니는 최고로 훌륭한 사람이지만, 그녀 자신은 칭찬할 구석이 없었고', 아홉 번째 지원자는 폐병이 있었고, 열 번째 지원자는 '취향이 소박한 남자가 보기에도 몸매가 추했다. 땅딸막하고 뚱뚱했다. 비만은 그녀 집안의 내력이었다.' 마지막 지원자는 아직 충분히 성숙하지 않은 상태였다. 케플러는 면접을 마치고 이렇게 물었다. '내가 2년 넘게 그토록 다양한 결합 가능성들을 고려하며 갈팡질팡한 것은 나 자신의 도덕적 죄 때문일까, 아니면 신의 섭리 때문일까?' 이런 쓰라린 자기반성은 오늘날 배우자 찾기에 나선 사람들에게 익숙한 풍경이다. 케플러에게 필요한 것은 전략이었다.

이런 게임을 생각해보자. 수학 저술가 마틴 가드너에 따르면 이 게임은 친구 사이인 존 폭스와 제럴드 마니가 1958년에 개발했다. 많은 쪽지들을 준비하고 누군가에게 부탁하여 그 쪽지들 각각에 마음대로 수를 적게 하라. 수들은 아주 작은 수부터 터무니없이 큰 수까지 어떤 것이든 괜찮다. 이를테면 1 다음에 0이 100개 붙은 수도 좋다. 이어서 수들이 보이지 않게 쪽지들을 뒤집어놓고 잘 섞는다. 게임은 이제부터 시작이다. 당신은 쪽지를 한 장씩 차례로 뒤집는다. 목표는 최대 수라고 생각하는 수가 나왔을 때 뒤집기를 멈추는 것이다. 앞서 뒤집은 쪽지의 수를 뒤늦게 선택하는 것은 허용되지 않는다. 만일 당신이 쪽지들을 마지막 하나까지 다 뒤집는다면, 당신은 마지막 쪽지에 적힌 수를 선택하는 셈이다.

쪽지를 뒤집는 사람은 쪽지에 어떤 수들이 적혔는지 전혀 모른다. 따라서 그가 최대 수를 고를 확률은 아주 낮을 성싶기도 하다. 그러나 놀랍게도 쪽지의 개수와 상관없이 이 게임에서 3분의 1보다 높은 확률로 최대 수를 골라내는 전략이 존재한다. 묘수는 이미 나온 수들에서 얻은 정보를 활용하여 아직 나오지 않은 수들을 판단하는 것이다. 그 전략은 이러하다. 적당한 개수의 쪽지들을 뒤집어서 나온 최대 수를 기준으로 삼는다. 그런 다음에 카드 뒤집기를 계속하다가 그 기준보다 더 큰 수가 나오면 거기에서 멈춘다. 이 전략에서 처음에 쪽지를 얼마나 뒤집는 것이 좋을까? 최적의 전략은 쪽지 총수의 $\frac{1}{e}$(0.368, 즉 36.8%)에 해당하는 개수를 뒤집어서 기준을 정한 다음에 그보다 더 큰 수를 선택하는 것이다. 이렇게 하면, 최대 수를 고를 확률이 $\frac{1}{e}$, 곧 36.8%가 된다.

이 수수께끼는 1960년대에 '비서 문제' 또는 '결혼 문제'라는 명칭을 얻었다. 수수께끼에 직면한 사람의 처지가 비서직에 지원한 사람들을 심사하는 사장이나 신붓감들을 평가하는 남성의 처지와 유사하기 때문이다. 그런 사장이나 남성(수학자는 주로 남성이다!)은 최선의 후보자를 선택하는 방법을 정해야 한다.

비서가 되겠다고 지원한 후보자 20명을 당신이 사장으로서 면접한다고 해보자. 그런데 당신은 매번 면접이 끝날 때 해당 후보자를 채용할지 여부를 결정해야 한다. 당신이 첫 번째 후보자를 채용한다면, 당신은 나머지 후보자들을 면접할 수 없다. 또 당신이 아무도 채용하지 않고 마지막 후보자를 면접한다면, 당신은 무조건 그 후보자를 채용해야 한다. 혹은 당신이 20명의 여성과 맞선을 본다고 상상해보라. 당신은 이번 여성을 선택할지 여부를 다음 여성을 만나보기 전에 결정해야 한다. (여성 독자들의 양해를 구한다. 이 비유의 바탕에는 구혼은 남성의 몫이며 구혼을 받은 여성은 언제나 승낙한다는 통념이 깔려 있다.) 만일 당신이 첫 맞선 상대에게 구혼한다면, 당신은 다른 여성들을 만나보지 못한다. 거꾸로 당신이 모든 여성들과 만나본다면, 당신은 무조건 마지막 맞선 상대에게 구혼해야 한다. 양쪽 상황 모두에서 당신이 최고의 후보자를 선택할 확률을 최대화하는 방법은 전체 후보자들의 36.8%와 만나본 다음에 그들보다 더 나은 후보자가 나타나면 그에게 채용이나 결혼을 제안하는 것이다. 이 방법을 따른다고 반드시 최고의 후보자를 선택하게 되는 것은 아니다. 이 방법으로 최고의 후보자를 선택할 확률은 겨우 36.8%이다. 그럼에도 이 방법은 다른 어떤 방법보다도 우월한 최선의 전략이다.

만약에 케플러가 자신이 11명의 여성과 맞선을 보리라는 것을 미리 알고 이 전략을 따랐더라면, 그는 그 여성들 중 36.8%, 즉 네 명과 만나본 다음에 그들보다 더 마음에 드는 여성과 만났을 때 그녀에게 구혼했을 것이다. 다시 말해 그는 다섯 번째 맞선 상대를 선택했을 것이다. 실제로 그는 11명을 모두 만나본 다음에 그렇게 했다. (그리고 행복한 결혼 생활을 했다.) '결혼 문제'와 그 해법을 알았더라면 케플러는 여섯 차례의 불쾌한 맞선을 피할 수 있었을 것이다.

비서/결혼 문제는 수학 놀이에서 가장 유명한 문제들 중 하나가 되었다. 물론 이 문제는 비현실적이다. 사장은 앞서 면접한 구직자를 다시 부를 수 있고, 남성은 (케플러처럼) 앞서 만나본 여성을 다시 찾아갈 수 있으니까 말이다. 그러나 이 문제의 바탕에는 믿기 어려울 만큼 유용한 '최적 멈춤optimal stopping' 이론, 즉 언제 멈추는 것이 가장 좋은가에 관한 수학이 깔려 있다. 최적 멈춤은 금융 분야에서 중요하다. 왜냐하면 손해를 보더라도 주식을 팔아야 할 시점이나 스톡옵션을 행사할 시점을 결정해야 하기 때문이다. 하지만 최적 멈춤에 관한 문제는 의학

(이를테면 특정 처방을 중단할 최적 시점을 계산할 때), 경제학(화석 연료 사용을 중단할 최적 시점을 예상할 때), 동물학(비용과 노력의 낭비를 감안하여 새로운 종을 찾기 위한 탐사 작업을 중단할 최적 시점을 결정할 때) 등의 다양한 분야들에서도 등장한다.

러시아의 억만장자이자 권력자 보리스 베레좁스키는 한때 소련 과학아카데미의 수학 교수였다. 소련 과학아카데미는 과거에 오일러가 몸담았던 상트페테르부르크 과학아카데미의 후신이다. 베레좁스키는 1980년대에 비서 문제에 관한 책을 공동으로 저술했다. 그는 2003년에 영국으로 망명했다. 나는 그를 인터뷰하기 위해 여러 번 접촉했으나, 매번 그는 두 달 뒤에 다시 연락해줄 것을 요청했다. 1년 동안 시도한 끝에 나는 그만 멈추는 것이 최적이라고 판단했다.

최적 멈춤 이론의 핵심은 축적된 지식을 기초로 삼아서 무작위한 사건에 관하여 현명한 판단을 내릴 수 있다는 것이다. 다음 게임은 극소량의 정보를 기발하게 활용할 수 있음을 보여준다. (이 게임은 e와 무관하지만 여기에서 거론하는 것을 양해해주기 바란다.) 결론은 깜짝 놀랄 만큼 직관과 어긋난다. 처음 알려졌을 때, 많은 수학자들은 이 결론을 믿지 않았다.

게임은 간단하다. 당신이 쪽지 두 장에 서로 다른 수를 적어서 뒤집어놓는다. 그러면 나는 쪽지 한 장을 뒤집어본 다음에 거기에 적힌 수가 나머지 쪽지에 적힌 수보다 더 큰지 작은지를 말한다. 아마 대다수의 독자가 깜짝 놀라겠지만, 나는 50%가 넘는 확률로 정답을 말할 수 있다.

실제로 나의 솜씨를 보면 마치 마술 같겠지만, 속임수는 없다. 나의 전략은 당신이 수를 선택하는 방식이나 쪽지를 뒤집어놓는 방식 따위의 인간적 요소와도 무관하다. 내가 질 때보다 이길 때가 더 많게 해주는 것은 심리학이 아니라 수학이다.

일단 내가 어느 쪽지에도 손을 댈 수 없다고 해보자. 이 경우에 내가 더 큰 수가 적힌 쪽지를 알아맞힐 확률은 50%이다. 내가 고를 수 있는 쪽지는 두 장이고, 그중 한 장이 정답이니까 말이다. 내가 정답을 맞힐 확률은 동전 던지기에서 앞면이 나올 확률과 같다. 그러나 내가 쪽지 한 장을 뒤집어 거기에 적힌 수를 본다면, 또 처음부터 아래 단계들을 거친다면, 나의 정답 확률은 향상된다.

(1) 먼저 나 스스로 임의의 수를 선택한다. 그 수를 k라고 하자.

(2) 만일 내가 뒤집은 쪽지에 적힌 수가 k보다 크면, 나는 그 수가 나머지 쪽지에 적힌 수보다 크다고 말한다.

(3) 만일 내가 뒤집은 쪽지에 적힌 수가 k보다 작으면, 나는 나머지 쪽지에 적힌 수가 더 크다고 말한다.

(쪽지에 적힌 수 하나와 k가 일치하는 경우는 극히 드물 것이므로 무시하기로 하자.)

요컨대 나의 전략은 내가 무작위로 선택한 수 k보다 작지 않은 수가 나오면 그 수를 최대 수로 선택하고, 반대 경우에는 아직 나오지 않은 수를 최대 수로 선택하는 것이다.

이 전략이 유리한 이유를 이해하기 위해 쪽지에 적힌 두 수와 k를 비교해보자. 세 가지 가능성이 있다. (i) k가 두 수보다 작다. (ii) k가 두 수보다 크다. (iii) k가 두 수 사이에 놓인다.

(i)의 경우에 나는 뒤집힌 쪽지에서 어떤 수가 나오든지, 그 수를 선택한다. 이때 내가 이길(정답을 맞힐) 확률은 50%이다. (ii)의 경우에 나

는 뒤집힌 쪽지에서 어떤 수가 나오든지 그 수가 아니라 다른 수를 선택한다. 이때 내가 이길 확률은 50%이다. 흥미로운 것은 (iii)의 경우이다. 이때 내가 이길 확률은 100%이다. k보다 작은 수가 나오면, 나는 나머지 수를 선택한다. k보다 큰 수가 나오면, 나는 그 수를 선택한다. 만일 내가 무작위로 선택한 k가 공교롭게도 쪽지에 적힌 두 수 사이에 위치한다면, 나는 반드시 이긴다!

(k를 선택하는 방법을 좀 더 자세히 설명할 필요가 있다. 왜냐하면 이 전략이 유효하려면 k가 쪽지에 적힌 두 수 사이에 위치할 확률이 0이 아니어야 하기 때문이다. 만일 그 확률이 0이라면, 내가 정답을 맞힐 확률은 50%에서 조금도 높아지지 않는다. 예컨대 당신은 항상 음수 두 개를 적고, 나는 항상 양수를 k로 선택한다면, 내가 이길 확률은 50%다. 이런 상황만큼은 되도록 배제할 필요가 있다. 나의 해결책은 당신이 선택할 수 있는 수들의 범위 안에서 정규분포에 맞게 나의 수를 선택하는 것이다. 그렇게 하면 나의 수가 당신이 선택한 두 수 사이에 놓일 확률이 높아진다.)

k가 당신이 적은 두 수 사이에 놓일 확률은 아주 작을 수도 있다. 그러나 그 확률이 아무리 작더라도 0이 아니라면, 우리가 이 게임을 충분히 많이 반복할 경우, 나는 50%가 넘는 확률로 이길 것이다. 물론 내가 언제 이기고 언제 질지 알 길은 없다. 하지만 이것은 내가 장담한 바가 아니다. 나는 내가 50%보다 높은 확률로 이길 수 있다는 것만 장담했다. 당신이 나의 승률을 최대한 50%에 묶어두고자 한다면, 쪽지에 수들을 적을 때 두 수 사이의 간격을 최대한 좁게 만들어야 한다. 그러나 그 두 수가 같지만 않다면, 내가 그 수들 사이의 수를 k로 선택할 가능성을 배제할 수 없고, 따라서 나는 게임에서 질 때보다 이길 때가 더 많게 마련이다.

5장에서 나는 π를 소개했다. π는 3.14159로 시작하며 원의 둘레를 지름으로 나눈 값이다. 이 장에서 배운 e는 2.71828로 시작하며 지수적 성장을 대표하는 수이다. π와 e는 가장 자주 쓰이는 수학 상수들이며 흔히 함께 거론되지만 유래가 다르고 수학적 성격도 다르다. 하지만 공교롭게도 π와 e는 크기가 비슷하다. 둘 사이의 차이가 0.5도 안 된다. 1859년에 미국 수학자 벤저민 퍼스는 π를 나타내는 기호 ᘏ와 e를 나타내는 기호 ᘏ를 도입했다. 어쩌면 π와 e가 모종의 의미에서 서로의 거울상이라는 생각을 품었기 때문일지도 모른다. 아무튼 서로 헷갈리는 그의 기호들은 인기를 얻지 못했다.

π와 e는 모두 무리수이다. 즉, 소수로 표기하면 반복 없이 무한정 이어진다. π와 e를 최대한 간결한 계산식을 통해 연결하는 시도는 일종의 수학적 스포츠로 자리매김했다. 완벽한 등식이 발견될 가능성은 없다. 그러나

$$\pi^4 + \pi^5 = e^6$$

은 일곱 자리까지 참이다.

이와 유사하게

$$e^{\pi} - \pi = 19.999099979 \cdots$$

로 거의 20과 같다.

가장 이상적인 등식은 이것이다.

$$e^{\pi\sqrt{163}} = 262537412640768743.99999999999925007\cdots$$

보다시피 우변은 1조분의 1보다 더 작은 오차로 정수와 같다!

1730년에 스코틀랜드 수학자 제임스 스털링은 아래 공식을 발견했다.

$$n! \approx \sqrt{(2\pi n)}n^n e^{-n}$$

이 공식은 $n!$(엔 팩토리얼)의 근삿값을 알려준다. 앞서 보았듯이 $n!$은 $1\times2\times3\times4\times\cdots\times n$을 의미한다.

팩토리얼을 계산하는 절차는 간단하다. 그냥 정수들을 곱하기만 하면 된다. 그래서 위 공식의 우변에 제곱근과 π와 e가 등장한다는 점이 인상적이다.

$n = 10$일 때, 위 공식에 따른 근삿값은 10!의 참값에서 채 1%도 벗어나지 않는다. n이 커지면, 근삿값 대 참값의 비율은 점점 더 1에 가까워진다. 팩토리얼들의 값이 어마어마하게 크다는 점을 감안할 때(10!은 3,628,800이다), 위 공식은 감탄을 자아낸다.

π와 e는 무관한 사이가 아니다.

레온하르트 오일러는 그 두 상수 사이의 또 다른 관계를 밝혀냈다. 그 관계는 스털링의 공식보다도 더 경이롭다. 그러나 그 관계를 이해하려면, 먼저 오일러가 수학에 도입한 또 하나의 알파벳 모음에 익숙해져야 한다.

이제 i를 만날 차례이다.

$i^2 = j^2 = k^2 = ijk$
$= -1$

7장

부정적인 생각의 긍정적인 힘

2007년 겨울, 영국 로또UK National Lottery는 새로운 즉석 복권을 출시했다. 복권 하나에 2개의 수가 숨어 있는데, 복권을 긁어서 나온 왼쪽 수가 오른쪽 수보다 크면 상금을 받는 방식이었다. 아주 간단하다고 생각하는 독자도 있을 것이다. 그러나 기온히 영하로 떨어지는 겨울에 복권이 출시되어서 그랬는지, 복권에 적힌 수들은 음수였다. 요컨대 구매자들은 음수 2개의 크기를 비교해야 했고, 일부 사람들에게 이것은 결코 쉬운 일이 아니었다. 많은 구매자들은 예컨대 −8이 −6보다 더 작다는 것을 이해할 수 없었다. 항의가 수십 차례 들어오자 그 복권은 판매가 중단되었다. "그 작자들이 이러쿵저러쿵 하면서 −6이 −8보다 작지 않고 오히려 크다고 우겼는데, 나는 인정하지 않아요"라고 한 구매자는 투덜거렸다.

기초 산술을 이해하지 못하는 사람들은 손쉬운 놀림감이다. 그러나 그들을 너무 조롱하는 것은 온당하지 않다. 음수는 수백 년 동안 골칫거리였고 지금도 여전히 그러하다. 이것은 건물의 지하층들을 표시할 때 −1, −2, −3이 아니라 LG('lower ground floor'의 약자)와 B, 또는 B1, B2, B3을 사용하는 까닭이기도 하다. 예수 탄생 이전의 연도, 예컨대 유클리드가 『기하학원본』을 쓴 해를 말할 때 우리는 기원후 약 −300년보다 기원전 약 300년을 더 선호한다. 회계사들도 온갖 방법으로 음수 기호의 사용을 피한다. 부채를 빨간색으로 적기도 하고, 숫자 옆에 DR('debtor(채무자)'의 약자)이라고 적거나 숫자를 괄호로 묶기도 한다.

그리스, 이집트, 바빌로니아의 수학은 음수 개념을 개발하지 못했다. 고대인들에게 수의 용도는 개수 세기와 측정이었다. 아무것도 없음보다 더 적은 것을 어떻게 세거나 측정할 수 있겠는가? 음수를 생각하는 데 필요한 정신적 도약을 이해하기 위해 고대인들의 입장에 서보자. 우리는 2 + 3 = 5임을 안다. 빵 덩어리 2개에 3개를 더 보태면 5개가 됨을 알기 때문이다. 또 2−1=1임을 안다. 우리가 빵 덩어리 2개를 가지고 있다가 1개를 내주면, 우리 손에 빵 덩어리 1개가 남는다. 그러나 2−3은 과연 무엇을 의미할 수 있을까? 내 손에 빵 덩어리가 2개밖에 없다면, 내가 빵 덩어리 3개를 내주는 것은 도저히 불가능하다. 그러나 가능하다고 치자. 그러면 내 손에 빵 덩어리 마이너스 1개가 남을 것이다. 이 '빵 덩어리 마이너스 1개'는 무엇을 의미할까? 여느 빵 덩어리를 의미하는 것이 아니라 오히려 빵 덩어리 하나의 결핍을 의미한다. 따라서 빵 덩어리 마이너스 1개에 빵 덩어리 1개를 보태면, 빵 덩어리 없음이 된다. 고대인들이 이런 '마이너스 1개'를 터무니없는 개념으로 여긴 것은 놀랄 일이 아니다.

그러나 고대 아시아에서는 음의 양을 어느 정도 허용했다. 유클리드의 시대에 중국인은 계산에 댓가지를 이용했다. 평범한 가지는 양수('참true' 수라고 불렀다)를 나타냈고, 검게 칠한 가지는 음수('거짓false' 수)

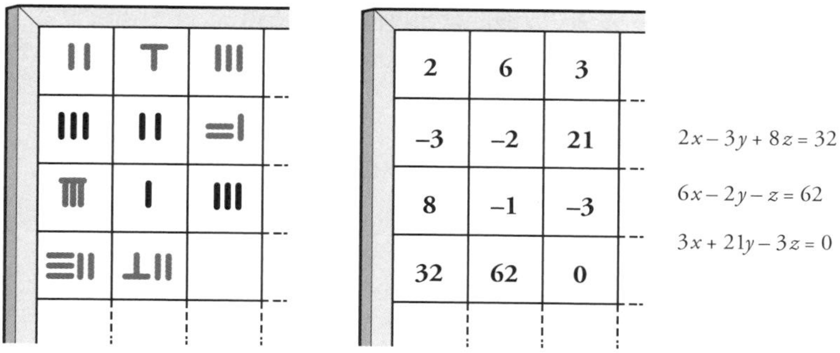

중국인은 격자판 위에 댓가지들을 놓았다. 평범한 댓가지는 양수를, 검은색 댓가지는 음수를 나타냈으며, 댓가지들의 세로줄은 방정식을 의미했다.

를 나타냈다. 그들은 위 그림처럼 댓가지들을 격자판 위에 배열하여 각 칸으로 수를, 각 세로줄로 방정식을 표현했다. 계산 전문가는 댓가지들을 이리저리 옮겨서 그 방정식들을 풀 수 있었다. 평범한 가지들로 이루어진 해는 참 수이므로 받아들여졌다. 반면에 검은색 가지들로 이루어진 해는 거짓 수이므로 버려졌다. 중국인이 음의 양을 물리적 대상을 이용하여 나타냈다는 점은 중국인의 사유 속에 음의 양이 모종의 방식으로 존재했음을 의미한다. 비록 음의 양은 양의 양을 계산하기 위한 도구에 불과했다 하더라도 말이다. 중국인은 다음과 같은 근본적인 깨달음에 도달했다. 수학적 대상이 유용하다면, 그 대상이 일상경험에 부합하든 말든 무슨 상관이란 말인가. 그런 고민은 철학자들에게 맡기자.

몇 세기 후 인도에서 수학자들은 음의 양을 요구하는 현실적 맥락을 발견했다. 바로 돈거래였다. 내가 당신에게서 5루피를 꾸면, 나는 5루피의 빚을 가지게 된다. 그 음의 양은 내가 5루피를 갚아야만 0이 된다. 7세기의 천문학자 브라마굽타는 양수와 음수를 이용한 계산 규칙들을 제시했다. 그는 양수를 '재산', 음수를 '빚'으로 불렀다. 그가 0이라는 새로운 수를 도입한 것도 같은 맥락에서였다.

빚에서 0을 빼면 빚이다.

재산에서 0을 빼면 재산이다.

0에서 0을 빼면 0이다.

0에서 빚을 빼면 재산이다.

0에서 재산을 빼면 빚이다.

…

브라마굽타는 재산과 빚의 정확한 값을 0과 그밖에 9개의 숫자로 표기했다. 앞서 보았듯이 이 표기법은 오늘날 우리가 사용하는 십진법의 원조이다. 인도 숫자는 중동과 북아프리카로 전파되었고 10세기경에 스페인에 들어왔다. 하지만 유럽에서 음수가 널리 쓰이기까지는 아직 300년이 더 필요했다. 이 지체의 원인은 여러 가지이다. 빚에 대한 통념, 사악한 고리대금업에 대한 비난, 이슬람세계에서 들어와 새롭게 유행하는 계산법 전반에 대한 의심, 없음보다 더 적은 양은 있을 수 없다는 그리스적 사유의 지속적 영향 등이 그 원인이었다.

결국 회계사들은 직업적으로 음수를 다루는 데 익숙해졌지만, 수학자들은 오랫동안 음수에 대한 경계심을 거두지 않았다. 15세기와 16세기에 음수는 '불합리한 수numerus absurdus'로 불렸다. 심지어 17세기에도 많은 이들은 음수를 무의미하다고 보았다. 음수를 배척하는 논증은 18세기에도 존속했다. 다음 등식을 보라.

$$\frac{-1}{1} = \frac{1}{-1}$$

이 등식은 산술적으로 참이지만 다른 한편으로 역설적이다. 왜냐하면 상대적으로 큰 수 1 대 작은 수 −1의 비율이 작은 수 −1 대 큰 수 1의 비율과 같다는 뜻이기 때문이다. 이 역설은 활발히 논의되었고, 아무도 해결책을 발견하지 못했다. 음수를 이해하기 위해 애쓴 결과로, 레온하르트 오일러를 비롯한 많은 수학자들은 음수가 무한대보다 더 크다는 기괴한 결론에 이르렀다. 이 결론은 아래 수열에서 도출된다.

$\frac{10}{3}, \frac{10}{2}, \frac{10}{1}, \frac{10}{½}$ …

이 수열을 아래처럼 다시 쓸 수 있다.

3.3, 5, 10, 20 …

분수에서 분모가 3, 2, 1, $\frac{1}{2}$로 점점 더 작아지면, 분수의 값은 점점 더 커진다. 분모가 0에 접근하면, 분수의 값은 무한대에 접근한다. 수학자들은 분모가 0에 도달하면, 분수의 값은 무한대가 된다고 여겼다. 더 나아가 분모가 0보다 작아지면—즉 음수가 되면—분모의 값은 무한대보다 더 커져야 한다는 것이 그들의 생각이었다. 오늘날 우리는 수를 0으로 나누는 것은 무의미하다고 주장함으로써 이 까다로운 문제를 피한다. 분수 $\frac{10}{0}$은 무한대가 아니라 '정의되어 있지 않다.'

혼란 속에서 명확한 목소리를 낸 인물은 영국 수학자 존 월리스였다. 그는 음수에 대한 설득력 있는 시각적 해석을 고안했다. 1685년에 출판한 책 『대수학론A Treatise of Algebra』에서 월리스는 '수직선'을 최초로 제시했다. 수직선에서 양수와 음수는 0에서 오른쪽과 왼쪽으로

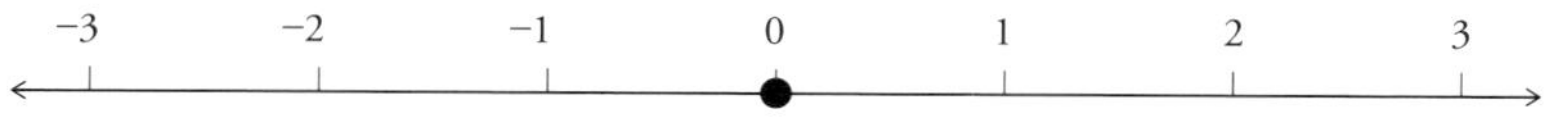

수직선

떨어진 거리를 나타낸다. 월리스는 "0에서 5야드 전진한 다음에 8야드 후진한 사람은 없음보다 3야드 덜 전진한 것이다. … 따라서 −3은 +3과 마찬가지로 수직선상의 한 점을 가리킨다. 그 점은 통념대로 전진 방향에 있지 않고 후진 방향에 있다"고 썼다. 양의 관념을 위치의 관념으로 대체함으로써 월리스는 음수가 '쓸모없지도' 않고 '불합리하지도' 않다고 주장했다. 그러나 이것은 음수에 대한 과소평가였음이 드러났다. 월리스의 생각은 수학계의 주류에 진입하기까지 몇 년이 걸렸지만, 돌이켜보면 수직선은 역사를 통틀어 가장 성공적인 설명용 그림이다. 수직선이 실생활에 응용된 사례는 그래프부터 온도계까지 셀 수 없이 많다. 오늘날 우리는 음수를 수직선상에서 볼 수 있기 때문에 음수를 상상하는 데 아무 어려움이 없다.

독일 철학자 임마누엘 칸트는 「세속적 지혜에 음의 양의 개념을 도입하려는 시도Versuch, den Begriff der negativen Größen in der Weltweisheit einzuführen」라는 글에서 음수를 배격하기 위해 형이상학적 논증을 사용하는 것은 부질없다고 선언함으로써 음수에 관한 논쟁에 끼어들었다. 그는 현실 세계에서 많은 것들이 양의 값과 음의 값을 가질 수 있음을 보여주었다. 예컨대 서로 맞선 두 힘이 한 물체에 가해지는 상황이 있을 수 있다. 음수는 양수의 부정이 아니라 양수와 양립할 수 있는 반대 짝을 나타낸다.

그러나 18세기 말까지도 일부 수학자들은 음수는 "상식에 어긋나는 허튼소리이다. 그러나 일단 채택되었기 때문에 다른 많은 허구와 마찬가지로 음수는 신뢰하기 좋아하고 진지한 사유의 노력을 혐오하는 사람들 사이에서 가장 완고한 지지를 받는다"라는 믿음을 고수했다. 이 인용문은 당시 케임브리지대학교에서 수학 전공 학생 중에 성적이 2등이던 윌리엄 프렌드가 1796년에 쓴 것이다. 출처는 그의 저서인데, 그 책은 수학사에서 유일하게 음수를 단 하나도 포함하지 않은 대수학 입문서이다.

우리는 학교에서 음수를 배울 때 이런 과거의 논쟁들을 접하지 않는다. 우리는 수직선을 떠올리면서 음수를 받아들인다. 그리고 얼마 후에 다음 사실을 배우고 큰 충격에 빠진다.

음수에 음수를 곱하면 양수가 나온다.

이게 뭐야? 우리는 날벼락이라도 맞은 듯이 말문이 막힌다. 수직선은 음수를 훌륭하게 보여주지만 음수에 음수를 곱하면 어떻게 되는지에 대해서는 아무것도 알려주지 않는다. 수학 시간은 갈수록 더 괴로울 따름이다.

왜 음수에 음수를 곱하면 양수가 나올까? 양수의 곱셈에 관한 규칙들 때문이다. 우리는 산술의 일관성을 유지하기 위해서 음수들의 곱이 양수라는 것을 받아들인다. 산술 체계를 벗어난 다른 의미는 없다. 산술 체계가 무너지지 않게 하려면 음수들의 곱이 양수라는 것을 체계의 주춧돌로 삼아야 한다. 수직선을 생각해보자. 내가 0에서 두 걸음 전진하면 2에 도달한다. 다시 두 걸음 전진하면 4에 이르고, 한 번 더 반복하면 6에 이른다. 마찬가지로 0에서 두 걸음 후진하면 −2에 이르고, 이 후진을 두 번 더 반복하면 −6에 이른다. 우리는 이 행보들을 아래 등식들로 나타낼 수 있다.

$$2 + 2 + 2 = 6$$
$$-2 - 2 - 2 = -6$$

곱셈으로 고쳐 쓰면 아래와 같다.

$$3 \times 2 = 6$$
$$3 \times -2 = -6$$

이 등식들은 양수에 양수를 곱하면 양수가 되고 양수에 음수를 곱하면 음수가 된다고 말해준다. 음수에 음수를 곱하면 어떻게 되는지 알아보기 위해 마지막 등식에 나오는 3을 (4 − 1)로 대체하자.

$$(4 - 1) \times -2 = -6$$

이 등식을 아래와 같이 고쳐 쓸 수 있다.

$$(4 \times -2) + (-1 \times -2) = -6$$

왜냐하면 양수 산술의 규칙에 따라서, 괄호로 묶인 두 수에 한 수를 곱하는 것은 그 두 수 각각에 그 한 수를 곱하는 것과 같기 때문이다. (이 규칙을 '분배법칙'이라고 한다.) 위 등식을 이렇게 정리할 수 있다.

$$-8 + (-1 \times -2) = -6$$

따라서

$$(-1 \times -2) = 2$$

가 성립한다. **보라! 음수 곱하기 음수는 양수이다.**

음수들의 곱이 양수라는 것을 우리가 선뜻 받아들이지 못하는 이유 하나는 이 규칙에 어긋나는 상황들이 현실에 많기 때문이다. 오답 2개의 연결은 정답이 아니다. 언어학에서 이중 부정은 맥락과 언어에 따라 부정일 수도 있고 긍정일 수도 있다. 포르투갈어를 배울 때 나는 'I know nothing(나는 아무것도 모른다).'이라는 말을 'nao sei nada', 즉 'I don't know nothing.'의 꼴로 하는 것에 익숙해지려고 애써야 했다. 이 경우에 두 겹의 부정은 상쇄되지 않고 부정을 강화한다.

물론 영어에서 이중부정은 긍정이다. 언어학자 오스틴은 한 학회에서 이중 긍정으로 긍정을 표현하는 언어는 없다고 말했다. 그러자 청중 속에 있던 철학자 시드니 모건베서가 이렇게 대꾸했다고 한다. "예, 예."

0과 음수를 갖춘 인도 숫자 체계로 일찍이 큰 성취를 이룬 인물로 아랍 수학자 무하마드 이븐무사 알 콰리즈미(약 750~850)가 있다. 그가 널리 보급한 산술 기법들은 훗날 그의 성을 라틴어로 표기한 단어로 통칭되었다. 그 단어에서 '알고리즘algorithm'이 유래했다. 알 콰리즈미는 '대수학'이라는 새로운 유형의 수학도 개발했다. 대수학을 뜻하는 영어 'algebra'는 '복원復元'을 뜻하는 아랍어 '알-자브르al-jabr'에서 나왔다. 대수학은 방정식들로 이루어진 언어이다. 대수학에서 x와 y 같은 기호들은 수를 나타낸다. '2를 더하면 0이 되는 수는 무엇일까?'라는 질문을 대수학에서는 x를 찾아내기를 요구하는 아래 방정식으로 표현한다.

$$x + 2 = 0$$

정답은 $x = -2$이다. 당신이 −2를 무의미하다고 여기든 말든, 위 방정식의 해는 −2이다. 르네상스 시대 유럽 수학자들이 마침내 '수'의 정의를 확장하여 음수를 포함시킨 것은 대수학 덕분이었다. 음수는 황당할지 몰라도 아무튼 수였다.

머지않아 대수학자들은 또 다른 문제와 맞닥뜨렸다. 양수와 음수, 그리고 사칙 연산, 즉 덧셈, 뺄셈, 곱셈, 나눗셈만 사용하던 그들은 뜻밖에 이해할 수 없는 개념과 마주쳤다. 그것은 아래 방정식의 해였다.

$$x^2 = -1$$

이 방정식의 해는 '−1의 제곱근', 기호로 쓰면 $x = \sqrt{-1}$ 이다. 그러나 이 대목에서 골치가 아파진다. '자기 자신과 곱한 결과가 음수인 그런 수가 있나?' 어떤 수에 자기 자신을 곱한 결과는 음수일 수 없다. 왜냐하면 양수에 양수를 곱하면 양수가 나오고, 음수에 음수를 곱해도 양수가 나오기 때문이다. 음수의 제곱근을 1545년에 최초로 생각한 사람은 이탈리아 수학자 지롤라모 카르다노였다. 그는 음수에 대해서 생각하는 일이 자신에게 '정신적 고문'이며 그 개념을 접한 적이 없는 사람이라면 누구에게나 마찬가지일 것이라고 말했다. 그리하여 그는 음수의 제곱근을 무시하고, 방정식의 해로 음수의 제곱근이 나온다면 그것은 '고상하지만 쓸모없는' 해라고 선언했다. 카르다노는 완전히 새로운 수학의 세계로 통하는 문을 열자마자 쾅 닫아버린 셈이다.

몇십 년 후, 역시 이탈리아 사람인 라파엘 봄벨리가 그 문을 다시 열고 조심조심 통과했다. 대수학 계산에서 음수의 제곱근이 등장하는 경우가 점점 더 잦아지는 중이었으므로, 봄벨리는 음수의 제곱근을 음수, 양수와 마찬가지로 취급하여 그것들에 덧셈, 뺄셈, 곱셈, 나눗셈을 적용하기로 했다. "그것은 많은 사람들이 판단하기에 엉뚱한 생각이었다"라고 그는 썼다. "진리가 아니라 궤변이 모든 것을 지탱하는 듯했다." 그러나 음수의 제곱근들은 행동이 고분고분했을 뿐더러 과거에 풀 수 없던 방정식들을 풀 수 있게 해주었다. 음수의 제곱근이 무엇을 의미하는지에 대한 고민만 제쳐놓는다면, 음수의 제곱근을 수용할 만했다.

1637년에 르네 데카르트는 음수의 제곱근을 '허구적인imaginary' 수로 서술했고, 한 세기 후에 레온하르트 오일러는 이 서술을 승인했다. "따라서 $\sqrt{-1}$, $\sqrt{-2}$ 등의 모든 표현들은 불가능한 수, 혹은 허구적인 수이다. 왜냐하면 음의 양의 제곱근을 나타내기 때문이다. 그런 수에 대해서 우리는 그것이 무無도 아니며 무보다 크거나 작지도 않다고 참되게 단언할 수 있을 것이다. 따라서 그런 수는 필연적으로 허구적이거나 불가능하다." 오일러는 $\sqrt{-1}$을 'imaginary'의 첫 철자를 따서 i로 표기하고, 모든 음수 각각의 제곱근을 i의 배수로 표현할 수 있음을 보여주었다. 예컨대 $\sqrt{-4}$는 $2i$이다. 왜냐하면 $\sqrt{-4} = \sqrt{4 \times -1} = \sqrt{4} \times \sqrt{-1} = 2 \times i = 2i$이기 때문이다. 일반적으로 $\sqrt{-n} = (\sqrt{n})i$이다. 음수의 제곱근들—모두 i의 배수이다—을 뭉뚱그려 '허수imanginary number'라고 부른다.

허수가 아닌 수는 '실수real number'라고 한다. 실수는 수직선상에 위치한다는 의미에서 '실재한다.' 우리는 실수가 특정한 위치에 있는 것을

'실제로' 볼 수 있다. 2, 3.5, −4, π는 모두 실수인 반면, $2i$, $3.5i$, $-4i$, πi는 모두 허수이다. 어떻게 보면 허수는 실수의 거울상이라고 할 만하다. 모든 각각의 실수 m에 대응하는 허수 mi가 존재하니까 말이다.

실수에 허수를 더해서 만든 잡종 수, 이를테면 $3 + 2i$를 일컬어 '복소수complex number'라고 한다. 모든 복소수는 $a + bi$의 형태이다. 이때 a와 b는 실수이며 i는 $\sqrt{-1}$이다. 통상적인 덧셈 방법으로 실수와 허수를 더할 수는 없으므로, 복소수에 포함된 +기호는 실수 부분과 허수 부분을 떼어놓는 구실을 한다. 복소수는 단일한 수이면서 두 부분을 가졌다고 간주된다. 그 두 부분을 '실수부', '허수부'라고 부른다. 실수는 허수부가 0인 복소수, 허수는 실수부가 0인 복소수이다.

원래 물체를 셀 때 사용한 개념인 '수'의 의미는 음수의 도입을 계기로 확장되고 허수가 도입되면서 한 번 더 확장되었다. 따라서 대수학이 더 발전하면 더 추상적인 유형의 수가 추가로 등장할 것인가라는 질문이 당연히 제기되었다. 예컨대 −1의 제곱근의 제곱근은 어떨까? 이 수를 생각하려고 너무 애쓰다가는 머리에 쥐가 나는 수가 있으니 주의하라. 이 수 x를 기호로 적으면 아래와 같다.

$$x = \sqrt{(\sqrt{-1})}$$

즉 x는 아래 방정식의 해이다.

$$x^2 = \sqrt{-1}$$

기호 i를 써서 고쳐 적으면 아래와 같다.

$$x^2 = i$$

놀랍게도 이 방정식의 해는 $x = \frac{1}{\sqrt{2}} + (\frac{1}{\sqrt{2}})i$로 역시 복소수이다.•

18세기에 수학자들은 방정식 풀이에 허수 외에 또 다른 수는 필요하지 않음을 깨달았다. 이 결론은 워낙 중요해서 '대수학의 기본정리'로 명명되었다. 복소수를 포함한 임의의 방정식의 해는 반드시 복소수이다. 라파엘 봄벨리가 음수의 제곱근을 탐구하기 위해 통과한 문은 외딴방으로 통하는 문이었던 것이다. 하지만 그 외딴방은 얼마나 멋진 곳이었던지! 한때 허수 앞에서 인상을 찌푸리던 수학자들은 환호하기 시작했다. 오늘날 i의 개념은 수 시스템의 아주 자연스럽고 효율적인 확장으로 여겨진다. 단 하나의 기호를 동원함으로써 수학자들은 우아하고 자족적이며 추상적인 우주 하나를 얻었다. 그야말로 대박이다.

허수는 수학적 아름다움의 가장 대표적인 두 가지 예에서도 주인공 노릇을 한다. 한 예는 (이 책에서 나중에 다룰) 그림이고, 다른 예는 '오일러의 등식Euler's identity'이다. 2003년에 로스앤젤레스의 자동차 판매장 한 곳이 폭력적 환경 운동가에게 공격당했는데, 범인은 스포츠유틸리티차량(SUV) 한 대의 옆면에 스프레이로 오일러의 등식을 적어놓았다. 그 등식을 눈여겨본 수사당국은 결국 캘리포니아공대 물리학과의 박사 과정 학생을 범인으로 체포했다. 그 학생은 판사 앞에서 "오일러의 등식은 누구나 알아야 하는 공식입니다"라고 말했다. 물론 옳은 말이지만, 그렇다고 남의 자동차에 그 공식을 적는 것은 삼가야 한다. 아

• 복소수의 곱셈은 평범한 산술 규칙에 따라 이루어진다. 증명은 생략하겠지만, 실수든 허수든 상관없이 임의의 수 a와 b에 대해서 $(a + b)^2 = a^2 + 2ab + b^2$이 성립한다. 따라서 $x = \frac{1}{\sqrt{2}} + (\frac{1}{\sqrt{2}})i$라면, $x^2 = (\frac{1}{\sqrt{2}} + (\frac{1}{\sqrt{2}})i)^2 = (\frac{1}{\sqrt{2}})^2 + (2 \times \frac{1}{\sqrt{2}} \times \frac{1}{\sqrt{2}}i) + (\frac{1}{\sqrt{2}}i)^2 = \frac{1}{2} + i + (-\frac{1}{2}) = i$이다.

래와 같은 오일러의 등식은 그야말로 수학의 정수, 수학 전체에서 가장 유명한 공식, 수학 바깥에서도 명성이 자자한 문화유산이다.

$$e^{i\pi} + 1 = 0$$

정말 숨막히게 아름다운 등식이다. 수학에서 가장 중요한 수 5개가 깔끔하게 연결되었다. 그 수들은 개수를 셀 때 가장 먼저 나오는 1, 없음을 뜻하는 추상 개념 0, 원의 둘레를 지름으로 나눈 값 π, 지수 상수 e, -1의 제곱근 i이다. 이 수들은 제각각 다른 탐구 분야에서 유래했지만 오일러의 등식에서 완벽하게 결합한다. 수학에서 이보다 더 완벽한 종합은 기대하지 않는 편이 좋을 성싶다. 수학에서 아름다움이란 표현의 말끔함과 예상치 못한 연결에서 나온다. 오일러의 등식은 간결함과 심오함에서 어떤 등식도 따라올 수 없는 지존이다.

그런데 실수인 e에 허수 $i\pi$가 지수로 붙어 있으면, 무슨 뜻일까? 19세기 하버드대학교의 수학 교수 벤저민 퍼스는 "우리는 이것을 이해할 수 없고 이것의 의미를 모른다"라고 대답하면서 이렇게 덧붙였다. "하지만 우리는 이것을 증명했다. 따라서 우리는 이것이 참일 수밖에 없음을 안다." 퍼스는 만면에 미소를 띠고 있었다. 수학은 전제들의 집합을 출발점으로 삼는다. 그 전제들에서 어떤 결론이 나올지는 아무도 모른다. 수학이라는 여행의 재미가 여기에 있다. 실제로 오일러는 의미를 잊어버린 덕분에 오일러의 등식을 발견했다. 이 등식은 수학에서 가장 유명한 등식이므로 내가 최소한 그 윤곽이라도 설명하지 않는다면 당신에게 몹쓸 짓을 하는 셈일 터이다.

우리에게 필요한 준비 작업은 아래 등식 3개를 증명 없이 받아들이는 것뿐이다. 가운뎃점들은 등식의 우변에 항들이 무한정 이어짐을 의미한다.

$$e^x = 1 + x + \frac{x^2}{2!} + \frac{x^3}{3!} + \frac{x^4}{4!} + \frac{x^5}{5!} + \cdots$$

$$\sin x = x - \frac{x^3}{3!} + \frac{x^5}{5!} - \frac{x^7}{7!} + \frac{x^9}{9!} - \frac{x^{11}}{11!} + \cdots$$

$$\cos x = 1 - \frac{x^2}{2!} + \frac{x^4}{4!} - \frac{x^6}{6!} + \frac{x^8}{8!} - \frac{x^{10}}{10!} + \cdots$$

x가 1이라면, 첫째 덧셈 열(급수)은 지수 상수 e를 산출하는 계산식이 된다. 우리는 앞장에서 그 계산식을 본 적이 있다. (기억하겠지만, n팩토리얼(기호로 $n!$)은 1부터 n까지 수들을 모두 곱한 결과를 뜻한다.) 다음 무한급수 2개는 x의 사인 값과 코사인 값을 산출한다. 이 책의 앞부분을 읽은 독자라면, 삼각비 사인과 코사인에 익숙할 것이다. 그런데 이 사인 급수와 코사인 급수가 유효하려면, 각을 재는 통상적인 단위인 도degree 대신에 '라디안radian'이라는 특별한 단위를 사용해야 한다. 한 바퀴 회전, 즉 360°는 2π라디안이다. 반 바퀴 회전, 즉 180°는 π라디안이다. (아래 그림에서 보듯이 중심각이 1라디안인 부채꼴에서 원호

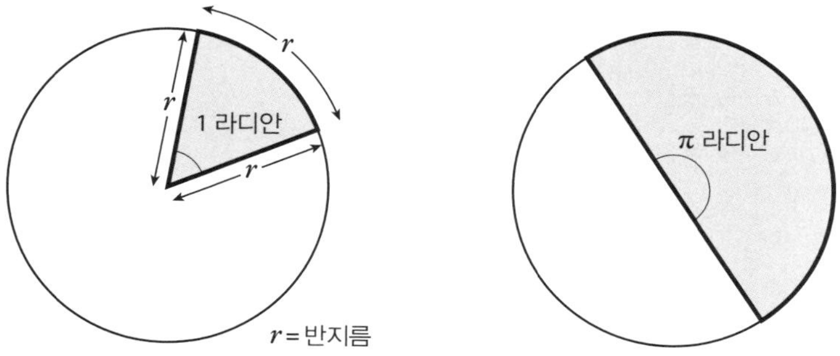

라디안

의 길이는 반지름radius의 길이와 같다. 이런 특징에서 '라디안radian'이라는 명칭이 유래했다. 각도를 정의하는 방법으로서 라디안은 바빌로니아에서 유래한 시스템보다 훨씬 더 자연스럽다. 18세기 이후 수학자들은 통상적인 각도 단위보다 라디안을 더 선호해왔다.)

e에 허수 지수를 붙이는 것이 무슨 의미인지 직관적으로 이해할 길은 없지만, 오일러는 앞 페이지에 나오는 e^x의 무한급수 표현을 이용하면 적어도 대수학적으로 e에 허수 지수를 붙이는 것이 가능함을 깨달았다. 예컨대 x를 ix로 바꾸면, 아래 등식을 얻을 수 있다.

$$e^{ix} = 1 + ix + \frac{(ix)^2}{2!} + \frac{(ix)^3}{3!} + \frac{(ix)^4}{4!} + \frac{(ix)^5}{5!} + \cdots$$

괄호들을 풀면 아래와 같다.

$$e^{ix} = 1 + ix + \frac{i^2x^2}{2!} + \frac{i^3x^3}{3!} + \frac{i^4x^4}{4!} + \frac{i^5x^5}{5!} + \cdots$$

정의에 따라 $i^2 = -1$이므로

$$i^3 = i \times i \times i = i^2 \times i = -1 \times i = -i,$$
$$i^4 = i^2 \times i^2 = -1 \times -1 = 1,$$
$$i^5 = i^4 \times i = 1 \times i = i,$$
$$i^6 = -1$$

등이다.

따라서 i^2, i^4, i^6, i^8 … 을 −1, 1, −1, 1 … 로 바꿀 수 있다. 또 i^3, i^5, i^7, i^9 … 을 $-i$, i, $-i$, i … 로 바꿀 수 있다. 그러면 저 위 등식은 아래와 같이 고쳐진다.

$$e^{ix} = 1 + ix - \frac{x^2}{2!} - \frac{ix^3}{3!} + \frac{x^4}{4!} + \frac{ix^5}{5!} - \cdots$$

허수 항들을 굵은 글씨로 적으면, 패턴이 더 잘 드러난다.

$$e^{ix} = 1 + \boldsymbol{ix} - \frac{x^2}{2!} - \boldsymbol{\frac{ix^3}{3!}} + \frac{x^4}{4!} + \boldsymbol{\frac{ix^5}{5!}} - \cdots$$

우변의 항들을 재배치하여 아래 등식을 얻을 수 있다.

$$e^{ix} = 1 - \frac{x^2}{2!} + \frac{x^4}{4!} - \frac{x^6}{6!} + \cdots + \boldsymbol{i\left(x - \frac{x^3}{3!} + \frac{x^5}{5!} - \frac{x^7}{7!} + \cdots\right)}$$

아니, 이럴 수가! 우변의 항들은 247쪽의 cos x와 sin x에 관한 등식들에 나오는 항들과 정확히 일치한다. 따라서 아래 등식이 성립한다.

$$e^{ix} = \cos x + i \sin x$$

오일러는 e에 허수 지수를 붙임으로써 삼각함수들을 얻었다. 사람들이 익히 알지만 서로 무관한 두 개념(e와 i)을 뒤섞어서 연기를 일으키더니 예상 밖의 결과물을 만들어냈다. 그 결과물은 역시 익숙하지만 다른 분야에 속한다고 여겨진 사인과 코사인이었다. 틀림없이 수학인데, 마치 연금술 같다.

마지막 결정타를 날리듯이, 오일러는 말했다. $x = \pi$라고 해보자.

π라디안은 180°와 같다. $\cos \pi = \cos 180^\circ = -1$, $\sin \pi = \sin 180^\circ = 0$이므로, 위 등식에서 허수부가 없어진다.

$$e^{i\pi} = \cos \pi + i \sin \pi$$

즉, 아래 등식이 성립한다.

$$e^{i\pi} = -1$$

아니면,

$$e^{i\pi} + 1 = 0$$

허수에 관한 오일러의 획기적인 연구는 허수가 수학의 중심에 자리 잡는 계기가 되기에 충분했다. 그럼에도 18세기 사람인 오일러와 그 동시대인들에게 허수는 여전히 이색적이고 알쏭달쏭한 괴물이었다. 허수의 전폭적 수용을 가로막는 큰 걸림돌 하나는 '허수'라는 명칭이었다. 이 명칭은 허수가 존재하지 않음을 함축했다. 18세기 초에 고트프리트 라이프니츠는 $\sqrt{-1}$을 "존재와 무 사이의 양서류에 가깝다"고 서술했다. '허수' 대신에 '양서 수amphibious number'를 정식 용어로 채택했다면, 수학은 더 빨리 진보했을지도 모른다.

앞서 보았듯이 수학자들은 음수를 수직선상의 한 점으로 볼 수 있게 되자 비로소 완전히 만족하며 받아들였다. 허수와 관련해서도 똑같은 역사가 반복되었다. 복소수에 관한 철학적 우려는 간단한 시각적 해석이 고안되면서 비로소 사라졌다.

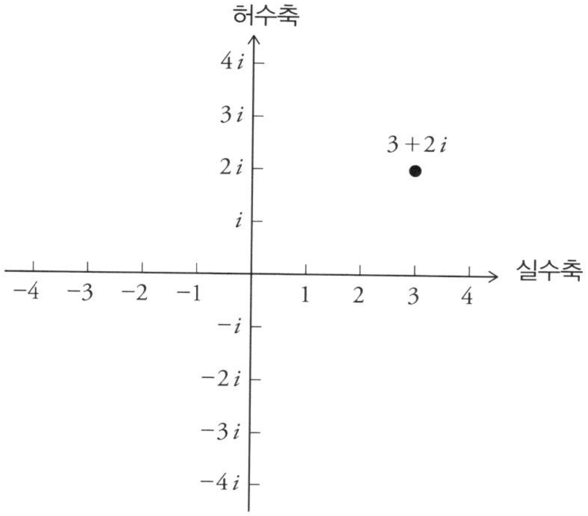

복소평면

위 그림의 '복소평면complex plane'은 실수를 나타내는 수평 수직선과 허수를 나타내는 수직 수직선으로 이루어졌다. 좌표평면이 x축과 y축으로 이루어진 것과 마찬가지이다. 복소수 $a + bi$는 복소평면에서 좌표가 (a, b)인 점을 뜻한다고 여겨진다. 그 점은 원점에서 수평으로 a만큼, 수직으로 b만큼 이동한 위치이다. 그림에는 $3 + 2i$에 대응하는 점이 표시되어 있다. 그 점의 좌표는 (3, 2)이다. 복소평면은 까다로운 개념이 아닌데도, 각자 독립적으로 이 개념을 고안한 세 사람은 모두 유럽 수학계의 변방에서 활동하던 인물이었다. 그들은 코펜하겐의 측량사 카스파르 베셀, 파리의 회계사 장-로베르 아르강, 혁명을 피해 영국 바스에서 살던 프랑스 성직자 아드리앙-캉탱 뷔에였다. 당대의 위대한 수학자들 중에는 복소평면을 고안한 사람이 없었다는 사실은 수학자들이 허수는 상상 속에만 존재한다는 교설을 얼마나 강하게 신봉했는지 보여주는 듯하다.

복소평면은 훌륭한 발명품이었다. 이 발명품은 복소수들이 어디에 있는지 보여줄 뿐더러 복소수의 행동을 더 잘 이해할 수 있게 해준다.

간단한 덧셈을 생각해보자.

이를테면 $3 + 2i$에 1을 더한다고 해보자.
그 결과는 $4 + 2i$이다.

이번에는 $3 + 2i$에 i를 더해보자.
그 결과는 $3 + 3i$이다.

이제 아래 그림을 보라. 점 $3 + 2i$에 1을 더하면, 점이 오른쪽으로 한 단위만큼 이동하고, i를 더하면 위로 한 단위만큼 이동한다.

1을 연거푸 더한다면, 점은 오른쪽으로 더 많이 이동할 테고, i를 연거푸 더한다면 위로 더 많이 상승할 것이다. 실제로 복소수 $a + bi$를 더하는 것은, 원래의 점을 수평으로 a 단위만큼, 수직으로 b 단위만큼

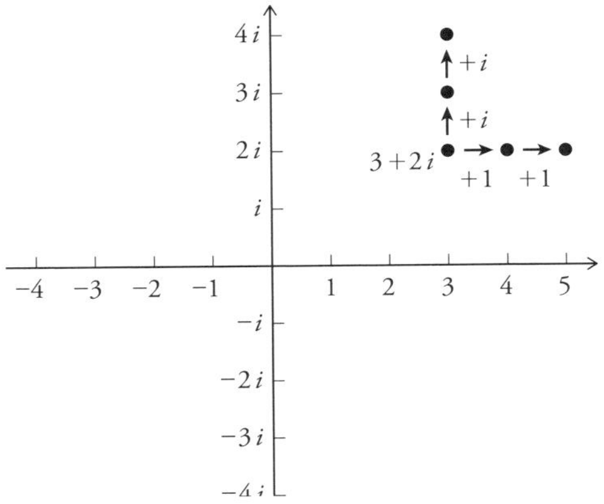

옮기는 것과 같다. 우리는 이런 유형의 기하학적 운동을 '나란히 옮김translation'이라고 부른다.

이번에는 한걸음 나아가 곱셈을 해보자. $3 + 2i$에 1을 곱하면, 그대로 $3+2i$가 결과로 나온다. 당연한 일이다. 곱셈에서 1은 항상 그런 결과를 산출한다. 그러나 i를 곱하면, 흥미로운 일이 벌어진다. $3 + 2i$에 i를 곱해보자.

$$(3 + 2i) \times i = 3i + 2i^2 = 3i - 2 = -2 + 3i$$

아래 그림을 보라. 점 $3 + 2i$가 0을 중심으로 반시계 방향으로 90° 회전한 셈이다.

이 새로운 점 $-2 + 3i$에 i를 곱하면, 이번에도 점이 0을 중심으로 90° 회전한 결과가 나온다.

일반적으로 임의의 복소수에 i를 곱하면, 복소평면에서 그 복소수에 대응하는 점이 원점을 중심으로 90° 회전한다. $i^2 = -1$을 곱하면, 점은 180° 회전하고, $i^3 = -i$를 곱하면 270°, $i^4 = 1$을 곱하면 360° 회전

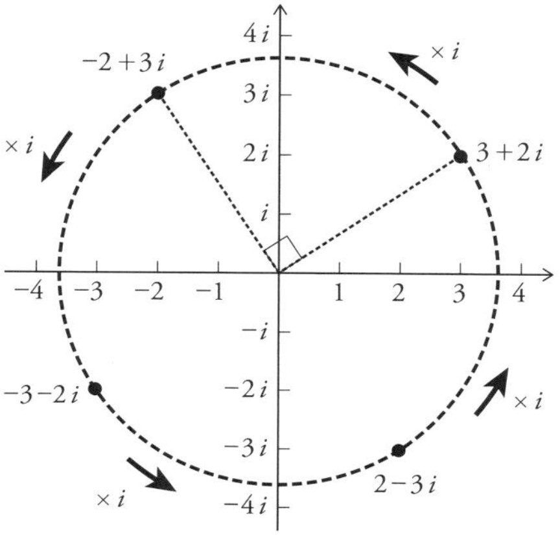

하여 원위치로 돌아온다.

임의의 양수 a를 생각해보자. a는 복소평면의 실수축에 위치한다. a에 -1을 곱한 결과는 $-a$이다. $-a$도 실수축에 위치하지만, 0을 중심으로 a의 반대편에 놓인다. $-a$에 또 -1을 곱하면, 원래의 a가 결과로 나온다. 그러나 a에 i를 곱하면, 결과는 ai이다. 복소평면에서 a가 90° 회전하여 허수축에 놓이게 되는 것이다. i를 한 번 더 곱하면, ai가 또 회전하여 $-a$의 위치로 이동한다. 실수축으로 복귀하는 것이다. 요컨대 복소평면은 음수 곱셈의 뒤집기 효과를 허수 곱셈의 회전 효과로 이해할 수 있게 해준다. 곱셈에 대한 이러한 고찰은 수를 더 깊이 이해할 수 있게 해줄 뿐더러 회전을 기술하는 강력한 언어도 제공한다.

입자물리학, 전기공학, 레이더 기술을 비롯한 많은 과학 분야에서 복소수는 회전을 기술하기 위해 사용된다. 예컨대 슈뢰딩거 파동방정식—양자역학의 토대가 되는 방정식이다—에 허수 i가 들어 있다. 그 방정식은 아원자입자가 특정 위치에서 발견될 확률을 기술한다. 어떤 사건이 일어날 확률은 당연히 0에서 1 사이, 바꿔 말해 0%에서 100% 사이여야 한다. 그런데 입자들의 확률들이 어떻게 상호작용하는지 이해하는 최선의 방법은 그 확률들을 복소평면상의 수들로 취급하는 것이다. 그 확률들은 실수처럼 덧셈되지 않고 그것들의 상대적인 (얼마나 회전했는지를 기준으로 따진) 위치가 어떠하냐에 따라 서로를 보강하거나 상쇄한다.

슈뢰딩거방정식 같은 방정식들 덕분에 오늘날 물리학자들은 물질의 본성을 기술할 때도 허수를 이용한다. 따라서 수학자들은 허수가 외부 세계에서 유의미한지를 놓고 더는 고민하지 않는다. 오늘날 예컨대 $2 + 3i$가 복소평면상에 존재한다는 생각은 -2가 수직선상에 존재한다는 생각만큼 자연스럽다.

복소평면은 오일러의 등식에 대한 새로운 통찰들을 제공한다. 그 통찰들을 설명하려면, 복소평면에 대안적인 좌표계를 적용할 필요가 있다. 알다시피 표준적인 좌표계에서 좌표 (a, b)는 점이 0에서 수평으로 a만큼, 수직으로 b만큼 떨어져 있음을 의미한다. 따라서 이 좌표에 대응하는 복소수는 $a + bi$이다. 이제 새로 도입하려는 두 번째 좌표계는 '극polar' 좌표를 사용한다. 즉 점이 0(원점)에서 떨어진 거리 r과 수평축의 양의 방향으로부터 회전한 각도 θ로 점의 위치를 나타낸다. 영화에서 잠수함 승무원이 정체불명의 선박을 발견하고 그 위치를 보고하는 장면을 떠올려보라. 승무원은 몇 도 방향, 몇 마일 거리에 선박이 있다고 보고한다. (단, 우리의 극좌표계에서는 각도를 동쪽 방향을 기준으로 반시계 방향으로 회전하면서 라디안 단위로 따진다. 반면에 잠수함에서는 각도를 대개 북쪽을 기준으로 시계 방향으로 회전하면서 통상적인 각도 단위로 따진다.) 아래 그림에서 점은 복소수 $a + bi$를 나타낸다. 나는 수평축의 양의 방향을 기준으로 측정한 각도 θ와 원점에서 떨어진 거리 r을 표시했다. 보다시피 빗변이 r, 한 각이 θ, 이웃변이 a, 맞변이 b인 직각삼각형이 만들어진다.

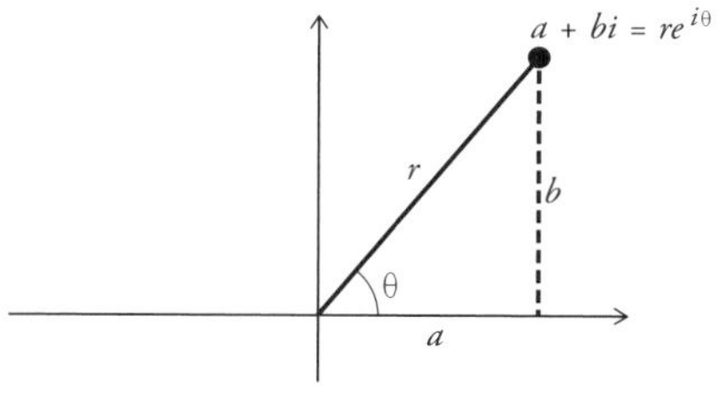

학교에서 삼각함수를 배울 때 보았던 바로 그 그림이 아닌가!

기억하겠지만, 사인 = $\frac{\text{맞변}}{\text{빗변}}$, 코사인 = $\frac{\text{이웃변}}{\text{빗변}}$이다. 이 그림에서는 아래와 같다.

$$\sin\theta = \frac{b}{r}, \quad \text{그리고} \quad \cos\theta = \frac{a}{r}$$

두 등식을 아래처럼 정리할 수 있다.

$$b = r\sin\theta, \quad \text{그리고} \quad a = r\cos\theta$$

따라서 우리의 복소수를 r과 θ를 이용하여 아래처럼 다시 적을 수 있다.

$$a + bi = r\cos\theta + (r\sin\theta)\,i$$
$$a + bi = r\cos\theta + ri\sin\theta$$
$$a + bi = r(\cos\theta + i\sin\theta)$$

잠깐! 250쪽에서 이미 보았듯이 $\cos\theta + i\sin\theta = e^{i\theta}$이다. 그러므로 위의 마지막 괄호를 $e^{i\theta}$로 대체하여 아래 등식을 얻을 수 있다.

$$a + bi = re^{\theta}$$

이 등식을 잠깐 음미해보자. 원점에서 r만큼 떨어지고 수평축의 양의 방향에서 θ 라디안만큼 떨어진 복소수는 $re^{i\theta}$로 표현된다. 앞서 나는 e에 허수 지수를 붙이는 것이 무슨 의미냐고 물었다. 왜냐하면 도무지 그 의미를 알 수 없었기 때문이다. 이제 그 질문의 답이 나왔다.

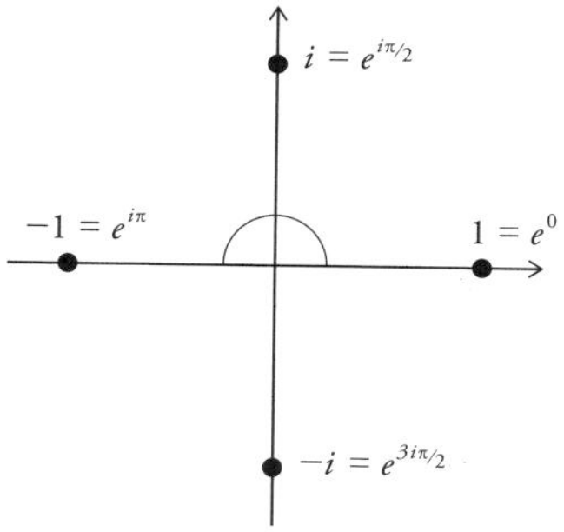

e에 허수 지수를 붙이면, 복소평면상의 한 위치를—잠수함 승무원의 어법으로—놀랄 만큼 효과적으로 나타낼 수 있다.

복소평면상의 점 (−1, 0)을 생각해보자. 이 점은 복소수 $-1 + 0i$, 간단히 −1을 나타낸다. 위 그림에서 보듯이, 이 점은 원점에서 거리로 1만큼, 수평축의 양의 방향에서 각도로 π라디안만큼 떨어져 있다. 따라서 이 복소수를 $e^{i\pi}$로 적을 수 있다.

이로써 우리는 오일러의 등식을 재발견한 셈이다! 복소평면에서 −1의 위치를 알려주는 등식은 아래와 같다.

$$-1 = e^{i\pi}$$

이 등식을 아래처럼 정리할 수 있다.

$$e^{i\pi} + 1 = 0$$

뿐만 아니라, i에 대응하는 복소평면상의 점은 원점에서 거리로 1만큼, 수평축의 양의 방향에서 각도로 $\frac{\pi}{2}$라디안만큼 떨어졌으므로, $i = e^{i\pi/2}$라는 등식을 도출할 수 있다. 또 $-i$에 대응하는 복소평면상의 점은 원점에서 거리로 1만큼, 수평축의 양의 방향에서 각도로 $\frac{3\pi}{2}$라디안만큼 떨어졌으므로, $-i = e^{3i\pi/2}$을 도출할 수 있다.

이제 크게 도약하자. 이 정보를 이용하여 우리는 몇 쪽 앞에서 나왔더라면 말도 안 된다고 느껴졌을 질문에 답하려 한다. i^i은 무엇일까? 다시 말해 i(−1의 제곱근)에 i(−1의 제곱근)를 지수로 붙이면 어떤 결과가 나올까?

방금 보았듯이 $e^{i\pi/2} = i$이므로, 다음 등식들이 성립한다.

$$i^i = (e^{i\pi/2})^i = e^{i^2\pi/2} = e^{-\pi/2} = \frac{1}{e^{\pi/2}} = \frac{1}{\sqrt{e^{\pi}}} = 0.20787\cdots$$

i들이 감쪽같이 사라지고, 고대 그리스인도 이해할 만한 수가 남았다. 참으로 신기하지 않은가.

복소평면은 i가 음수의 제곱근이라는 거추장스러운 생각에서 우리를 해방시킨다. 우리가 생각해야 할 것은 복소수 $a + bi$가 실수 a와 b로 이루어진 좌표 (a, b)를 나타낸다는 것, 그리고 이런 좌표들의 덧셈과 곱셈이 특정한 규칙에 따라 이루어진다는 것뿐이다. (물론 그 규칙은 −1의 제곱근의 속성과 관련이 있다. 하지만 지금 중요한 것은 그 규칙의 유래가 아니라 내용이다.) 머지않아 수학자들은 3차원 좌표들에 적용되는 규칙을 고안하는 것도 가능한가 하는 질문을 던지기 시작했다. 복소수의 곱셈 규칙으로 2차원 회전을 기술하듯이 3차원 회전을 기술하는 방법이 있을까 하고 말이다. 이 질문을 가장 열심히 탐구한 인물은 아일랜드 수학자 윌리엄 로원 해밀턴이었다. 그러나 그는 답을 발견할 수 없었다. 그후 1843년 어느 날, 그는 아내와 함께 더블린 로열 운

하를 따라 산책하던 중에 해결책을 깨닫고 수학사에서 가장 유명한 공공물 훼손 행위를 했다. 다음과 같은 공식을 브로엄 교Brougham Bridge 벽면에 새긴 것이다. $i^2 = j^2 = k^2 = ijk = -1$. 오늘날 그곳에는 이 일을 기념하는 현판이 설치되어 있다.

해밀턴은 3개의 수로 된 좌표에 적용되는 수학적 규칙을 발견하는 것은 불가능하지만 4개의 수로 된 좌표에 적용되는 규칙은 고안할 수 있음을 깨달았다. 그는 자신의 발명품을 '사원수quaternion'로 명명했다. a와 b가 실수이고 i가 $\sqrt{-1}$일 때 복소수 $a + bi$를 좌표 (a, b)로 간주할 수 있는 것과 마찬가지로, a, b, c, d가 실수이고 i, j, k가 모두 $\sqrt{-1}$일 때 사원수 $a + bi + cj + dk$는 좌표 (a, b, c, d)로 간주할 수 있다. i, j, k는 모두 허수단위지만 제각각 다르며 이들의 상호관계는 해밀턴이 새긴 등식에서 알 수 있다. 해밀턴의 사원수가 효과를 발휘하려면 또 하나의 기이한 규칙이 필요했다. 그 규칙에 따르면 허수단위들의 곱셈에서 순서가 중요하다. 예컨대 $i \times j = k$이지만 $j \times i = -k$이다.

이렇게 정통 수학을 벗어난 이단아였지만 해밀턴의 사원수는 3차원 회전의 모형화를 가능하게 했다. 사원수 (a, b, c, d)에서 (b, c, d)는 3차원 공간 좌표이고 a는 시간이라고 해밀턴은 말했다. 그는 이 새로운 사원수에 매혹된 나머지 그것을 연구하면서 여생의 대부분을 보냈다.

당신이 느끼기에 사원수가 영 이상하다면, 당신은 외톨이가 아니다. 해밀턴의 동료들도 그를 비웃었다. 가장 유명한 인물을 꼽자면, '루이스 캐럴'이라는 필명으로 더 잘 알려진 옥스퍼드대학교의 수학 교수 찰스 도지슨이 그랬다. 그가 쓴 어린이책 『이상한 나라의 앨리스』와 『거울나라의 앨리스』는 논리 수수께끼와 수학 놀이가 풍부하게 들어 있기로 유명하다. 그러나 최근에 한 비평가가 주장한 바에 따르면, 이 작품들의 초현실적 유머는 도지슨의 화려한 상상력에서 나온 것이 아니라 그가 마뜩치 않게 여긴 빅토리아 시대 수학의 변화—특히 대수학에서 추상성이 증가하는 경향—를 풍자하려는 욕구에서 나왔다고 한다. 『이상한 나라의 앨리스』의 7장 '미친 다과회A Mad Tea Party'는 해밀턴의 사원수에 대한 풍자라고 멜라니 베일리는 지적한다. 그 장의 제목은 '미친 t−파티'를 변형한 말장난이며, t는 과학에서 시간을 뜻하는 기호라는 것이다. 그 파티에서 '모자장수Hatter' '3월 토끼March Hare' '겨울잠쥐Dormouse'는 마치 사원수에서 허수단위 i, j, k처럼 식탁 주위를 회전한다. 네 번째 손님인 '시간Time'은 참석하지 않았다. 그래서 설거지할 시간이 없다. 3월 토끼가 앨리스에게 진심을 말하라고 다그치자, 앨리스는 이렇게 대답한다. "최소한 내 말은 내가 품은 의미 그대로야. 너도 알잖아, 똑같다니까." 하지만 단어들의 순서가 뒤바뀌면 의미가 달라진다. 사원수의 곱셈에서 i와 j의 순서가 결과를 바꿔 놓는 것과 마찬가지이다.

새로운 수학을 조롱한 도지슨은 역사의 흐름을 거스른 것이었다. 해밀턴은 사원수를 포함하도록 수 개념을 확장함으로써 과거에 항상 존재했던 수와 의미를 잇는 탯줄을 끊었다. 오늘날 수학자들은 순전히 형식적 정의에 기초하여 새로운 유형의 수를 창조하는 데 거리낌이 없다. '의미'는 발견될 수도 있고—복소수가 복소평면상의 위치라는 의미를 얻었듯이—그렇지 않을 수도 있다. 새로운 수를 창조하는 목적은 패턴과 구조를 탐구하고 어떤 결과가 나오는지 보는 것이다.

사원수는 다른 우월한 수학 이론들에 밀려나 19세기가 끝날 즈음에는 자취를 감췄다. 그러나 최근 몇십 년 동안 사원수가 다시 인기를 얻었음을 알면 해밀턴은 아일랜드의 늙은이 요정 '레프라혼Leprechaun'처럼 기뻐할 것이다. 사원수는 날아가는 물체가 3개의 축을 중심으로 회전하는 운동, 즉 롤roll(종축 회전), 피치pitch(횡축 회전), 요yaw(수직축 회전)를 컴퓨터로 계산할 때 요긴하게 쓰인다. 항공기술과 컴퓨터그래픽 분야의 회사들과 기관들은—나사NASA부터 픽사Pixar까지—모두 사원수를 이용한 소프트웨어를 사용한다.

실수 5개, 6개, 또는 7개를 나열하여 일관된 수 시스템을 창조하는 것은 불가능하지만, 8개로는 가능하다. 이 유형의 수를 일컬어 '팔원수octonion'라고 부르고 (a, b, c, d, e, f, g, h)로 적는다. 팔원수는 아직 응용된 사례가 없지만 어쩌면 머지않아 사정이 바뀔 것이다. 양자역학과 일반상대성이론을 융합한 '만물의 이론'의 주요 후보자들 중 하나는 끈이론의 한 버전인 M이론인데, 이 이론에서는 원자에 들어 있는 기본입자들을 끈들로 간주한다. M이론은 11차원을 필요로 한다. 일부의 주장에 따르면, 그 11차원은 팔원수의 8차원과 공간의 3차원으로 이루어진다. 해밀턴은 자신의 아이디어를 아일랜드의 다리에 새겼지만, 그 아이디어는 우주의 바탕에 이미 새겨져 있는지도 모른다.

노벨 문학상을 받은 유일한 수학자 버트런드 러셀은 수학의 아름다움을 "차갑고 간소한, 조각의 아름다움 같은, 우리의 약한 본성 어느 구석에도 호소하지 않는, 회화나 음악의 화려한 꾸밈이 없는, 숭고할 만큼 순수한, 오직 가장 위대한 예술만 보여줄 수 있는 엄격한 완벽함에 이를 수 있는 아름다움"으로 묘사했다. 오일러의 등식은 순수하고 완벽하고 심오하다는 점에서 이 묘사에 딱 들어맞는다. 또한 수학적 아름다움은 미적 감각을 만족시킬 수 있다. 이것을 보여주는 중요한 예는 비록 러셀의 사후에 등장했지만 말이다. 러셀이 죽고 10년 뒤인 1980년에 복소평면상의 도형 하나가 발견되었다. 그 도형은 너무나 인상적이고 이례적이어서 수학에 대한 우리의 생각뿐만 아니라 과학에 대한 생각도 바꿔놓았다.

그 도형을 이야기하기 전에 '반복iteration'의 개념을 도입할 필요가 있다. 반복이란 한 조작을 계속 되풀이하는 과정이다. 앞 장에서 우리는 아래와 같은 2배 증가 수열을 다루면서 반복 과정을 접했다.

1, 2, 4, 8, 16, 32, 64, 128 …

이렇게 항들을 나열하는 대신에, 첫 항은 1이고 반복은 '$x \to 2x$'라고 명시함으로써 위 수열을 정의할 수도 있다. 이 반복을 통해 아래 결과를 얻을 수 있으니까 말이다.

$1 \to 2$

$2 \to 4$

$4 \to 8$

…

이 과정은 매번의 조작—2배 증가—에서 나오는 출력이 다음번 조작의 입력으로 쓰이기 때문에 반복 과정이다. 요컨대 반복은 되먹임 기계이다. 출력된 수가 되먹여져서 새로운 수를 산출하고, 그 수가 또다시 기계에 되먹여지는 과정이 계속된다.

이번에는 단순한 반복 $x \to x^2$을 생각해보자.

1을 출발점으로 삼으면, 아래 결과들이 나온다.

$1 \to 1^2 = 1$

$1 \rightarrow 1$

$1 \rightarrow 1$

바꿔 말해 수열의 항들이 영원히 1로 머문다.

2를 출발점으로 삼으면, 아래 결과들이 나온다.

$2 \rightarrow 2^2 = 4$

$4 \rightarrow 16$

$16 \rightarrow 256$

$256 \rightarrow 65536 \rightarrow \cdots$

이 수열은 무한대를 향해 나아간다.

만일 0.1을 출발점으로 삼으면, 다음 결과들이 나온다.

$0.1 \rightarrow (0.1)^2 = 0.01$

$0.01 \rightarrow 0.0001$

$0.0001 \rightarrow 0.00000001 \rightarrow \cdots$

이 수열은 0에 접근한다.

우리는 이 반복을 통해 모든 수들이 어떻게 행동하는지를 일반화할 수 있다. 만일 양수 n이 1보다 크다면, 그 제곱수 n^2은 n보다 더 크다. 따라서 n은 이 반복을 통해 점점 더 커진다. 만일 양수 n이 1보다 작다면, n^2은 n보다 더 작다. 따라서 n은 이 반복을 통해 점점 더 작아져 0에 접근한다. 음수의 제곱은 양수이므로, −1보다 더 작은 모든 수는 무한대를 향해 나아가고, −1보다 크고 0보다 작은 모든 수는 0을 향해 나아간다.

나는 무한대를 향해 나아가는 수를 '탈출수'라고 부르고, 그렇지 않

$x \to x^2$의 구속수 집합

은 수를 '구속수'라고 부르려 한다. 방금 보았듯이 반복 $x \to x^2$에서 2는 탈출수지만 1과 0.1은 구속수이다. 이 장의 나머지 부분에서 우리의 목표는 주어진 반복에서 구속수들을 찾아내는 것이다. 우리는 구속수들을 '구속수 집합'으로 부를 것이다. $x \to x^2$의 구속수 집합은 −1과 1 사이의 수들이다. 아래 그림의 굵은 선은 그 구속수 집합을 보여준다.

이제 새로운 반복 $x \to x^2 + c$를 생각해보자. 이때 c는 반복 과정의 첫 수이다. 바꿔 말해 이 되먹임 기계는 방금 본 기계보다 약간 더 식욕이 왕성하다. 출발점은 수 c이다. c를 제곱하고 c를 더해서 둘째 수를 얻는다. 다시 이 결과를 제곱하고 c를 더해서 셋째 수를 얻는다. 이런 과정을 계속 반복한다. 이렇게 반복 규칙을 약간 변형하면, 어떤 첫 수가 구속수이고 어떤 첫 수가 탈출수인지에 극적인 변화가 생긴다.

1을 첫 수로 삼아보자. 방금 보았듯이 반복 $x \to x^2$에서 1은 구속수였다. 그러나 반복 $x \to x^2 + c$에서 1은 탈출수이다.

첫 수가 1이므로, $c = 1$이다.

$1 \to 1^2 + 1 = 2$

$2 \to 2^2 + 1 = 5$

$5 \to 26$

$26 \to 677 \to 458330 \to \cdots$

$x \to x^2 + c$의 구속수 집합

이번에는 반복 $x \to x^2$ 아래에서 탈출수였던 −2는 어떻게 되는지 보자. 반복 $x \to x^2 + c$ 에서 −2는 구속수이다.

첫 수가 −2이므로, $c = -2$이다.

$-2 \to -2^2 - 2 = 2$

$2 \to 2^2 - 2 = 2$

$2 \to 2$

$2 \to 2$

…

결론만 말하면, 반복 $x \to x^2 + c$의 구속수 집합은 −2와 0.25 사이의 수들을 포함한다. 위 그림의 굵은 선은 그 수들을 보여준다.

이제 복소평면상에서 구속수들과 탈출수들이 어떻게 분포하는지 따져보자. 복소평면상의 점 각각은 복소수 하나에 대응한다. 우선 복소수의 곱셈이 복소평면에서 어떻게 나타나는지를 간단히 다시 설명하겠다. 한 복소수에 i를 곱하는 것은, 그 복소수에 대응하는 복소평면상의 점을 반시계 방향으로 90° 회전시키는 것과 같다. 일반적으로 복소수 2개를 곱하면, 복소수 각각이 수평축의 양의 방향에서 떨어진 각도는 덧셈되고, 원점에서 떨어진 거리는 곱셈된다. (통상적으로 복소수는 $a + bi$가 아니라 z로 표기된다.) 다음 그림에서, 복소수 z_1은 수평축의 양의 방향에서 각도로 θ만큼, 원점에서 거리로 r만큼 떨어져 있고,

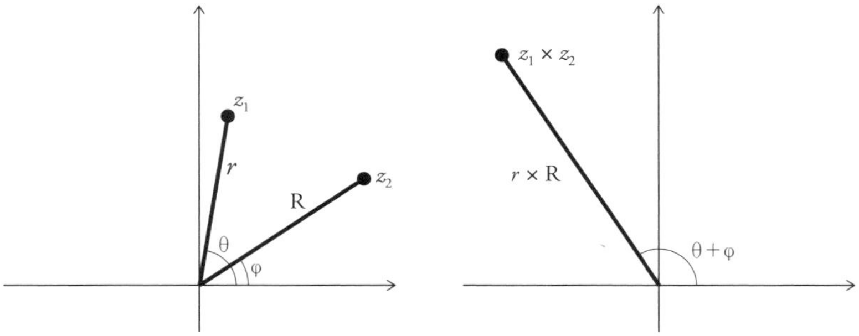

복소평면상에서 곱셈

z_2는 각도로 φ만큼, 거리로 R만큼 떨어져 있다. 따라서 복소수 $z_1 \times z_2$는 수평축의 양의 방향에서 각도로 θ + φ만큼, 원점에서 거리로 $r \times$R만큼 떨어진 곳에 위치한다. 이제 우리는 i를 곱하는 것이 90° 회전에 해당하는 이유를 이해할 수 있다. 복소평면에서 i의 위치는 (0, 1)이다. 즉, 수평축의 양의 방향에서 각도로 90°만큼 떨어지고 원점에서 거리로 1만큼 떨어진 곳이다. 따라서 한 복소수에 i를 곱한 결과는 그 복소수에 대응하는 점을 반시계 방향으로 90° 회전하고 그 점과 원점 사이의 거리를 1배 늘린(즉, 그대로 놔둔) 위치에 놓이게 된다. 쉽게 말해서, 원래 점을 반시계 방향으로 90° 회전시킨 결과가 나오는 것이다.

반복 $z \to z^2$ 아래에서 복소수들은 어떻게 행동할까?

허수단위 i를 첫 수로 삼아보자.

$i \to i^2 = -1$

$-1 \to 1$

$1 \to 1$

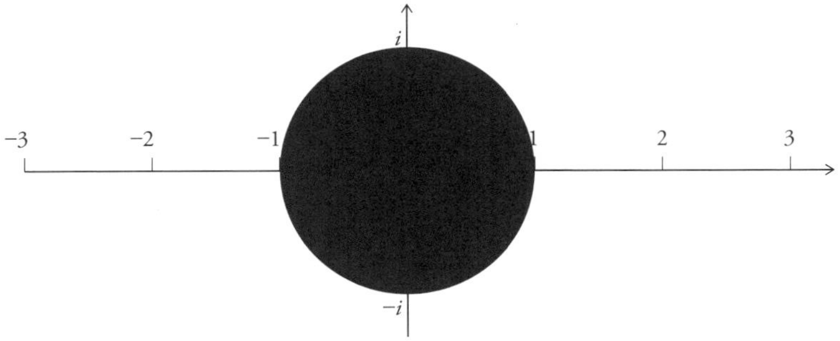

$z \to z^2$의 구속수 집합

따라서 i는 구속수 집합에 속한다.

방금 우리가 복소수 곱셈에 관해서 배운 바를 이용하면 복소평면상의 구속수 집합을 더 신속하게 찾아낼 수 있다. 복소수 2개를 곱하면, 각도는 더해지고 거리는 곱해진다. 따라서 한 복소수를 제곱하는 것은 각도를 두 배로 늘리고 거리를 제곱하는 것과 같다. 중심이 원점이고 반지름이 1인 원, 즉 단위원unit circle을 생각해보자. 단위원 위의 모든 점은 원점에서 떨어진 거리가 1이다. 따라서 그 점들 각각의 제곱은 원점에서 떨어진 거리가 $1^2 = 1$이다. 다시 말해 단위원 위의 점의 제곱은 단위원 위에 머문다. 그러므로 단위원 위의 모든 점은 반복 $z \to z^2$에서 구속수 집합에 속한다. 이와 유사하게, 원점에서 떨어진 거리가 1보다 작은 점을 제곱한 결과는 원점에 더 접근한다. 따라서 그런 점은 반복 $z \to z^2$에서 점점 더 원점에 접근할 것이다. 그러므로 단위원 내부의 모든 점도 구속수 집합에 속한다. 반면에 원점에서 떨어진 거리가 1보다 큰 점을 제곱한 결과는 원점에서 더 멀어진다. 따라서 그런 점은 이 반복에서 점점 더 멀리 탈출할 것이다. 결론적으로 반복 $z \to z^2$의 구속수 집합은 위 그림과 같은 단위 원반이다.

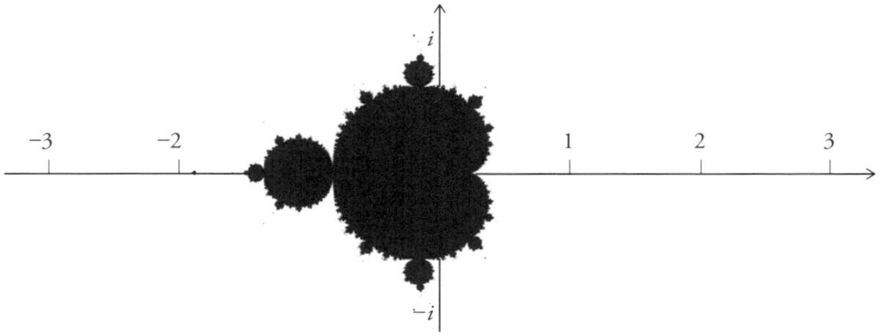

$z \to z^2 + c$의 구속수 집합 : 망델브로 집합

이제 조금 어려워지니 정신을 바짝 차려라. 반복 $z \to z^2 + c$가 복소평면상에서 무엇을 의미하는지 따져보자. 한 점 c를 선택하여 제곱한다. 즉, 그 점을 원점 주위로 회전하고, 그 점과 원점 사이의 거리를 제곱한다. 그런 다음에 c를 더한다. 즉, 복소평면상에서 c만큼 옮긴다. 요컨대 이 반복은 회전, 거리 확장, 옮김의 끝없는 되풀이다. 이 반복의 구속수 집합을 알아내는 묘수는 없다. 유일한 방법은 이 반복을 무수한 점들에 적용해보는 것이다. 그러나 컴퓨터 시대 이전에는 이 방법을 쓰는 것이 불가능했다.

1979년에 IBM에서 일하던 프랑스 수학자 브누아 망델브로는 $z \to z^2 + c$에 관심을 갖게 되었다. 그는 이 반복의 구속수 집합을 탐구했다. 그가 초기에 찾아내 인쇄한 구속수 집합은 방울 모양이었지만 그 방울에 미세한 반점들이 마치 먼지 조각들처럼 달라붙어 있었다. 그는 그 반점들은 기계의 결함 때문에 생긴 것이 아니라는 메시지를 조수들에게 남겼다. 그들이 인쇄물에서 그 반점들을 제거하지 않게 하기 위해서였다. 그 반점들을 확대해서 관찰한 망델브로는 그것들이 미세한 가지들을 통해 중심 방울과 연결되어 놀랄 만큼 화려한 패턴을 이름을 알았다. 구속수 집합의 전체적인 모양은 차차 밝혀졌다. 주둥이가 뾰족하고 온통 가시로 뒤덮인 딱정벌레를 닮은 그 모양은 기존에 보아온 어떤 기하학적 대상과도 유사하지 않았다. '망델브로 집합'으로 명명된 그 모양은 큰 규모에서 보면 추하고 심지어 섬뜩하기까지 하다. 그러나 더 자세히 들여다보면, 복잡하고 아름다운 광경이 눈에 들어온다. 다음 두 페이지의 연쇄 그림 8장은 이른바 '해마 계곡Seahorse Valley'을 점점 더 확대해서 본 모습들이다. '해마 계곡'이란 딱정벌레처럼 생긴 망델브로 집합의 머리와 몸통 사이 구역을 부르는 명칭이다. 방울의 경계에 자잘하게 돋은 가시는 알고 보니 해마 모양의 나선을 포함한 페이즐리paisley(휜 깃털 모양의 무늬—옮긴이) 무늬였다. 그 나선 속에 더 많은 나선들이 있고, 그 나선들 속에 더 많은 나선들이 있어서, 확대를 계속하면 망델브로 집합 전체와 유사한 모양이 마치 호박 속의 곤충처럼 나타난다. "지루할 겨를이 전혀 없다. 매번 새로운 모양이 나타나기 때문이다. 길을 잃을 위험도 없다. 왜냐하면 익숙한 모양들이 종종 다시 나타나기 때문이다"라고 망델브로는 썼다. 확대가 산출하는 변화는 무한히 깊고 무한히 넓다. 망델브로 집합의 경계 어느 곳이라도 확대하면, 끝없이 변화하는 풍경이 나타난다. 구속수들과 탈출수들 사이의 전쟁이 완벽하게 막상막하여서, 모든 위치, 모든 규모에서 소용돌이 분포로 작은 전투들이 벌어진다.

망델브로 집합은 '프랙털'이다. 이 단어는 자기 자신의 축소판을 자기 내부에 포함한 모양을 가리키기 위해 망델브로가 고안한 것이다. (망델브로의 이름은 정확히 'Benoit B. Mandelbrot'인데 그 속의 'B.'가 'Benoit B. Mandelbrot'의 약자라는 우스갯소리가 있다.) 프랙털은 자연에서 흔히 등장한다. 꽃양배추 속 돌기 하나는 꽃양배추 전체와 모양이 같고, 양치식물의 가지 하나는 그 식물 전체와 모양이 같다. 망델브로 집합이

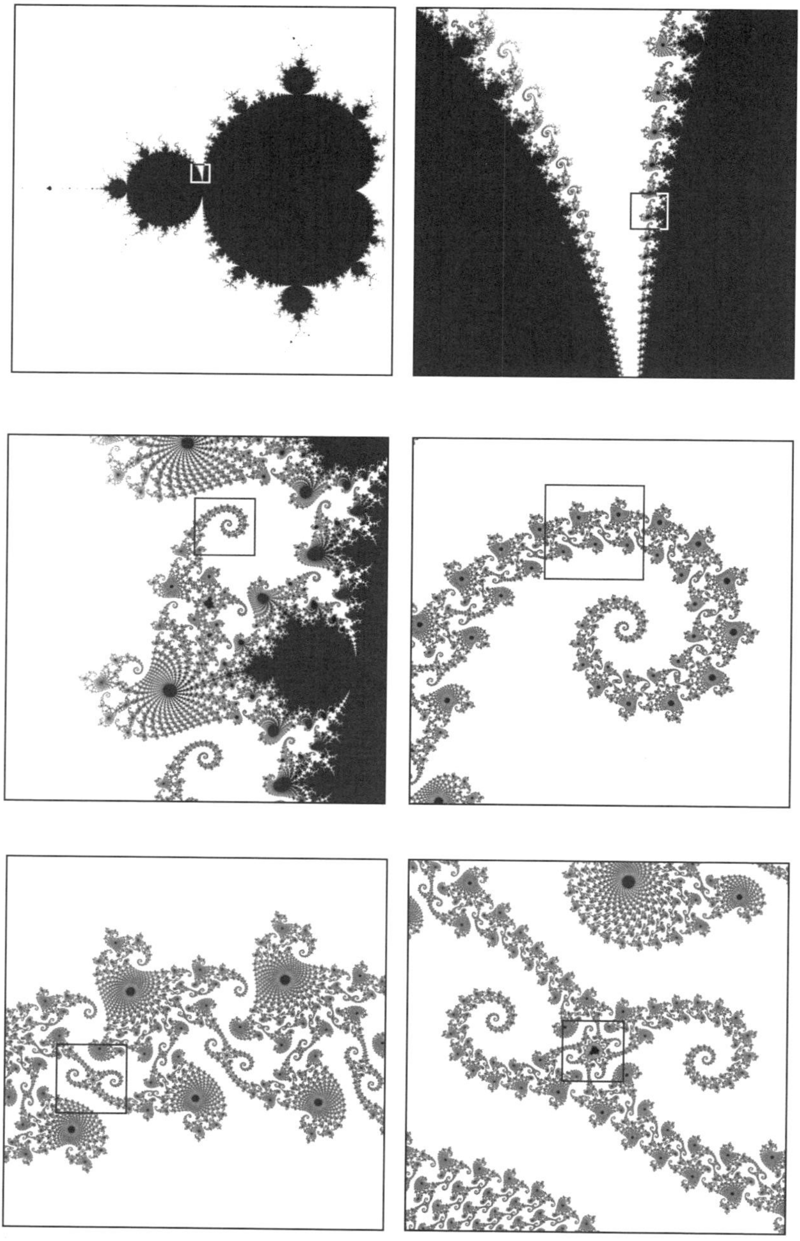

해마 계곡으로 들어가는 여행

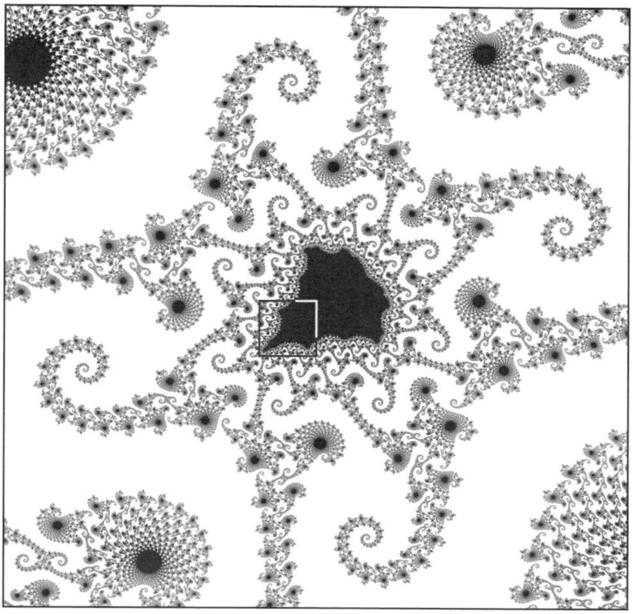

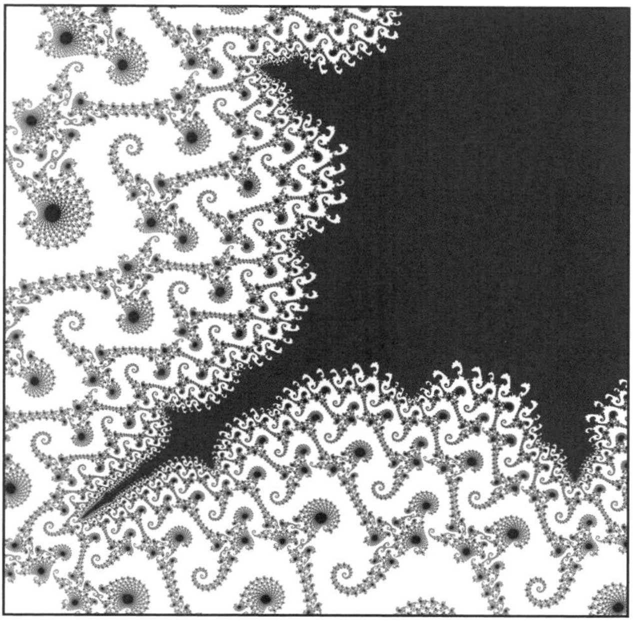

끝없이 펼쳐 보이는 패턴들이 매우 유기적인 인상을 풍기는 것도 그 집합의 프랙털 속성들 때문이다. 망델브로의 발견은 순수수학에서의 진보가 대중문화에서 큰 사건으로 자리매김한 드문 사례였다. 망델브로 집합은 온갖 잡지의 표지를 장식하고 침실 벽지의 주요 무늬로 떠올라 애덤 앤트(영국 가수, 영화배우—옮긴이)나 어깨 패드처럼 진정한 1980년대의 아이콘이 되었다. 지금도 많은 이들이 그 프랙털에 열광한다. 컴퓨터의 성능이 향상되면서 망델브로 집합을 과거보다 더 자세히 관찰하는 것이 가능해졌다. 현재 그런 관찰의 노력은 과학적 탐구에 못지않게 미적이고 영적인 탐구이기도 하다.

탈출수들이 무한대를 향해 얼마나 빠르게 나아가는지에 따라 그것들에 다양한 색을 입히면, 망델브로 집합을 더 아름답게 만들 수 있다. 또 망델브로 집합의 한 지점을 계속 확대하는 과정을 동영상으로 만들어 감상하면, 낯선 세계 속으로 떨어지는 느낌이 든다. 디트로이트의 자동차 기술자 오슨 왕은 사상 최고의 확대 작업을 위해 컴퓨터 세 대를 구입했다. 그는 확대하기에 가장 좋은 지점을 고르기 위해 세 달 동안 고민한 끝에 딱정벌레 모양의 망델브로 집합에서 주둥이에 해당하는 $-1.7 + 0.2i$ 근처의 한 점을 선택했다. 그는 컴퓨터들을 6개월 동안 가동하여 확대율이 10^{275}배에 달할 때까지의 확대 과정을 동영상으로 제작했다. 그 확대율은 양성자를 관찰 가능한 우주 크기로 확대할 때의 확대율보다 대략 여섯 배 크다. 결과물은 넋을 잃을 만큼 황홀하다. 날카로운 가시가 수평으로 뻗은 섬유로 바뀌고, 십자가가 되고, 뿔이 8개인 별, 울퉁불퉁한 가지들이 어지럽게 얽힌 모습이 되는가 하면, 동심원들이 갑자기 파열하여 소용돌이의 중심처럼 바뀌기도 한다. 정말 넋을 잃을 만하다. "나에게 망델브로 집합은 억제할 수 없는 복잡성과 희망의 상징이다"라고 오슨은 말했다.

망델브로 집합의 발견은 컴퓨터에게 자랑스러운 쾌거였다. 컴퓨터가 새로운 수학의 탄생에 기여할 수 있음을 보여주었으니까 말이다. 또한 그 발견은 과학 전반에 걸친 더 광범위한 변화의 신호탄이었다. 망델브로 이전에는 대상을 더 자세히 들여다볼수록 더 단순한 모습이 보인다는 것이 통념이었다. 과학적 탐구의 목표는 대상을 기본 요소들로 분해하는 것이었다. 그러나 자세히 들여다볼수록 점점 더 복잡해지는 모양이 있다는 것이 알려졌다. 더구나 그런 한없는 복잡성을 단순한 규칙으로부터 만들어낼 수 있음이 밝혀졌다. 망델브로 집합의 가장 놀라운 속성은 일곱 살짜리 꼬마도 이해할 수 있는 기초 연산들인 곱셈과 덧셈만으로 그토록 복잡한 집합을 만들어낼 수 있다는 점이다.

'해마 계곡'의 가장 깊은 곳은 복소수 -0.75에 해당한다. 1991년에 수학자 데이브 볼은 이 점 바로 위에는 구속수들이 없음을 증명하려 애썼다. 그는 그 점 근처의 수들에 반복 $z \to z^2 + c$를 적용하기 시작했다. 처음에는 그 점에서 어느 정도 떨어진 수에 반복을 적용하고, 이어서 점점 더 그 점에 가까운 수들에 적용하는 식으로 말이다. 그는 $-0.75 + 0.1i$를 출발점으로 삼아서 이 수에 그 반복을 몇 번 적용해야 원점에서 2단위 넘게 떨어진 복소수가 나오는지 조사했다. 원점에서 그렇게 멀리 떨어진 복소수가 나온다면, 원래의 출발점은 확실히 탈출점이라고 판정할 수 있기 때문이었다. 이어서 그는 $-0.75 + 0.01i$를 출발점으로 삼아 똑같은 작업을 했다. 이런 식으로 점점 더 -0.75에 접근하면서 작업을 반복하여 아래 표를 얻었다.

허수부	반복 횟수	허수부 × 반복 횟수
0.1	33	3.3

0.01	315	3.15
0.001	3143	3.143
0.0001	31417	3.1417
0.00001	314160	3.14160

셋째 세로줄의 값들이 어디로 접근하는지 당신은 알겠는가? 그 값들은 점점 더 π로 접근한다.

망델브로 집합에 관해서는 여러 심오한 질문들이 아직 미해결로 남아 있다. 그러나 수학을 놀이 삼아 즐기는 사람들이 지난 여러 해 동안 가장 관심을 기울인 문제는 3차원 망델브로 집합을 만들 수 있느냐 하는 것이었다. 복소평면의 3차원 모형은 없으므로, 정답을 쉽게 알아낼 길은 없다. 그러나 2009년에 대니얼 화이트가 문제를 풀었다. 영국 베드퍼드에 사는 31세의 피아노 선생인 그는 복소수 곱셈의 원리들을 2차원에서 3차원으로 옮기는 데 성공했다.

평면상의 한 점은 원점에서 떨어진 거리와 수평축의 양의 방향에서 떨어진 각도로 정의할 수 있다.

마찬가지로 공간상의 점은 원점에서 떨어진 거리와 2개의 각도, 즉 수평축의 양의 방향에서 떨어진 각도와 수직축의 양의 방향에서 떨어진 각도를 통해 정의할 수 있다. 이렇게 2개의 각도를 지정하는 것은 지구 표면의 한 지점을 위도(수직 각도)와 경도(수평 각도)를 통해 특정하는 것과 유사하다.

복소수 2개를 곱셈할 때는 복소수의 각도들을 덧셈하고 거리들을 곱셈한다. 대니얼은 공간상의 두 점의 곱셈을 두 수평 각도의 덧셈, 두 수직 각도의 덧셈, 두 거리의 곱셈으로 정의했다.

이 정의 아래에서 대니얼은 $z \rightarrow z^2 + c$의 3차원 구속수 집합을 살펴보았다. 결과는 실망스러웠다. "크림 거품 같은 모양이었다"고 그는 말했다. 망델브로 집합의 무한한 생동감이 느껴지지 않았다. 온라인 프랙털 동호회의 친구들도 안타까움을 표했다. 획기적인 도약은 폴 닐랜더의 제안 덕분에 이루어졌다. 주로 로스앤젤레스에서 활동하는 기계공학자인 그는 대니얼에게 똑같은 방법으로 반복 $z \rightarrow z^8 + c$의 구속수 집합을 살펴보라고 제안했다. 그렇게 반복 규칙을 약간 바꾸자, 크림 거품이 변하여 따개비들로 뒤덮인 행성이 되었다. 깊은 동굴들과 소용돌이 모양의 산들과 별 모양의 협곡들이 있는 그 행성은 오늘날 '망델벌브Mandelbulb'로 불린다. "경이감에 숨이 막힐 지경이었다" 고 대니얼은 말했다. "새로운 우주를 발견한 것 같았다."

망델벌브 앞에서 유일하게 적절한 반응은 경이감이다. 그것은 우주선, 바다 생물, 외계 바이러스 등, 당신이 원하는 모든 것일 수 있다. 그것의 표면은 인간의 상상력을 초월할 정도로 환상적이고 세밀하다. 그럼에도 그 구조 전체가 단 한 행짜리 코드 $z \rightarrow z^8 + c$에 의해 정확히 결정된다.

망델브로 집합의 발견은 수학과 자연과학을 재연결했다. 프랙털 기하학은 자연 속의 복잡한 형태들을 이해하기 위한 새로운 접근법이었다. 그런 형태들은 날씨 시스템부터 해안선까지, 생물에서 결정crystal 까지, 자연의 곳곳에 수두룩하다. 그러나 300년 전에 일어난 또 다른 수학적 혁신은 우리가 주위 세계를 보는 방식에 훨씬 더 큰 영향을 미쳤다.

8장

미적분학 교수님

프랑스 수학자 세드릭 빌라니는 대학교수로서 외모가 평범하지 않다. 날씬한 몸매에 잘생긴 얼굴, 소년 같은 인상, 어깨까지 내려오는 머리카락을 가진 그는 '아름다운 시절belle epoque'(파리가 평화와 번영을 누린 1890~1914년—옮긴이)에서 튀어나온 멋쟁이나 겉멋 든 대학생 록밴드의 멤버를 더 닮았다. 그는 항상 조끼까지 갖춘 정장에 옷깃이 빳빳한 흰색 셔츠를 입고 풍성한 스카프 넥타이에 반짝거리는 타란툴라 크기의 거미 브로치를 착용한다. 그는 자신의 외모에 대해서 "왠지 이렇게 할 수밖에 없어요"라고 말했다. "일종의 본능이에요."

나는 빌라니를 2010년 인도 하이데라바드에서 열린 세계수학자대회(ICM)에서 처음 만났다. 세계수학자대회는 모든 분야의 수학자들이 모이는 행사로 4년마다 개최된다. 3000명의 참석자 가운데 빌라니는 가장 주목받는 인물이었다. 그의 화려한 옷차림 때문이 아니라, 그가 개회식에서 필즈상을 받았기 때문이다. 필즈상은 수학 분야에서 최고의 명예이다. 빌라니는 팝스타와 다름없었다. 그가 움직이면 다가가 사인이나 사진 촬영을 부탁하는 사람들이 항상 있었다. 어느 날 오후, 나는 그를 와락 붙들어놓고, 유명 수학자들은 팬이 많으냐고 물었다. "아시다시피, 수학계 사람들은 수줍음을 좀 타잖아요. 팬들이 나에게 무례하게 구는 일은 없을 거예요." 그는 웃으면서 이렇게 덧붙였다. "아쉽게도."

필즈상은 매회 세계수학자대회에서 40세 미만의 수학자 두서너 명에게 수여된다. (하이데라바드에서는 빌라니와 함께 이스라엘의 엘론 린덴슈트라우스, 러시아의 스타니슬라프 스미르노프, 베트남의 응오바오쩌우가 필즈상을 받았다.) 나이 제한은 원래 상을 제정한 동기에서 비롯되었다. 캐나다 수학자 존 필즈는 자신이 기획한 상이 이미 이룬 업적을 기릴 뿐만 아니라 미래의 성취를 독려하기를 바랐다. 그러나 필즈상 수상자에게 쏟아지는 갈채가 워낙 크다보니, 1936년에 첫 수상자 두 명이 나온 이래로 필즈상은 젊음을 숭배하는 분위기, 나이 마흔이 넘으면 글렀다는 통념의 정착에 기여했다. 이것은 부당한 통념이다. 많은 수학자들은 마흔 살이 넘어서 최고의 업적을 낸다. 물론 필즈상 수상자가 명성에 따라붙는 책무들에 치이면서도 대단한 노력으로 다시 주목받는 경우가 없는 것은 아니지만 말이다. 물리학계와 화학계는 노벨상으로 평생의 업적을 기리지만, 수학계는 그렇게 하지 않는다.

제1회 세계수학자대회는 1897년 취리히에서 열렸다. 파리에서 열린 제2회 대회에서 독일인 다비드 힐베르트는 강연을 통해 미해결 수학 문제 23개의 목록을 제시했다. 그 목록은 향후 100년 동안 수학의 진로를 결정했다. 수학자들은 자신들의 성취를 점검하기 위해 세계수학자대회에 모이고, 필즈상 시상은 최근의 가장 중요한 업적을 뚜렷하게 부각한다. 린덴슈트라우스는 '에르고딕 이론에서 척도 경직성 measure rigidity에 관한 연구와 그것의 수론에의 응용'을 높이 평가받아 수

상자로 선정되었다. 스미르노프는 '통계물리학에서 침투의 등각 불변성conformal invariance of percolation 증명과 평면 아이징 모형planar Ising model'을 제시한 공로를, 응오는 '새로운 대수기하학 기법들을 도입하여 보형 형식 이론theory of automorphic forms의 기본보조정리fundamental lemma를 증명한' 공로를 인정받았다. 이들이 수상자로 발표된 자리에서 내가 그랬던 것처럼 당신도 지금 어리벙벙할 따름일 것이다. 사실은 그 자리에 참석한 사람들 대부분이 그랬다. 심지어 곧이어 수상자들의 업적을 설명하는 강연에서도 마찬가지였다. 1998년에 필즈상을 받은 영국 수학자 티모시 가워스는 자신의 블로그에 이렇게 썼다. "친구들 앞에서 젠체하고 싶은 분을 위해서 (응오의 업적을) 이해한 척 하는 방법을 알려드리겠다. 그의 핵심 아이디어가 무엇이냐고 누가 물으면, 이렇게 대답하라. '그게 뭐냐면⋯ 그의 가장 심오한 통찰은 말이죠, 흔적 공식trace formula의 비등방적 부분을 히친 파이버화한 결과Hitchin fibration가 델린-멈포드 더미Deligne-Mumford stack라는 거예요.' 만일 효과가 없다면, '삐딱한 층들perverse sheaves'을 추가로 언급하라. 이 개념도 그 업적과 관련이 있는 것으로 보인다." 최첨단의 수학은 개념적으로 난해하기 이를 데 없어서, 필즈상 수상자의 업적을 이해할 수 있는 사람은 전 세계에 어쩌면 몇백 명에 불과할 것이다. 가장 추상적인 연구에 종사하는 응오의 업적을 이해할 수 있는 사람은 아마 훨씬 더 적을 것이다.

그러나 빌라니의 업적은 다른 수상자들의 업적처럼 도통 알아먹을 수 없는 수준이 아니었다. 그는 '볼츠만방정식에서 비선형 란다우 감쇠 및 평형으로의 수렴을 증명한' 공로를 인정받았다. 적어도 이 업적만큼은 비전문가도 이해할 수 있는 수준이었다. 오스트리아 물리학자 루트비히 볼츠만이 1872년에 도출한 볼츠만방정식은 기체 입자들의 행동에 관한 것이며 고전 물리학에서 가장 잘 알려진 방정식들 중 하나이다. 빌라니는 19세기 풍 스카프 애호가일 뿐만 아니라 응용수학의 세계적 권위자이다.

볼츠만방정식(또는 '볼츠만 운송 방정식Boltzmann transport equation')은 이른바 편미분방정식이며 아래와 같은 모양이다.

$$\frac{\partial f}{\partial t} + v \cdot \nabla_x f = \int_{\mathbb{R}^3} \int_{\mathbb{S}^2} |v - v_*| \left[f(v') f(v'_*) - f(v) f(v_*) \right] dv_* d\sigma$$

학교에서 미적분학을 배운 독자들은 몇몇 기호를 알아볼 것이다. 예컨대 길쭉한 적분 기호 ∫나 동그란 편미분 기호 ∂를 아는 분들이 있을 것이다. 당신이 미적분학을 배우지 않았더라도 겁낼 필요는 없다. 이제부터 내가 이 기호들의 의미를 설명할 테니까 말이다. 미적분학은 계몽 시대의 가장 위대한 지적 성취였고, 빌라니의 필즈상은 미적분학이 여전히 활발하게 연구되는 분야임을 보여준다. 우리는 나중에 멋쟁이 프랑스인 빌라니와 그가 연구한 방정식을 다시 다루겠지만, 필요한 개념들과 용어들을 익히기 위해 우선 2010년 인도 남부에서 기원전 3세기경 시칠리아로 이동하기로 하자.

필즈상 메달의 앞면에는 수염을 기른 아르키메데스의 초상이 새겨져 있다. 그는 고대를 통틀어 가장 뛰어난 수학자로 평가받는다. 그러나 일반인은 대개 아르키메데스의 물리학적 업적들을 기억한다. 예컨대 그가 "유레카!"라고 외치면서 목욕탕에서 뛰쳐나올 때, 그의 가슴을 벅차게 한 것은 수학적 발견이 아니라 유체역학 분야의 획기적 발견, 곧 부력의 원리였다. 그의 가장 유명한 발명품들 중에는 그의 조국 시라쿠사를 침공하는 배들을 파괴하는 거대한 갈고리와 손잡이를 돌려 물을 길어올리는 나선식 펌프도 있다. 그러나 역사가 플루타르코스의 서술에 따르면, 아르키메데스는 공학을 "천하게" 여겼다. 그의 "애정과 야심이 온전히" 향한 대상은 기하학이었다. 물리학에 대한 생각에서 해방되어 목욕을 즐길 때 "그는 늘 기하학적 모양들에서 발상을 얻곤 했다. 심지어 굴뚝 속의 장작도 그의 생각을 깨웠다. 하인들이 그의 몸에 기름과 달콤한 향료를 바르는 동안에도, 그는 손가락으로 자신의 몸에 선들을 그렸다. 그 정도로 생각에 몰두하여 황홀경 혹은 무아지경에 빠졌으며 기하학을 연구하면서 기쁨을 느꼈다."

기하학의 원래 과제는 면적 계산이었다. '기하학geometry'('토지 측량'을 뜻함)이라는 단어를 최초로 사용한 인물은 역사가 헤로도토스였다. 그는 매년 나일 강의 범람으로 폐허가 되는 땅의 면적을 계산하기 위해 이집트 세금 징수원들이 고안한 기술을 '기하학'이라고 불렀다. 누구나 알듯이, 직사각형의 면적은 가로 곱하기 세로이다. 이 면적 계산 공식에서 삼각형의 면적은 밑변 곱하기 높이의 $\frac{1}{2}$임을 도출할 수 있다. 그리스인은 더 복잡한 도형의 면적을 계산하는 방법들을 고안했다. 가장 인상적인 성취는 아르키메데스가 개발한 '포물선 구적법quadrature of the parabola'이었다. 이 용어의 의미는 포물선과 직선으로 둘러싸인 면적을 계산한다는 것이다. 아르키메데스는 우선 포물선과 직선으로 둘러싸인 도형의 내부에 다음 그림처럼 큰 삼각형 하나를 그렸다. 이어서 그 삼각형의 양쪽 변에 추가로 삼각형들을 그렸다. 그 다음에는 그 작은 삼각형들의 양쪽 변에 더 작은 삼각형들을 그리는 식의 작업을 계속 반복했다. 만일 이 작업을 영원히 반복할 수 있다면, 무한히 많은 삼각형이 그려져서 문제의 도형을 완벽하게 덮을 것이었다.

아르키메데스는 최초의 큰 삼각형의 면적이 T라면 그 양쪽 변에 그린 삼각형 각각의 면적은 $\frac{T}{8}$이고, 이 삼각형들의 양쪽 변에 그린 삼각형 4개 각각의 면적은 $\frac{T}{8^2}$이며, 그 다음 삼각형들도 같은 패턴으로 면

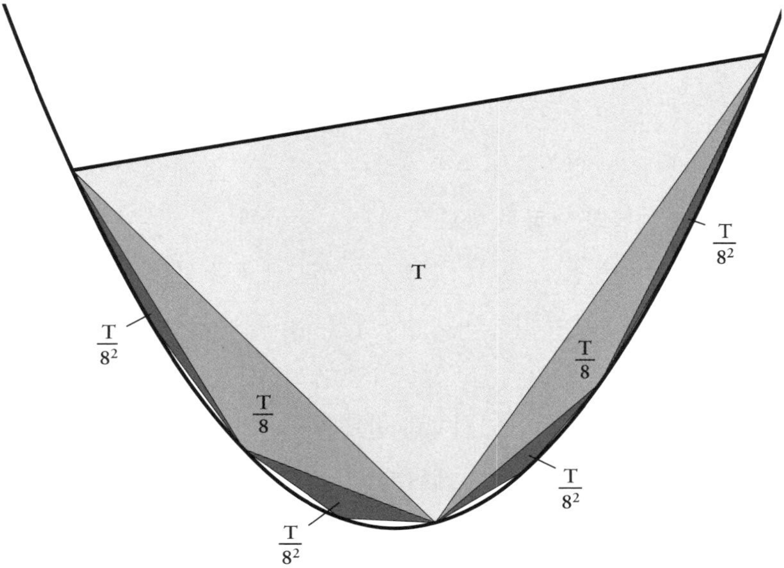

포물선 구적법

적이 작아짐을 증명했다. 바꿔 말해 모든 삼각형들의 면적의 총합, 곧 포물선과 직선으로 둘러싸인 면적은 아래 무한급수와 같다.

$$T + \frac{2T}{8} + \frac{4T}{8^2} + \frac{8T}{8^3} + \cdots$$

즉,

$$T\left(1 + \frac{1}{4} + \frac{1}{16} + \frac{1}{64} + \cdots\right)$$

즉,

$$T\left(1 + \frac{1}{4} + \frac{1}{4^2} + \frac{1}{4^3} + \cdots\right)$$

마지막 화룡점정으로, 아르키메데스는 이 무한급수의 합이 $\frac{4T}{3}$ 임을 증명했다. 따라서 직선과 포물선으로 둘러싸인 면적을 알고 싶으면, 삼각형을 하나 그려서 밑변과 높이를 측정하고 면적을 계산한 다음에 그 결과에 $\frac{4}{3}$를 곱하면 된다. 나는 이 마지막 단계에 대한 아르키메데스의 증명은 소개하지 않겠지만 그 대신에 그 증명을 내장한 그림을 하나 제시하려 한다. 이런 수학적 그림을 일컬어 '말 없는 증명proof without words'이라고 한다. 아래 그림은 아마도 내가 이 책에서 가장 좋아하는 그림이지 싶다. 그 그림은 다음과 같은 등식을 담고 있다.

$$\frac{1}{3} = \frac{1}{4} + \frac{1}{4^2} + \frac{1}{4^3} + \cdots$$

이 등식이 참인 이유를 아래 그림을 보고 이해할 수 있는가? (이해할 수 없다면 부록 6을 보라.) 이 등식이 참이라면, 삼각형들의 면적의 총합 $T\left(1 + \frac{1}{4} + \frac{1}{4^2} + \frac{1}{4^3} + \cdots\right) = T\left(1 + \frac{1}{3}\right) = \frac{4T}{3}$ 이다. 증명 끝(QED).

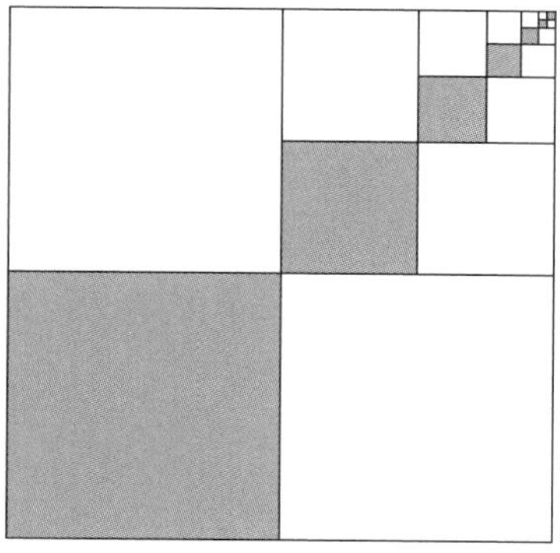

아르키메데스의 포물선 구적법은 고대에 사용된 '소진법method of exhaustion'의 가장 수준 높은 예이다. 소진법이란 작은 면적들을 합해서 큰 면적에 수렴하게 만드는 기법이다. 포물선 구적법의 증명은 아르키메데스의 최고 업적으로 평가된다. 왜냐하면 그 증명은 수학적 무한에 대한 최초의 '현대적' 관점을 반영하기 때문이다. 아르키메데스보다 200년 먼저 철학자 제논은 일련의 역설들을 제시하여 무한 개념의 위험성을 경고했다. 가장 유명한 역설은 아킬레스와 거북에 관한 것이다. 그 역설은 무한히 많은 양들을 덧셈하면 불합리한 결과가 나온다는 것을 보여주었다.

아킬레스가 앞서 가는 거북을 따라잡으려고 질주하는 상황을 상상해보라고 제논은 말했다. 아킬레스가 출발할 때 거북이 있던 지점에 아킬레스가 도달하면, 거북은 조금 더 앞에 있을 것이다. 그 두 번째 지점에 아킬레스가 도달하면, 거북은 그보다 조금 더 앞에 있을 것이다. 아킬레스는 이런 달리기를 얼마든지 반복할 수 있다. 그러나 매번 그가 거북의 원래 위치에 도달하면, 거북은 그보다 약간 더 앞에 있을 것이다. 이처럼 운동을 무한히 많은 구간에서 벌어지는 무한히 많은 경주로 간주함으로써 제논은 날쌘 아킬레스가 느림보 거북을 절대로 따라잡지 못한다고 논증했다. 그리스인들은 제논이 제시한 논리적 매듭을 끝내 풀지 못했고, 그 결과로 수학자들은 무한에 대한 연구를 기피했다. 심지어 아르키메데스도 소진법을 사용할 때 방금 전의 나처럼 '무한급수'라는 완결된 대상을 대충이라도 언급한 적이 한 번도 없다. 그러나 어법의 차이는 있을지언정 생각의 차이는 없다. 아르키메데스는 유한한 극한값을 가진 무한급수를 수학적 도구로 활용한 최초의 인물이다. 그 도구는 포물선보다 훨씬 더 특이한 모양들의 면적을 구할 때뿐만 아니라 미적분학을 향한 개념적 진보의 첫걸음을 위해서도 중요했다. 훗날 아이작 뉴턴이 그 어깨 위에 걸터앉게 되는 거인들 중에 최고참은 아르키메데스이다.

무한대가 가장 큰 수라면, 가장 작은 수는 무엇일까? 17세기에 수학자들은 '무한소infinitesimal'라는 새로운 개념을 도입했다. 무한소란 실재하는 어떤 양보다도 더 작지만 0보다는 큰 양을 뜻한다.

무한소는 유有이면서 또한 무無였다. 수학적으로 유용할 만큼 컸지만 사라질 필요가 있을 경우에는 사라지기에 충분할 만큼 작았다. 예컨대 다음 그림의 원을 보라. 원의 내부에 정십이각형이 들어 있다. 그 도형은 한 꼭짓점을 공유했으며 모양이 똑같은 삼각형 12개로 이루어졌다. 그 삼각형들의 면적을 모두 합하면 원의 면적과 대략 같은 값이 나온다. 만약에 내가 변의 개수가 더 많은—더 가느다란 삼각형들로 이루어진—정다각형을 원의 내부에 그린다면, 그 삼각형들의 면적의 총합은 원의 면적에 더 접근할 것이다. 만약에 내가 정다각형의 변의 개수를 계속 늘린다면, 결국 변의 개수가 무한대인—무한히 가느다란 삼각형 무한대 개로 이루어진—정다각형이 그려질 것이다. 그 삼각형 각각의 면적은 무한소일 테지만, 삼각형들의 면적의 총합은 원의 면적과 같을 것이다.

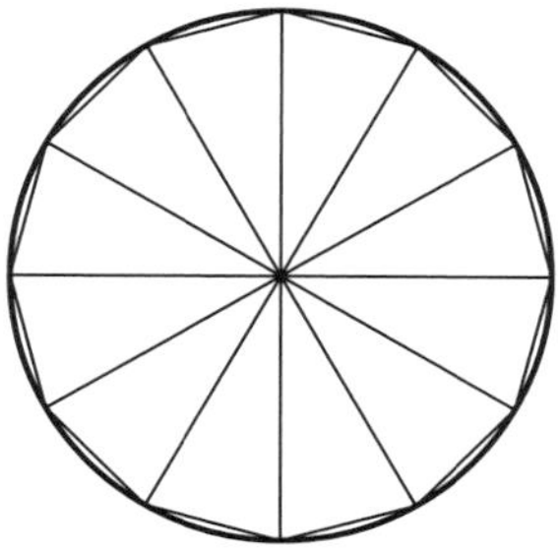

독일 천문학자 요하네스 케플러는 이 책에서 이미 두 번 언급한 바 있다. 그는 행성들의 궤도가 타원임을 깨달은 인물이요, 재혼 상대를 고르기 위해 맞선을 열한 번 본 인물이다. 미래의 아내 K에게 청혼한 후, 그는 결혼식을 위해 많은 일을 처리해야 했다. 잔치에서 마실 술을 사러간 케플러는 상인들이 포도주 통의 용량을 가늠하는 방식에 불만을 품었다. 그들은 통의 옆면 중앙에 뚫린 아가리에 막대를 비스듬히 꽂아서 막대가 통의 가장 먼 구석에 닿을 때까지 얼마나 길게 들어가는지를 기준으로 통의 용량을 가늠했다. 그것은 조잡하고 부정확한 방법이었다. 아래 그림에서 보듯이 막대가 들어간 길이가 같더라도 통의 용량은 다양할 수 있기 때문이다.

케플러는 더 정확한 측정법을 궁리하기 시작했다. 또 상인들의 방법에서 막대가 들어간 길이가 일정할 때 통의 용량이 최대가 되려면 통의 모양이 어떠해야 하는지 궁리했다. 아르키메데스의 소진법에서 영감을 얻어서 그는 통을 부피가 무한소이며 개수가 무한대인 부분들로 분할하는 방법을 개발했다. 그런 다음에, 길이가 l인 막대가 아가리 속으로 완전히 들어갈 경우, 통의 용량은 통의 폭(평평한 양쪽 면 사이 거리)이 $\frac{2l}{\sqrt{3}}$일 때 최대가 됨을 증명했다. 케플러의 선구적 업적을 이어받아 한 세대의 모든 수학자들이 무한소를 이용하여 면적과 부피를

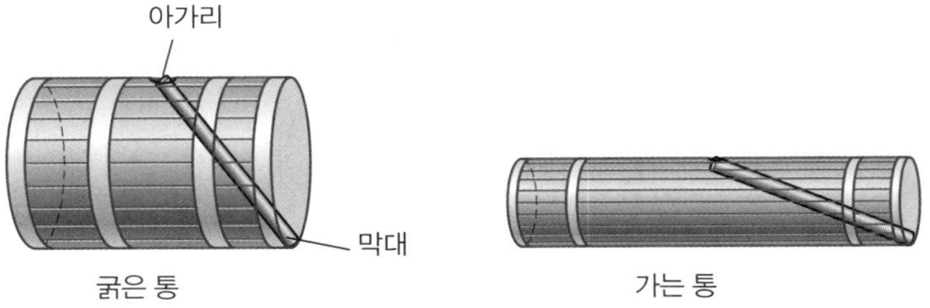

포도주 통의 용량 측정

계산했다. 그런 계산 활동이 영국에서부터 이탈리아까지 유럽 전역에서 폭발적으로 번창했다. 그 유행은 논리적으로 이치에 맞는 개념들을 고집한 고대 그리스인들 이래로 수학 문화에서 일어난 가장 중요한 변화를 반영했다. 이제 수학자들은 논리적 엄밀성을 포기하고 성과를 추구했다. 무한소는 정체가 불분명했다. 존재하는 놈이기도 했고 존재하지 않는 놈이기도 했다. 그러나 무한소를 내팽개치려는 사람은 아무도 없었다. 무한소는 내버리기에는 너무나 효과적인 개념이었다.

무한소는 더없이 성공적인 접선 계산법을 제공했다. 접선이란 단 하나의 점에서 곡선과 만나는 직선이다. 즉, 접선은 곡선과 교차하지 않고 닿기만 한다. 다음 페이지의 그림을 보라. 우리가 점 P에서 곡선과 만나는 접선을 알아내려 한다고 해보자. 전략은 접선과 근사적으로 같은 직선을 선택한 다음에 그 직선이 접선과 일치할 때까지 근사approximation의 정확도를 높이는 것이다. 이를 위해 P와 그 근처의 Q에서 곡선과 만나는 직선을 긋자. 그런 다음에 P와 Q 사이의 거리를 점점 더 줄인다. 결국 Q와 P가 만나면, 그 직선은 우리가 원하는 접선과 일치한다.

앞서 보았듯이, 직선의 기울기는 수직 이동 거리를 수평 이동 거리로 나누면 나오고, 곡선상의 한 점에서 곡선의 기울기는 그 점에서 접선의 기울기와 같다. 수학자들은 기울기에 관심이 있었기 때문에 접선에도 관심이 있었다. 다음 그림에서 P와 Q를 지나는 직선의 기울기는 $\frac{\Delta y}{\Delta x}$이다. (그리스어 철자 Δ(델타)는 작은 증가량을 나타내는 수학 기호이다.) Q가 P에 접근하면, $\frac{\Delta y}{\Delta x}$의 값은 P에서 접선의 기울기에 접근한다. 그러나 문제가 하나 있다. 만약에 Q가 P에 완전히 도달하면, $\Delta y = 0$, $\Delta x = 0$이 된다. 즉, P에서 곡선의 기울기는 $\frac{0}{0}$이 된다. 이것은 받아들일 수 없는 상황이다. 왜냐하면 산술의 규칙은 0을 제수로 삼은

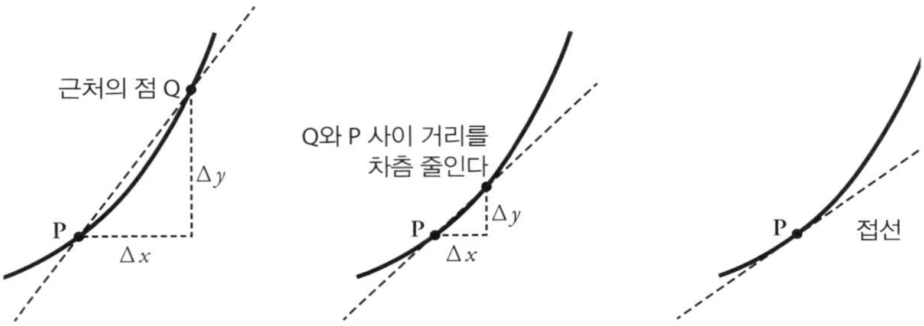

근사를 통해 접선을 알아내기

나눗셈을 허용하지 않기 때문이다. 해결책은 Q와 P 사이의 거리를 무한소로 유지하는 것이다. 그러면 우리는 이렇게 말할 수 있다. 'Q가 P에 무한히 가깝게 접근할 때, $\frac{\Delta y}{\Delta x}$의 값은 P에서 곡선의 기울기에 무한히 가깝게 접근한다.

1665년, 케임브리지대학교를 갓 졸업한 아이작 뉴턴은 어머니와 함께 살기 위해 링컨셔의 농가로 돌아왔다. 당시에 영국 전역의 도시에서 페스트가 창궐하고 있었다. 케임브리지대학교는 직원과 학생을 보호하기 위해 휴교한 상태였다. 뉴턴은 혼자서 자그마한 연구를 하면서 스스로 '임시 일기장Waste Book'으로 명명한 거대한 공책을 수식들로 채우기 시작했다. 이후 2년 동안, 그 꾸준한 외톨이 연구자는『자연철학의 수학적 원리』(일명『프린키피아』)의 기초가 된 새로운 정리들을 고안했다. 뉴턴이 1687년에 출판한『프린키피아』는 물리적 우주에 대한 우리의 이해를 그 전이나 후의 어떤 책보다도 더 많이 바꿔놓았다. 이 책에서 뉴턴은 나무에서 떨어지는 사과부터 태양 주위를 도는 행성까지 온갖 물체들의 운동을 설명하는 자연법칙들의 시스템을 제시했다. 그런데 뉴턴이 물리학에서 이룬 도약은 그에 못지않게 근본적인 수학적 도약을 필요로 했다. 그는 과거 반세기 동안 이루어진 무한소에 관한 연구를 통일된 표기법을 갖춘 일반적인 시스템으로 형식화했다. 그는 그것을 '유율법'으로 명명했지만, '무한소 미적분학calculus of infinitesimals'이라는 명칭이 더 널리 알려졌고, 오늘날에는 간단히 '미적분학calculus'이라는 명칭이 쓰인다.

물체가 운동하면, 물체의 위치가 변화한다. 이때 물체의 속력이란 일정한 시간 동안 물체의 위치가 얼마나 많이 변화했는지 알려주는 양이다. 만일 물체가 고정된 속력으로 운동한다면, 일정한 시간 동안 물체의 위치가 변화하는 양은 항상 일정하다. 속력이 일정한 자동차가 오후 4시부터 5시까지 60km를 달렸다면, 자동차의 속력은 시속 60km(1시간당 60km)이다. 그런데 뉴턴은 조금 다른 문제를 풀고 싶었다. 물체가 일정한 속력으로 운동하지 않을 경우, 물체의 속력을 계산하려면 어떻게 해야 할까? 예컨대 자동차가 시속 60km로 일정하게 운동하지 않고 끊임없이 교통 상황에 따라 속력을 바꾼다고 해보자. 이 경우에 예컨대 오후 4시 30분에 자동차의 속력을 계산하는 한 방법은 오후 4시 30분부터 31분까지 자동차가 이동한 거리를 측정하는 것이다. 그러면 분당 이동 거리를 알 수 있다. (분당 이동 거리에 60을 곱하기만 하면 시간당 이동 거리가 나온다.) 그러나 이렇게 알아낸 수치는 그 1분 동안의 평균속력일 뿐이지, 오후 4시 30분의 순간속력이 아니다. 그럼 시간 간격을 더 줄이면 어떨까? 이를테면 자동차가 오후 4시 30분부터 1초 동안 이동한 거리를 측정해서 초당 이동 거리를 알아낼 수 있을 것이다. (그런 다음에 3600을 곱하면 시간당 이동 거리를 얻을 수 있다.) 그러나 이 값도 그 1초 동안의 평균속력일 뿐이다. 우리는 시간 간격을 점점 더 줄일 수 있겠지만, 어떤 간격보다도 더 짧은 간격에 도달해야만 순간속력을 얻을 수 있을 것이다. 바꿔 말해, 시간 간격이 0이어야만 순간속력을 얻을 수 있다. 그러나 시간 간격이 0이면, 자동차는 전혀 이동하지 못한다.

독자들은 이미 이 역설에 익숙할 것이다. 왜냐하면 세 단락 앞에서 내가 곡선상의 한 점에서 기울기를 계산하는 방법을 설명하면서 똑같은 역설을 언급했기 때문이다. 그 기울기를 알아내려면 무한히 작은 양(길이)을 또 다른 무한히 작은 양(또 다른 길이)으로 나눠야 한다. 마찬가지로 순간속력을 구할 때에도 무한히 작은 양(이동 거리)을 또 다른 무한히 작은 양(시간)으로 나눠야 한다. 양쪽 문제는 수학적으로 동치이다. 뉴턴의 유율법은 기울기 계산법이었다. 그는 이 방법으로 순간속력을 계산할 수 있었다.

뉴턴이 곡선 $y = x^2$의 기울기를 어떻게 계산했는지 알아보자. $y = x^2$은 우리가 한참 전에 상세히 다뤘던 포물선의 방정식이다. 이제부터 다룰 내용은 약간 전문적이지만, 서둘지 않고 차근차근 따라온다면 그리 어렵지 않을 것이다. 끝까지 따라오면, 뉴턴이 곡선 $y = x^2$ 위의 모든 점 각각에서 그 곡선의 기울기가 얼마인지 알려주는 공식을 무한소를 이용하여 어떻게 알아냈는지 이해하게 될 것이다.

우리는 288쪽 그림에서처럼 근사를 통해 곡선의 기울기를 알아낼 것이다. 우선 임의의 점 P와 그 근처의 점 Q를 선택한다. 그리고 P와 Q를 잇는 직선의 기울기를 구한다. 그런 다음에 Q를 P에 무한히 가깝게 접근시킨다. 이를 통해 P에서 접선의 기울기를 얻으면, 그 기울기가 바로 P에서 곡선의 기울기이다. 구체적인 작업을 위해 우선 새로운 양 o를 도입하자. 다음 그림에서 보듯이, o는 P와 Q 사이 수평 거리이다. P의 좌표가 (x, x^2)이라면, Q의 좌표는 $(x + o, (x + o)^2)$이다. 따라서 P와 Q 사이 수직 거리는 $(x + o)^2 - x^2$이고, P와 Q를 잇는 직선의 기울기—수직 거리 나누기 수평 거리—는 아래와 같다.

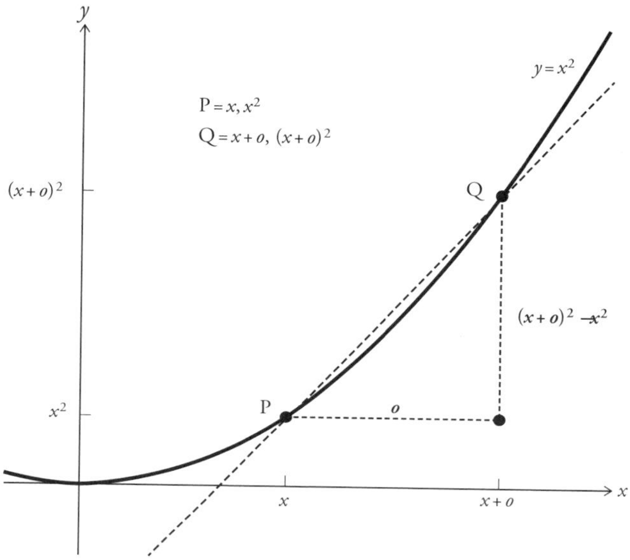

$y = x^2$의 기울기 계산

$$\frac{(x + o)^2 - x^2}{o}$$

괄호를 풀면 아래 식이 나온다.

$$\frac{x^2 + 2xo + o^2 - x^2}{o}$$

분자를 정리하면 아래와 같다.

$$\frac{2xo + o^2}{o}$$

약분하면 아래 결과가 나온다.

$$2x + o$$

Q가 P에 무한히 가깝게 접근하면, o는 무한소가 된다. 따라서 위의 기울기는 $2x$에 무한히 가깝게 접근한다. 뉴턴은 Q와 P를 일치시켜도 된다고 말했다. Q와 P가 일치하면, 무한소 o를 제거하고, P에서 곡선의 기울기는 $2x$라고 자신 있게 말해도 된다는 것이었다. 무한소는 임무를 마치고 사라질 수 있다.

결론적으로 곡선 $y = x^2$의 수평 위치 x에서의 기울기는 $2x$와 같다.

방금 전의 대수학 계산이 너무 어렵다고 느끼는 독자도 뉴턴이 이룬 업적이 무엇인지 파악하는 데는 지장이 없을 것이다. 뉴턴은 곡선 $y = x^2$의 가장 중요한 속성—기울기—을 알려주는 공식 $2x$를 도출했다. 이 공식을 알면 그 곡선상의 임의의 점에서 곡선의 기울기를 계산할 수 있다. 기울기를 기호 y'으로 나타낸다면, 새로운 등식 $y' = 2x$를 만들 수 있다. 이 등식을 원래 곡선의 '도함수derivative'라고도 한다.

다음에 나오는 왼쪽 위 그림은 원래 곡선 $y = x^2$이며, 그 아래는 그 곡선의 기울기 함수 $y = 2x$이다. 보다시피 기울기 함수는 직선이다. x가 1일 때, 곡선의 값은 1, 기울기는 2이다. x가 2이면, 곡선의 값은 4, 기울기는 4이다. 곡선은 포물선을 그리며 상승하고, 기울기는 직선으로 상승한다. 이제 기하학은 잊어버리고 역학을 생각해보자. 우리는 이 두 그림이 어떤 물체의 운동을 기술한다고 생각할 수 있다. 만일 원래 곡선이 시간에 따른 물체의 위치를 나타낸다면, 그 도함수는 물체의 순간속력을 나타낸다. 두 그래프를 보면, 시간이 1단위만큼 흘렀을 때, 물체의 이동 거리는 1, 속력은 2임을 알 수 있다. 시간이 2단

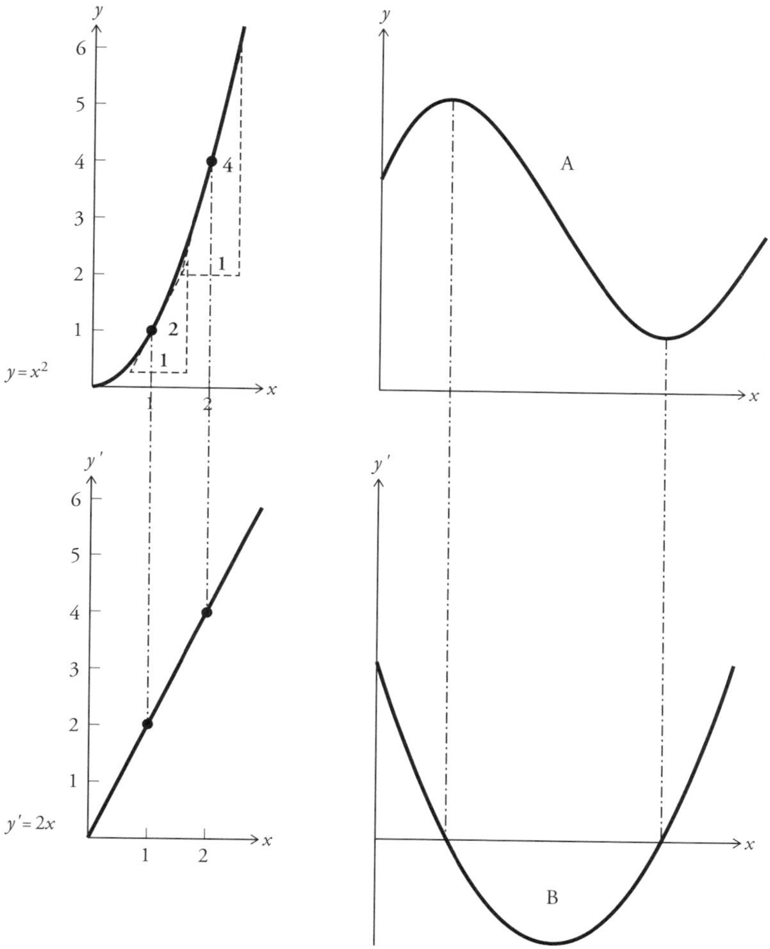

위 왼쪽 포물선의 기울기 함수는 직선, 곡선 A의 기울기 함수는 곡선 B이다.

위만큼 흘렀을 때, 물체의 이동 거리는 4, 속력은 4이다. 실제로 위 곡선은 중력을 받으며 자유 낙하하는 물체의 위치를 모형화한 것이라고 할 수 있다. 그런 물체의 이동 거리는 경과한 시간의 제곱에 비례한다. 뉴턴은 자유 낙하하는 물체의 순간속력이 선형으로(직선 그래프를 그리며) 증가한다는 것을 미적분학을 이용하여 증명했다.

내가 곡선 $y = x^2$을 예로 선택한 이유는 이 곡선의 도함수를 쉽게 계산할 수 있기 때문이다. 그러나 뉴턴의 방법은 모든 매끄러운 곡선에 적용할 수 있다. 단, 우리가 곡선의 방정식을 안다면 말이다. 앞의 오른쪽 위아래 그림들은 또 다른 곡선과 그것의 기울기 함수, 즉 도함수이다. 나는 이 곡선들을 A와 B로 명명하기만 하고 곡선의 방정식들은 제시하지 않았다. 왜냐하면 한 곡선을 그 도함수로 바꾸는 변환이 얼마나 놀라운지 보여주고 싶어서이다. 곡선 A 위의 모든 점 각각에서 그 곡선의 기울기가 얼마인지를 바로 아래의 곡선 B가 보여준다. A를 따라서 왼쪽에서 오른쪽으로 이동해보자. 이 곡선은 상승하고, 정점에 이르고, 하강하고, 바닥 점에 이른 다음에 다시 상승한다. 바꿔 말해 곡선의 기울기는 양수였다가 0이 되고(이때 곡선은 순간적으로 수평으로 눕는다.) 더 내려가 음수가 되고 다시 상승하여 0이 되고 더 올라가 양수가 된다. 바로 이 변화를 B가 보여준다! B는 양수로 출발해서 수평축을 통과하여 음수의 영역으로 내려갔다가 다시 상승하여 양수의 영역으로 복귀한다. (수직 점선들은 위 곡선에서 가장 눈에 띄는 지점들이 기울기가 0인 곳들임을 보여준다.) 이런 식으로 한 곡선과 그 도함수를 함께 배치한 그림을 처음 보았을 때, 나는 넋이 나간 것처럼 얼어붙었다. 한 곡선에서 일어나는 일을 다른 곡선에서 이토록 완벽하게 알 수 있다는 사실이 그야말로 마법 같았다.

무한소는 기울기를 알아내는 방법을 제공했다. 또한 면적을 알아내는 방법을 제공했다. 앞서 우리는 아르키메데스가 포물선과 직선으로 둘러싸인 면적을 점점 더 작은 삼각형들의 면적을 합함으로써 구한 것을 보았다. 또 르네상스 시대의 수학자들이 이 기법을 개량하여 면적

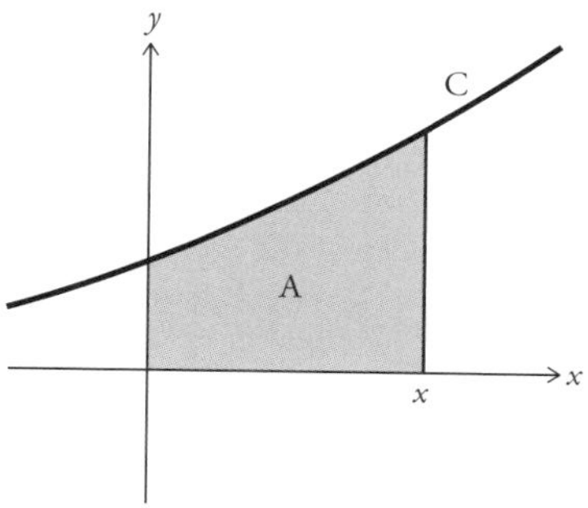

을 무한히 작은 부분들로 분할한 것도 보았다. 뉴턴의 유율법은 곡선 아래의 면적을 계산하는 방법을 제공했다. 그 면적을 무한히 좁은 수직 띠들로 분할하는 것이 그 방법의 핵심이다.

예컨대 우리가 아래 곡선 C의 방정식을 안다면, 원점과 수평축상의 점 x 사이의 어둡게 칠한 면적 A를 구하는 공식을 알아낼 수 있다.

요컨대 한 곡선이 주어지면, 미적분학으로 두 가지 일을 할 수 있다. 즉, 곡선의 기울기를 알려주는 공식을 알아내거나, 곡선 아래의 면적을 알려주는 공식을 알아낼 수 있다. 그런데 이것이 중요하다. 이 두 작업 중에 하나를 거꾸로 뒤집으면 나머지 하나와 같다. 기울기와 면적은 보는 방향에 따라 구분될 뿐, 실은 똑같은 대상이다. 기막힌 반전이라고 하지 않을 수 없다. 수학 드라마에 등장하는 두 인물이 마지막 장면에서 동일 인물로 밝혀진 것이다. 이 결론을 '미적분학의 기본정리'라고 한다. 이것은 17세기에 이루어진 가장 놀라운 발견들 중 하나였다.

일반적으로 말하면, 미적분학의 기본정리란 곡선 C 아래의 면적이 A라면 곡선 A의 기울기는 C라는 것이다. 무슨 말인지 헷갈린다면, 곡선, 면적, 기울기가 모두 방정식의 형태라는 점을 상기하라. C는 곡선

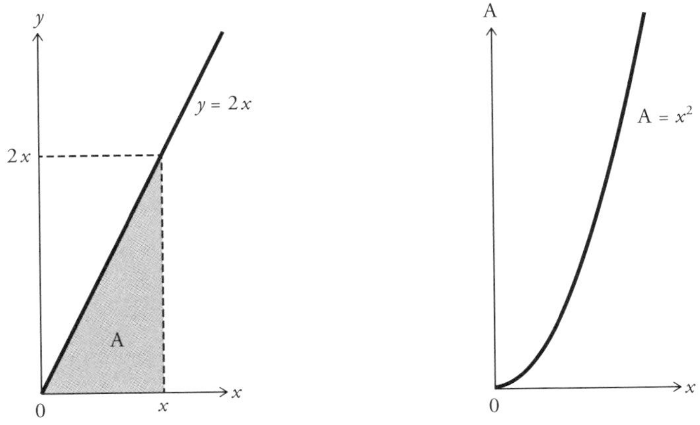

$y = 2x$ 아래의 면적을 계산하는 방법과 그 면적을 나타내는 곡선

이면서 또한 방정식이다. 미적분학을 이용하면, 곡선 C 아래의 면적을 알려주는 방정식 A를 구할 수 있다. 이때 미적분학의 기본정리에 따르면, 방정식 A의 도함수, 곧 기울기 함수는 C이다.

C가 직선 $y = 2x$인 경우를 생각해보자. 위 그림 중 왼쪽은 그 직선을 보여준다. 삼각형의 면적을 구하는 공식은 밑변 곱하기 높이의 $\frac{1}{2}$이다. (무한소를 이용하여 이 공식을 알아낼 수도 있겠지만, 다들 아는 공식이므로 그럴 필요가 없다.) 따라서 0과 x 사이 구간에서 그 직선 아래의 면적은 $x \times 2x \times \frac{1}{2}$, 즉 x^2이다. 이렇게 우리는 그 직선 아래의 면적을 알려주는 방정식 $A = x^2$을 얻는다. 이 방정식은 오른쪽 곡선이기도 하다. 그 곡선은 포물선이다. 293쪽의 그림들을 돌이켜보라. 그 그림들은 곡선의 기울기를 알아내는 과정에서 우리가 포물선에서 직선으로 옮겨감을 보여준다. 반대로 위 그림들은 곡선 아래의 면적을 알아내는 과정에서 우리가 직선에서 포물선으로 옮겨감을 보여준다. 기울기와 면적은 동전의 양면이다.

미적분학 덕분에 뉴턴은 물체의 위치를 알려주는 방정식에서 순간속력을 알려주는 방정식을 도출할 수 있었다. 거꾸로 순간속력을 알려주는 방정식에서 위치를 알려주는 방정식을 도출할 수도 있었다. 뉴턴은 미적분학을 수학적 도구로 삼아서 그의 운동법칙들을 정식화했다. 운동방정식들에서 뉴턴은 변수 x와 y를 '흐름(흐르는 것)fluent'으로, 이 변수들의 기울기를 '점 찍힌 철자' $\dot{x}$와 $\dot{y}$로 표기하면서 '유율fluxion'로 칭했다.

뉴턴은 페스트를 피해 링컨셔에 2년 동안 머문 후 케임브리지로 돌아왔을 때 유율법에 대한 이야기를 아무에게도 하지 않았다. 훗날 그는 이 행동을 후회했다. 당시에 유럽 대륙에서는 고트프리트 라이프니츠가 유율법과 동치인 시스템을 개발하는 중이었다. 라이프니츠는 독일 태생이었지만 세계 시민이었으며 법률가, 외교관, 연금술사, 공학자, 철학자였다. 또한 기호에 매혹된 수학자이기도 했다. 그가 자신의 미적분학 시스템에 사용한 기호들은 뉴턴의 기호들보다 더 명료했다. 오늘날 우리는 라이프니츠의 기호들을 사용한다.

라이프니츠는 x의 무한소 차이를 나타내는 기호 dx와 y의 무한소 차이를 나타내는 기호 dy를 도입했다. 한 무한소 차이를 다른 무한소 차이로 나눈 값인 기울기는 $\frac{dy}{dx}$로 표기했다. 그가 '차이difference'라는 단어를 사용한 탓에, 기울기 계산은 '미분differentiation'이라는 명칭을 얻었다. 라이프니츠는 's'를 위아래로 길쭉하게 잡아 늘인 기호 $\int$도 도입했다. 이 기호는 면적 계산을 나타내며 '합'을 뜻하는 라틴어 'summa'의 약자이다. 앞서 보았듯이 면적 계산은 무한히 많은 무한소들의 합에 기초를 두기 때문에, 이런 기호가 도입된 것이다. 친구 요한 베르누이의 제안으로 라이프니츠는 자신의 면적 계산법을 '총합 계산calculus integralis'으로 명명했다. 오늘날 면적 계산은 '적분integration'으로 불린다.

∫는 길쭉하기 때문에, 계산할 면적의 경계를 나타내는 수평좌표 2개를 삽입하기에 편리하다는 장점이 있다. 295쪽 그림의 면적 A는 $\int_0^x C$로 표기하고 '적분 0에서 x까지 C'로 읽는다. 라이프니츠의 ∫는 수학에서 가장 위엄 있는 기호이다. 이 기호는 왠지 첼로나 바이올린의 앞판에 뚫린 구멍을 연상시킨다.

라이프니츠와 뉴턴은 20년 넘게 호의와 존중을 담은 편지를 주고받으며 무한소에 대해서 토론했다. 라이프니츠가 처음으로 자신의 미적분학을 상세히 발표했을 때, 모든 사람은 그가 그것을 독자적으로 고안했다고 여겼다. 그후 뉴턴이 유율법을 발표하고 몇 년이 지난 1699년, 영국에 사는 한 젊은 스위스 수학자가 라이프니츠가 뉴턴의 아이디어를 훔쳤다고 비난했다. 반응은 5년 뒤에야 나왔다. 『악타 에루디토룸』에 실린 한 논문(라이프니츠가 썼을 가능성이 있다.)에서 오히려 뉴턴이 라이프니츠를 표절했다는 주장이 제기된 것이다. 영국 과학계와 유럽 대륙 과학계 사이의 보복전은 갈수록 지저분해졌고, 뉴턴과 라이프니츠의 말년은 서로에 대한 반목으로 얼룩졌다. 원조 논쟁은 당시에 흔했지만, 뉴턴과 라이프니츠만큼 걸출한 인물들이 원조 논쟁에 연루된 경우는 없었다. 또 이들의 논쟁만큼 모질고 끈질긴 논쟁도 없었다. 원한은 두 사람이 모두 죽은 뒤에도 남았다. 국가적 자부심이 걸린 문제였으므로 미분법 대신에 뉴턴의 유율법을 사용한 영국은 한 세기의 상당한 부분 동안 유럽 대륙이 이룬 진보로부터 격리되었다. 영국은 라이프니츠의 표기법을 채택한—오거스터스 드모르간의 표현을 빌리면 "유율법의 점 시대dot-age에서 미적분학의 데이즘de-ism으로 이행한"—뒤에야 비로소 수학계에서의 지위를 회복했다.

1891년에 독일 기업 발젠Bahlsen은 사각형이며 가장자리에 물결 무늬가 있는 버터 비스킷 '라이프니츠'를 생산하기 시작했다. 하노버가 낳은 가장 유명한 인물의 이름을 과자에 붙인 것이다. 공교롭게도 같은 해에 필라델피아의 한 제빵사가 처음으로 '피그 뉴턴Fig Newton'을 만들었다. 이 군것질거리는 속에 무화과 잼이 든 과자이며, 그 이름은 매사추세츠 주의 도시 뉴턴Newton에서 따온 것이다. 요새 뉴턴 대 라이프니츠 논쟁은 오후 휴식 시간에 차을 마시면서 곁들일 과자에 관한 것이다.

이미 언급했듯이 미적분학은 두 가지 절차, 곧 미분(기울기 계산)과 적분(면적 계산)을 다룬다. 일반적으로 기울기는 한 양이 변화할 때 다른 양이 얼마나 많이 변화하는가 하는 변화율이고, 면적은 한 양이 변화할 때 다른 양이 얼마나 많이 축적되는가를 알려준다. 따라서 미적분학은 과학자들에게 서로 연계된 채로 변화하는 양들의 행동을 모형화할 길을 열어준다. 미적분학은 물리세계를 설명하는 도구로서 위력이 막강하다. 왜냐하면 작디작은 원자부터 거대한 은하까지 우주 만물은 끊임없이 변화하기 때문이다. 두 변량(변화하는 양) 사이의 관계를 알면, 그 변량들이 만족시키는 방정식을 미분과 적분의 기호를 사용하여 기술할 수 있다. 변수 x, y와 더불어 $\frac{dy}{dx}$가 등장하는 방정식을 일컬어 '단순 미분방정식simple differential equation'이라고 한다. 만일 변수가 3개 이상이라면, 예컨대 변수 x, y, t가 있다면, 변화율을 표기할 때 둥그스름한 기호 ∂를 써서 $\frac{\partial y}{\partial x}$나 $\frac{\partial y}{\partial t}$로 적는다. 이런 기호들이 등장하는 방정식은 '편미분방정식partial differential equation'이라고 한다. 왜냐하면 $\frac{\partial y}{\partial x}$는 한 변수가 다른 하나의 변수와 관련해서 어떻게 변화하는지 알려줄 뿐, 다른 모든 변수들과 관련해서 어떻게 변화하는지는 알려주지 않기 때문이다. 편미분방정식은 응용수학에서 숱하게 등장한다. 과학자의 예측력은 편미분방정식에서 나온다. 두 양이 시간에 따라 어떻게 변화할지 알면, 임의의 미래 시점에 두 양의 값을 정확하게 예측할 수 있다. 자기장과 전기장의 행동을 설명하는 맥스웰방정식, 양자역학의 기초 주춧돌인 슈뢰딩거방정식, 일반상대성이론의 토대인 아인슈타인 장 방정식들은 모두 편미분방정식이다.

최초의 중요한 편미분방정식은 바이올린의 현을 활로 그을 때 현의 행동을 기술했다. 그 행동을 기술하는 것은 수십 년 동안 과학자들을 괴롭혀온 문제였다. 그 편미분방정식은 1746년에 당대의 유명 수학자 장 르 롱 달랑베르가 발견했다. 포병 장군과 배교한 수녀의 짧은 연애가 만든 산물인 달랑베르는 갓난아기로 버려져 파리 노트르담대성당 근처 생 장 르 롱Saint Jean Le Rond 교회에 맡겨졌다. 그의 이름은 그 교회에서 따온 것이다. 유리를 다루는 노동자의 아내가 그를 키웠는데, 예상과 달리 그는 아카데미프랑세즈의 종신 회장permanent secretary이 되었다. 달랑베르는 진지한 수학자였을 뿐만 아니라 계몽주의 가치관을 열렬히 옹호한 인물이기도 했다. 그는 유명인이었고 상류층 살롱들이 애써 모시는 귀빈이었으며 기념비적인 『백과사전Encyclopedie』의 편찬에도 참여했다. 그는 『백과사전』의 서문Preliminary Discourse과 1000개가 넘는 항목을 집필했다.

달랑베르는 프랑스의 과학적 지식인의 전형이었다. 오늘날 그 역할을 즐겁게 맡은 인물은 세드릭 빌라니이다.

나와 빌라니가 두 번째로 만난 곳은 파리였다. 2009년 이래로 그는 앙리푸앵카레연구소의 소장이다. 이 연구소는 프랑스의 엘리트 수학 연구소로 라틴 구Latin Quarter의 대학교들 사이에 있다. 그의 연구실은 책, 문서, 커피 잔, 상패, 퍼즐, 기하학 도형이 어지럽게 널려 있는 편안한 공간이다. 빌라니의 외모는 우리가 2년 전에 세계수학자대회에서 처음 만났을 때와 마찬가지였다. 부르고뉴 풍의 스카프 넥타이, 조끼까지 갖춘 파란색 정장, 옷깃에서 반짝이는 금속 거미. 그는 그런 외모를 20대 때 완성했다고 했다. 그는 원래 소매가 풍성한 셔츠를 입다가 레이스 달린 셔츠를 입고, 그 다음엔 비단모자top hat(굴뚝처럼 생긴 모자—옮긴이)를 쓰는 식으로 외모를 바꿔보았다. "과학 실험과 마찬가지였어요. 그러다가 차츰 '그래, 이게 나야!'라는 깨달음에 이르렀죠." 그럼 거미 브로치는? 그는 거미의 다의성을 즐긴다. "어떤 사람들은 거미가 어머니를 상징한다고 생각해요. 또 어떤 이들은 거미줄이 우주의 상징이라거나 거미가 세계를 지은 위대한 건축가로서 이를테면 신을 상징한다고 생각하고요. 거미에 무관심한 사람은 없어요. 누구나 즉각 반응합니다." 수학이 온갖 방식으로 응용되는 추상적 언어이듯이, 거미는 풍부하게 해석되는 원형이라고 나는 생각했다.

빌라니의 전공은 편미분방정식이다. 편미분방정식은 거의 300년 전에 등장했지만, "여전히 잘 이해되지 않은 부분이 많아요. 각각의 편미분방정식이 고유한 이론을 거느렸다고 해도 과언이 아닐 정도죠. 편미분방정식의 수많은 하위 분야들은 공통 기반이 좁고 일반적인 분류법도 없습니다. 편미분방정식의 분류가 시도되었지만, 최고의 전문가들도 실패했어요"라고 빌라니는 말한다. 빌라니가 가장 많은 시간을 투자한 편미분방정식은 볼츠만방정식이다. 그 방정식은 그의 박사 논문 주제였으며 결국 필즈상으로 이어진 후속 연구의 한 부분이었다. 이제 그는 볼츠만방정식을 애정과 숭배의 눈길로 바라본다. "첫사랑의 상대와 마찬가지"라고 그는 고백했다. "당신이 처음 보는 방정식. 당신은 그 방정식이 세상에서 가장 아름답다고 생각하게 마련이에요." 다시 한 번 그 소녀를 보자.

$$\frac{\partial f}{\partial t} + v \cdot \nabla_x f = \int_{\mathbb{R}^3} \int_{\mathbb{S}^2} |v - v_*| \left[f(v')f(v'_*) - f(v)f(v_*) \right] dv_* d\sigma$$

볼츠만방정식은 '통계역학'에서 나온다. 통계역학은 개별 분자들의 미시적 행동이 온도와 압력 같은 거시적 속성들에 어떤 영향을 미치는지 연구하는 수리물리학의 한 분야이다. 볼츠만방정식은, 임의의 기체 분자가 특정 시각, 특정 위치에서 특정한 속력으로 운동할 확률을 따짐으로써 기체 구름이 어떻게 퍼져나갈지 기술한다. 이 방정식의 바탕에 깔린 모형은 기체 입자들이 뉴턴의 운동 법칙들에 따라 운동하되 무작위한 방향으로 운동한다는 전제 아래, 입자들의 충돌이 빚어내는 효과를 확률에 관한 수학을 써서 기술한다. 빌라니는 볼츠만방정식의 좌변을 가리켰다. "이건 그냥 직선으로 운동하는 입자들이에요." 이어서 우변을 가리켰다. "그리고 이건 충격이죠. 쿵! 쿵!" 그는 두 주먹을 여러 번 충돌시켰다. "편미분방정식에서는 다양한 항들 사이에서 긴장이 발생할 때가 많습니다. 볼츠만방정식이 완벽한 예예요. 이 방정식의 항들은 전혀 다른 현상들을 나타낼 뿐만 아니라 전혀 다른 수학적 세계들에 속하거든요."

당신이 기체 입자 하나가 다른 하나와 충돌하는 과정을 촬영해서 친구에게 보여준다면, 그 친구는 당신이 필름을 거꾸로 재생하는지 아니면 제 순서대로 재생하는지 판별할 길이 없다. 왜냐하면 뉴턴의 법칙들은 시간-가역적이기time-reversible(시간의 방향을 뒤집어도 성립하기) 때문이다. 반면에 컵에서 주위 공간으로 확산하는 기체를 촬영해서 보여준다면, 친구는 당신이 필름을 거꾸로 재생하는지의 여부를 단박에 알 수 있을 것이다. 왜냐하면 널리 퍼져 있던 기체가 컵으로 모여드는 것은 이치에 맞지 않기 때문이다. 볼츠만은 미시적 행동과 거시적 행동 사이의 이러한 외견상의 모순을 엔트로피라는 새로운 개념을 도입하여 해소하는 작업의 수학적 토대를 마련했다. 엔트로피란 무질서의 정도—이론적으로 말하면, 특정 시점에서 입자들이 취할 수 있는 위치들과 속력들의 조합의 개수—를 나타내는 양이다. 그런 다음에 볼츠만은 엔트로피가 항상 증가함을 증명했다. 빌라니의 획기적인 논문은 완벽한 무질서 상태에 도달하기 전에 엔트로피가 얼마나 빠르게 증가하는가를 다룬다.

볼츠만방정식은 다양한 분야에서 자주 응용된다. 예컨대 항공 기술에서는 비행기가 기체 속을 통과할 때 어떤 일이 일어나는지 연구할 때 볼츠만방정식을 이용한다. 빌라니는 박사 과정을 시작할 때 처음에는 볼츠만방정식의 유용성에 매력을 느꼈다. 그러나 그 방정식에 다가갈수록 그것의 아름다움이 그를 매혹했다. 빌라니는 볼츠만방정식을 미켈란젤로의 조각에 비유한다. "순수하고 천상에 속한 것 같고 우아한 것이 아니라 아주 인간적이고, 심한 고뇌에 빠져 있고, 속세의 에너지와 힘을 지녔어요. 그 방정식에서 격분한 입자들의 아우성이 들려요." 자신은 새 개념들을 고안하는 것보다 잘 알려진 방정식들에 대한 새로운 통찰을 추구하는 쪽을 더 선호한다고 그는 덧붙였다. "나는 그쪽이 좋아요. 일반적인 태도를 말하자면 이런 거예요. '이봐, 친구들! 고에너지 물리학, 힉스 보존, 끈이론, 기타 등등, 다 매력적이겠지만, 우리가 아직 뉴턴역학도 이해하지 못했다는 사실을 잊으면 안 돼.' 미해결 문제가 여전히 쌔고쌨어요." 그는 책을 펼쳐서 편미분방정식 하나를 보여주었다. "이 방정식이 매끄러운smooth 해들을 가질까요? 아무도 몰라요. 이 세상에 어느 누구도 모른다니까요." 그는 어깨를 으쓱했다. 그의 이마에서 주름살들이 십자 무늬를 만들었다.

빌라니 뒤편의 벽에는 그가 가장 좋아하는 가수, 섹시한 프로그 록prog rock 여가수 카트린 리베이로의 포스터가 붙어 있다. 그녀는 양팔을 벌리고 주먹을 쥔 모습이다. 빌라니의 책상 위에는 프랑스 수학자 앙리 푸앵카레의 흉상이 놓여 있다. 수염을 길렀고 침울한 표정이다. "만물을 움직이는 이중성, 생각의 이중성이라고나 할까요." 빌라니가 농담처럼 말했다. 19세기가 저물 무렵에 활동한 푸앵카레는 수학의 모든 분야에 정통한 최후의 수학자라는 평판을 들었다. 빌라니가 소장으로 있는 연구소가 푸앵카레의 이름을 따서 명명된 이유들 중 하나를 그 평판에서 찾을 수 있다. 요새는 한 사람이 수학의 3분의 1 가량을, 그것도 일반적인 수준에서 이해하는 것만 가능하다고 빌라니는 말했다. 깊이 들어가면, 어느 누구도 수학의 몇 % 이상을 이해할 수 없다고 했다. 수학이 확장됨과 더불어, 수학 지식의 탑들은 점점 더 커지고 높아진다. 이것은 수학자들이 이른 나이부터 각각의 전문 분야에 갇힘을 의미한다. 그 결과로 수학은 거의 전적으로 협동 작업이 되었다. 대중문화에 흔히 등장하는 외톨이 괴짜의 이미지는, 과거에는 그럴싸했을지 몰라도, 이제 더는 진실이 아니다. "수학은 흔히 접촉면에서 연구됩니다. 또 접촉면에서는 양쪽의 전문가 두 명이 만나는 것이 더 바람직하죠. 나는 다른 사람들과의 협동을 이용하고 어울림을 발견하는 재주가 특히 좋았어요." 현재 수학은 풍부한 교차수정交叉受精, cross fertilization의 과정을 거치는 중이라고 빌라니는 믿는다. "처음에는 한 종만 있어요. 그런데 그 종이 갈라져요. 전문적으로 파고들면, 다양한 세부 종들이 생기고, 그것들이 또 갈라지죠. 그 다음에는 다시 상호 교배가 일어나요. 전문화 이후에 교류가 이루어진다는 점이 흥미롭습니다. 우리는 지금 다양한 수학 분야들이 융합하는 시대에 살고 있어요. 수학 분야들은 다른 과학 분야들과도 과거보다 훨씬 더 나은 방식으로 융합하고 있습니다."

앙리 푸앵카레는 아마도 그가 1904년에 내놓은 구면의 위상수학적 속성에 관한 명제로 가장 유명할 것이다. 그 명제는 '푸앵카레 추측'으로 명명되었다. (푸앵카레 추측은 너무 복잡해서 일상용어로는 한 문장은 고사하고 여러 문장으로도 설명할 길이 없다.) 그 추측은 거의 100년 동안 가장 유명한 미해결 수학 문제들 중 하나였지만, 드디어 2002년에 36세의 러시아인이 어느 인터넷 사이트에 그 추측의 증명을 올렸다. 4년 후, 그 증명이 옳음을 동료 수학자들이 확인했을 때, 그리고리 페렐만은 이미 수학계를 떠난 뒤였다. 그는 상트페테르부르크 외곽에서 어머니와 함께 사는 은둔자였다. 2006년, 페렐만은 필즈상을 거절함으로써 수학계를 발칵 뒤집어놓았다. 그 증명이 옳음을 사람들이 이해한 것 말고 다른 인정은 필요하지 않다고 페렐만은 말했다. 그 사건은 1936년에 최초의 필즈상이 수여된 이래 최대의 논란을 일으켰다. 2010년에 클레이수학연구소는 페렐만에게 푸앵카레 추측을 증명한 공로로 100만 달러짜리 상을 수여했지만, 그는 그 상도 거절했다. 페렐만이 찾아가지 않은, 석제 받침대 위에 유리판을 세운 형태의 상패는 현재 빌라니의 연구실 선반 위에 놓여 있다. 왜냐하면 클레이수학연구소가 그 상의 수상자를 재지정했기 때문이다. 앙리 푸앵카레 연구소에 교수직 하나를 신설할 비용을 대겠다는 것이 그 연구소의 취지였다.

"페렐만은 대단한 수수께끼예요"라고 빌라니는 동의했다. 나는 그에게 페렐만의 증명을 읽어보았느냐고 물었다. "약간 공을 들인 끝에, 읽고 이해할 수 있었어요. 그 증명은 내 분야에서 그리 멀리 떨어져 있지 않거든요"라고 그는 대답했다. "수학은 증명이 있기 때문에, 수학자라면 참과 거짓을 단박에 가려낼 수 있을 것이라고 사람들은 생각하죠. 하지만 그건 틀린 생각이에요." 페렐만의 머릿속으로 들어가려면 오랜 시간이 필요하다고 그는 말했다.

페렐만은 1994년 이후 필즈상을 받은 러시아인 여섯 명 중 하나이다. 그해부터 따지면 러시아는 필즈상 최다 수상국이다. 2위는 다섯 명의 수상자를 배출한 프랑스이다. 하지만 프랑스에서 연구한 벨기에인, 프랑스 국적을 가진 베트남인과 러시아인을 포함시키면, 프랑스가 총 18명의 수상자 가운데 8명을 배출한 최다 수상국이 된다. 더구나 그 프랑스 수상자들은 모두 파리에서 연구한다. 파리는 전문 수학자들을 가장 많이 보유한 도시이다. "1000명 정도"라고 빌라니는 말했다. "엄청나게 많은 거죠!" 프랑스가 괄목할 만한 수상 실적을 낸 이유 하나는 엘리트 교육 시스템이다. 한 명을 제외한 프랑스 필즈상 수상자 전원이 최고 명문인 고등사범학교Ecole Normale Superieure 출신이다. 이 대학교가 매년 선발하는 수학 전공 입학생은 겨우 41명이나 42명이다. 그러나 역사도 한몫을 한다. 페르마의 마지막 정리, 데카르트 좌표, 파스칼의 삼각형, 푸리에 변환을 생각해보라. 수학 연구는 프랑스인의 기본 소양이요 국가적 자부심이다. 빌라니가 프랑스에서 누리는 만큼의 대중적 인기를 자국에서 누리는 필즈상 수상자는 없다.

최근에 빌라니는 니콜라 카르노(1796~1832)에 관해서 물리학자 몇 명과 토론한 적이 있다. 카르노는 증기 기관의 작동을 이론적으로 설명한 최초의 인물이다. "카르노는 증기 기관을 제작할 마음을 단 한 번도 품지 않았어요. 전혀 관심이 없었죠." 빌라니가 외쳤다. "그래요. 그는 프랑스인이었어요! 영국인은 그 기계를 제작하기를 바라지만, 프랑스인은 이론적인 수준에서 이해하기를 바랍니다. 수백년 전부터 그래왔어요.!" 또 앞으로도 그러할 것이다. 비베 라 디페랑스Vive la difference!('차이 만세!'를 뜻하는 프랑스어—옮긴이)

미적분학에서 면적을 다루는 부분은 적분이다. 스코틀랜드 기술자 제임스 톰슨은 1876년에 면적 측정기를 개발하고 '적분기integrator'로 명명했다. 그의 발명품은 '면적계planimeter'라는 19세기 과학 장비의 개량판이었다. 면적계는 측량사들이 지도상의 불규칙한 구역의 면적을 측정할 때 흔히 쓰는 장비였다. 이 장비는 바퀴와 원반을 포함한 기계 장치에 지침pointer이 연결된 형태였다. 사용자가 면적을 측정할 구역의 경계를 그 지침으로 훑으면, 기계 장치에 의해 그 구역의 면적이 정확히 표시되었다.

톰슨은 적분기의 설계도를 동생 윌리엄(훗날 켈빈 경이 됨)에게 보여주었고, 윌리엄은 그 장치를 계산기로 활용할 수 있음을 단박에 깨달았다. 적분이 미분방정식의 한 성분인 것과 마찬가지로, 적분기를 미분방정식을 푸는 기계의 부품으로 사용할 수 있음을 알아챈 것이다. 곧바로 켈빈은 물때를 계산하기 위해 자신이 발명한 '조수 조화 분석기tidal harmonic analyser'라는 기계에 적분기들을 장착했다.

적분기들을 연결하여 미분방정식을 모형화할 수 있다는 켈빈의 통찰을 기초로 삼아서, 1927년에 매사추세츠공대의 바네바 부시는 '미분 분석기differential analyser'를 제작했다. 이 기계는 순전히 미분방정식을 풀 목적으로 설계한 컴퓨터였다. 무게가 100톤에 달하는 그 괴물은 방만큼 큰 탁자 위에 기계식 적분기 8개가 설치된 형태였으며 고급 수학을 수행할 수 있는 최초의 기계였다. 최초의 디지털 전자 컴퓨터들은 이 기계보다 10년 뒤에 등장했다.

미분 분석기는 '아날로그' 컴퓨터였다. 왜냐하면 그것의 기계적 부분들은 그것이 모형화하는 물리적 시스템 내부의 상호작용들과 유사

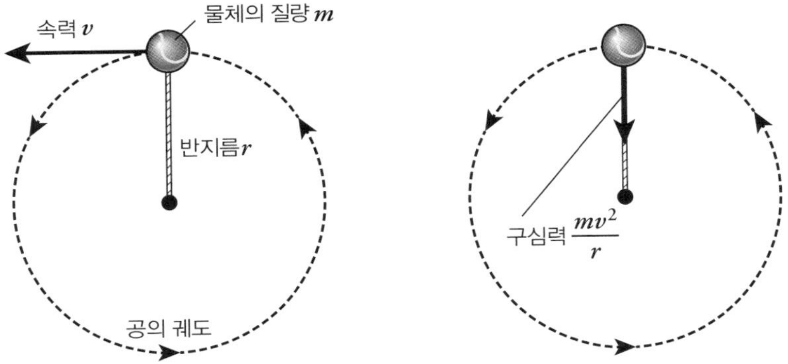

구심력의 작용으로 테니스공은 원을 그리며 운동한다.

했기 때문이다. 부시의 기계는 많은 아날로그 컴퓨터들의 모범 역할을 하다가 1970년대에 디지털 시대가 열리면서 계산자와 더불어 과거의 유물이 되었다.

앞서 보았듯이 미적분학은 아이작 뉴턴의 운동법칙들과 중력법칙을 위한 하녀였다. 수학적 혁신을 이뤄낸 덕분에 뉴턴은 물체가 힘을 받으면 물체의 위치, 속력, 가속도가 어떻게 되는지 기술하는 공식들의 일관된 체계를 확립할 수 있었다. 『프린키피아』에서 그는 '구심력'이라는 새로운 개념을 도입했다. 구심력이란 '물체를 원의 중심으로 당기는, 또는 몰아가는, 또는 아무튼 거기로 향하게 하는' 힘이다. 물체가 원을 그리며 운동하게 만드는 힘이 바로 구심력이다. 끈에 매달린 테니스공을 상상해보라. 당신이 끈의 끄트머리를 잡고 손을 머리 위로 들어 돌리면, 공은 공중에서 원을 그린다. 이때 끈은 구심력을 발휘하여 공을 원의 중심 쪽으로 당긴다.

구심력을 구하는 공식은 $\frac{mv^2}{r}$ 이다. 위 그림에서 보듯이, m은 물체의 질량, v는 속력, r은 원의 반지름을 가리킨다. 매순간 물체의 운동 방향은 끈과 수직을 이루고, 구심력은 물체를 원의 중심 쪽으로 끌어당긴다. 『프린키피아』에서 뉴턴의 주요 관심사는 행성들에 작용하는 구심력이었다. 그러나 18세기에 구심력은 운송 기술자들의 관심사였다.

최초의 선로들은 직선 구간과 원 구간만으로 이루어졌다. 이 조합은 문제가 있었다. 왜냐하면 열차가 직선 구간에서 원 구간으로 접어들 때 승객들이 불쾌한 요동을 느꼈기 때문이다. 직선 선로를 따라 일정한 속력으로 운동하는 열차는 어떤 힘도 받지 않는다. 그러나 원형 선로로 접어드는 순간, 열차는 구심력을 받는다. 그 힘이 안쪽(원의 중심 쪽)으로 작용하기 때문에, 승객들은 바깥쪽으로 튕겨져 나가는 느낌을 받는다. (실제로 승객들이 바깥쪽으로 튕겨져 나가는 것은 아니다. 그들은 직선 궤적을 벗어나 원 궤적에 진입할 뿐이다. 그러나 객차 내부 승객의 입장에서는 기준 틀이 고정되어 있기 때문에, 승객은 모종의 힘이 자신을 바깥쪽으로 밀어낸다고 착각한다.)

“철도가 등장한 지 반세기가 지났건만 우리는 지금도 선로에 직선과 원만 사용하고 있다.” 1880년에 미국 기술자 엘리스 홀브룩이 쓴 글이다. “철도 관계자들은… 이 야만적 조합을 최종 결론으로 받아들이는 듯하다. 많은 이들은 이 조합에 어떤 문제가 있는가라는 질문조차 던지지 않는다.” 홀브룩의 해법은 직선 구간과 원 구간 사이에 곡선의 이행 구간을 두는 것이었다. 그 구간에서 열차가 일정한 속력으로 운동하면 시간에 따라 선형으로(시간에 비례하여) 증가하는 구심력을 받도록 선로를 설계하자는 것이 요점이었다. 구심력은 $\frac{mv^2}{r}$이고 m, v는 상수이므로, 홀브룩의 이행 곡선에서는 $\frac{1}{r}$이 시간에 따라 선형으로 증가해야 했다. 홀브룩의 곡선을 보기 전에, $\frac{1}{r}$이 어떤 의미를 갖는

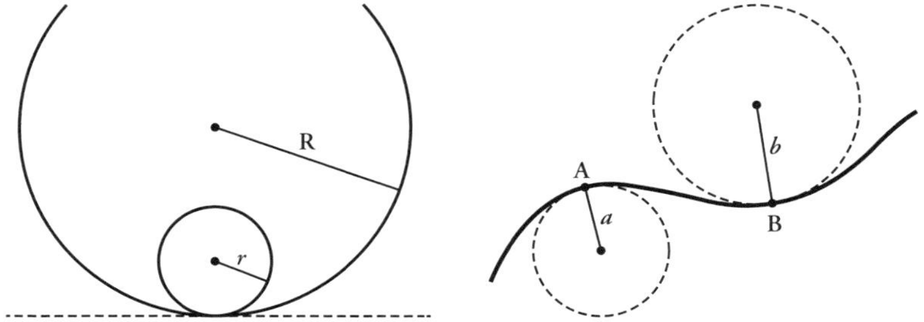

원의 반지름이 작을수록 곡률이 더 크다.

지 더 자세히 살펴보자. 수학자들은 이 값을 반지름이 r인 원의 '곡률'이라고 부른다. 이 값은 원이 직선을 얼마나 많이 벗어나는지 알려준다. 위 그림의 왼쪽을 보면, 반지름이 r인 작은 원과 반지름이 R인 큰 원이 한 점에서 점선에 닿아 있다. 작은 원의 곡률은 큰 원의 곡률보다 더 크다. 다시 말해 작은 원이 직선을 더 많이 벗어난다. 원의 곡률을 직관적으로 이해하는 한 방법은 원이 얼마나 '탄탄하게' 감겼는지 말해주는 양이 바로 곡률이라고 생각하는 것이다. 더 탄탄하게 감긴 원일수록 곡률이 더 크다.

반지름이 r인 원의 곡률은 원 위의 모든 점에서 $\frac{1}{r}$이다. 그러나 위 오른쪽 그림과 같은 곡선의 곡률은 곡선을 따라 이동하는 동안 끊임없이 변한다. 임의의 점에서 곡률을 계산하려면, '최적원best-fit circle'을 따져야 한다. 최적원이란 한 점에서 곡선과 접하며 그 곡선과 근사적으로 같은 원이다. 오른쪽 그림에서 점선으로 그린 원들은 점 A와 B에서의 최적원이다. 이 최적원들의 반지름이 a와 b이므로, A에서의 곡률은 $\frac{1}{a}$, B에서의 곡률은 $\frac{1}{b}$이다. 최적원을 직관적으로 이해하는 한 방법은 곡선을 도로로 상상하는 것이다. 당신이 곡선 도로를 따라 차를 몰고 달린다고 해보자. 그런데 예컨대 A 지점에서 핸들이 고장

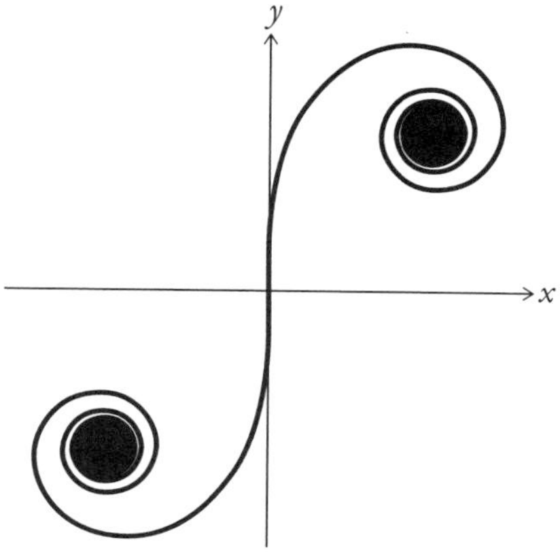

클로소이드

나서 그대로 고정된다고 해보자. 그 상태에서 당신이 계속 차를 몰면, 차는 원을 그리며 도로를 벗어날 텐데, 그 원이 바로 A에서의 최적원이다.

요컨대 이행 곡선에 관한 홀브룩의 아이디어는 곡률이 선형으로 증가하는 구간을 두자는 것이었다. 홀브룩 자신이 알았든 몰랐든, 그는 18세기에 레온하르트 오일러가 처음 연구한 유명한 곡선을 제안했던 것이다. 위 그림은 그 곡선, 즉 '클로소이드clothoid'를 보여준다. 원점에서 클로소이드는 직선이며 곡률이 0이다. 그러나 클로소이드를 따라 원점에서 멀어지면, 그 곡선은 점점 더 탄탄하게 감긴다. 즉, 이동 거리에 비례하여 곡선의 곡률이 증가한다. 결과적으로 곡선의 양쪽 끄트머리는 각각 나선으로 감기면서 한 점으로 수렴한다. 이 곡선은 운명의 여신 세 명 중에서 가장 어린 클로토Clotho의 이름을 따서 명명되었다. 클로토는 생명의 실을 잣는 여신이다.

19세기 말부터 클로소이드는 선로 이행 곡선의 표준이 되었다. 정확히 말하면, 클로소이드의 가운뎃부분이 그렇게 되었다. 선로의 직

1846년 르아브르에 설치되었던 롤러코스터 'Le loop–the–loop'

선 구간이 클로소이드 그림의 원점에서 곡선 구간과 만난다고 상상해 보라. 그러면 곡률은 천천히 증가하여 더 나중에 나오는 원 구간의 곡률과 같아진다. 20세기에 자동차가 열차를 밀어내고 주요 교통 수단이 되자, 클로소이드는 도로 설계의 기본이 되었다. 이유는 똑같다. 도로의 직선 구간과 곡선 구간 사이를 클로소이드로 연결하면, 운전하기가 가장 편하다. 자동차 도로망은 생생한 클로소이드 전시장이다. 그 독특한 곡선은 지금도 곡선 구간, 고속도로 진출입로 등에 쓰인다. 가장 풍부하게 쓰이는 곳은 직선 구간들과 곡선 구간들이 어지럽게 엉킨 인터체인지이다. 만약에 외계인이 한산한 시골 지역 상공을 저고도로 날며 도로와 선로를 관찰한다면, 인류 문명이 가장 선호하는 곡선은 클로소이드라는 결론을 내릴지도 모른다.

클로소이드는 놀이공원의 설계에 관한 한 문제도 해결했다. 롤러코스터 선로의 수직 회전 구간은 어떤 모양으로 만들어야 가장 안전할까? 19세기 중반에 파리의 기술자 클라비에르M. Clavieres는 탈것이 직선 궤도를 따라 미끄러져 내려와서 4m 높이의 원 궤도를 따라 한 바퀴 수

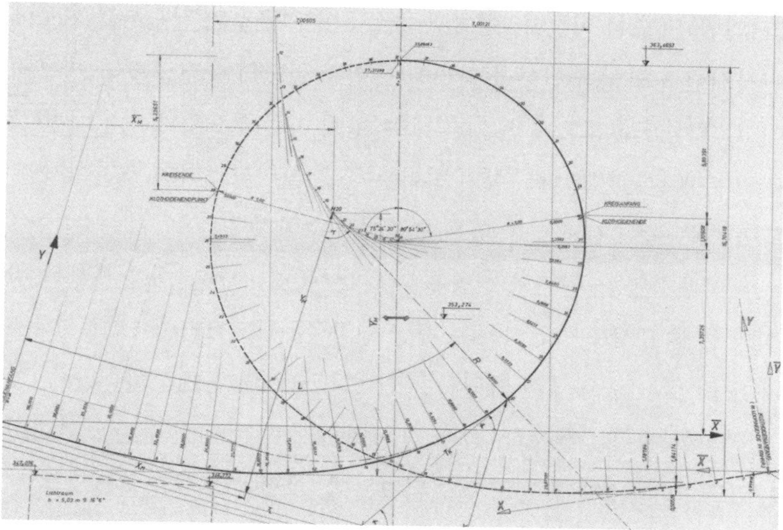

베르너 슈텡겔이 그린 '미국대혁명' 그림

직 회전한 다음에 직선 궤도를 따라 상승하여 종착점에 이르는 놀이 기구를 설계했다. 이런 '공중 선로'가 프랑스에서 여러 개 제작되었지만 모두 폐쇄되었다. 왜냐하면 탈것이 직선 구간에서 원 구간으로 접어들 때 많은 승객이 목을 다쳤기 때문이다. 100여 년 전의 놀이 기구 운영자들은 안전한 수직 회전 구간을 만드는 것은 불가능하다고 여겼다. 이 문제는 1970년대 초에 독일 기술자 베르너 슈텡겔에 의해 비로소 해결되었다. 그는 클로소이드가 해법임을 깨달았다. 슈텡겔은 현대 최초의 수직 회전 구간인 '미국대혁명Great American Revolution'을 설계했다. 이 구간을 포함한 롤러코스터는 1976년에 식스 플래그 매직 마운틴 놀이공원에서 첫 손님을 받았다. 이 롤러코스터의 탈것은 완만한 직선 내리막을 따라 하강하다가 클로소이드 구간에 진입하여 위 그림에서 보듯이 수직 회전의 절반을 수행하여 완전히 뒤집혔을 때 반지름

7m의 원 궤도에 이른다. 이어서 클로소이드 구간의 전반부를 거울에 반사시킨 모양의 후반부를 따라서 나머지 절반의 수직 회전을 마무리하고 다시 직선 궤도에 진입한다. "이행이 아주 부드럽게 이루어진다"라고 슈텡겔은 말했다. "힘의 변화는 좋은 롤러코스터의 조건이지만, 그 변화는 몸이 감당할 수 있는 수준이어야 한다."

'미국대혁명'은 곧바로 성공을 거뒀다. 특히 1970년대에 유행한 방식의 존경 표시도 받았다. 즉, 재난 영화 〈롤러코스터Rollercoaster〉의 소재가 되었다. 영화에서 악당들은 그 롤러코스터가 개장하는 날 그것을 폭파할 계획을 세운다. 그후 전 세계에서 수직 회전 구간을 포함한 롤러코스터가 200개 정도 건설되었는데, 그것들 모두가 슈텡겔의 원리를 이용한다. 롤러코스터의 클로소이드 수직 회전 구간—물방울 다이아몬드를 거꾸로 놓은 모양이다—은 짜릿함을 향한 현대인의 끝없는 욕구를 상징하는 구조물일 뿐만 아니라 아이작 뉴턴의 수학을 기리는 기념물이다. 뉴턴이 연구한 역학과 직결된 곡선이 아찔한 강철 괴물로 환생한 것이다.

뉴턴의 물리학법칙들은 '무한소'라는 작은 씨앗에서 싹텄다. 무한소는 어떤 양보다도 더 작지만 0보다 더 큰 양이다. 무한소는 대단한 생산력으로 새로운 과학을 낳았지만 자기모순이라는 이유로 조롱도 받았다. 뉴턴이 죽은 지 몇 년 후에 철학자 버클리 주교는 "이 사라지는 증가량은 과연 무엇이란 말인가?"라고 빈정거렸다. "그것은 유한한 양도 아니고 무한히 작은 양도 아니고 무無도 아니다. 그렇다면 세상을 하직한 양의 유령이라고 불러도 되지 않겠는가?" 버클리의 신랄한 논평은 과학자들을 들끓게 했다. 그들은 미적분학을 계몽 시대의 가장 위대한 수학적 진보로 여겼다. 전적으로 옳은 판단이었다. 그러나 버클리의 비난도 일리가 있었다. 무한소는 엄밀한 개념이 아니었다. 비록 무한소 덕분에 많은 문제의 정답이 밝혀졌다 하더라도 말이다. 버클리가 일으킨 논쟁은 수학을 반성과 성찰의 길로 이끌었다. 어떤 개념을 허용할 수 있고, 어떤 개념을 허용할 수 없을까? 수학은 어느 정도로 의미를 가져야 할까?

325631
211
2
3
5
7

9장

이 짱의 재목은 세 개의 오루를 포함하고 있다

일종의 예고편으로 문제를 하나 풀어보자. 어느 날 내가 산에 올라 정상에서 잠을 잔다. 이튿날 나는 똑같은 길로 내려온다. 그 이틀 동안 내가 같은 시각에 같은 고도에 있는 경우가 과연 있을까?

정답이 무엇일지 5초만 생각해보라.

잘 모르겠다면, 5초 더 생각해보라.

나는 이 문제를 사랑한다. 문제도 간단하고 정답도 간단하기 때문이다.

이제 페이지를 넘겨라.

정답은 '있다'이다. 등산과 하산이 같은 날에 이루어진다고 상상해 보라. 내가 산 밑에서 등산할 때, 나의 분신은 산꼭대기에서 하산한다고 말이다. 그러면 나는 어딘가에서 나의 분신과 마주칠 수밖에 없다. 그리고 그때, 나와 나의 분신은 같은 시각에 같은 고도에 있다.

당신이 이 논증을 받아들여서 내가 등산일과 하산일의 같은 시각에 같은 고도에 있는 상황이 반드시 벌어져야 함을 수긍하면 좋겠다. 그러면 내 증명은 효과를 발휘한 것이니까 말이다. 수학적 증명이란 간단히 말해서 한 사람이 다른 사람에게 어떤 수학적 진술이 참임을 확신시키기 위해 사용하는 장치이다. 내가 당신의 확신을 이끌어냈다면, 나는 증명에 성공한 것이다.

그러나 더 까다로운 수학자는 나의 논증을 받아들이지 않을 것이다. 논증이 충분히 엄밀하지 않다면서 배척할 수도 있을 것이다. 내가 나 자신과 마주친다는 것이 대체 어디에서 증명되었다는 말인가? 내가 산 밑(고도 A)에서부터 산꼭대기(고도 B)까지 등산하는 경로를 그래프로 그리고, 이튿날 하산하는 경로를 그 위에 포개서 그려보자. 그림을

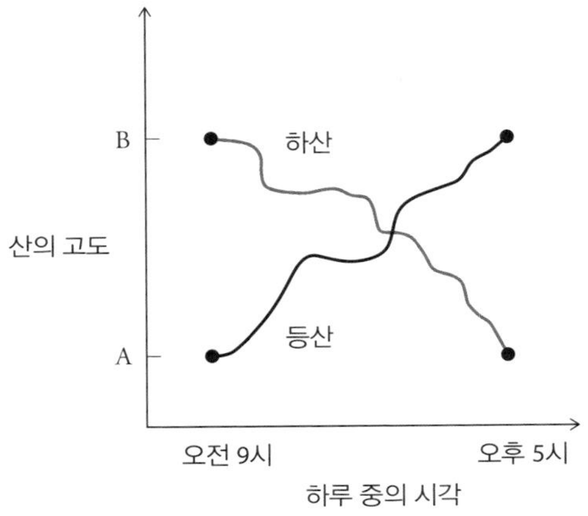

등산했다가 이튿날 하산한 영국인의 궤적

보라. 이제 질문은 이렇게 바뀐다. 두 선이 교차하는 지점이 있을까? 대다수 독자들은 당연히 있다고 대답할 것이다. 그러나 깐깐한 수학자는 여전히 확신을 유보할 것이다.

18세기 말까지 수학자들은, 만일 318쪽 그림처럼 곡선이 고도 A부터 B까지 이어져 있다면, 그 곡선은 고도 A와 B 사이의 모든 고도 각각을 빠짐없이 거쳐야 한다고 전제했다. 이 전제는 직관적으로 자명한 듯하다. 실제로 이것은 연속 곡선의 정의에 포함된 사항이었다. 그러나 연속성을 비롯한 속성들을 더 면밀히 검토한 수학자들은 더 명확한 정의들이 필요하다는 결론에 이르렀다. 그리하여 당연시해오던 명제들이 더 기본적인 전제들로부터 증명할 필요가 있는 정리들로 재분류되었다. 방금 언급한 명제, 즉 최솟값 A와 최댓값 B를 가진 연속 곡선은 두 값 사이의 모든 각각의 값을 거쳐야 한다는 것도 그런 명제들 중 하나였다. 오늘날 이 명제는 '중간값 정리intermediate value theorem'로 불린다. 이 정리의 증명은 복잡하며 대학교 수준에서야 비로소 배운다. 그러나 그 증명을 이해하면, 아무리 깐깐한 사람도 확신에 이를 것이다. 따라서 그는 그림 속의 두 곡선이 한 점에서 교차한다는 명제를 받아들일 것이다. 왜냐하면 이 명제는 그 증명에서 몇 단계만 거치면 도출되기 때문이다.

과학의 동력이 실험이라면, 수학의 동력은 증명이다. 실험의 방법이 다양한 것처럼, 증명의 방법도 다양하다. 다음 몇 페이지에 걸쳐 우리는 몇 가지 증명 방법을 볼 것이다. 또 증명에 대한 태도가 어떻게 바뀌어왔는지 살펴보고, 수학적 엄밀성에 헌신하는 비밀 집단에 속한 익명의 단원과 대화를 나눌 것이다. 하지만 우선, 먹을거리에 대해서 이야기하자.

중간값 정리는 자명하다 못해 시시하게 보일지 모르지만 몇몇 흥미로운 귀결들을 곧바로 산출한다. 중간값 정리의 따름정리corollary 하나는 '팬케이크 정리'이다. 나는 이 정리를 군침 돌게 설명하기를 좋아한다. 당신이 식탁 위에 소금을 쏟았다면(혹은 팬케이크를 놓았다면), 그 소금 얼룩(또는 팬케이크)을 똑같은 면적으로 양분하는 직선을 임의의 각도로 그을 수 있음을 우리는 증명할 수 있다. 다음 그림은 그 증명의 방법을 보여준다. 첫째, 소금 얼룩의 외부에 당신이 원하는 각도로 직선을 그어라. 그 직선을 X라고 하자. 이제 X를 소금 얼룩 쪽으로 평행하게 이동시켜라. X는 A에서 소금 얼룩과 만나는데, 이때 X가 이미 훑고 지나간 소금 얼룩의 면적은 0이다. 또 X는 B에서 소금 얼룩과 헤어지는데, 이때 X는 소금 얼룩의 면적 전체를 이미 훑고 지나간 상태이다. 직선 X가 A에서 B까지 이동하는 동안, X가 훑고 지나간 소금 얼룩의 면적은 연속적으로 변화한다. 그러므로 중간값 정리에 따라서 그 직선은 자신이 이미 훑고 지나간 소금 얼룩의 면적이 정확히 전체의 절반인 지점을 반드시 통과해야 한다. 이 증명은 그 지점이 어디인지 말해주지 않는다. 다만 그런 지점이 반드시 존재한다는 것만 말해

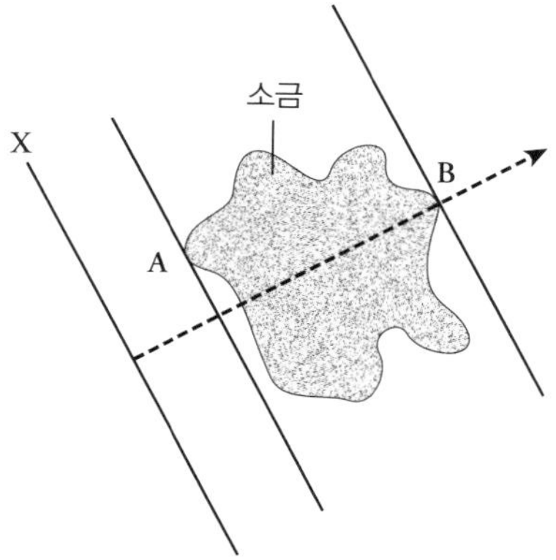

소금 정리

준다.

이번에는 당신이 소금도 쏟고 후추도 쏟았다고 해보자. 이 경우에 소금 얼룩과 후추 얼룩 각각을 똑같은 면적으로 양분하는 하나의 직선이 존재함을 증명할 수 있다. 소금 얼룩을 양분하면서 후추 얼룩과 만나지 않는 직선 X를 출발점으로 삼자. 다음 그림을 보라. 그 직선을 시계 방향으로 회전시키자. 이때 그 직선이 소금 얼룩을 양분하는 속성은 항상 유지되도록 주의하면서 회전시켜야 한다. 우리는 그런 회전이 가능함을 안다. 왜냐하면 방금 보았듯이 소금 얼룩을 양분하는 직선을 모든 각도로 그을 수 있기 때문이다. 회전하는 직선 X는 A에서 후추 얼룩과 만나고 B에서 헤어진다. 이때 X가 이미 훑고 지나간 후추 얼룩의 면적은 0부터 최댓값까지 연속적으로 증가한다. 그러므로 직선 X는 후추 얼룩을 양분하는 지점을 반드시 통과해야 한다. 그림에서 소금 얼룩과 후추 얼룩은 따로 떨어져 있다. 그러나 두 얼룩이 겹치더라도, 그것들 각각을 양분하는 하나의 직선이 항상 존재한다.

제1차 세계대전과 제2차 세계대전 사이의 기간에 폴란드 르보프에

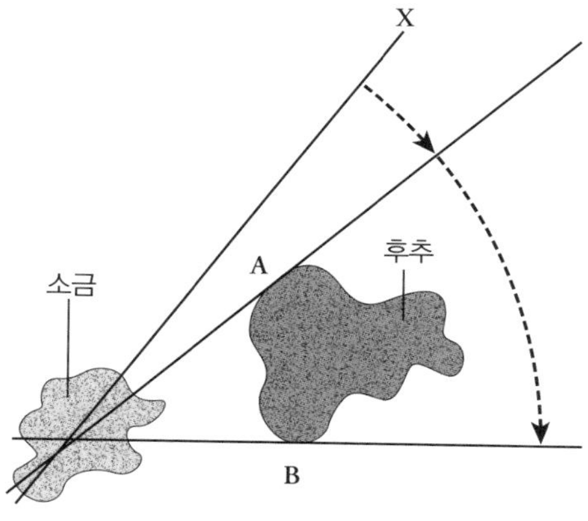

소금과 후추 정리

서 한 무리의 수학자들이 '스코티시 카페Scottish Cafe'라는 커피숍에서 정기적으로 만나 팬케이크 정리를 비롯한 가벼운 수학 문제들을 토론했다. 그 집단의 주요 인물인 휴고 스타인하우스는 팬케이크 정리를 3차원으로 확장할 수 있을지 궁금했다. '돼지 뒷다리 토막을 절단기로 한번 잘라서 뼈, 지방, 살코기를 양분할 수 있을까?' 그의 친구 스테판 바나흐는, 역시 그 집단의 일원들인 스타니스와프 울람과 카롤 보르수크가 증명했다고 전해지는 한 정리를 이용하여, 그런 절단이 가능함을 증명했다. 바나흐의 결론은 훗날 '햄 샌드위치 정리ham sandwich theorem'라는 이름으로 널리 알려졌다. 왜냐하면 그 결론은 햄 샌드위치를 한 번 절단하여 빵과 햄 각각을 양분할 수 있다는 명제와 동치이기 때문이다. 이 명제는 빵과 햄의 모양이 어떠하고 어떻게 겹쳐 있는지와 상관없이 참이다.

'스코티시 카페'에 모인 수학자들은 주고받은 질문들을 두꺼운 공책에 기록하고 헤어질 때는 그 공책을 카페의 관리인에게 맡겼다. 결국 '스코티시 북The Scottish Book'으로 명명된 그 공책은 유례를 찾을 수 없는 공동 작품이다. 유례가 없다는 말은 그것이 공동 작업의 산물이라는 뜻만이 아니다. (그 공책은 출판되지 않았지만, 거기에 수록된 몇몇 문제들은 나중에 여러 저널에 발표되었다.) 스타인하우스, 바나흐, 울람은 모두 중요한 수학자들이었다. 모든 시대, 모든 장소를 통틀어도 그들 삼인조의 능력은 서로 교류한 어느 수학자 삼인조에도 뒤지지 않았다. 1941년 스타인하우스가 결국 마지막이 된 문제를 '스코티시 북'에 적고 나서 며칠 후, 독일군이 르보프에 들어왔다. 유대인인 스타인하우스는 인근 소도시 크라쿠프로 도피하여 어느 사망한 산림 관리원의 신분으로 전쟁이 끝날 때까지 숨어 살았다. 그 기간에 그는 자신이 아는 수학의 대부분을 기억해내서 재구성하고 새로운 문제들을 연구했다.

그 문제들 중 하나는 역시 음식에 관한 것이었다.

스타인하우스는 자신의 몫을 최대한 많이 챙기려는 사람들이 케이크를 잘라서 나눠가질 때 가장 공평한 방법이 무엇인지 알고 싶었다. 당사자가 두 명뿐이라면, 고대 이래로 통용되어온 방법은 한 사람이 자르고, 다른 사람이 고르는 것이다. 이 방법을 채택하면, 케이크를 자르는 사람은 최대한 정확하게 양분하려고 애쓰게 된다. 왜냐하면 잘린 두 조각의 크기가 눈에 띄게 다르다면, 작은 조각이 자신의 몫으로 돌아올 것이기 때문이다. 스타인하우스는 당사자가 세 명일 때 케이크를 공평하게 자르는 방법을 최초로 고안했다(그 방법은 부록 7 참조). 스타인하우스 이래로 케이크 자르기의 수학은 경제학과 정치학에 응용되는 큰 분야로 성장했다. 당사자들이 얼마나 많은지, 그들이 케이크의 다양한 부분을 얼마나 가치 있게 평가하는지에 따라서 다양하게 변형된 케이크 자르기 문제들이 존재한다. 1960년대에 독창적인 해법 하나가 고안되었다. 그 방법은 당사자들이 몇 명이든 상관없이 적용할 수 있으며 움직이는 칼과 관련이 있다. 케이크의 한쪽 가장자리 위에 칼을 설치한 다음에 아주 천천히 이동시켜 케이크 위를 가로지르게 한다. 그러다가 누군가가 "그만!"이라고 외치면, 칼의 이동을 멈추고 그 위치에서 케이크를 자른다. 잘린 조각은 '그만!'을 외친 사람의 몫으로 주어진다. 그 다음에 칼은 다시 이동하기 시작하고, 남은 당사자들은 '그만!'을 외칠 순간을 저울질한다.

오늘날 스타인하우스는 수학에서 가장 유명한 두 가지 음식 비유, 곧 햄 샌드위치 정리와 공평한 케이크 자르기 문제를 연구한 인물로 기억되는 듯하다. 실제로 그는 끊임없이 음식을 생각했다. 비극적이게도 생애의 대부분 동안 그는 먹을 음식이 부족했다.

흔히 쓰이는 증명 방법 하나는 귀류법proof by contradiction이다. 귀류법은 어떤 명제가 거짓이라면 모순이 귀결되므로 그 명제는 참이라고 결론짓는 방식으로 증명에 도달한다. 한 예를 보자.

정리: 모든 수는 흥미롭다.

증명: 위 정리가 거짓이라고 가정해보자. 즉, 재미없는 수들이 존재한다고 해보자. 그렇다면 재미없는 수들 가운데 가장 작은 수가 존재할 것이다. 그러나 '재미없는 가장 작은 수'는 재미없으면서 가장 작다는 바로 그 이유 때문에 흥미로운 수이다. 결국 '재미없는 가장 작은 수'는 흥미로운 수가 되고, 흥미로우면서 재미없는 수라는 자기모순이 나오게 된다. 따라서 위 정리는 거짓일 수 없고 참이어야 한다.

고대 그리스 철학자 아리스토텔레스는 증명의 본성을 탐구한 최초의 인물들 중 하나였다. 그는 전제의 진리성이 반드시 결론의 진리성을 담보하는가 하는 문제와 관련이 있는 논증 시스템을 개발했다. 그의 관심사는 철학이었지만, 진리성이 전제에서 논리적 도출을 통해 결론으로 흘러갈 수 있다는 발상은 수학에서 더 근본적인 영향력을 발휘했다. 실제로 고대 그리스 이래 지금까지 수학은 다름 아니라 그 흐름에 대한 연구, 어떻게 참된 전제에서 증명을 통해 참된 결론이 나오는가에 대한 연구이다.

기원전 3세기에 유클리드는 『기하학원본』이라는 획기적인 책을 썼다. 기하학의 역사에 우뚝 선 이 작품은 문체가 매우 독특하고 개념적 틀이 혁명적이다. 유클리드는 참이라고 전제한 몇 개의 문장, 즉 공리들을 출발점으로 삼고 그것들에서 모든 다른 참 문장들, 즉 정리들을 도출했다. 이런 식으로 지식을 체계화하는 유클리드의 방법을 일컬어

'공리적 방법axiomatic method'이라고 한다.

『기하학원본』을 읽다보면, 기하학자들에게 영감을 주기 위한 요리책 같다는 느낌이 든다. 그 책은 재료들의 목록으로 시작된다. 용어 23개의 정의, 참이라고 받아들여도 되는 전제 10개가 나온다. 그 전제들 중 하나는 점이 2개 있으면 그것들을 잇는 직선을 그을 수 있다는 것이다. 이어서 유클리드는 자신이 만들고자 하는 요리들—'정리들'—을 단계적인 요리 방법들—'증명들'—과 더불어 보여준다. 첫 번째 정리는 '주어진 선분을 한 변으로 하는 정삼각형을 작도하는' 방법이다. 두 번째는 '주어진 선분과 길이가 같으며, 주어진 한 점을 끝점으로 삼은 선분을 작도하는' 방법이다. 각각의 증명에서 유클리드는 책의 첫머리에서 목록으로 제시한 전제들만 이용하며, 매 단계는 앞 단계에서 논리적으로 귀결된다. 그렇게 전제들을 선언한 다음에 정리들과 증명들을 통해 천천히 지식을 쌓아가는 방법은 이후 모든 수학 저술의 모범이 되었다.

『기하학원본』에 나오는 가장 유명한 정리들 중 하나는 귀류법을 통해 증명된다.

정리: 소수는 무한히 많다.

증명: 우선 경고해둘 것이 있다. 증명은 평범한 글처럼 쉽게 읽고 이해할 수 없다. 증명을 여러 번 읽고 나서야 비로소 이해하는 것은 지극히 정상적이다. 둘째, 유클리드가 하려는 바가 무엇인지 명확히 해두자. 소수(2, 3, 5, 7, 11, 13 …)란 1보다 크면서 1과 자기 자신으로만 나누어떨어지는 수이다. 유클리드는 위 정리가 거짓이라면 모순이 귀결된다는 것을 보여주고자 한다. 더 정확히 말해서, 만일 소수가 정해진 개수만큼만 있다면 새 소수 하나를 만들 수 있음을 보여주어, 그것으로부터 소수가 정해진 개수만

큼만 있다는 명제가 반박됨을 보여주는 것이 유클리드의 목표이다. 이 목표가 달성된다면, 위 정리는 거짓일 수 없다. 따라서 위 명제는 참이어야 한다.

1단계: 정해진 개수의 소수들을 a, b, c ⋯ k라고 하자.

2단계: 이 소수들을 모두 곱해서 새로운 수 $a \times b \times c \times \cdots \times k$를 만든다. 이 수를 M이라고 하자.

3단계: M에 1을 더해서 M + 1을 만든다.

4단계: M + 1은 소수일까?

(i) 만일 M + 1이 소수라면, 우리는 원래 거론한 소수들의 집합에 속하지 않은 새로운 소수를 만들었으므로 목표를 달성한 셈이다.

(ii) 만일 M + 1이 소수가 아니라면, M + 1을 어떤 소수 p로 나누면 나누어떨어질 것이다. 이때 p는 우리가 원래 거론한 소수들의 집합에 속하거나 속하지 않을 것이다. 속하지 않는다면, 우리는 새로운 소수 p를 얻은 셈이다. 반면에 속한다면, M은 원래 거론한 모든 소수 각각으로 나누어떨어지므로 p로도 나누어떨어진다. 그렇다면 M도 p로 나누어떨어지고 M + 1도 p로 나누어떨어진다는 것인데, 이것은 불가능하다. 왜냐하면 M과 M + 1처럼 차이가 1인 두 수의 공약수(두 수 각각이 x로 나누어떨어지면, x는 두 수의 공약수이다.)일 수 있는 유일한 수는 1인데, 1은 소수가 아니기 때문이다.

결론적으로 M + 1이 새로운 소수이든지, 아니면 M + 1이 새로운 소수로 나누어떨어지든지, 둘 중 하나이다. 어느 쪽이 참이든, 유클리드의 목표는 이루어졌다. 그는 원래 거론한 소수들의 집합이 모든 소수들을 아우르지 못함을 증명했다.

이 증명은 '귀류법'이라는 전술을 사용한다. 귀류법에서는 터무니없는 결론이 전제의 오류를 보여준다. 4단계의 (ii)에서 터무니없는 결론은 M과 M + 1이 모두 p로 나누어떨어져야 한다는 것이고, 틀린 전제는 p가 원래 거론한 소수들의 집합에 속한다는 것이다. 케임브리지 대학교의 교수 하디는『어느 수학자의 변명』에서 유클리드가 제시한 이 증명이 "발견되었을 당시와 다름없이 신선하고 중요하다. 2000년의 세월에도 주름 하나 지지 않았다"라고 썼다. 이 증명은 간결하며 덧셈, 곱셈, 나눗셈을 넘어선 개념들을 필요로 하지 않는다. 하디는 "유클리드가 몹시 사랑한 귀류법은 수학자의 최정예 무기들 중 하나"라면서 이렇게 덧붙였다. "귀류법은 체스의 어느 수보다도 훨씬 더 훌륭하다. 체스 경기자는 졸을 희생시키거나 심지어 더 귀한 말을 희생시킬 수도 있겠지만, 귀류법을 쓰는 수학자는 게임 전체를 내주고 결국 이긴다."

귀류법은 코미디언의 최정예 무기이기도 하다. 점점 더 터무니없는 결론들을 쏟아냄으로써 전제를 점점 더 강하게 조롱하는 반어법을 다른 말로 '풍자'라고 한다.

실제로 나는 소수의 무한성에 관한 유클리드의 증명이 뚜렷한 희극성을 지녔다고 느낀다. 새로운 소수를 발견하기 위하여 유클리드는 먼저 M이라는 수를 만들어야 한다. 그 수는 우스꽝스러울 정도로 클뿐더러 유클리드가 발견하려는 소수와 정반대이다. 왜냐하면 M은 모든 소수 각각으로 나누어떨어지니까 말이다. 그런 다음에 M에 가장 작은 자연수 1을 더함으로써 유클리드는 상황을 반전시킨다. 그 미세한 추가량이 거대하며 술술 나누어떨어지는 괴물 M을 쓰러뜨리고 그것을 구성하는 소수들의 한계를 드러낸다. 기막힌 역전극이요, 끝까지 듣는 사람만 무릎을 칠 수 있는 재담이다.

수학은 재담으로 가득 차 있다.

우리는 펜을 손에 쥘 수 있게 된 바로 그날부터 낙서를 즐긴다. 흔한 낙서 장르 하나는 종이에 아무렇게나 가로 선들과 세로 선들을 그어 구역들을 만들고 또 아무 구역이나 골라서 검게 칠하는 것이다. 이때 검게 칠한 구역이 항상 칠하지 않은 구역들과만 경계를 공유하게—또 거꾸로 검게 칠하지 않은 구역은 항상 칠한 구역들과만 경계를 공유하게—만들 수 있을까? 이것이 가능하기 때문에 이 낙서는 특히 흥미롭다. 이 낙서를 일컬어 '2색 칠하기'라고 한다. 2색 칠하기가 항상 가능한 이유를 이해하려면, 또 하나의 통상적인 수학적 도구인 '귀납적 증명'을 배워야 한다.

철학과 경험적 과학에서 귀납이란 과거에 아주 많이 관찰된 사건이 미래에 또 일어나리라고 예상할 수 있다는 원리이다. 예컨대 태양은 우리가 아는 가장 먼 과거부터 매일 아침 떠올랐다. 그러므로 내일도 태양이 떠오르리라고 예상하는 것이 합리적이다. 우리는 내일 태양이 떠오르리라는 것을 증명할 수 없지만 확신할 수 있다. 반면에 수학에서는 과거 사례들의 관찰만으로 패턴의 존재를 확신할 수 없다.

다음에 나오는 5개의 원을 보라. 첫째 원은 점이 하나 찍혀 있고, 둘째 원은 2개, 셋째는 3개, 넷째는 4개, 다섯 째는 5개 찍혀 있다. 점들을 직선으로 연결하고, 원의 내부에 생겨난 구역들의 개수를 세어보라. 원들 각각의 내부에 있는 구역의 개수는 1, 2, 4, 8, 16이다. 뚜렷한 패턴이 보이지 않는가! 이것은 2배 증가 수열이다. 따라서 우리는 원에 점을 6개 찍고 연결하면 내부 구역이 32개 생겨날 것이라고 확신

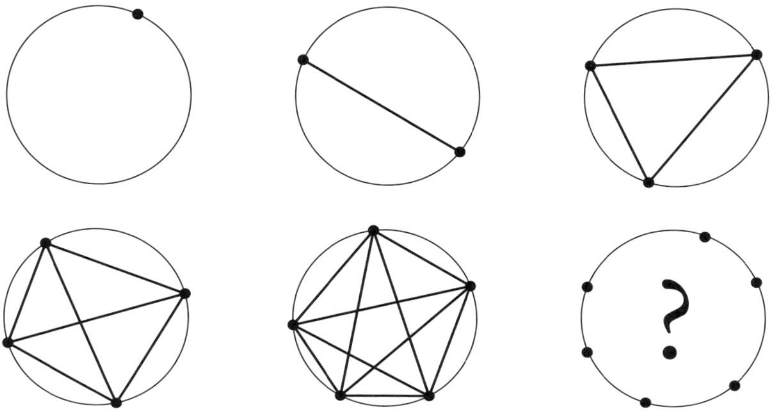

각각의 원 내부에 있는 구역들의 개수를 세어보고 다음 원에서는 어떨지 추측해보라.

할 수 있을까?

전혀 그렇지 않다. 점이 6개이면, 내부 구역은 31개 만들어진다. 점을 7, 8, 9, 10, 11개 등으로 더 늘리면, 내부 구역의 개수는 57, 99, 163, 256, 386 등으로 증가한다. 패턴이 존재하기는 하지만, 그 패턴은 2배 증가 수열이 아니다. 한정된 개수의 관찰 사례들에 근거해서 결론을 내리는 것은 수학에서 금물이다. 그 결론이 아무리 그럴싸하더라도 말이다.

수학에서 귀납적 증명이란 패턴이 영원히 계속됨을 알아내는 한 방법이다. 아래 규칙들에 부합하는 명제들의 열이 있다고 해보자.

(a) 첫째 명제는 참이다.

그리고

(b) n번째 명제가 참이면 $(n+1)$번째 명제도 참이다.

이 경우에 우리는 **모든** 명제들이 참이라는 결론을 내릴 수 있다.

귀납적 증명은 도미노 쓰러뜨리기와 유사하다. 도미노들이 일렬로 서 있어서, n번째 도미노가 쓰러지면 $(n + 1)$번째 도미노도 쓰러진다고 해보자. 그러면 첫 번째 도미노만 쓰러뜨리면, 모든 도미노가 쓰러진다.

원래 문제로 돌아가서, 2색 칠하기가 가능함을 증명하려면, 아래 명제들을 증명해야 한다.

(a) 선이 1개인 낙서의 2색 칠하기가 가능하다.

(b) 선이 n개인 낙서의 2색 칠하기가 가능하다면, 선이 $n + 1$개인 낙서의 2색 칠하기도 가능하다.

(a)가 참임을 증명하는 일은 시시할 정도로 쉽다. 종이에 직선을 하나 긋고 양쪽 구역 중 하나를 검게 칠하면 끝이다. 반면에 명제 (b)가 참임을 증명하려면 더 많은 생각이 필요하다.

우선 다음에 나오는 그림 (i)처럼 선이 $n + 1$개인 낙서를 생각해보자. (그림에서는 당연히 n의 값을 정할 수밖에 없으므로, 편의상 3으로 정했다. 따라서 아래 증명을 검토할 때는 임의의 n에 대해서 그 증명이 타당한지 주의 깊게 살필 필요가 있다.) 이 그림에서 선 하나를 제거하면, 그림 (ii)처럼 선이 n개인 낙서가 된다. 선이 n개인 낙서는 (iii)에서 보듯이 2색 칠하기가 가능하다고 가정하자.

이제 제거했던 선을 복원하면 그림 (iv)가 된다. 이어서 그 선의 한쪽 편에 놓인 구역들의 색을 뒤집어라. 즉, 흰색 구역은 검게 칠하고, 검게 칠한 구역은 흰색으로 바꿔라. 그러면 그 선에 접한 구역 각각은 아래쪽 인접 구역과 다른 색깔이 된다. 결과적으로 우리는 (v)처럼 선이

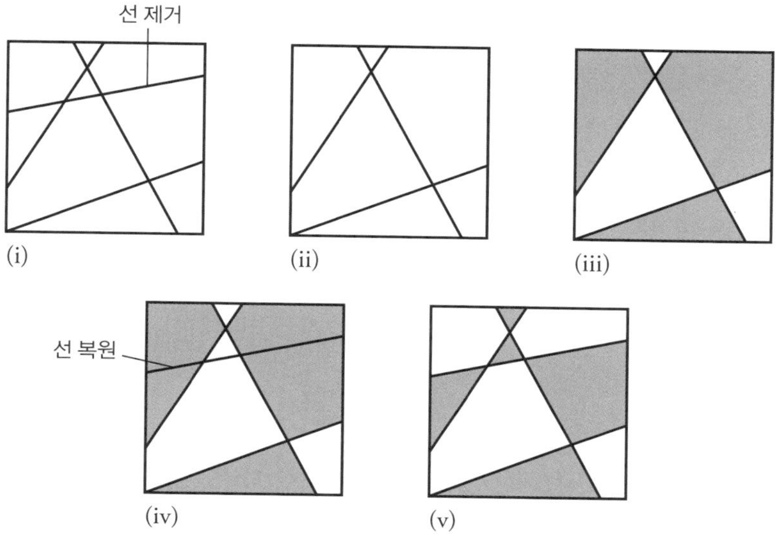

2색 칠하기 정리의 귀납적 증명

n+1개이며 2색 칠하기가 완료된 그림을 얻는다.

요컨대 우리는 명제 (b)가 참임을 증명했다. 우리의 귀납적 증명은 완벽하다. 즉, 우리는 모든 선긋기 낙서의 2색 칠하기가 가능함을 보여주었다. (이 증명은 정사각형 내부에 직선들을 그은 낙서에만 적용된다. 그러나 정사각형 내부에 출발점과 끝점이 같은 임의의 곡선들을—곡선이 자기 자신과 교차하는 것도 허용하면서—그은 낙서의 2색 칠하기도 가능하다. 이에 대한 증명은 약간 더 까다롭다.)

『기하학원본』이 수학의 역사에서 가장 영향력이 큰 작품이 된 까닭은 그것이 이룬 성취—소수, 삼각형 등에 관한 사실들을 밝혀낸 것—가 아니라 그 성취를 이룬 방식에 있다. 그 작품의 아름다움은 엄밀함에서 나온다. 유클리드는 엄청나게 꼼꼼하다. 그는 지름길을 택하지 않으며 불확실한 의견을 제시하지 않는다. 자신이 증명할 수 없는 주장은 결코 내놓지 않는다. 당신이 유클리드의 전제 10개가 참임을 받아들이면, 당신은『기하학원본』에 나오는 정리 465개가 모두 참이며 영원히 참일 것임을 받아들여야만 한다.『기하학원본』은 공리적 방법의 모범이요 연역적 사고의 위력에 대한 증거이다.

『기하학원본』은 성경을 제외하고, 긴 세월에 걸쳐 가장 많이 인쇄된 책이라고 한다. 이 책을 성경에 빗대는 것은 적절하다. 거의 2000년 동안『기하학원본』은 신성한 책으로 대접받았다. 공리적 방법은 종교의 교리처럼 여겨졌다. 그러나 17세기에 최초의 신성 모독 사례들이 출현했다. 유클리드는 자신의 공리들과 정의들이 더없이 자명하며 절대로 자기모순적이지 않다는 점을 논의의 주춧돌로 삼았다. 그런데 앞 장에서 보았듯이, 유有인 동시에 무無인 양인 무한소는 정확히 자기모순적이었다. 뉴턴과 그의 동시대인들은 무한소를 이용하면 새로운 정리들을 풍부하게 얻을 수 있기 때문에 무한소를 도입했다. 그 결정이 유클리드에 대한 배신을 뜻한다는 사실은 외면한 채로 말이다.

하지만 결국 수학자들은 미적분학이 모순으로부터 확실히 자유로워지려면 더 튼튼한 토대가 필요함을 깨달았다. 해결책은 무한소가 아니라 더 건실한 개념인 '극한limit'을 미적분학의 토대로 삼는 것이었다. 그리하여 전제들이 단순해지고 정의들이 명확해지면서 '해석학analysis'이라는 새로운 분야가 탄생했다. 오늘날 해석학은 미적분학, 연속성, 무한 과정과 관련한 모든 주제들을 다룬다. 초기 해석학의 대표적인 성취 하나는 이 장의 첫머리에서 언급한 중간값 정리였다. 이 정리에 따르면, 연속 곡선은 그 최솟값과 최댓값 사이의 모든 값을 가진다.

엄밀성에 대한 19세기의 관심은 해석학 이외의 분야들에도 반영되었다. 예컨대 유클리드 기하학이 그런 분야였다. 독일 수학자 모리츠 파쉬는『기하학원본』을 꼼꼼히 연구하다가 놀라운 사실을 발견했다. 그 책은 역사를 통틀어 가장 많이 연구된 수학 문헌이었는데도, 파쉬는 유클리드의 논증에서 그때까지 아무도 발견하지 못한 허점들을 발견했다. 유클리드는 점 3개가 한 직선 위에 있으면 그중 한 점은 다른 두 점 사이에 있다는 명제를 당연히 참으로 여겼다. 물론 이 명제는 누가 봐도 자명하지만, 유클리드가 그 자신답게 엄밀하려면 이 명제를 공리로 선언했어야 옳다. 그는 연역 과정에서 부주의하게 시각적 직관에 의지하는 실수를 범한 것이다. 다비드 힐베르트는 1899년에 물샐 틈 없이 엄밀한 유클리드 기하학 시스템을 새로 제시했다. 이 시스템은 전제가 21개이다.

수라는 대상도 엄밀히 검토할 필요가 있었다. 수는 수학 전체, 나아가 과학 전체의 핵심이다. 그런데 수란 정확히 무엇이고, 1 + 1 = 2는 왜 참일까?

1879년에 독일 수학자 고틀로프 프레게는『개념표기*Begriffsschrift*』라는 책을 출판했다. 이 책에서 그는 명제들의 참과 거짓을 표현하기 위한 정교한 계산법을 도입했다. 그 계산법은 고유한 기호들을 사용했다. 바야흐로 '수리논리학mathmatical logic', 곧 논리적 추론을 이용하여 수학적 추론을 연구하는 분야가 탄생한 것이었다.

프레게는 '수란 무엇인가?'라는 질문에 엄밀한 답을 제시하고 싶었다. 이를 위해 그는 동시대 사람인 게오르크 칸토어에게서 '집합'의 개념을 빌려왔다. 수학에서는 간단한 듯한 용어가 복잡한 의미를 가진 경우가 많다. 하지만 '집합'은 그런 용어가 아니다. 집합이란 그냥 사물들의 집단, 공통 속성을 지닌 놈들의 무리이다. (집합에 속한 사물은

'원소'라고 한다.) 예컨대 사과 한 상자, 경주하는 자전거 선수들의 무리, 별들로 이루어진 은하가 집합이다. 수 2는 원소가 2개인 모든 집합들의 집합이라고 프레게는 말했다.

프레게는 수들을 집합들로 정의하는 시스템을 고안했다. 그 시스템에서 공리들은 그의 개념표기법으로 서술되며, 산술의 법칙들이 참이라는 것이 증명된다. 프레게의 발상은 산술을 논란의 여지가 없는 전제들—예컨대 '명제 A의 부정의 부정은 명제 A를 함축한다'—에 기초한 논리 연산들의 물샐 틈 없는 시스템으로 환원하는 것이었다. 수와 덧셈은 쉽게 통달할 수 있는 개념들이므로, 일부 독자들은 프레게의 과제가 쉬었으리라 생각할 것이다. 그러나 그 과제는 머리가 빠개질 정도로 난해했다. 수와 산술을 벽돌로 삼아 수학이라는 집을 지은 기존의 모든 수학자들과 달리, 프레게는 그 집의 토대를 파내려가고 있었던 것이다.

프레게는 『산술의 기본 법칙』이라는 책을 써서 자신의 이론을 발표했다. 이 책의 제1권은 1893년에 나왔다. 그러나 제2권이 인쇄되는 중이었을 때, 프레게에게 폭탄이 날아들었다. 케임브리지대학교의 철학 전공 펠로우fellow 버트런드 러셀이 프레게에게 어떤 모순을 지적하는 편지를 보내온 것이다. 프레게의 목표대로 산술을 논리학으로 환원한다는 것은 모순 없는 시스템을 구성한다는 것이었으므로, 모순의 발견은 그 무엇보다 더 치명적이었다. 프레게는 서둘러 다음 문장이 포함된 부록을 썼다. "자신의 저술을 완성하자마자 그 토대가 무너지는 것만큼 학자에게 바람직하지 않은 일은 거의 없을 것이다." 이 문장에서 프레게가 사용한 '바람직하지 않은'이라는 표현은 수학사를 통틀어 가장 심한 완곡어법으로 꼽힌다.

러셀은 자기 지칭(또는 자기 언급)self-reference의 저주를 폭로했다.

내가 가장 좋아하는 단문短文들 중 일부는 아래와 같은 자기 지칭 문장이다.

나는 ㄴ으로 시작된다.

이것은 두 문장의 결합인가, 아닌가, 그것이 문제이다.

이 문장은!!! 구두점이 너무 일찍 나온다

그러나 모든 자기 지칭 문장의 원조는 크레타 출신의 에피메니데스가 했다는 '모든 크레타 사람은 거짓말쟁이다'라는 말이다. 이 말에서 에피메니데스는 자기를 지칭할 뿐더러 반박한다. 만일 그가 참말을 하는 것이라면, 그는 거짓말을 하고 있으며, 만일 그가 거짓말을 하는 것이라면, 그는 참말을 하고 있는 것이다. 에피메니데스의 발언—이른바 '거짓말쟁이 역설'—은 아주 다양하게 재해석되었다. 예컨대 이런 역설도 있다. 다음 질문에 예/아니오로 답해보라. "당신이 곧 내뱉을 말은 '아니오'일까요?"

버트런드 러셀은 자기 지칭적 역설 하나가 프레게의 프로젝트에 심각한 피해를 입히고 어쩌면 완전히 붕괴시킨다는 것을 깨달았다. 집합을 산술의 기초로 삼아서 얻는 아름다움은 집합이 이해하기 쉬운 개념이라는 것에서 비롯된다. 집합이란 간단히 항목들의 집단이다. 그러나 러셀은 다음과 같은 집합을 고안했다.

자기 자신을 원소로 가지지 않는 모든 집합들의 집합

거의 모든 집합은 자기 자신을 원소로 가지지 않는다. 구두들의 집합은 구두가 아니다. 그러나 자기 자신을 원소로 가진 집합들도 있다. 예컨대 개념들의 집합은 그 자체로 개념이다. 이제 러셀이 고안한 집합을 살펴보자. 그 집합은 자기 자신을 원소로 가질까? 만일 그렇다고 전제하면, 우리는 그 집합이 자기 자신을 원소로 가지지 않는다는 결론을 내릴 수밖에 없다. 반대로 그렇지 않다고 전제하면, 그 집합이 자기 자신을 원소로 가진다는 결론이 불가피하다! 그 집합은 자기모순으로 붕괴한다. 러셀은 작은 마을의 이발사를 비유로 들었다. 이발사는 이발소 벽에 이런 원칙을 써붙였다. '나는 스스로 면도하지 않는 사람만 면도한다.' 그 이발사는 누구에게 면도를 받아야 할까? 만일 그가 스스로 면도한다면, 저 원칙에 따라서 그는 그 자신을 면도하지 말아야 한다. 거꾸로 그가 스스로 면도하지 않는다면, 그는 그 자신을 면도해야 한다. 요컨대 그는 자기모순의 무한 순환에 빠질 수밖에 없다.

러셀의 역설은 프레게가 상상한 것과 같은 집합들이 논리적으로 튼튼한 토대로서 산술을 떠받치기에는 역부족임을 보여준다. 자기 지칭은 프레게의 시스템이 자기모순에 오염될 가능성을 열어놓는다. 그러나 러셀은 결함이 있다며 프레게의 프로젝트를 배격하기는커녕 그 프로젝트의 가장 열렬한 옹호자가 되었다. 수학을 튼튼한 논리적 토대 위에 올리겠다는 꿈은 너무나 매혹적이어서 도저히 포기할 수 없었다. 이후 10년 동안 러셀은 동료 알프레드 노스 화이트헤드와 함께 프레게의 시스템을 수정하는 작업에 매달렸다. 그들은 집합을 수의 토대로 삼을 수 있다는 프레게의 전제를 받아들였다. 그러나 자기 지칭의 역설을 제거하기 위하여 그들은 집합들의 위계를 엄격하게 설정할 것을 제안했다. 1층에는 책이나 고양이 같은 대상들이 있다. 2층에는 1층 대상들을 원소로 가진 집합들이 있다. 예컨대 내 서가의 책들, 또는 내가 사는 동네의 고양이들이 있다. 3층에는 2층 대상들을 원소로 가진 집합들이 있다. 이를테면 수학 분야의 서가들, 또는 동네별로 무리지어 모인 런던 고양이들이 있다. 이런 식으로 위계를 설정하면, 한 집합은 바로 위층 집합의 원소만 될 수 있으므로 절대로 자기 자신의 원소가 될 수 없다. 따라서 러셀의 역설은 발생할 수 없다.

러셀과 화이트헤드는 표기법을 도입하고 정의들과 공리들을 극도로 꼼꼼하고 신중하게 정식화했다. 최대한 단순하고 명확한 서술을 추구했지만, 그들은 결국 수학사의 주요 저작 가운데 가장 난해한 축에 드는 책을 썼다. 그들은 379페이지에 이르러서야 비로소 $1 + 1 = 2$라고 단언할 수 있었다. 그 책 『수학 원리Principia Mathematica』의 원고를 받은 출판업자는 출판을 거절했다. 그 원고를 이해할 수 있는 독자를 찾을 수 없기 때문이었다. 러셀과 화이트헤드는 출판 비용을 스스로 댔다. 『수학 원리』를 쓰는 일이 정신적으로 워낙 힘들었던 탓에 러셀은 수학이나 논리학에 관한 글을 다시는 쓰지 않았다.

폴란드 논리학자 알프레드 타르스키는 러셀이 말한 집합의 위계와 무척 유사한 언어의 위계를 설정하여 거짓말쟁이 역설을 해결하자고 제안했다. 1층 언어가 있고, 1층 언어의 문장들에 관해서 이야기하는 2층의 '메타언어'가 있고, 2층 메타언어의 문장들에 관해서 이야기하는 3층의 메타-메타언어가 있는 식이다. 한 문장의 진위는 다음 메타층에서만 논의할 수 있다. 따라서 한 문장이 스스로 자신에게 진위를 부여하는 것은 무의미하다. 앞서 러셀이 설명했듯이, 만일 에피메니데스가 '나는 n층의 거짓말을 하고 있다'라고 말한다면, 그는 거짓말을 하고 있는 것인데(왜냐하면 그는 $n + 1$층의 언어를 구사하고 있으므로), 정확히 말해서 $n + 1$층의 거짓말을 하고 있는 것이다.

논리학자뿐만 아니라 코미디언도 메타언어에 의지한다. 재담이 실패로 돌아가면, 그 재담에 관한 재담으로 분위기를 살리는 것이 흔히 가능하다.

『수학 원리』는 거의 아무도 읽지 않아서 책이라기보다 두꺼운 받침대 같은 존재로 남아 있다. 그러나 산술의 공리적 토대를 역설 없이 제시하겠다는 그 책의 목표는 다른 학자들에 의해 열정적으로 수용되었다. 오늘날 공리적 집합론은 20세기 초의 위대한 지적 성취의 하나로 여겨진다. 공리적 집합론은 수학, 논리학, 철학 분야의 훌륭한 연구들로 이어졌다. 집합론의 표준 공리 시스템을 일컬어 ZFC라고 한다. 이 약자는 수학자 에른스트 체르멜로Ernst Zermelo, 아브라함 프렝켈Abraham Fraenkel, 그리고 '선택 공리axiom of choice'에서 따온 철자들로 만든 것이다. 선택 공리란, 만일 집합들이 무한히 많이 있고 각 집합의 원소가 하나 이상이라면, 각 집합에서 원소를 하나씩 뽑아서 새로운 집합을 만들 수 있다는 것이다. 이 공리는 충분히 이치에 맞는 듯하지만 엄청난 논란거리였다. 집합론에서 가장 뜨겁게 벌어진 논쟁 하나는 선택 공리를 시스템에 수용하느냐 마느냐에 관한 것이었다. 왜냐하면 그 공리를 수용하면 아주 이상한 일들이 벌어지기 시작하기 때문이다.

'스코티시 카페'에서 햄 샌드위치 정리를 증명한 스테판 바나흐와 러셀 풍의 언어 위계를 제안한 논리학자 알프레드 타르스키는 선택 공리를 받아들이면 아래 정리도 받아들여야 함을 증명했다.

> 속이 꽉 찬 공(구체球體)을 유한한 개수의 조각들로 분할한 다음에 다른 방식으로 재조립하여 원래 공과 똑같은 공을 2개 만들 수 있다.

이 정리는 '바나흐-타르스키 역설'이라는 이름으로 더 잘 알려져 있다. '역설'이라는 표현은 이 정리가 물리학법칙들을 위반하는 것처럼 보이기 때문에 붙었다. 그러나 이 정리의 증명은 논리적 모순을 포함하지 않는다. 물론 물리적인 재조립은 불가능하다. 왜냐하면 조각들 각각이 연속적인 내부를 가진 파편이 아니라 제각각 흩어진 무한히 많은 점들의 집합이기 때문이다. 그럼에도 바나흐-타르스키 역설은 충격적이다. 이 정리에 따르면, 임의의 입체를 분할하고 재조립하여 임의의 다른 입체로 만들 수 있다. 예컨대 완두콩으로 태양을 만들 수도 있다. (이런 기괴한 결론에도 불구하고 오늘날 거의 모든 수학자는 선택 공리를 받아들인다.)

뜻밖의 결론에 이르는 이야기가 재담이라면, 바나흐-타르스키 역설은 수학에서 가장 훌륭한 재담이다.

1970년대 후반, 내가 여덟 살이었을 때, 수학 교육의 초점이 수에서 집합으로 옮겨갔다. 나는 그때를 생생히 기억한다. 점 몇 개를 둘러싼 동그라미 하나가 한 집합이었고, 또 다른 집합은 점 몇 개를 둘러싼 또 다른 동그라미였다. 우리는 한 집합의 점과 다른 집합의 점을 선으로 연결하곤 했다. 그러면 어느 집합에 더 많은 점이 있는지 알 수 있었다. 그런데 나는 그런 시시한 일을 왜 하는지 전혀 몰랐다. 내가 생각하기에 선생들도 몰랐다. 한 1년쯤 지나자 집합은 수업에서 사라졌고, 나는 대학교 2학년이 되어서야 집합과 재회했다. 당신이 1960년대나 1970년대, 또는 1980년대에 학교에 다녔다면, 어쩌면 나처럼 집합론을 잠깐 접했을 수도 있겠다. 집합론이 교과 과정에 포함된 사연은 20세기의 가장 생산적인 수학자 니콜라 부르바키까지 거슬러 올라간다.

1939년에 부르바키는 『수학 원본*Elements de Mathematique*』이라는 야심적

인 총서의 첫 권을 출판했다. 그는 이렇게 썼다. "과거에는 수학의 각 분야가 나름의 특수한 직관들에 의존하여 나름의 개념들과 주요 진리들을 얻는다고 생각했지만… 요새는 사실상 인류의 수학 전체를 단일한 원천인 집합론에서 논리적으로 끌어내는 것이 가능하다고 알려져 있다." 총서의 제목은 유클리드를 염두에 두고 지은 것이다. 『기하학 원본』이 고대 그리스의 수학 지식을 점과 선의 속성들에 기초한 공리적 시스템으로 정식화한 것처럼 『수학 원본』은 현대 수학 지식을 집합의 속성들에 기초한 공리적 시스템으로 정식화하는 것을 목표로 삼았다. 제목에 포함된 단어 '수학mathematique'을 (영어 mathmatics, 프랑스어 mathematiques처럼 복수가 아니라) 단수로 표현한 것은 수학의 통일성에 대한 부르바키의 믿음을 강조하기 위함이었다. 『수학 원본』은 집합론뿐만 아니라 대수학, 해석학, 위상수학 등의 다양한 분야를 다루는 책 수십 권으로 이루어졌다. 총서 전체는 분량이 7000페이지를 넘으며 20세기의 가장 중요한 과학 저작의 하나로 꼽힌다. 또한 부르바키는 한 가지 독특한 특징 때문에 동시대인들 사이에서 유일무이했다. 그는 실존 인물이 아니었다.

1930년대 초반, 일군의 젊은 프랑스 수학자들은 자신들이 사용하는 대학 교과서들이 시대에 뒤쳐졌다는 판단 아래 새로운 교과서를 공동 집필하기로 결심했다. 그들은 프랑스 장군 샤를 드니 부르바키의 이름을 따서 니콜라 부르바키를 자신들의 필명으로 삼기로 했다. 부르바키 장군은 1862년에 그리스 왕위에 오를 기회를 거절하였으며 프랑스-프로이센 전쟁에서 치욕적인 패배를 당한 후 권총 자살을 시도했으나 실패한 인물이다. 니콜라 부르바키는 '땡땡의 모험'(1930년에 첫 권이 나온 프랑스어 만화—옮긴이) 시리즈 중 한 권인 『푸른 연꽃』에 나오는 나라인 '폴다비아Poldavia' 출신이라고 그 수학자들은 말했다. 그들은 정체를 감추는 것을 규율로 삼았고 50세가 되면 의무적으로 퇴역했다. 거의 같은 시기에 르보프의 '스코티시 카페'에 모인 폴란드 수학자들과 마찬가지로 부르바키 집단은 수학과 놀이의 융합을 즐겼다. 첫 정기 모임을 시골에서 갖는 동안, 몇몇 회원들은 근처 호수에 가서 발가벗고 "부르바키!"라고 외치며 물에 뛰어들었다.

그러나 부르바키의 수학은 더없이 진지했다. 그 집단은 고유의 집필 방법을 고안하여 사용했기 때문에 책 한 권을 쓰는 데 여러 해가 걸렸다. 한 권을 쓸 때마다 그 내용에 대해서 오래 토론한 뒤에 한 회원이 원고를 작성했다. 그 다음 모임에서 회원들은 그 원고를 꼼꼼히 검토했다. 모든 대목이 모든 회원의 승인을 받아야 했다. 책의 스타일도 유일무이했다. 그 총서의 목표는 모든 것을 최초 원리들로부터, 물리적이거나 기하학적인 직관에 전혀 기대지 않고 도출하는 것이었다. 그림은 오해를 일으킬 수 있다고 생각하여 사용하지 않았다. 그 집단의 창립 회원인 앙드레 베유는 이렇게 말했다. "인간에게 죽음이 불가피하듯이, 수학자에게는 엄밀함이 불가피하다." 비유나 여담, 생략, 스케치, 독자를 위한 연습문제 따위는 없었다. 공리적 순수성에 대한 고집이 얼마나 강했던지, 첫 권에서 무려 200페이지가 지난 다음에야 비로소 수 1의 정의가 그마저도 축약된 형태로 나온다. (완전한 형태의 정의는 수만 개의 기호를 필요로 할 것이라고 그 책은 말한다. 1999년에 영국 집합론 연구자 마티아스는 부르바키의 방법으로 1을 정의하려면 기호 4,523,659,424,929개와 기호들 사이의 연결 1,179,618,517,981개가 필요할 것이라고 주장했다.)

총서의 구조도 매우 치밀했다. 각 권에서는 앞선 권들의 내용만 인용할 수 있고 다른 저자의 책에 나오는 내용은 아무것도 인용할 수 없었다. 그리하여 총서는 집합론에 기초를 둔 거대한 논리적 구조물을 이뤘다. 부르바키 집단의 회원들은 비록 젊었지만 모두 성공한 수학자들이었으며 각자 독립적으로도 저서를 출판했다. 가장 유능한 회원은 아마도 철학자 겸 활동가 시몬 베유의 오빠인 앙드레 베유였을 것이다. 『수학 원본』의 첫 권이 출판된 1939년, 제2차 세계대전이 터지자 베유는 핀란드로 도피했다. 경찰은 그가 헬싱키에 마련한 아파트를 급습하고 그를 첩자 혐의로 추방했다. 러시아어로 쓴 (수학에 관한) 편지 한 통과 폴다비아 왕립아카데미 소속 니콜라 부르바키의 명함 한 통을 발견했기 때문이었다. 프랑스로 송환된 베유는 병역의 의무에 따르지 않았다는 이유로 감옥에 갇혔다. 그는 수감 생활을 즐겼다. "나의 수학 연구가 나의 가장 비현실적인 희망을 능가할 정도로 진전하고 있다. 약간 걱정될 지경이다"라고 그는 아내에게 썼다. "내 연구가 감옥에서만 이렇게 잘 된다면, 매년 두세 달을 감옥에서 보낼 방법을 궁리해야 하지 않을까?"

『수학 원본』의 2권은 1940년에, 3권은 1942년에 나왔다. 후속 출판은 전쟁으로 한동안 중단되었다가 1940년대 후반에 다시 이어졌다. 옛 집단이 연령 제한에 도달함에 따라 새 집단이 구성되었고, 책들은 계속 출판되었다. 1950년대에 이르자, 부르바키 총서는 프랑스의 대학교 수학을 지배하고 있었다. 그 지배는 그후로도 20년 동안 지속되었다. 부르바키 집단은 마피아를 닮아가기 시작했다. 회원들과 전회원들—프랑스 최고의 수학자 다수를 포함했다—은 대학교에서 최고의 지위에 올랐다. 부르바키는 영어권에서도 상당한 영향력을 발휘했다.

부르바키의 전성기는 냉전이 심해지던 때와 일치했다. 서방세계의 정부들은 최초의 인공위성 스푸트니크를 막 성공적으로 발사한 소련을 따라잡기 위해 과학 교육의 정비가 필요하다고 느꼈다. 직관과 문제 풀이보다 추상적·형식적 구조가 더 중요하다는 부루바키의 이데올로기는 대학교에서 하급 학교들로 전파되었다. 정치인들과 교육자들은 집합론에 기초를 둔 교과 과정이야말로 공산주의의 위협에 맞설 대책이라고 판단했다. 그리하여 수학 교육이 개혁되었고, 1960년대와 1970년대에 한 세대의 아이들은 '새로운 수학new maths'을, 집합의 재미를 접했다.

그후 대학교 강의와 학교 수업에서 부르바키의 직접적인 영향력은 점차 잦아들었다. 프랙털 연구처럼 컴퓨터와 시각 이미지에 의존하는 연구 분야들은 형식적 구조에 대한 부르바키의 집착을 시대에 뒤처진 것으로 보이게 만들었다. 지난 몇십 년 동안 수학은 자신을 고립시킴으로써가 아니라 다른 과학들과 교류함으로써 발전했다. 그 결과, 아이들은 이제 더는 집합론을 배우지 않는다. 그러나 소멸했다는 소문이 무색하게도 어느새 80회 생일을 앞둔 니콜라 부르바키는 여전히 생생하게 살아 있다.

현재 부르바키 집단의 핵심은 다섯 명의 수학자이다. 나는 파리 룩셈부르크공원 건너편의 한 카페에서 그중 한 명을 만났다. 비밀 유지는 여전히 그 집단의 규율이므로, 내가 말해도 되는 것은 그가 턱수염을 기르고 자주색 셔츠에 밀짚모자를 쓴 모습이었다는 것이 전부이다. 또한 그는 저명한 교수이다. 나는 그가 부르바키 회원이라는 것을 얼마나 많은 사람들이 아느냐고 물었다. "많은 동료들이 빤히 알지만, 나는 인정하지 않습니다. 부르바키에 대해서 불만을 품은 사람들이 많아요"라고 그는 말했다. "어떤 이들은 부르바키가 이제껏 무용했으며 없어져야 한다고까지 말하죠."

『수학 원본』 총서 가운데 가장 최근에 나온 책은 대수학에 관한 것으로, 2012년에 출판되었다. 위상수학을 다루는 신간은 지금 준비 중이다. 부르바키에 대한 반론은 그 집단의 엄밀성에 대한 강박이 궁극적으로 프랑스 수학에 해를 끼쳤다는 것이다. 『수학 원본』 총서는 난해해서 교재로 부적절하며 창의성과 직관의 여지를 남겨두지 않는다는 비난을 받는다. "심지어 가까운 동료들도 그 총서가 오늘날의 수학자들에게 필요한 책들은 아니라고 믿어요"라고 그 자주색 셔츠가 말했다. 당신도 그렇게 믿느냐고 내가 물었다. "확실히 대답할 수 없습니다. 그러나 이런 유형의 작업—우리는 모두 모여서 함께 꼼꼼히 읽고 모든 사람이 반론과 수정안을 내놓을 기회를 보장받아요—에서 예사롭지 않은 결과물이 나온다는 것만큼은 확실해요. 그 결과물이 좋은 것이기를 바랍니다. 그 책에 담긴 아이디어들은 많은 사람들에게서 유래했어요. 수학자는 모든 것을 혼자 힘으로 할 수 없습니다."

나는 부르바키가 추구하는 수준의 엄밀함이 시대에 뒤처졌다고 생각하지 않느냐고 물었다. "엄밀함은 과거 어느 때보다 지금 더 중요하다고 나는 생각합니다"라면서 그는 이렇게 덧붙였다. "엄밀함과 건조함dry은 달라요. 우리는 엄밀하되 건조하지 않으려고 노력합니다." 솔직히 그는 오늘날의 모든 대학 교과서들이 부르바키의 덕을 보았다고 믿는다. "부르바키 총서의 기준에서 볼 때 자신의 증명이 엄밀하지 않음을 인정하는 것은 오늘날 표준적인 관행입니다. 어떤 의미에서 수학자들이 실제로 지키는 엄밀성의 수준이 바로 부르바키의 수준이에요." 그러나 그는 총서의 첫째 권에 대한 비판 중 하나는 수용한다. "부르바키 총서 중 일부는 좋아요. 또 일부는 대단히 좋죠. 그러나 집합론 책은 쓰레기예요." 부르바키가 1을 정의하는 방식을 내가 언급하자 그는 고개를 끄덕인다. "바로 그 부분이 나빠요. 1이 무엇인지 알 필요가 없거든요. 1을 가지고 무엇을 할 수 있는지를 알아야 해요."

그러나 나는 그 대담을 통해서 그가 부르바키 회원으로서 엄청난 자부심을 가졌음을 느꼈다. 그는 갓 임용된 30세의 교수 신분으로 첫 지령을 받았다. 니콜라 부르바키가 그에게 루아르 지방의 한 성에서 곧 열릴 모임에 참석하라고 명령했다. 지령을 받으면 거의 모든 사람이 따르는데, 지령을 받은 극소수의 여성들은 모두 거절했다고 그는 말했다. 이제 부르바키 집단의 원숙한 회원인 그는 그 집단이 원래 설정한 목표의 달성에 기여해야 한다는 역사적 의무감을 느낀다. 그 목표는 『수학 원본』 총서를 완간하는 것이다. 마지막 책 네 권이 계획되어 있다. 그가 50세가 되어 퇴역하기 전에 그 책들이 출판될 가망은 낮음을 그는 안다. 연령 제한은 유익하다고 그는 말했다. 그 덕분에 집단이 활력을 유지한다는 것이다.

집합론은 수학의 토대를 마련하는 한 방법이다. 또 하나의 방법은 지금 실행되는 중이다. 이 방법은 컴퓨터를 이용한다. '증명 조수proof assistant'란 증명 속의 논리적 추론이 옳은지 점검하는 소프트웨어이다. 이 소프트웨어를 옹호하는 사람들은 컴퓨터가 모든 수학을 증명할 날이 오기를 열망한다. 그날이 오면, 주어진 정리가 참인지 거짓인지 알고 싶은 사람은 버튼 하나만 누르면 될 것이다.

컴퓨터의 도움으로 증명된 최초의 주요 정리는 '4색 정리'이다. 앞서 우리는 모든 선긋기 낙서의 '2색 칠하기'가 가능함을 보았다. 즉, 우리는 두 가지 색으로 임의의 선긋기 낙서를 색칠하되 인접한 두 구역이 같은 색으로 칠해지는 일이 절대로 없게 색칠할 수 있다. 남아프리카 출신의 프란시스 거스리는 1852년 런던에서 영국의 카운티 지도를 색칠하고 있었다. 그는 인접한 카운티들이 같은 색으로 칠해지는 경우가 없도록 하려면 네 가지 색이 필요함을 깨달았다. 실험해보니 네 가지 색만 있으면 모든 지도를 그런 식으로 칠할 수 있는 듯했다. 그러나 100년이 넘는 세월 동안 어느 누구도 그 사실을 증명할 수 없었다. 마침내 1976년에 일리노이대학교의 케네스 아펠과 볼프강 하켄이 슈퍼컴퓨터를 이용하여 모든 가능한 지도를 검토함으로써 그 증명을 해냈다. 수학자들의 반응은 뜨악했다. 원리적으로는 증명의 모든 단계를 검사할 수 있어야 마땅했다. 그러나 4색 정리를 증명한 컴퓨터는 너무 많은 계산들을 수행했기 때문에 그것들을 일일이 검사하기가 불가능했다. 요컨대 그 증명은 유클리드 이래로 존속해온 증명의 패러다임을 위반했다. 그러나 그 증명에 대한 철학적 반발 외에 더 실질적인 다른 우려들도 제기되었다. 프로그램은 흔히 버그bug로 가득 차 있다. 아펠과 하켄은 자신들의 소프트웨어에 버그가 없음을 어떻게 확신할 수 있을까? 확신할 수 없다. 실제로 그들의 증명에서 계속 컴퓨터 오류가 발견되고 있다. 물론 그 오류들이 모두 수정되기는 했지만 말이다. 1995년에 프린스턴대학교의 한 연구팀이 4색 정리에 대한 더 매끄러운 형태의 컴퓨터 증명을 내놓았다. 이어서 영국 케임브리지 마이크로소프트연구소Microsoft Research Cambridge의 조지 곤티어Georges Gonthier는 2004년에 그 증명을 한 '증명 조수'를 이용하여 검토했다. 이를 위해 그는 모든 개념들을 그 증명 조수가 이해할 수 있는 특수한 프로그래밍 언어로 번역해야 했다. 이제 질문은 이것이다. 그 증명 조수에 버그가 없음을 어떻게 확신할 수 있을까? 완전히 확신할 수는 없다. 그러나 원래 증명에 버그가 없다는 것보다는 그 증명 조수에 버그가 없다는 것을 더 강하게 확신할 수 있다. 왜냐하면 그 증명 조수는 다른 많은 작업에서 성능이 입증되었기 때문이다. 4색 정리의 증명은 현재 수학에서 가장 철저히 검증된 증명들 중 하나이다.

컴퓨터 의존 증명computer-aided proof에 대한 초기의 저항이 잦아든 지금, 대다수의 수학자들은 그런 유형의 증명을 받아들인다. 심지어 일부 수학자들은 언젠가 모든 정리가 보편적인 증명 검증 컴퓨터 언어로 번역되고, 모든 증명 가능한 수학 지식을 포함한 거대한 형식적 시스템이 창조되고, 그 시스템 안에서 모든 명제가 기본 코드로부터 엄밀하게 도출되는 날이 오기를 꿈꾼다. 그날이 오면, 우리는 모두 발가벗고 "부르바키!"라고 외치며 호수에 뛰어들어야 마땅하다.

컴퓨터는 증명을 바꿔놓았다. 또한 새롭고 매혹적인 수학 분야들의 발생을 촉진했다.

10장
세포 짝꿍

런던의 어느 싸늘한 날, 나는 한 남자와 만나 우주선에 대해서 이야기했다. 폴 채프먼은 이탈리아 식당 바깥에 어두운 색 코트 차림으로 앉아 있었다. 그의 밀짚모자가 벽에 설치된 전열기의 불빛 아래에서 오렌지색으로 빛났다. 헝클어진 회색 수염 위로 큼직한 무테안경, 그 위로 검은 눈썹이 안경테처럼 보였다. 폴은 '생명 게임Game of Life'이라는 수학 놀이에 몰두하는 배타적인 집단의 회원이다. 그는 그 집단의 최신 발견을 나에게 이야기하고 싶어 안달했다.

그가 "최고의 뉴스를 말씀드리죠"라고 힘주어 말하더니 주머니에서 검은색 수첩을 꺼내 너덜너덜한 페이지를 펼쳤다. "어디를 가든지 늘 가지고 다니는 수첩입니다." 생명 게임은 40년 전에 케임브리지대학교의 젊은 강사 존 콘웨이가 발명했다. 그는 정사각형 격자 형태의 우주를 상상하고 그 우주를 지배하는 법칙들을 정했다. 그 우주에 나타나는 패턴들은 현란하고 예측할 수 없게 진화하고 변이한다. '심지wick' '포gun' '기차puffer' '우주선spaceship' 등의 대상들은 그 우주를 대중에게 널리 알리는 구실을 한다. 폴이 펼친 페이지에는 거의 100만 개의 미세한 정사각형들로 이루어진 우주선 '제미니Gemini'가 그려져 있었다. 그것은 이제껏 구성된 생명 게임 패턴 가운데 가장 크고 복잡한 축에 든다. 제미니는 청어 가시로 만든 다이아몬드처럼 보였다. 폴은 다양한 구역들을 가리키며 그 패턴이 왜 그토록 특별한지 열심히 설명했다. 제미니는 자기 복제 능력을 가진 최초의 구조물이다. 즉, 제미니는 자신과 똑같은 복제본을 만들어낼 수 있다. 요컨대 그 우주선은 살아 있다. 생명 게임이 마침내 생명을 낳은 것이다. "정말 놀라운 일입니다"라고 폴은 말했다. "우리가 이 패턴을 40년 만에 발견하다니."

수학적 격자를 가지고 꼼꼼히 살필 가치가 있는 패턴을 산출할 수 있다는 생각은 최소한 '에라토스테네스의 체'까지 거슬러 올라간다. 앞서 언급했듯이 에라토스테네스는 지구의 크기를 최초로 꽤 정확하게 측정한 그리스 지식인이다. 에라토스테네스의 체는 소수를 찾아내는 절차이다. 구체적으로 설명하면 다음과 같다. 우리는 1보다 큰 수들을 차례로 짚어가면서, 매번 짚은 수의 배수들을 제거한다. (이 방법은 1장에서 등장한 자폐인 서번트 제리 뉴포트의 소인수분해 방법과 매우 유사하다.) 이 과정에서 우리가 처음 짚게 되는 소수는 2이다. 이때 우리는 나머지 모든 짝수를 제거한다. 둘째 소수는 3이다. 따라서 우리는 3의 배수들을 모두 제거한다. 4는 짝수이므로 이미 제거되었다. 따라서 다음 소수는 5이다. 이런 식으로 제거 작업이 계속 진행된다.

1부터 100까지의 수들을 6행짜리 격자로 배열하고 제거할 수들에 직선을 그으면, 에라토스테네스의 체를 우아하게 표현할 수 있다. 다음 그림을 참조하라. 2 옆으로 그은 수평선, 4와 6을 통과하는 수평선들은 짝수들을 제거하고, 3 옆으로 그은 수평선은 3에 홀수를 곱한 수

1	7	13	19	25	31	37	43	49	55	61	67	73	79	85	91	97
2	8	14	20	26	32	38	44	50	56	62	68	74	80	86	92	98
3	9	15	21	27	33	39	45	51	57	63	69	75	81	87	93	99
4	10	16	22	28	34	40	46	52	58	64	70	76	82	88	94	100
5	11	17	23	29	35	41	47	53	59	65	71	77	83	89	95	
6	12	18	24	30	36	42	48	54	60	66	72	78	84	90	96	

에라토스테네스의 체

들을 제거한다. 두 부류의 대각선들은 5의 배수들과 7의 배수들을 제거한다. 더 이상의 직선은 필요하지 않다. 왜냐하면 임의의 수 n 이하의 소수들을 찾아내려 한다면, $\sqrt{n}$ 이하 소수들의 배수들만 제거하면 되기 때문이다. 이 경우에 $n = 100$이므로, 우리는 10 이하의 소수들만 따지면 된다.

위 격자는 말끔하고 편리하다. 모든 소수가 첫째 행이나 다섯 째 행에 놓여야 함을 단박에 알려주기 때문이다. 이것은 모든 소수가 6의 배수보다 1만큼 크거나 작음을 의미한다. 그러나 가장 중요한 사실은 이것이다. 소수들의 배열은 예측하기가 불가능하다. 이 사실은 우리가 애당초 에라토스테네스의 체를 거론한 이유이기도 하다. 우리가 위 격자를 한없이 확장하면, 소수들은 첫째 행과 다섯 째 행에 무작위하게 흩어진 모습으로 나타날 것이다. 소수의 정의는 더할 나위 없이 쉬운데, 소수의 분포는 이렇게 예측 불가능하다는 사실은 수학에서 가장 먼저 이루어진 발견들 중 하나이다. 또한 가장 심오하고 놀라운 발견들 중 하나이다.

1963년에 스타니스와프 울람은 54세의 나이가 무색하게도 강의 도중에 딴전을 피우며 선긋기 낙서를 하기 시작했다. 그는 수직선들과 수평선들로 격자를 그리고 중앙의 사각형에서부터 나선을 그리며 바깥쪽으로 나가는 순서로 사각형에 수들을 적었다. 곧이어 소수들에 동그라미까지 친 것을 보면, 그는 그야말로 심심해서 죽을 지경이었던 것이 틀림없다. 소수들의 배열에 간단한 패턴이 없다는 것은 누구나 아는 사실이다. 그러니 그가 어떤 패턴이 나타나기를 기대했을 가능성은 낮아 보인다. 그러나 울람은 새롭고 놀라운 것을 보았다. 다음 페이지의 그림에서 보듯이, 소수들은 대체로 대각선으로 늘어서서 오늘날 '울람 나선'으로 불리는 패턴을 이뤘다. 그는 컴퓨터 프로그램을 짜서 1부터 65,000까지의 수를 나선으로 배열해놓고 소수들의 분포를 살폈다. 그 결과에서도 대각선들이 나타났고, 수평선과 수직선도 희미하게 나타났다. 울람 나선은 무작위한 소음의 밑바탕에 모종의 음악이 있다는 생각을 품게 만들어 우리를 애태운다.

울람은 1930년대에 르보프에서 '스코티시 북'을 공동 집필한 폴란드 수학자들 중 하나이다. 프린스턴 고등연구소의 헝가리 수학자 존 폰 노이만은 1935년에 울람을 미국으로 초빙했고, 울람은 1939년에 미국으로 영구 이주했다. 그로부터 4년 후, 폰 노이만은 당시 위스콘신 대학교에서 일하던 울람에게 지난 번보다 더 이상한 제안을 했다. 뉴멕시코 주에서 진행되는 정체불명의 프로젝트에 동참하라는 것이었다. 울람이 대학 도서관에서 뉴멕시코 주 안내서를 대출해서 보니, 과거 대출자들은 아무 말 없이 사라진 동료들이었다. 그들이 어떤 분야의 전문가들인지 알아본 울람은 자신이 받은 제안의 의미를 알아챘다.

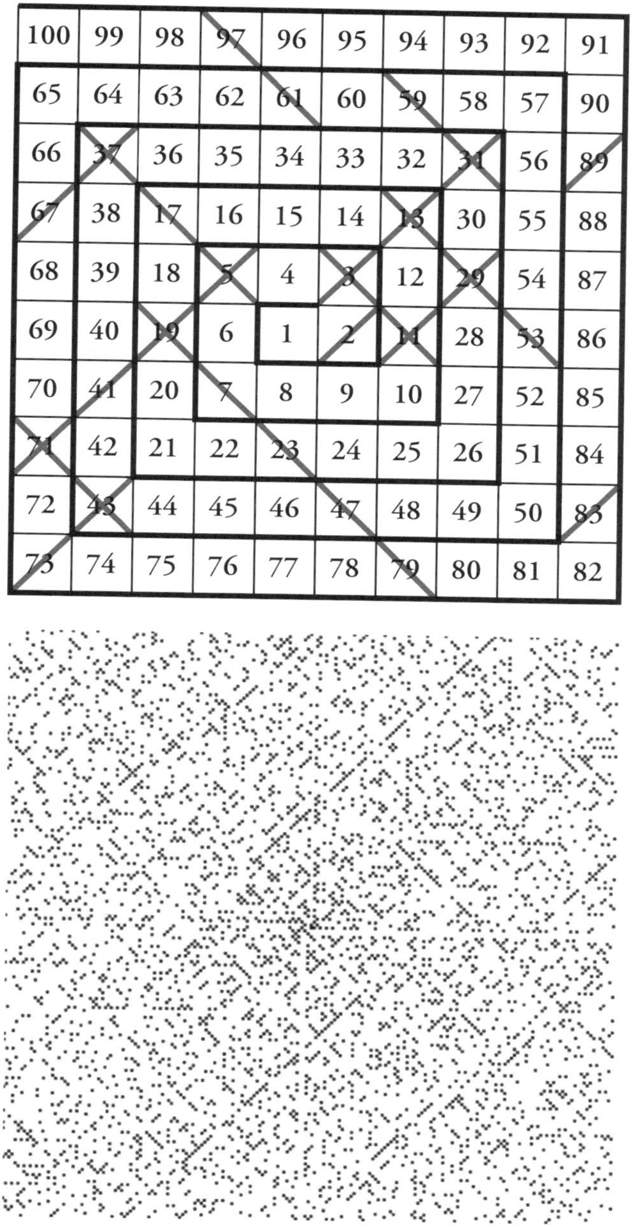

1부터 100까지의 울람 나선(위)과 1부터 65,000까지의 울람 나선(아래)

그리하여 울람은 로스앨러모스에서 진행 중인 맨해튼 프로젝트에 가담했다. 그곳에서 그는 열핵 무기의 개발에 결정적 기여를 하는 한편, 새로운 수학을 개발했다. 물리적 시스템의 행동이 너무 복잡해서 예측할 수 없을 경우, 컴퓨터를 이용하여 수많은 무작위 추측들을 하고 통계학으로 그 결과들을 다듬으면 실제 결과를 상당한 정도로 알아낼 수 있음을 울람은 깨달았다. 어느 날 자동차 안에서 울람은 폰 노이만에게 그 기법을 설명했고, 그 자리에서 '몬테카를로 기법Monte Carlo method'이라는 명칭이 고안되었다. 예컨대 룰렛 구슬이 검은색 칸에 들어갈 확률을 알고자 하는 도박꾼은 방정식을 풀 필요가 없다. 그냥 무작위한 게임을 수백 번 한 다음에 구슬이 검은색 칸에 들어간 횟수를 세기만 하면 된다. 오늘날 몬테카를로 기법은 많은 과학 분야에서 필수적이다. 로스앨러모스에서 시간 여유가 나면 울람은 기분 전환을 위해 격자 패턴에 기초한 솔리테르solitaire 게임들(혼자서 하는 카드 놀이—옮긴이)을 개발했다. 패턴을 산출하는 규칙들을 바꿔보니, 나타나는 모양들을 흥미로운 방식으로 성장하고 변화하게 할 수 있었다. 울람과 폰 노이만은 둘도 없는 짝꿍이었다. 둘 다 동유럽 출신 중상류층 이민자인데다가 유대인 혈통이었으며, 정치적 상황과 엄청난 지적 능력도 두 사람을 결속시켰다. 폰 노이만은 현대세계에 가장 큰 영향을 미친 수학자라고 흔히들 이야기한다. 그는 컴퓨터, 핵폭탄, 게임 이론, 의사 결정에 관한 수학의 아버지들 중 한 명이다. 그의 성격은 그의 성취와 어울렸다. 프린스턴에서 그는 가장 큰 파티를 여는 인물로 유명했다. 파티 도중에 그는 슬그머니 사라져 서재로 가는 일이 잦았다. 왜냐하면 그는 파티의 소음을 들으며 연구하기를 좋아했기 때문이다.

폰 노이만은 자신이 제작 중인 기계들이 가져올 수 있는 결과에 매혹과 두려움을 동시에 느꼈다. 제2차 세계대전 직후에 과학 소설들과 할리우드 영화들은 로봇이 지배하는 미래 세계를 묘사했다. 폰 노이만은 기계가 자신을 복제할 수 있으려면 무엇이 필요한지 알고 싶었다. 그는 호수 위에 떠 있는 로봇에 관한 사고 실험을 했다. 눈 하나와 기계 팔 하나를 가진 그 로봇은 부품들을 찾아내서 자신의 새 버전을 제작할 수 있었다. 그러나 그 사고 실험은 역학적인 문제들 때문에 수렁에 빠져버렸다. 울람은 오로지 복제의 논리적 측면에만 초점을 맞추라고, 기계 같은 현실적 요소는 제쳐두고—울람이 로스앨러모스에서 즐기던 솔리테르 게임들의 패턴과 같은—격자 위의 패턴들에만 주목하라고 조언했다. 대화의 결과로 두 사람은 '세포 자동자cellular automaton'라는 새로운 수학적 개념을 생각해냈다. 간단히 말해서 세포 자동자란 체스판처럼 사각형 세포들로 이루어진 격자이다. 이 격자에서 각 세포의 행동은 이웃 세포들의 상태에만 의존한다. 폰 노이만은 세포 각각이 29가지 상태를 취할 수 있는 세포 자동자를 설계하고, 세포 20만 개로 이루어졌으며 자기 복제력을 가진 한 패턴에 관한 이론을 구성했다. 세포 자동자는 10년 뒤까지도 소수 학자들의 관심사에 머물렀지만, 놀이를 좋아하기로 울람보다 한 수 위인 한 영국 수학자가 세포 자동자에 주목하면서 사정이 달라졌다.

1960년대 케임브리지대학교 수학과 휴게실은 방과 후의 동아리방과 비슷했다. 직원들과 학생들이 항상 그곳에서 보드게임을 하기도 하고 고안하기도 했다. 하도 많은 아이디어가 나오다 보니, 한 교수는 '이름 없는 게임들Games Without Names'이라는 제목의 파일을 만들어 그 아이디어들을 수록하기까지 했다. '게임 없는 이름들Names Without Games'이라는 자매 파일도 만들어졌다. 이런 분위기에서, 리버풀 출신의 주사위놀이 중독자이자 수학계의 샛별인 존 콘웨이는 물 만난 고기였다. 그가 발명한 게임들 중 하나는 사각형 격자에 기초한 세포 자동자였다. 그는 그것을 '생명 게임'으로 명명했다. 그러나 '게임'이라는 표현이 오해를 일으킬 소지가 있다. 생명 게임은 승자나 패자가 없고 심지어 게임을 하는 플레이어도 없다. 이 게임은 4개의 법칙이 지배하는 2차원 우주이다. 게임의 내용은 첫 배열, 즉 초기 패턴을 설정해놓고 그것이 어떻게 진화하는지 관찰하는 것이다.

생명 게임에서 한 세포는 살아 있는 상태이거나 죽어 있는 상태이며 다음 규칙들에 따라 진화한다.

탄생: 살아 있는 이웃을 정확히 3개 둔 죽어 있는 세포는 살아난다.

생존: 살아 있는 이웃을 2개나 3개 둔 살아 있는 세포는 살아남는다.

외로움으로 인한 죽음: 살아 있는 이웃을 0개나 1개 둔 살아 있는 세포는 죽는다.

과밀로 인한 죽음: 살아 있는 이웃을 4개 이상 둔 살아 있는 세포는 죽는다.

세포 각각의 이웃은 총 8개이다. 즉, 변을 공유한 이웃이 4개, 꼭짓점만 공유한 이웃이 4개 있다. 위 규칙들은 동시에 모든 세포들에 적용되며, 한 번의 적용은 한 세대의 이행을 의미한다.

이것이 전부이다. 생명 게임에 관해서 더 설명할 것은 없다.

콘웨이는 패턴들이 너무 빨리 죽거나 성장하지 않고 최대한 흥미롭게 행동하도록 탄생, 죽음, 생존에 관한 규칙들을 정했다. 살아 있는 외톨이 세포를 상상해보라. 그 세포는 한 세대 후에 외로움으로 죽을 것이다. 마찬가지로 인접한 세포 2개로 이루어진 패턴도 한 세대 후에 죽는다. 그러나 살아 있는 세포 3개로 이루어진 모양들부터는 복

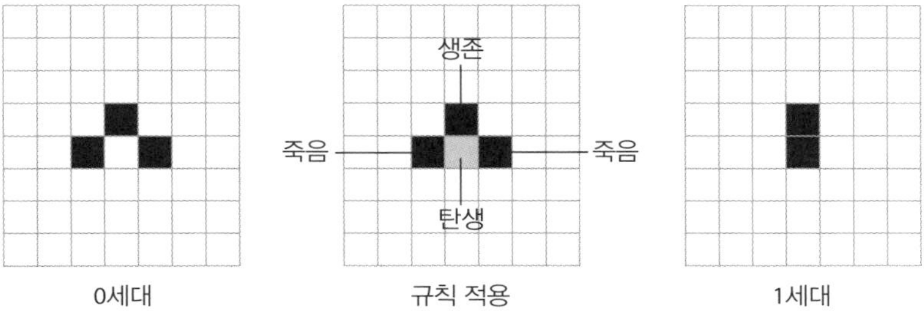

뒤집힌 V자 무늬의 진화

원력을 발휘하여 최소한 한동안 생존한다. 위 그림은 살아 있는 세포 3개로 이루어진 뒤집힌 V자 무늬가 어떻게 진화하는지 보여준다. (살아 있는 세포는 검은색, 죽어 있는 세포는 흰색이다.) 아래쪽의 살아 있는 세포 2개는 살아 있는 이웃을 하나만 두었으므로 위 규칙들을 적용하면 죽는다. 위쪽의 살아 있는 세포는 살아 있는 이웃을 2개 두었으므로 살아남는다. 또 중앙의 죽어 있는 세포는 살아 있는 이웃을 3개 두었으므로 살아난다. 따라서 한 세대가 지나면, V자 무늬가 살아 있는 세포 2개로 이루어진 세로줄이 된다. 그 세로줄은 또 한 세대가 지나면 죽는다.

다음 페이지의 그림은 세포 3개로 이루어진 다른 모양들의 운명을 보여준다. (다음 세대를 전 세대 바로 아래에 그렸다. 사실은 한 격자 안에서 일어나는 변화를 세대별로 나열한 것이다.) 보다시피 2세대에서 두 가지 모양이 죽었다. 반면에 콘웨이가 '블록block'으로 명명한, 세포 4개로 된 정사각형은 모든 후속 세대들에서 변함없이 생존한다. 세포 3개가 일렬로 늘어선 모양은 수평 열이었다가 수직 열로 바뀌고 다시 수평 열로 바뀌기를 반복한다. 이 모양을 '깜빡이blinker'라고 한다. 블록처럼 변화하지 않거나 깜빡이처럼 정해진 패턴들 사이에서 진동하는 패턴을 일컬어 '안정 형태stable form'라고 한다.

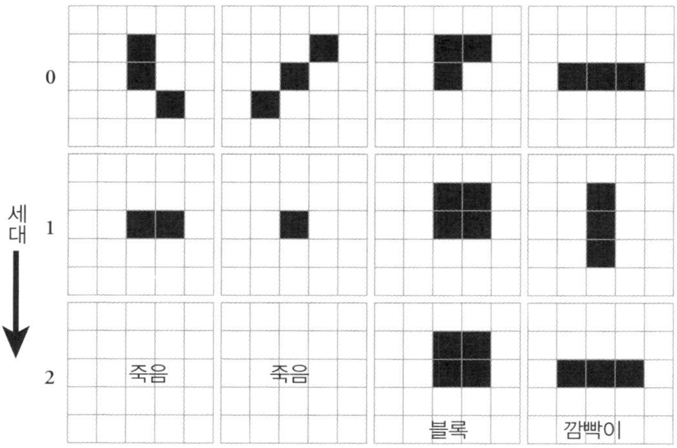

세포 3개로 이루어진 모양들의 운명

컴퓨터 게임 '테트리스'에 등장하는 모양 다섯 가지를 '테트로미노tetromino'라고 하는데, 변이 맞닿은 세포 4개로 이루어진 그 테트로미노들이 어떻게 진화하는지 보면 생명 게임의 묘미를 맛볼 수 있다. 우선 블록은 앞서 보았듯이 변함없이 생존한다. 다음 페이지의 그림은 나머지 네 가지 테트로미노의 운명을 보여준다. 두 세대가 지나면 'I'를 닮은 모양과 'S'를 닮은 모양이 '벌집beehive'이라는 안정 형태가 된다. 'L'을 닮은 모양도 세 세대가 지나면 '벌집'이 된다. 한편, 'T'를 닮은 모양은 폭발적인 에너지로 아홉 세대에 걸쳐 진화하여 깜빡이 4개로 이루어진 '신호등traffic light'이라는 최종 패턴에 도달한다.

생명 게임의 재미는 예측 불가능성에서 나왔다. 여러 세대에 걸쳐 추적하지 않는 한, 단순한 모양들이 어떻게 진화할지조차 알아낼 길이 없었다. 콘웨이와 동료들은 세포들을 손으로 조작하면서 다양한 모양의 진화를 추적했다. 그들은 살아 있는 세포들을 나타내기 위해

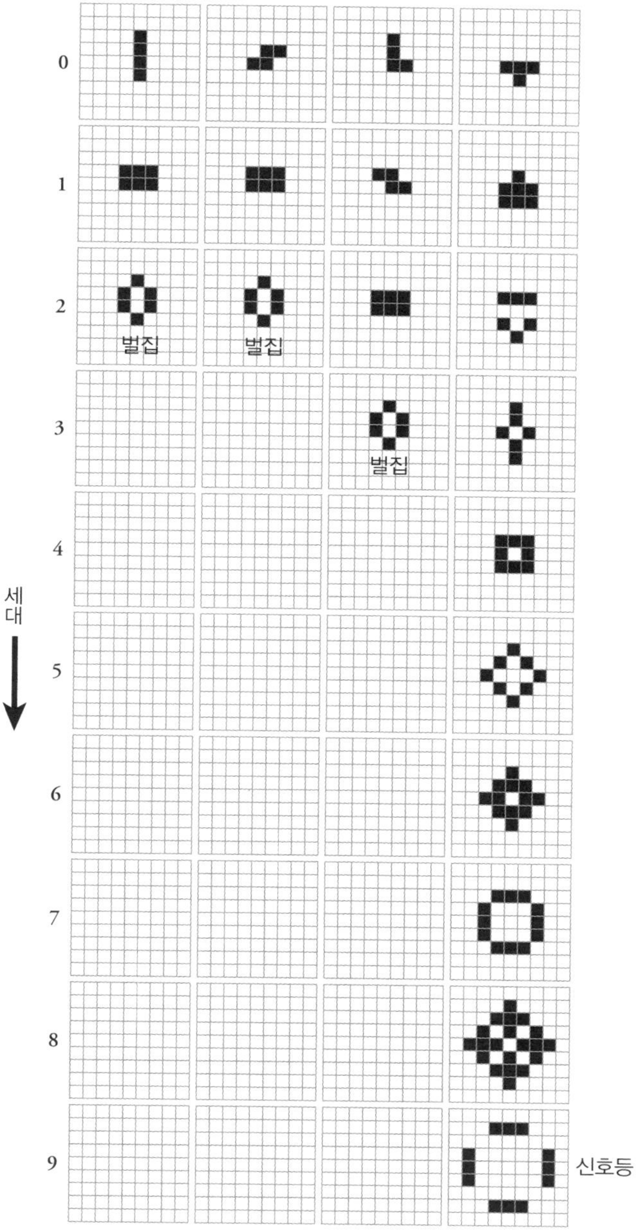

테트로미노들의 운명

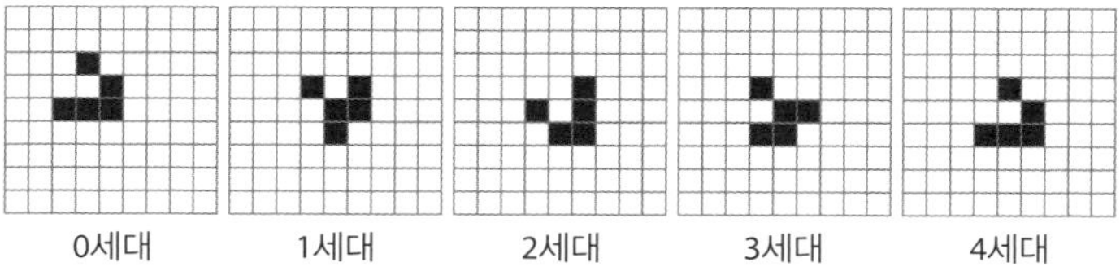

글라이더

바둑판 위의 돌들을 이용했다. 패턴이 성장해서 더 큰 공간이 필요하면 바둑판들을 추가로 잇대어 놓았다. 새로운 안정 형태들이 발견되어 '덩어리loaf' '배ship' '쪽배boat' '뱀snake' 등으로 명명되었다. 때로는 초기 패턴이 죽거나 신속하게 변화하여 익숙한 안정 형태가 되었다. 때로는 초기 패턴이 생명력을 분출하여 모두를 놀라게 했다. 예컨대 (R-펜토미노pentomino)는 겨우 5개의 세포로 이루어졌지만 수십 세대에 걸쳐 진화했고, 69번째 세대에 이르자 놀라운 일이 벌어졌다. 그 초기 패턴에서 세포 5개짜리 모양 하나가 진화했는데, 그 모양이 겪는 진화는 바둑판 위에서의 이동처럼 보였다.

그 새로운 모양은 '글라이더glider'로 명명되었다. 위 그림은 그것의 행동을 보여준다. 두 세대가 지나면 원래 모양을 뒤집은 모양이 나오고, 다시 두 세대가 지나면 모양이 또 뒤집혀 원래 모양이 원래 위치에서 오른쪽으로 한 칸, 아래쪽으로 한 칸 이동한 위치에 만들어진다.

진화가 계속되면, 글라이더는 4세대마다 대각선으로 한 칸씩 이동한다. 이동 경로에 아무것도 없다면, 글라이더는 똑같은 대각선 방향으로 무한정 이동할 것이다. 분류학자로도 유능했을 법한 콘웨이는 글라이더처럼 직선으로 이동하는 패턴들을 새로운 종으로 분류하고 '우주선'으로 명명했다.

1970년에 저널리스트 마틴 가드너는 『사이언티픽 아메리칸』에 장기간 연재한 칼럼에서 생명 게임을 언급하여 콘웨이의 수학적 놀이가 컴퓨터 전문가들 사이에서 국제적인 대유행 품목으로 떠오르는 데 기여했다. 바둑판을 이용하여 생명 게임의 역사를 추적하는 작업은 시간이 많이 걸리고 오류를 범하기 쉬웠다. 컴퓨터를 이용하자, 패턴들을 훨씬 더 오래 관찰할 수 있었을 뿐더러, 스크린이 여러 세대에 걸쳐 변화하는 모습을 보노라면, 그 패턴들이 살아 있는 것처럼 느껴졌다. 살아 있는 세포들이 흩뿌려진 격자는 마치 덧없이 들끓는 죽처럼 보였다. 예컨대 R-펜토미노는 믿기 어렵겠지만 무려 1103세대에 걸쳐 거품처럼 변모하며 배, 쪽배, 덩어리, 벌집 4개, 깜빡이 4개, 글라이더 6개, 블록 8개를 파편으로 남겼다.생명 게임은 규칙이 4개뿐이어서 프로그래밍하기 쉽다. 그러나 그 게임은 기존의 컴퓨터에서 보지 못한 복잡한 행동을 산출했다. 패턴을 설계하고 그것의 변천을 관찰하는 놀이는 대단한 중독성을 발휘했다. 가드너는 1970년대에 미국 산업계에서 그 놀이에 소모된 컴퓨터 사용 시간이 돈으로 따져서 몇백만 달러에 달할 것으로 추정했다. 한 독자는 사무실 책상 밑에 비밀 스위치를 설치하고 동료들이 자리를 비우면 자신의 컴퓨터 스크린을 생명 게임으로 바꾸었다고 가드너에게 털어놓았다.

매사추세츠공대에서 생명 게임은 생활의 일부가 되었다. 비상한 지능을 가졌고 반권위주의적이며 장난을 즐기는 청년들의 친밀한 결속체인 그곳은 그 장난감 우주를 다른 어느 곳보다 더 깊이 탐험하는 것을 사명으로 삼았다. 그 청년들은 최초의 컴퓨터 해커, 원조 테크노 괴짜였다. ('해크hack'라는 영어 단어는 매사추세츠공대의 모형 철도 동아리에서 오로지 재미를 위해 시도하는 변형을 뜻하는 말로 처음 쓰였지만 나중에는 불건전한 프로그래밍 일반을 가리키게 되었다. '디지털 침입'이라는 현재의 뜻은 몇 년 뒤에야 생겨났다.) 해커들의 공동체주의적이며 반권위주의적인 태도는 미국의 신흥 컴퓨터 문화에 영향을 미쳐 스티브 잡스와 빌 게이츠를 비롯한 훗날의 혁신가들에게까지 이어졌다. "계획은 한마디로 야생 생물을 수집하여 길들이는 것이었다"라고 빌 고스퍼는 말했다. 해커들의 왕인 그는 지금 캘리포니아 주 로스알토스에서 수학 강사로 일한다. 고스퍼는 매사추세츠공대의 컴퓨터실에서 생명 게임을 하며 밤을 꼬박 새곤 했다. 거의 2년 동안 그것이 일상사였다.

콘웨이는『사이언티픽 아메리칸』에 상금 50달러짜리 문제를 게재했다. 계속 성장하는 패턴, 살아 있는 세포의 개수가 무한정 증가하는 패턴이 있을까? 고스퍼는 그런 패턴 하나를 발견하여 상금을 받았다. 그가 발견한 '글라이더 포'는 살아 있는 세포 36개로 이루어졌으며 마치 박동하는 심장처럼 부풀고 쪼그라들기를 반복하면서 30세대마다 글라이더 하나를 낳는다. 태어난 글라이더들은 대각선으로 줄지어 날아간다. 마치 포에서 발사된 탄환들의 끝없는 흐름처럼 보인다. 글라이더 포의 발견은 생명 게임 연구의 초점을 동물학에서 물리학으로 바꿔놓았다. 고스퍼와 그 측근의 탐험가들은 수동적으로 식물과 동물을 관찰하는 작업에서 손을 뗐다. 포를 제작하는 일이 새로운 재미로 떠올랐다. 다른 모양들을 향해서 글라이더를 발사하는 포를 포함한 패턴들을 고안하는 작업이 시작된 것이다. 글라이더 2개를 서로를 향해 발사하여 둘 다 흔적없이 사라지게 만드는 것이 가능했다. 마치 탄환 2개가 마법처럼 허공으로 사라지는 것 같았다. "우리는 글라이더들을 가능한 모든 방식으로 충돌시키고 그 결과를 관찰하는 일에 매달렸다"라고 고스퍼는 말했다. "그 다음에는 글라이더들을 충돌시켜서 만든 것들에 또 글라이더를 충돌시키면 무엇이 만들어지는지 보았다." 이 연구에서 고스퍼는 세포 7개로 된 새로운 안정 형태인 '포식자eater'를 발견했다. 글라이더가 포식자와 충돌하면, 글라이더는 사라지는 반면, 포식자는 원래의 제 모습을 되찾았다. 마치 포식자가 글라이더를 잡아먹는 듯했다. 포식자는 근처에 있는 다른 안정 형태들도 잡아먹고 원래의 제 모습을 되찾았다.

포식자는 생명 게임을 현실 세계에 응용할 수 있을 가능성을 시사하는 최초의 단서였다. 이를테면 자기 수리 능력을 갖춘 물건의 설계에 응용할 가능성 같은 것 말이다. 물론 고스퍼는 그런 응용에 전혀 관심이 없었다. 그의 입장에서 글라이더 포와 포식자는 생명 게임을 새로운 단계로 이끄는 길잡이들이었다. 글라이더 수백 개를 이리저리 날아다니게 하고 포식자들을 곳곳에 배치하여 불필요한 잔해들을 청소함으로써 거대한 패턴을 구성하는 '그랜드 프로젝트grand project'의 단서들이었다. 고스퍼가 일찌감치 거둔 성과 하나는 '사육자breeder', 즉 글라이더를 길러내는 패턴이었다. 처음에 사육자는 약 50개의 글라이더를 생산하는데, 생산 속도가 점점 더 빨라져 약 6500세대에 이르면 글라이더 수가 세대의 수를 능가한다.

공유 지식이 증가함에 따라 생명 게임 애호가들이 만들어내는 패턴들은 갈수록 더 믿기 어려워졌다. 내가 가장 좋아하는 패턴 하나는 에라토스테네스의 체의 시뮬레이션이다. 소수를 찾아내는 고대의 메커니즘인 에라토스테네스의 체 말이다. 그것의 시뮬레이션인 '생명 체Life sieve'는 주로 포, 글라이더, 포식자로 이루어졌다. 초기 배열은 살아 있는 세포 5169개를 포함한다. 주요 성분은 '라이트급 우주선lightweight spaceship'이라는 세포 9개짜리 패턴을 일정한 시간 간격으로 수평으로 발사하는 포이다. 우주선들은 글라이더들과 충돌하고, 살아남는 우주선들은 두 번째, 세 번째, 다섯 번째, 일곱 번째, 열한 번째 우주선 등이다. 쉽게 말해서 소수 위치의 우주선들이 살아남는다(자세한 설명과 그림은 부록 8 참조).

내가 생명 체를 좋아하는 이유는 그것이 가장 오래된 수학적 알고리즘을 글라이더 함대와 우주선 전단의 전투로 변환하기 때문이다. 생명 체를 보노라면, 마치 과학 소설 속 전투 장면, 또는 어쩌면 특별히 수학에 재능이 있는 개미 집단의 진화를 보는 듯하다. 당신이 생명 체의 초기 패턴을 제작한 다음에 아무런 개입 없이 그냥 방치하면 어떻게 될까? 그 패턴은 이론적으로 영원히 진화하면서 소수 위치의 우주선들을 무한정 방출할 것이다.

고스퍼는 최고의 패턴들을 두고 "아찔할 정도로 기발하다"고 말했다. "(패턴 만들기를) 시도하는 사람들은 그것이 얼마나 어려운지 금세 깨닫고 나서 성공 사례를 보면 엄청난 존경심을 느낀다. 충분히 집중하려면 거의 미친 것처럼 빠져들 필요가 있다." 1970년대 이래로 창조된 수백 개의 놀라운 패턴들 중에는 π의 값을 계산하는 패턴도 있다. 이 패턴의 발명자는 영국의 10대 청소년 애덤 구처이다. 이쯤 되면, 아직 성취할 것이 남아 있을지 의문이다. "생명 게임은 질문들과 문제들의 마르지 않는 샘이다"라고 고스퍼는 대답했다.

생명 게임은 세상이 어떻게 작동하는가에 관한 우리의 선입견을 위태롭게 만든다. 왜냐하면 간단한 논리적 규칙들의 집합이 믿기 어려울 정도로 복잡한 거시적 행동을 산출할 수 있음을 보여주기 때문이다. 에라토스테네스의 체와 같은, 아름답게 짜 맞춰진 시스템을 보면서 세포 각각이 자신의 이웃 8개에만 관심을 둔다는 것을 생각하면 깜짝 놀라 정신이 멍해질 정도이다.

생명 게임은 또한 다양한 규모에서 다양한 실재가 존재함을 보여준다. 에라토스테네스의 체는 글라이더 포들의 물리학에 기초를 둔 작품이다. 이 패턴은 충돌과 우주선에 관한 기술을 사용한다. 그러나 세포 규모에서는 '충돌'이나 '우주선' 따위가 존재하지 않는다. 제자리에 멈춘 채로 '살아 있거나' 아니면 '죽어 있는' 사각형들이 있을 뿐이다.

점점 더 복잡한 패턴들이 고안되면서 이런 질문이 제기되었다. 생명 게임의 능력은 어디까지가 한계일까? 놀랍게도 생명 게임은 당신의 개인용 컴퓨터, 태블릿 컴퓨터, 혹은 휴대 전화가 할 수 있는 모든 일을 할 수 있다. 컴퓨터가 수행할 수 있는 어떤 임무가 있다면, 그 임무를 생명 게임의 한 패턴도 수행할 수 있다.

콘웨이는 '생명 컴퓨터Life computer'를 제작할 수 있음을 보여줌으로써 위 명제를 증명했다. '생명 컴퓨터'란 생명 게임 세포들의 특정한 초기 배열인데, 그 배열은 컴퓨터의 내부 회로를 모방한다. 웬만한 독자는 이 말이 무슨 뜻인지 이해하기가 (컴퓨터공학에 관한 책을 한 권 독파하지 않는 한) 쉽지 않을 것이다. 최대한 설명하자면, 컴퓨터 회로의 가장 기초적인 요소들은 전선, 논리 게이트logic gate, 기억 레지스터memory register이다. '시계clock'는 전자 펄스들을 회로로 보내고, 그 펄스들은 이진수를 나타낸다. 펄스는 1이고, 펄스의 부재는 0이다. 콘웨이는 글라이더가 전선을 따라 이동하는 펄스를 대신할 수 있음을 깨달았다. 글라이더의 존재는 1, 글라이더의 부재는 0을 나타낸다. 따라서 글라이더들의 흐름은 0과 1로 이루어진 임의의 수를 나타낼 수 있다. 아래 그림을 보라. 글라이더들은 대각선으로 이동하기 때문에, 나는 격자를 45° 돌려서 표현했다.

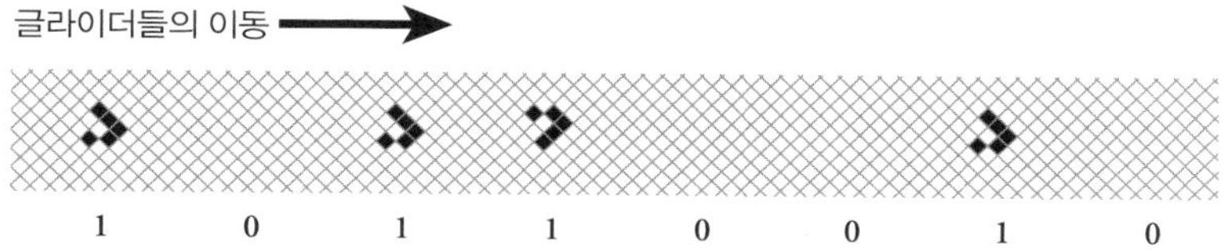

글라이더 흐름

콘웨이는 가장 단순한 논리 게이트인 '낫 게이트NOT gate'를 제작했다. 논리 게이트는 입력과 출력을 가진다. 일부 전선들은 논리 게이트로 들어가고, 일부 전선들은 논리 게이트에서 나온다. 낫 게이트는 입력 전선과 출력 전선이 딱 하나씩만 있다. 출력은 입력의 역신호reverse signal이다. 즉, 낫 게이트는 1을 0으로 0을 1로 바꾼다. 그러므로 생명 게임에서 낫 게이트는 입력 흐름에서 글라이더의 존재를 출력 흐름에서 글라이더의 부재로 바꿔야 한다. 또한 반대로 입력 흐름에서 글라이더의 부재를 출력 흐름에서 글라이더의 존재로 바꿔야 한다. 콘웨이는 글라이더 포를 적절하게 배치하면 이 기능을 하게 할 수 있음을 발견했다. 다음 페이지의 그림을 보라. 입력 흐름은 왼쪽에서 오른쪽으로 수평으로 이동한다(출력 흐름은 아래를 향해 수직으로 이동한다). 글라이더 포는 수직으로, 즉 위에서 아래로 글라이더들을 발사하다. 만일 입력 흐름에 글라이더가 존재하면, 그 글라이더는 포에서 발사된 글라이더와 충돌하여 소멸할 것이다. 반대로 입력 흐름에 글라이더가 부재하면, 포에서 발사된 글라이더가 충돌 위치를 무사히 통과할 것이다. 충돌할 상대가 없으니까 말이다. 따라서 입력 흐름에 0이 있으면 출력 흐름에 1이 발생하고, 입력 흐름에 1이 있으면 출력 흐름에 0이 발생한다. 바로 이것이 낫 게이트이다. 다만 입력 흐름과 출력 흐름이 직각을 이룬다는 점이 거슬리는데, 이것은 아무 문제가 아니다. 왜냐하면 나중에 필요하면 흐름의 방향을 바꿀 수 있기 때문이다.

모든 논리 게이트는 세 가지 기본 유형, 즉 '낫 게이트' '앤드 게이트AND gate' '오어 게이트OR gate'의 조합이다. 콘웨이는 글라이더 포들과 포식자들을 가지고 앤드 게이트와 오어 게이트를 모방하는 패턴들도 제작했다. 또 글라이더 흐름의 방향을 바꿀 수 있음을 보여줌으로써 전선을 휘는 것까지 모방해냈다. 글라이더 흐름들을 성기게 만들어서,

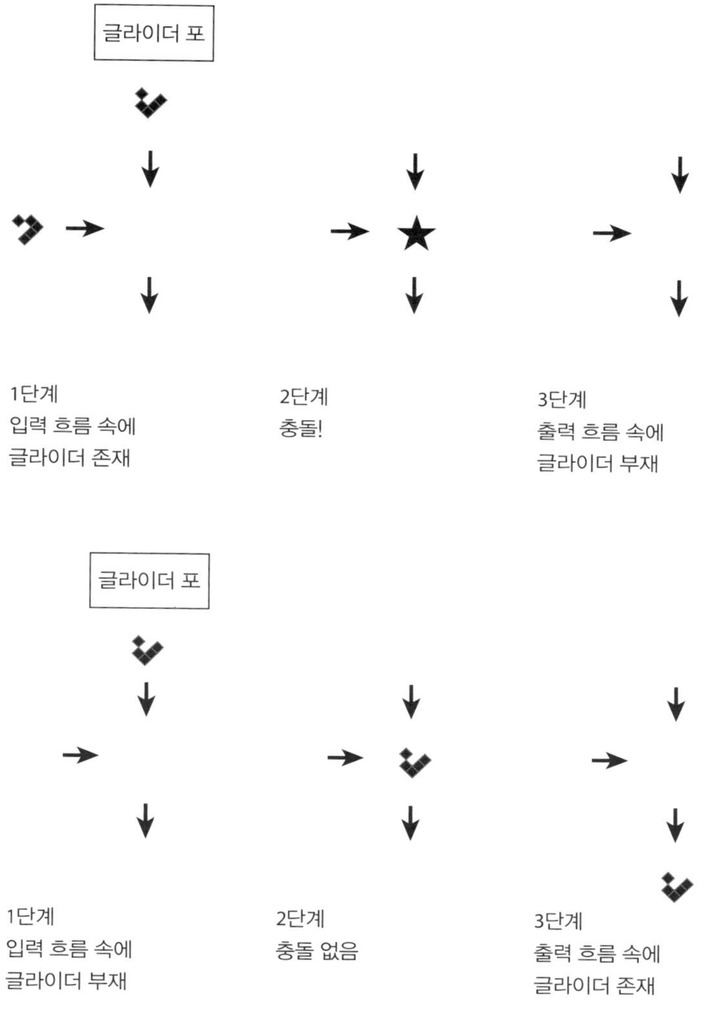

낫 게이트는 입력 흐름에 수직인 방향으로 글라이더들을 발사하는 포로 이루어진다

두 흐름이 교차하더라도 충돌이 일어날 위험이 없게 만드는 방법도 보여주었다. 요컨대 전선들의 교차를 모방해낸 것이다. 또한 블록들로 기억 레지스터를 제작하는 방법도 보여주었다. 블록 각각은 수 하

나를 저장한다. 어떤 수를 저장하느냐는 블록이 특정한 지점에서 떨어진 거리에 따라 결정된다. 글라이더들이 블록과 충돌하면, 블록이 그 특정한 지점과 더 가까워지거나 더 멀어진다. 즉 블록이 저장한 수가 바뀐다. 이로써 콘웨이의 증명이 완료되었다. 생명 게임에서 전선, 논리 게이트들, 기억 레지스터를 제작할 수 있음을 보여줌으로써 그는—충분히 큰 격자만 있다면—생명 게임으로 세상의 어느 컴퓨터라도 모방하는 것이 이론적으로 가능함을 증명했다.

존 콘웨이는 이 증명을 이뤄낸 후 생명 게임에 흥미를 잃었다. (그는 1986년에 프린스턴으로 이주하여 존 폰 노이만 수학 석좌교수가 되었다.) 그러나 많은 열광자들의 생명 게임 중독은 어떻게 손 쓸 도리도 없이 나날이 심화되었다. 그들, 이른바 '라이퍼Lifer'들의 모임인 '국제 라이퍼 공동체The international community of Lifers'는 회원수가 100명 정도인데, 그중 한 명인 폴 채프먼은 20세기가 저물 무렵 이제 '생명 컴퓨터'를 제작할 때가 되었다는 판단을 내렸다. "어떤 일을 해낼 수 있음을 아는 것과 그 일을 해내는 것은 다르다"고 그는 말했다.

그의 열정을 공유한 많은 사람들이 그렇듯이, 폴은 학자가 아니다. 그는 1970년대에 케임브리지대학교에서 수학을 공부한—콘웨이의 강의도 들었다—다음에 정보기술(IT) 전문가가 되었다. 현재 그는 런던 중심부에 산다. 우리는 그의 집 근처 식당에서 만났다. 사나운 날씨에도 그는 실외에 앉기를 고집했다. 실내 금연에 반대하기 때문이었다. 대화하는 동안, 그는 스스로 담배를 말아 피웠다. "내가 생명 게임을 좋아하는 이유는 그 게임이 늘 놀라움을 선사하기 때문이에요"라고 그는 말했다. "어떤 일을 하는 더 나은 방법을 모색할 때마다 수십 가지 방법을 발견하게 되거든요."

컴퓨터가 하드웨어와 소프트웨어를 가진 것처럼, 컴퓨터를 모방하는 생명 게임 패턴도 '하드웨어'와 '소프트웨어'를 가졌다. 하드웨어 패턴은 컴퓨터의 배선을 모방하고, 소프트웨어 패턴은 컴퓨터가 읽을 프로그램을 모방한다. 스스로 구상한 생명 컴퓨터에서 폴은 포와 글라이더와 포식자로 이루어진 콘웨이의 회로 대신에 더 새롭고 효과적인 기술을 사용한다. 그 기술의 핵심 요소는 세포 7개로 된 '허셜 Herschel'이라는 패턴이다. 폴의 컴퓨터 패턴은 살아 있는 세포 수백만 개와 1 + 2를 계산하라고 지시하는 프로그램으로 이루어졌다. "2 + 3을 계산하려면 훨씬 더 긴 시간이 필요할 것"이라고 그는 말했다. 그 패턴의 작동은 우주선 하나가 안정 형태 하나와 충돌하는 것에서 시작된다. 그러면 신호가 발생하여 다양한 요소들과 충돌하고, 그 요소들에서 더 많은 신호들이 발생한다. 그 신호들이 이리저리 돌아다니면, 패턴 전체가 거대한 바가텔Bagatelle(핀볼과 유사한 게임—옮긴이) 게임의 광경과 유사해진다. 결국에는 출력 레지스터의 블록 하나가 수 3을 표시한다. "그걸 보는 순간, 이루 말할 수 없이 감격했습니다"라고 그는 말했다. "1 더하기 2를 할 수 있다면, 이 똑같은 기계로 π의 소수점 아래 100만 번째 자리의 수를 계산할 수도 있고 윈도를 작동시킬 수도 있고, 매개변수들을 옳게 입력한다면 별의 생애를 시뮬레이션할 수도 있다는 것을 아니까요."

물론 폴의 생명 컴퓨터로 이런 작업을 하는 것은 실용적이지 않다. 그러나 그 패턴은 생명 게임을 원래의 뿌리로 복귀시켰다. 존 폰 노이만이 세포 자동자의 개념을 개발한 것은 자기 복제를 연구하기 위해서였다. 폴의 패턴은 생명 게임에서 자기 복제 패턴이 발견될 가능성을 높였다.

피상적으로 보면, 생명 게임 격자 위에서 진화하는 패턴들은 살아 있는 것 같다. 왜냐하면 세대가 이행함에 따라 그 모양이 유기적으로 변화하기 때문이다. 그러나 무언가가 제대로 살아 있으려면 자신을 복제할 수 있어야 한다. 그렇다면 복제란 무엇일까? 예컨대 글라이더는 자기 복제를 한다고 할 수 있다. 하지만 그 방식이 시시하다. 글라이더는 세포 5개로 된 패턴인데, 네 세대가 지날 때마다 대각선으로 한 칸 이동한 자리에서 자신의 원래 모습을 되찾는다. 폰 노이만이 알고 싶었던 것은 컴퓨터가 자신과 똑같은 복제본을 '제작'할 수 있을까라는 질문의 답이었다. 그 답을 알려면 수학적 수수께끼 하나를 풀어야 했다. 왜냐하면 자기 복제 메커니즘은 논리적 역설을 품고 있기 때문이다.

방금 언급했듯이 컴퓨터는 하드웨어와 소프트웨어로 이루어졌다. 하드웨어를 '제작자constructor'로 부르기로 하자. 우리가 제작자에게 먹이는 프로그램, 즉 제작자와 똑같은 복제본을 제작하라는 지시가 담긴 프로그램은 '청사진blueprint'이라고 부르자. 우리가 바라는 것은 제작자에게 청사진을 먹이면 제작자가 새로운 제작자와 더불어 새로운 청사진을 제작하여 원래 요소 2개를 똑같이 복제하는 것이다. 그런데 문제가 있다. 청사진에는 새 청사진을 제작하는 방법에 관한 지시들도 들어 있을까? 만일 들어 있다면, 즉 새 청사진 제작 방법에 관한 지시들이 들어 있다면, 청사진은 그 지시들(새 청사진 제작 방법에 관한 지시들)을 제작하는 방법에 관한 지시들도 포함해야 할 테고, 다시 더 나아가 새 청사진은 그보다 더 새로운 지시들(그보다 더 새로운 청사진 제작 방법에 관한 지시들을 제작하는 방법에 관한 지시들)을 제작하는 방법에 관한 지시들도 포함해야 하는 식으로 끝없는 역진이 일어날 수밖에 없다. 청사진 내부에서 지시들의 무한 역진이 일어나는 것인데, 청사진은 유한해야 하므로 이것은 허용할 수 없는 사태이다. 다른 한편 애당초 청사진에 청사진 자신에 관한 정보가 들어 있지 않다면, 기계는 자기 복제 능력을 온전히 갖추지 못한다. 왜냐하면 새 기계는 복제되더라도 새 청사진이 복제되지 않을 것이기 때문이다. 폰 노이만은 공학을 고민하기에 앞서 수학을 고민해야 했다.

기계가 자기 복제 능력을 갖추려면 청사진을 복제하는 새로운 요소—이른바 '청사진 복제자blueprint copier'—를 도입할 필요가 있음을 폰 노이만은 깨달았다. 그러면 제작자는 청사진을 읽고 새 기계를 제작한다. 그 기계는 한 가지 결함을 제외한 모든 면에서 완벽하다. 즉, 그 기계에는 청사진이 들어 있지 않다. 마지막 단계는 청사진 복제자가 청사진을 복제해서 새 기계에 보내는 것이다. 요컨대 폰 노이만의 자기 복제 기계는 청사진을 두 가지 방식으로 사용한다. 첫째, 제작자는 청사진을 지시들을 담은 문서처럼 읽는다. 둘째, 복제자는 청사진을 복제한다. 이렇게 청사진을 한 번은 규범code으로 취급하고 한 번은 대상으로 취급해야만 지옥의 사슬 같은 무한 역진의 굴레에서 벗어날 수 있었다.

폰 노이만이 그의 원조 세포 자동자에서 설계한 패턴은 제작자 하나, 복제자 하나, 청사진 하나로 이루어졌다. 그는 그 패턴이 자기를 복제할 수 있음을 이론적으로 증명했지만 실제로 보여주지는 못했다. 왜냐하면 당시의 컴퓨터는 성능이 변변치 않았기 때문이다. 그럼에도 그의 연구는 한 세대의 컴퓨터과학자들, 철학자들, 심지어 1950년대에 살아 있는 세포의 자기 복제를 연구한 생물학자들에게도 영향을 미쳤다. 1950년대와 1960년대에 걸친 연구로 세포의 자기 복제 메커니즘을 밝혀낸 생물학자들은 폰 노이만이 옳았음을 발견했다. 그는 유기적 복제의 일반적인 틀을 정확히 예측했다. 모든 세포 각각은 청사진, 즉 DNA를 지녔다. 그 청사진에는 새 세포의 제작에 관한 지시들이 암호화된 채로 담겨 있다. 그러나 DNA는 자기 자신에 대해서는 전혀 언급하지 않는다. 새 세포에 자리 잡는 DNA는 복제의 산물이다. (DNA 이중 나선이 둘로 갈라지고, 효소들이 원래 DNA와 똑같은 복제본 2개를 재생산한다.) 폰 노이만의 청사진이 한 기계에서 두 가지 방식으로 사용되는 것과 마찬가지로, 살아 있는 세포가 분열할(자기를 복제할) 때 DNA는 두 가지 방식으로 행동한다.

폴 채프먼은 자기 복제 패턴을 설계하려 애썼지만 청사진을 복제하는 방법을 찾아낼 수 없었다. 그러나 2010년에 캐나다 프로그래머 앤드루 웨이드가 '제미니'를 공개했다. "처음 보았을 때, 완전히 넋이 나갔어요!"라고 폴은 말했다. "제미니는 지금까지 40년을 통틀어 가장 중요한 패턴입니다. 게다가 앤드루 웨이드가 누구인지 아무도 몰랐어요. 그냥 어느 게시판에 제미니를 올려놓은 사람이었죠!"

제미니는 생명 게임에서 발견된 최초의 자기 복제 패턴이다. 모양은 엄청나게 길고 가는 덤벨을 닮았다. 다음 페이지의 그림을 보라. 양끝에는 똑같은 모양의 제작자 2개가 있고(그래서 이름이 쌍둥이자리를 뜻하는 '제미니'이다.) 그 사이에—400만×400만 세포 격자에 걸친—청사진이 있는데, 청사진은 글라이더들로 이루어졌다. 웨이드의 기발한 아이디어는 청사진을 복제하는 대신에 두 제작자 사이에서 뱀처럼 기어 다니게 만든 것이다. 청사진이 한 제작자에 도달하면, 제작자는 청사진의 지시에 따라 자신의 새 버전을 위로 5120세포, 왼쪽으로 1024세포 떨어진 위치에 제작함과 동시에 자신을 파괴한다. 이어서 청사진은 반대 방향으로 몇백만 세포 거리를 이동하여 반대편 제작자에 도달해서 똑같은 지시를 내린다. 즉, 그 제작자에게 자신의 새 버

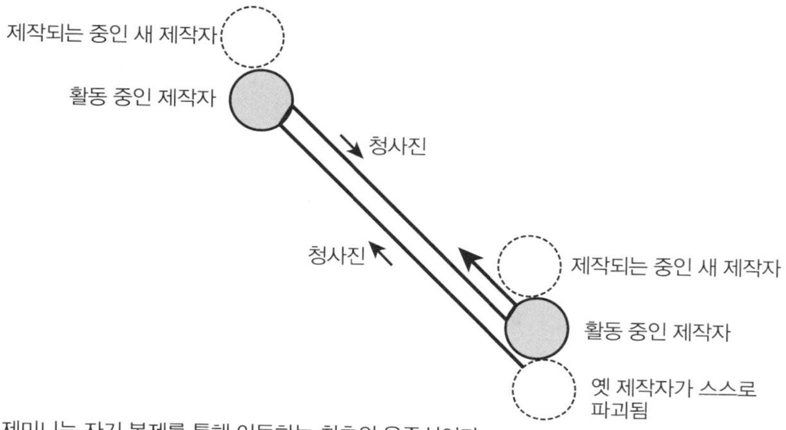

제미니는 자기 복제를 통해 이동하는 최초의 우주선이다

전을 위로 5120세포, 왼쪽으로 1024세포 떨어진 곳에 제작하고 자신을 파괴하라고 지시한다. 이 순환 과정은 3370만 세대마다 반복되며, 매 순환 과정의 출발 시점에 패턴 전체의 위치는 앞선 순환 과정의 출발 시점에 패턴 전체의 위치에서 위로 5120세포, 왼쪽으로 1024세포 이동한 곳이다. 이렇게 이동하기 때문에, 제미니는 우주선으로 간주된다. 그러나 제미니는 글라이더처럼 뒤집기를 통해 이동하는 것이 아니라 자기 복제 과정을 통해 이동한다. "앤드루 웨이드가 이뤄낸 천재적인 업적은 (청사진) 복제 단계를 없애고, (청사진이) 지시를 내려야 할 바로 그 순간에 말하자면 허공에서 나타나게 한 것"이라고 폴은 말했다.

제미니는 또 하나의 측면에서도 획기적인 작품이다. 그 패턴은 삐딱하게, 즉 수평이나 수직이나 45°가 아닌 방향으로 이동하는 최초의 우주선이다.

폴은 제미니의 두 제작자 중 하나를 그린 그림을 내밀었다. 그러면서 자신의 생명 컴퓨터가 그것의 기초가 되었다고 자랑스럽게 말했다. 그림은 기하학적인 얼룩처럼 보였다. V자 무늬들이 질서 있는 배열을 이루고 그 주위를 미세한 점들이 둘러싼 모습이었다. 나는 제미니 전체를 보여주는 그림도 있느냐고 물었다. 그런 그림은 별로 의미가 없을 것이라고 폴은 대답했다. 제미니 전체를 그가 내민 종이만 한 크기로 그리면 보일락말락할 정도로 가는 선의 모습이 될 터이기 때문이라고 했다. 제미니의 거의 전부를 차지하는 것은 글라이더 흐름이다. 어쩌면 직관에 어긋나겠지만, 청사진이 제작자보다 훨씬 더 큰 공간을 차지하는 것이다. 폰 노이만도 이 불균형을 알았다. 그의 세포 자동자에서 제작자는 97×170 세포 배열을 차지하는 반면, 청사진은 길이가 세포 14만 5315개에 달한다. 큰 패턴들은 거의 온통 허공으로 이루어졌다. "생명 게임에 허공이 그렇게 많은 이유와 우리 세계에 허공이 이토록 많은 이유는 어쩌면 같을지도 몰라요"라고 폴은 말했다. "원자들이 제구실을 하려면 여백이 있어야 하잖아요."

제미니는 생명 게임 탐구의 다음 단계에 대한 기대를 높였다. 특히 자기를 복제하되 변이를 동반하면서 복제하는 패턴이 발견될 전망이 밝아졌다. 만일 한 패턴이 미세한 차이를 지닌 복제본들을 생산한다면, 다윈주의적인 자연선택이 뒤따를 것이다. 1982년에 존 콘웨이는 충분히 큰 생명 게임 격자가 무작위한 초기 상태에서 진화하기 시작한다면 '오랜 시간이 지나면 자기 복제 능력과 지능을 가진 동물들이 출현할' 개연성이 높다고 추측했다. 그로부터 30년이 지난 지금도 그의 추측은 생명 게임 애호가들을 흥분시킨다. 가장 흥미진진하다고 꼽을 만한 연구 하나는 복잡계 분석가 닉 고츠에 의해 스코틀랜드 애버딘에서 진행되고 있다. 그는 생명 게임 격자에 살아 있는 세포들을 무작위로 배치하고 그것들의 진화를 관찰하는 방식으로 새 패턴을 찾아낸다. 그는 자신의 프로젝트를 '드문 생명sparse Life'이라고 부른다. 왜냐하면 살아 있는 세포가 죽어 있는 세포에 비해 드물어야 하기 때문이다. 그렇지 않으면 통제 불가능한 상호 작용이 너무 많이 일어난다."내가 연구한 몇몇 패턴에서는 자연선택과 유사한 일이 일어나는 것 같다. 나의 프로그램을 충분히 오래 작동시키면 자연선택이 출현할 것이라고 나는 확신한다."

생명 게임보다 더 기초적인 세포 자동자들도 그 게임에 못지않게 복잡한 행동을 산출할 수 있다. 1차원 세포 자동자를 생각해보자. 세포들이 일렬로 늘어서 있으며, 각 세포는 이웃을 2개만 가진다. 세포는 죽어 있거나 살아 있다.

규칙은 아래와 같다고 해보자.

> 한 세포의 양쪽 이웃이 똑같은 상태면, 그 세포는 다음 세대에서 죽어 있는 상태가 된다. 반대로 한 세포의 양쪽 이웃이 똑같은 상태가 아니라면, 그 세포는 다음 세대에서 살아 있는 상태가 된다.

아래 그림은 이 규칙의 적용 사례들을 보여준다. 한 세포와 그 양쪽 이웃이 취할 수 있는 상태들의 조합 8개가 나열되어 있다. 각 조합 아래에는 다음 세대에서 그 세포의 상태가 표시되어 있다. 첫 번째 조합은 살아 있는 세포의 양쪽 이웃이 모두 살아 있는 경우이다. 한 세대가

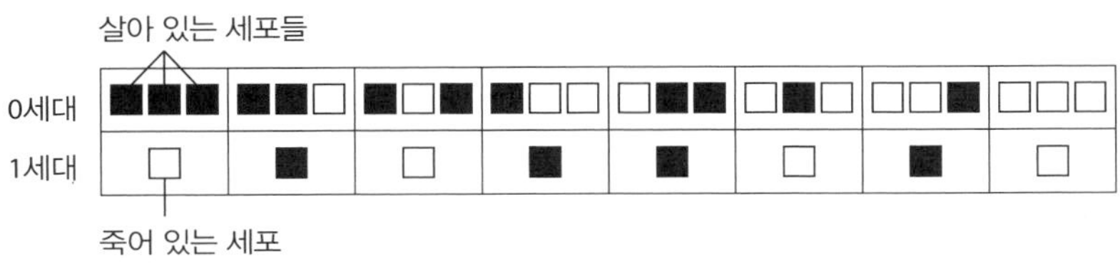

지나면, 그 세포는 죽어 있는 상태가 된다. 둘째 조합은 살아 있는 세포의 왼쪽 이웃은 살아 있고 오른쪽 이웃은 죽어 있는 경우이다. 한 세대가 지나면, 그 세포는 살아 있는 상태를 유지한다. 나머지 그림들에 대한 설명은 생략하겠다. 양쪽 이웃이 똑같은 색깔이면, 아래쪽 세포는 흰색이다. 양쪽 이웃의 색깔이 다르면, 아래쪽 세포는 검은색이다.

이 규칙을 해석하는 한 방법은 매일 아침 버스를 타기 위해 똑같은 순서로 늘어선 사람들을 상상하는 것이다. 각 사람은 이웃을 두 명 가진다. 앞쪽 이웃과 뒤쪽 이웃이 있다. 문제의 규칙은 모자를 쓰느냐 마느냐에 관한 것이라고 해보자. 만일 당신의 앞뒤 이웃이 둘 다 모자를 썼다면, 모자가 너무 흔한 셈이니, 당신은 이튿날 모자를 쓰지 않을 것이다. 만일 앞뒤 이웃 중 누구도 모자를 쓰지 않았다면, 모자가 유행에 뒤처진 셈이니, 당신도 이튿날 모자를 쓰지 않을 것이다. 반면에 만일 한 이웃만 모자를 썼다면, 모자는 너무 흔하지도 않고 너무 특이하지도 않은 셈이니, 당신은 이튿날 모자를 쓸 것이다. 요컨대 이 세포 자동자는 사람들의 모자 착용 상태가 날마다 어떻게 변하는지 보여주는 모형이라고 할 수 있다.

1차원 세포 자동자의 행동을 그림으로 나타내기 위해서 우리는 첫 행(0세대)에 살아 있는 세포 하나를 그린 다음에, 모든 세포(살아 있는 세포 하나와 그 양쪽의 무한정 많은 죽어 있는 세포들) 각각에 위 규칙을 적용하여 둘째 행(1세대)을 만든다. 이어서 둘째 행의 모든 세포 각각에 그 규칙을 적용하여 셋째 행(2세대)을 만든다. 이런 식으로 계속 다음 행들을 만들어간다. 다음 페이지의 그림은 이 작업에서 어떤 결과가 산출되는지 보여준다. (전체적인 삼각형의 정점은 첫 행의 살아 있는 세포 하나이며, 그 아래의 행들은 다음 세대들이다. 요컨대 이 2차원 격자는 여

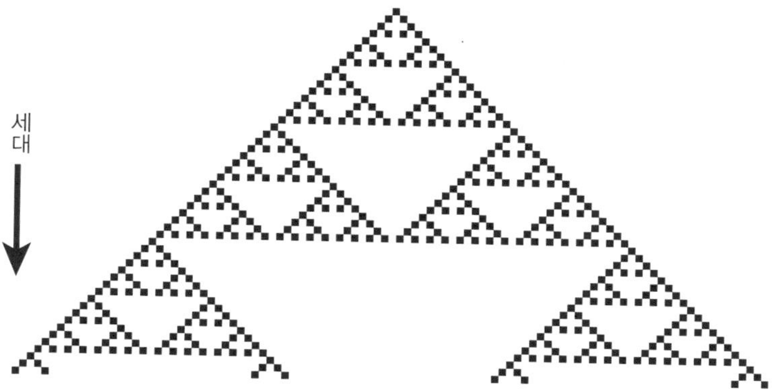

러 세대를 한꺼번에 표현한 결과라는 점에서, 전체가 동일한 세대인 생명 게임 격자와 다르다. 패턴을 더 명확하게 드러내기 위해서, 격자를 이룬 세포들 사이의 경계선은 생략했다.) 보다시피 '시에르핀스키 삼각형Sierpinski triangle' 이라는 아름다운 수학적 계단식 피라미드가 만들어진다. 이 패턴은 삼각형 속에 또 삼각형들이 들어 있는 형태의 프랙털이다.

한 세포와 양쪽 이웃의 가능한 조합이 8개, 다음 세대에서 그 세포의 가능한 상태(죽어 있음, 살아 있음)가 2개이므로, 1차원 세포 자동자를 위한 '발생 규칙들genetic rules'의 집합은 총 2^8=256개 존재한다. 그 집합들은 1부터 256까지 번호가 매겨져 있다. 우리가 방금 본 규칙(정확히 말하면 규칙들의 집합)은 이른바 '90번 규칙'이다. 그 규칙은 질서 있는 패턴을 산출한다. 다른 규칙들, 예컨대 30번 규칙은 더 기괴하다. 다음 페이지의 그림은 그 규칙과 그것을 살아 있는 세포 하나를 포함한 첫 행에 적용했을 때 산출되는 패턴을 보여준다. 그 패턴에는 규칙적인 구역들과 유기체처럼 보이는 구역들이 혼재한다. 구체적으로, 왼쪽 외곽의 톱니 무늬는 질서를 보여준다. 그러나 시선을 오른쪽으로 옮기면, 크기가 들쭉날쭉한 삼각형들이 마맛자국처럼 박힌, 천연

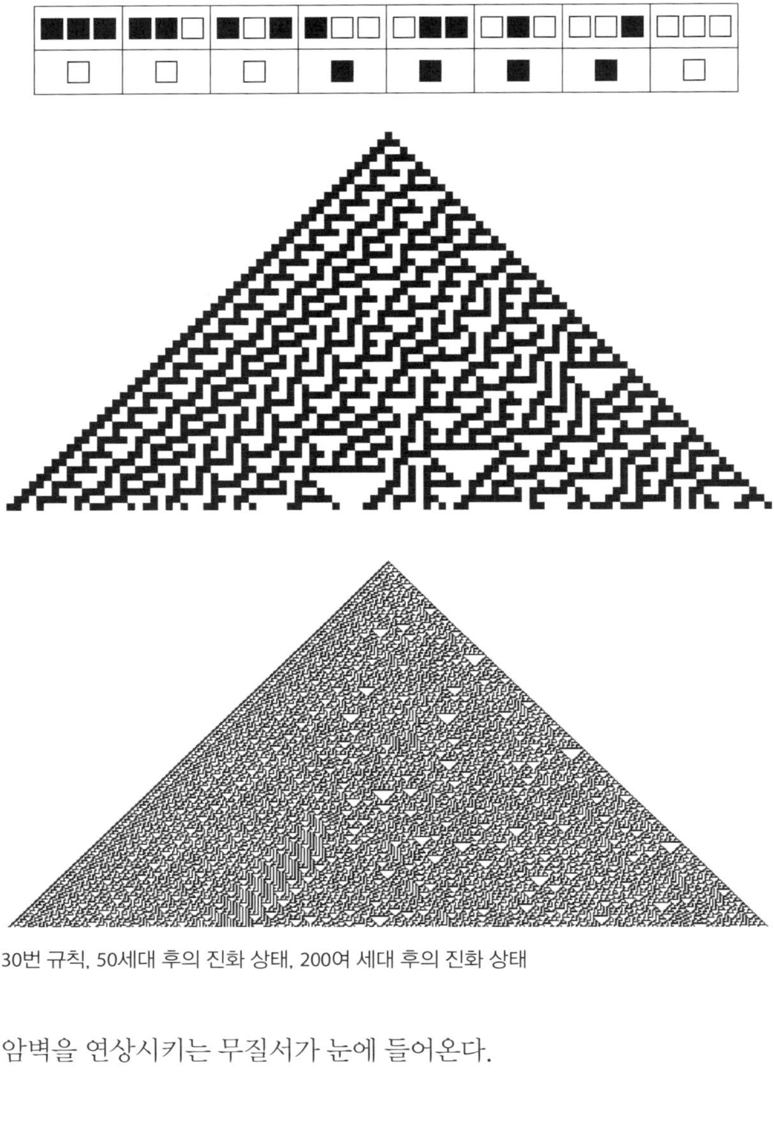

30번 규칙, 50세대 후의 진화 상태, 200여 세대 후의 진화 상태

암벽을 연상시키는 무질서가 눈에 들어온다.

스티븐 울프럼은 30번 규칙 패턴을 자신의 명함에 새겨 넣었다. 나와 만났을 때, 그는 지갑에서 그 명함을 꺼내 나에게 건넸다. 우리가 마주앉은 곳은 일리노이 주 샴페인에 위치한 그의 회사 '울프럼 리서치Wolfram Research'의 핵심부였다. 울프럼은 수학 영재 어린이가 중년이 되면 갖게 될 법한 그런 인상을 가졌다. 뽀얗고 둥그스름한 얼굴에, 정수리는 교수처럼 벗겨졌고, 변두리에 남은 머리카락은 헝클어졌다. 그는 말할 때 시선을 약간 먼 곳으로 향하는 버릇이 있었다. 그럴 때면 안경 너머에서 그의 눈동자가 빠르게 진동했다. 마치 그의 뇌가 작동하고 있음을 알려주는 디스플레이 장치 같았다. 울프럼은 어릴 때부터, 정확히 말해서 1970년대에 이튼 학교에 다닐 때부터 과학 논문들을 발표하기 시작했다. 20대 초반에는 프린스턴고등연구소에서 일했다. 일찌감치 컴퓨터에 몰두한 사람들 중 하나인 그는 '매스매티카Mathematica'의 토대가 된 컴퓨터 언어를 고안했다. 매스매티카는 곡선을 그리고 방정식을 푸는 소프트웨어인데, 현재 이 소프트웨어는 교육계와 산업계 도처에서 사용된다. 울프럼은 1987년부터 '울프럼 리서치' 사를 운영해왔다. 매스매티카의 성공 덕분에 그는 어느 대학에도 의존하지 않고 자신의 회사에서 독자적인 연구를 계속할 수 있었다.

울프럼은 1차원 세포 자동자를 진지하게 연구한 최초의 인물이다. 때는 1980년대였고, 1차원 세포 자동자를 위한 발생 규칙들에 1부터 256까지 번호를 매긴 인물이 바로 울프럼이다. 30번 규칙을 처음 보았을 때, 그의 과학적 직관에 벼락이 내리꽂혔다. "내가 이제껏 과학에서 본 가장 놀라운 대상"이라고 그는 말했다. 울프럼은 그렇게 단순한 규칙이 그렇게 복잡하게 보이는 패턴을 산출할 수 있다는 것에 경악했다. 그는 첫 행의 살아 있는 최초 세포 바로 아래로 이어진 열을 자세히 살폈다. 살아 있는 세포를 1로, 죽어 있는 세포를 0으로 간주하면, 그 열의 세포들은 다음과 같은 수열을 이뤘다. 1, 1, 0, 1, 1, 1, 0, 0, 1, 1, 0, 0, 0, 1, 0 … 아무 패턴도 없었다. 표준적인 통계 검사를 해보니, 놀랍게도 그 수열은 완벽하게 무작위했다. 30번 규칙은 결정론적으로 정의되어 있다. 그럼에도 그 규칙이 산출하는 패턴의 중앙 열은 동전 던지기 결과들의 연쇄와 구분할 수 없을 정도로 예측이 불가능하다. (울프럼은 30번 규칙을 난수 발생 기법으로 등록하여 특허를 받았다. 이 규칙은 매스매티카에서도 쓰인다.)

울프럼은 또 다른 규칙인 110번 규칙에도 매료되었다. 그 규칙도 규칙적인 부분과 겉보기에 무작위한 부분이 뒤섞인 패턴을 만들었다. 그 패턴은 생명 게임과 똑같은 방식으로 컴퓨터 회로를 모방하기에 충분할 정도로 복잡하다고 그는 추측했다. 2004년에 매튜 쿡은 그 추측이 옳음을 증명했다. 요컨대 컴퓨터가 할 수 있는 모든 일을 단 한 행의 세포들이, 한 세포가 양쪽 이웃의 상태에 따라 살아 있는 상태가 될지 죽어 있는 상태가 될지 결정하는 규칙들의 집합에만 의지해서, 해내는 것이 이론적으로 가능하다. 다시 말해 컴퓨터가 할 수 있는 모든 일을 일렬로 늘어선 사람들이, 모자를 쓸지 말지 결정하는 규칙들의 집합 하나에만 의지해서, 해내는 것이 이론적으로 가능하다.

이산 수학 모형discrete mathematical model의 일종인 세포 자동자에서는 고정된 국소적 규칙들이 더 큰 규모에서 놀랄 만큼 복잡한 행동을 만들어낸다. 울프럼은 세포 자동자가 단지 재미 있을 뿐만 아니라 자연세계의 복잡성을 설명해준다는 견해를 주창하는 대표적인 인물이다. 그의 견해는 그가 써서 2002년에 손수 출판한 1280페이지 분량의 책 『새로운 유형의 과학*A New Kind of Science*』에 '요약'되어 있다. 이 책에서 그는 예컨대 30번 규칙이 산출하는 패턴을 관찰하여 얻은 통찰이 새로운 과학적 패러다임을 일러준다고 주장한다. 다음 페이지의 그림은 독성을 지닌 바다 고둥의 일종인 '코누스 텍스타일Conus textile'의 껍데기를 보여준다. 표준적인 진화론은 이 껍데기의 패턴을 자연선택의 산물로 설명한다. 그러나 앞 페이지로 돌아가서, 30번 규칙이 산출하는 패턴을

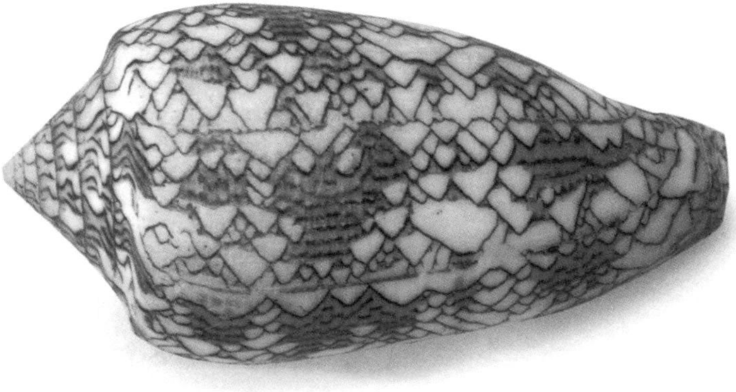

바다 고둥 코누스 텍스타일의 껍데기

한 번 보라! "나는 바로 이런 유사성에 주목하는 것입니다"라고 울프럼은 말했다. "이 단순한 (세포 자동자) 규칙들을 무작위로 고르기만 하면 돼요. 그러면 (그 껍데기의 패턴과) 유사한 것이 만들어지죠."

울프럼은 여기에서 멈추지 않는다. 그는 우주가 근본적인 층에서는 하나의 세포 자동자라고 믿는다. 다시 말해 그는 우주의 구조가 생명 게임 격자와 유사하다고(다만 우주 격자는 시간과 공간을 초월하여 존재한다고) 생각한다. 요컨대 이 책을 읽는 당신은 초기 세포 배열이 소수의 국소적 규칙들에 따라 n 세대 동안 진화한 결과라는 것이다. 울프럼은 그 규칙들을 찾아내는 것을 자신의 사명으로 삼았다. "그 규칙들이 실은 3행짜리 코드만큼 간단한데도 우리가 이 세기에 그것들을 아직 탐색하지 않았다면, 이건 뭐랄까, 난감하고 부끄러운 일이죠"라고 그는 말했다.

울프럼은 우주가 세포 자동자일 가능성을 믿는 유일한 학자가 아니다. 하지만 그는 그 믿음을 증명하기 위해 가장 많은 시간과 돈을 써온 학자다. 그는 다양한 규칙 집합들이 어떤 유형의 우주를 만드는지 알아보는 실험을 체계적으로 수행해왔다. "내 지하실에 있는 컴퓨터가 이 우주를 찾아내는 중이라고 말하면 어떻겠어요? 정말 기묘하고 재미있는 말이죠. 나는 한동안 그렇게 말할 수 있었어요."

그는 자신의 전략을 이렇게 설명했다. "아주 단순하고 다양한 이 규칙 집합들을 훑어보면, 몇몇은 확실히 가망이 없어요. 이를테면 두 단계 뒤에 죽어버리는 우주가 그렇죠. 또는 영원히 팽창해서 우주의 부분들 사이에 소통이 불가능한 우주도 그렇고요. 이런 문제들이 온갖 유형으로 있습니다. 문제가 있는 우주들은 그냥 솎아내면 돼요. 그러다가 1000번째 우주쯤에 이르면 쉽게 솎아낼 수 없는 우주들이 발견되기 시작하죠." 본인이 덧붙인 바에 따르면, 울프럼은 "우리 우주가 아니라고 단정할 수 없는" 우주들을 발견했다. 그러나 회사 경영상의 이유로 그것들을 제쳐두고 다른 프로젝트에 매달려야 했다. 하지만 그는 조만간 우주 탐색 작업을 재개할 생각이다. "언젠가는 내 명함 뒷면에 우주의 규칙들을 새겨 넣고 싶어요." 그는 호쾌하게 웃었다. "사업용 명함으로 정말 최고일 것 같지 않아요?"

우주가 세포 자동자이든 아니든, 세포 자동자의 개념은 과학에서 교통 흐름, 호수의 조류 확산, 도시의 확장 같은 다양한 현상들을 모형화하기 위해 점점 더 많이 활용되는 추세이다. 그런 모형에서 세포 하나는 도로의 한 구간, 호수의 한 구역, 토지의 한 부분 등일 수 있다. 노트르담대학교의 크레이그 렌트가 개척하는 또 다른 응용 분야는 '양자점 세포 자동자quantum-dot cellular automaton'의 개발이다. 이 세포 자동자에서는 미세한 '양자점'의 전하량이 이웃 점들의 배열에 따라 변화한다. 렌트는 이 나노 규모의 기술이 언젠가 트랜지스터를 대체하기를 바란다. 양자점으로 만든 트랜지스터는 전통적인 트랜지스터보다 더 작고

열 발산이 훨씬 더 적을 것이다. 양자점 기술이 성과를 거둔다면, 세포 자동자는 미래에 모든 전자제품에 들어가게 될 것이다.

존 폰 노이만과 스타니스와프 울람이 세포 자동자를 고안한 것은 실제 세계와 관련이 있는 다음과 같은 문제를 풀기 위해서였다. 컴퓨터가 자신과 똑같은 복제본을 제작할 수 있으려면 무엇이 필요할까? 미래에 기계들이 자기 복제 능력을 갖추게 되리라는 전망은 소름이 끼칠 정도로 섬뜩하다. 그러나 존 콘웨이는 세포 자동자를 장난스럽고 매혹적인 수학 놀이로 바꿔놓았다. 그후 재발명된 세포 자동자들은 자기 복제와 무관하게 사용되어왔다. 이런 역사는 흔하다. 수학자들은 현실 세계의 문제에서 유래한 개념을 가지고 재미나게 논다. 그리고 때로는—어쩌면 몇 년이나 몇백 년, 심지어 몇천 년 뒤에—새로운 응용 방법들이 발견된다. 오직 신선한 수학적 통찰이 있을 때만 기술은 진보하고 과학은 우리 주위의 세계를 더 많이 설명할 수 있게 된다. 이 책의 첫머리에서 나는 수학은 재담이라고 말했다. 나는 그 말을 조금 바꿔서 다시 하고 싶다. 늘 그래왔듯이 지금도 수학은 게임이다.

수학이야말로 생명의 게임이다.

용어 설명

e 지수 상수. 앞부분은 2.718이다.

i $\sqrt{-1}$ 을 나타내는 기호.

거듭제곱 똑같은 수를 여러 번 곱하는 연산. n을 a번 곱하는 것을 n^a로 표기한다. 이때 a를 n의 지수라고 한다.

계산 도표 직선을 긋고 좌표를 읽는 방법으로 계산을 할 수 있게 해주는 그림.

고속 푸리에 변환(FFT) 푸리에 급수를 신속하게 얻을 수 있게 해주는 알고리즘.

곡률 곡선이 직선을 얼마나 많이 벗어나는지 알려주는 값.

공리 참이라고 전제된 명제. 다른 명제들은 공리에서 도출된다.

궤적(자취) 주어진 기하학적 조건에 맞는 점들로 이루어진 곡선.

극좌표계 평면상의 모든 점 각각의 위치를 그 점이 고정된 한 점(극)에서 떨어진 거리와 고정된 한 방향에서 떨어진 각도로 나타내는 좌표 체계.

극한 어떤 수열이 고정된 값에 점점 더 접근하여, 그 수열의 나중 항들은 그 값에 얼마든지 가까이 접근할 때, 그 값을 그 수열의 '극한'이라고 한다.

기울기 가파른 정도. 즉, 일정한 수평 거리를 이동하는 동안 수직 거리가 얼마나 많이 변화하는지 알려주는 값.

꼭짓점 삼각형이나 기타 다각형의 모난 구석의 점.

다각형 윤곽이 직선들로 이루어진 2차원 도형.

다항식 상수, 변수, 덧셈, 뺄셈, 곱셈, 지수가 정수인 거듭제곱만 포함한 식. 대개의 학교에서 배우는 식은 모두 다항식이다.

단순조화운동 시간이 흐름에 따라 사인곡선을 그리는 진동.

닮음(유사성) 두 대상이 크기는 다르지만 모양이 같을 때, 두 대상은 서로 닮았다고 한다.

대수학의 기본정리 모든 다항방정식을 풀 수 있으며 그 해는 항상 복소수라는 정리.

데카르트 좌표계 평면상의 모든 점 각각을 그것의 수평 위치와 수직 위치를 통해 특정하는 체계. 대개 데카르트 좌표 평면은 점 (0, 0)에서 수직으로 교차하는 두 축을 기초로 삼는다.

도함수 곡선의 기울기, 또는 변화하는 양의 변화율을 알려주는 공식.

로그 로그의 수학적 정의와 로그 척도에 대해서는 부록 1 참조.

로그-로그 척도 그래프의 수직축과 수평축이 모두 로그 척도일 때, 그 그래프의 척도를 로그-로그 척도라고 한다.

룰렛 구르는 바퀴에 찍힌 한 점의 궤적.

멱법칙 한 변수가 다른 변수의 거듭제곱에 비례하거나 반비례할 때, 두 변수는 멱법칙을 따른다고 한다.

모양 대상이 그 크기나 위치와 상관없이 가지는 외면적이며 기하학적인 특징.

미분 한 곡선의 방정식을 그 곡선의 도함수로 변환하는 과정.

미분방정식 도함수나 적분을 포함한 방정식.

미적분 미분과 적분을 아울러 일컫는 말. 미분과 적분은 서로 연계된 채로 변화하는 양들을 분석하는 데 필요한 수학적 도구들이다.

미적분학의 기본정리 적분은 미분의 역연산이며, 미분은 적분의 역연산이라는 정리.

벤포드의 법칙 자연적으로 발생하는 데이터 집합에서 1로 시작하는 수의 비율은 약 30.1%, 2로 시작하는 수의 비율은 약 17.6% 등인 경우가 많다는 것.

변수 다양한 값을 가질 수 있는 양.

복소수 a와 b가 실수이고 i가 $\sqrt{-1}$일 때, $a+bi$ 형태의 수.

복소평면 복소수에 기하학적 의미를 부여하여 구성한 평면이며 데카르트 좌표계와 유사하다. 복소평면에서 수평축은 실수, 수직축은 허수를 나타낸다.

분배법칙 산술의 기본 규칙들 중 하나. 수 a, b, c에 대하여 $(a+b)c = ac+bc$라는 것.

분수 분모 위에 분자를 얹어서 표기한 수. 예컨대 $\frac{1}{2}$ 또는 $\frac{457}{3}$.

빗변 직각삼각형에서 직각과 마주한 변.

사이클로이드 직선을 따라 구르는 바퀴의 가장자리에 찍은 점이 그리는 궤적.

사인 맞변을 빗변으로 나누면 나오는 삼각비.

사인곡선 사인파의 모양을 가진 곡선.

사인파 원 궤도를 따라 회전하는 점의 수직 위치가 그리는 곡선.

산술의 기본정리 1보다 큰 모든 정수는 소수이거나 유일무이한 방식으로 소인수분해가 된다는 정리.

삼각법 직각삼각형의 변들 사이의 비율에 대한 연구에서 파생한 수학 분야.

삼각측량 삼각비를 이용한 거리 측정.

상수 값이 고정된 수. 여러 값을 가질 수 있는 변수와 대비된다. 수학상수 참조.

세포 자동자 매 시간 단위에 이웃 세포들의 상태에 따라 자신의 상태가 바뀌는 이산적인 세포들로 이루어진 수학적 모형.

소수 1보다 크며 오직 1과 자기 자신으로만 나누어떨어지는 수(예컨대 2, 3, 5, 7, 11, 13, 17 …).

수직선 수들에 기하학적 의미를 부여하여 구성한 직선. 수직선은 왼쪽의 음의 무한대부터 오른쪽의 양의 무한대까지 연속적으로 이어지고, 수들은 그 수직선상에 순서대로 배열된다. 수직선의 중앙에 0이 놓인다.

수학 상수 수학에서 중요하게 등장하는 상수. 예컨대 π나 e.

실수 수직선상의 임의의 점. 정수, 분수, 그리고 π와 e처럼 분수로 표기할 수 없는 수를 모두 아우른다.

연속성 '중간이 끊긴 곳 없이 이어져 있음'이라는 상식적인 개념을 엄밀히 다듬어 만든 수학적 개념. 일반적으로 연속적인 곡선이란 종이 위에 연필로 그은 선처럼 끊어지지 않고 하나로 연결된 곡선을 말한다. 연속성을 엄밀하게 정의하려면 극한의 개념이 필요한데, 이에 대한 설명은 여기에서 다루기에 너무 어렵고 전문적이다.

원뿔곡선 원뿔을 평면으로 잘랐을 때 만들어지는 곡선들. 구체적으로 원, 타원, 포물선, 쌍곡선.

원점 좌표 평면에서 점 (0, 0)

원주율 'π'라고도 한다. 원의 둘레를 지름으로 나눈 값.

이등분선 한 선분을 이등분하는 직선.

이심률 한 원뿔곡선이 원에서 얼마나 벗어나는지 알려주는 값.

자기 유사성(자기 닮음) 한 대상이 자신의 부분과 정확히 같거나 거의 같을 때, 그 대상은 자기 유사성을 가졌다고 한다.

적분 주어진 곡선을 그것의 적분함수로 변환하는 과정.

접선 단 한 점에서 곡선에 닿는 직선.

정리 자명하지 않지만 연역적 논증에 의해 증명된 명제.

정삼각형 세 변의 길이가 같은 삼각형.

정수 물건을 셀 때 쓰는 자연수(1, 2, 3…), 0, 그리고 자연수에 음의 부호를 붙인 수들(−1, −2, −3…)의 통칭.

주기파 일정한 주기마다 똑같이 반복되는 파동.

증명 정리가 참임을 보여주는 단계적 논증.

지수 거듭제곱 참조.

지수 상수 기호 e로 표기되며 앞부분이 2.718인 수.

지수적 성장/붕괴 한 양의 성장률/붕괴율이 그 양에 비례할 경우, 그 양은 지수적 성장/붕괴를 겪는다.

직각 4분의 1 회전. 즉, 90°.

집합 항목들의 집단.

집합론 집합의 속성들을 다루고 집합을 산술의 토대로 삼을 길을 모색하는 수학 분야.

초점 원뿔곡선들을 기하학적으로 작도할 때 중요하게 쓰이는 점.

추측 참이라고 여겨지지만 증명되지 않은 명제.

크기 변환법칙 한 변수가 크기(예컨대 동물의 덩치)이고, 다른 변수가 그 크기에 따라 변할 경우, 두 변수 사이에 성립하는 법칙.

탄젠트 맞변을 이웃변으로 나누면 나오는 삼각비.

파이 π. 원의 둘레를 지름으로 나눈 값이며, 앞부분은 3.14이다.

팩토리얼 특정한 자연수의 팩토리얼은 1부터 그 자연수까지의 자연수들을 모두 곱한 값이다. 예컨대 5의 팩토리얼은 5!로 표기하며 $5 \times 4 \times 3 \times 2 \times 1 = 120$이다.

푸리에 급수 주어진 파동을 (경우에 따라 무한히 많은) 사인파들의 합으로 나타냈을 때, 그 합을 그 파동의 푸리에 급수라고 한다.

푸리에 변환 주기적인 파동을 그것의 푸리에 급수로 변환하는 일. 그 변환의 결과로 나오는 푸리에 급수를 일컬어 푸리에 변환이라고 하는 경우도 있음.

프랙털 대상 속에 그 대상 자신과 유사한 부분이 들어 있으면, 그 대상은 프랙털이다.

하모노그래프 그리기 기계인 하모노그래프에는 첨필이 달려 있는데, 그 첨필은 최소한 두 가지 방향으로 단순조화운동을 하면서 선을 긋게 되어 있다.

허수 i의 배수.

현 원 위의 두 점을 연결한 선분.

부록 1

로그(정확히 말해서, 10을 밑으로 하는 로그)는 아래와 같이 정의된다.

만일 $a = 10^b$이라면,

a의 로그는 b이다. 이것을 기호로 적으면 다음과 같다.

$\log a = b$

다시 말해 수 a를 10의 거듭제곱으로 표현하려면, 10에 a의 로그를 지수로 붙이면 된다. 아래는 쉽게 알 수 있는 로그의 예들이다.

$\log 10 = 1$($10 = 10^1$이니까)

$\log 100 = 2$($100 = 10^2$이니까)

$\log 1000 = 3$($1000 = 10^3$이니까)

1부터 10까지 자연수들의 로그는 아래와 같다.

$\log 1 = 0$

$\log 2 = 0.301$

$\log 3 = 0.477$

$\log 6 = 0.778$

$\log 7 = 0.845$

$\log 8 = 0.903$

$\log 4 = 0.602$ $\log 9 = 0.954$

$\log 5 = 0.699$ $\log 10 = 1$

1의 로그부터 10의 로그까지를 수직선에 표시하면, 0에서 1까지의 '로그 척도'가 만들어진다. 로그들 사이의 간격은 뒤로 갈수록 점점 더 좁아진다.

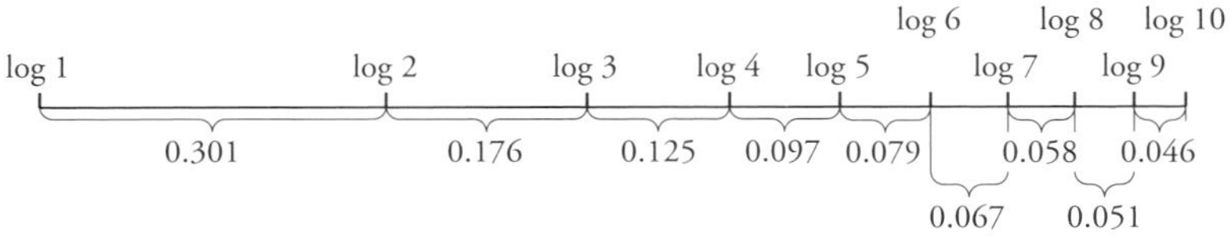

위 그림에는 로그들 사이의 간격도 표시되어 있다. 그 간격들을 보면, 50~51쪽의 머리 숫자 비율들이 떠오를 것이다. 다시 말해, 0에서 1까지 구간에서 무작위로 한 점을 고르면, 그 점이 log 1과 log 2 사이에 있을 확률은 30.1%, log 2와 log 3 사이에 있을 확률은 17.6% 등이다.

그림 속 첫째 구간의 길이는 $\log 2-\log 1$, 둘째 구간의 길이는 $\log 3-\log 2$, d째 구간의 길이는 $\log(d+1)-\log d$이다. 이는 방금 언급한 확률들을 일반적으로 각각의 머리 숫자 d에 대하여 $\log(d+1)-\log d$로 계산할 수 있음을 의미한다.

부록 2

$y = \frac{k}{x^a}$(a는 양수) 형태의 방정식은 이중 로그 척도에서 항상 왼쪽 위에서 오른쪽 아래로 이어진 직선을 그린다는 것을 증명하겠다. 거꾸로 이중 로그 척도에서 좌상귀에서 우하귀로 이어진 직선은 항상 위 형태의 방정식으로 표현될 수 있다는 것도 증명하겠다. 만일 수평축이 단어의 사용 빈도 순위의 로그, 수직축이 사용 빈도의 로그라면, 방금 언급한 직선은 지프의 법칙, 즉 (사용 빈도) = $y = \frac{k}{(\text{순위})^a}$를 나타낸다.

우선 독자가 좌표 기하학에 어느 정도 익숙하다고 전제하겠다. 이를테면 기울기의 개념을 잘 알며 로그의 기본 속성 몇 가지도 안다고 말이다. 또한 아래 명제가 참임을 받아들이기로 하자.

(1) 수평좌표가 x, 수직좌표가 y인 좌표 그래프에서 모든 직선은 $y = mx + c$ 의 형태로 기술된다. 이때 m은 직선의 기울기, c는 직선이 수직축과 교차하는 점의 수직좌표이다.

자, 이제 아래 방정식에서 출발하자.

$$y = \frac{k}{x^a}$$

양변의 로그를 취하면 다음과 같다.

$$\log y = \log\left(\frac{k}{x^a}\right)$$

로그의 속성에 따라서 우변을 전개하면 아래처럼 된다.

$$\log y = \log k - \log x^a$$

우변을 다시 정리하면 아래와 같다.

$$\log y = \log k - a \log x$$

$\log y = \mathrm{Y}$, $\log x = \mathrm{X}$로 놓으면, 아래 방정식이 나온다.

$$\mathrm{Y} = -a\mathrm{X} + \log k$$

위의 전제 (1)에 따라서, X와 Y가 수평좌표와 수직좌표인 그래프에서 이 방정식은 기울기가 $-a$이며 $(0, \log k)$에서 수직축과 교차하는 직선이다.

그런데 $\mathrm{X} = \log x$, $\mathrm{Y} = \log y$이므로 위 그래프는 이중 로그 척도이며 직선의 기울기가 음수이므로 직선은 좌상귀에서 우하귀로 이어진다. 이로써 첫 번째 증명이 완료되었다.

마찬가지로, 이중 로그 척도의 그래프상에 좌상귀에서 우하귀로 이어진 직선이 있다고 해보자. (1)에 따라서 그 직선을 아래 방정식으로 기술할 수 있다.

$\log y = -a \log x + c$

(좌상귀에서 우하귀로 이어진 직선이므로, 기울기를 음수로 특정할 수 있다.)

$c = \log k$로 놓으면, 아래 방정식을 얻을 수 있다.

$\log y = -a \log x + \log k$

따라서

$\log y = \log k - a \log x$

로그의 속성들을 이용하여 우변을 아래처럼 고쳐 쓸 수 있다.

$\log y = \log k - \log x^a$

우변을 다시 고쳐 쓰면 아래와 같다.

$\log y = \log \left(\frac{k}{x^a}\right)$

그러므로 아래 방정식이 성립한다.

$y = \frac{k}{x^a}$

이로써 두 번째 증명이 완료되었다.

다음과 같은 따름정리를 제시할 수 있다. 방정식 $y = kx^a$은 이중 로그 척도에서 좌하귀에서 우상귀로 이어진 직선을 산출하며, 이중 로그 척도에서 그렇게 나타나는 직선은 항상 위 형태의 방정식으로 기술할 수 있다.

부록 3

산의 높이

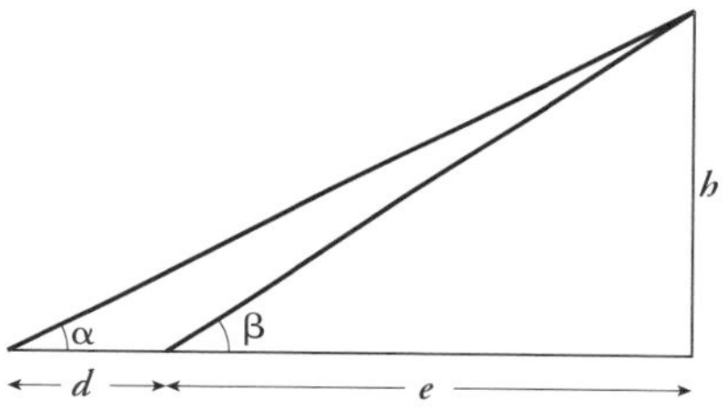

위 그림은 104쪽의 삼각형들이다. 우리의 목표는 산의 높이 h를 계산하는 것이다. 우리가 아는 것은 α, β, d뿐이다. 산 정상 바로 아래부터 가까운 관측점까지 거리를 e라고 하자.

알다시피 $\tan\alpha = \frac{h}{(d+e)}$, $\tan\beta = \frac{h}{e}$이다. 이 등식들을 아래처럼 정리하자.

$$h = (d + e)\tan\alpha$$

$$h = e\tan\beta$$

따라서

$$(d + e)\tan\alpha = e\tan\beta$$

이 등식을 아래처럼 정리할 수 있다.

$$e = \frac{d \tan \alpha}{\tan \beta - \tan \alpha}$$

저 위의 방정식 $\tan \beta = \frac{h}{e}$를 아래처럼 고쳐 쓸 수 있다.

$$h = e \tan \beta$$

따라서 아래 등식이 성립한다.

$$h = \frac{d \tan \alpha \tan \beta}{\tan \beta - \tan \alpha}$$

이로써 우리는 산의 높이 h를 α, β, d만 가지고 계산하는 공식을 얻었다.

지구의 반지름

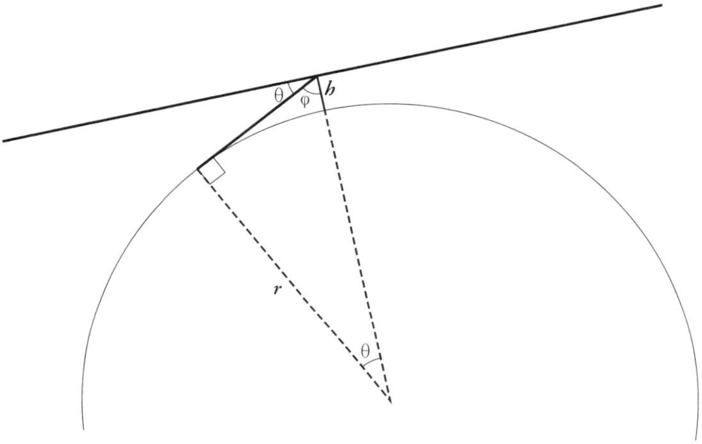

위 그림은 105쪽의 삼각형, 원, 직선 등이다. 우리는 봉우리 위에서 바라본 수평 방향 시선과 지평선 방향 시선 사이의 각도 θ, 산의 높이 b를 안다. 우리의 목표는 지구의 반지름 r을 계산하는 것이다.

첫 단계는 지구 중심에서 생긴 각이 θ임을 보여주는 것이다. 우선, 각 φ는 90 − θ이다. 그런데 삼각형의 세 각의 합은 180°여야 하므로, 지구의 중심에 생긴 각은 θ일 수밖에 없다.

알다시피 $\cos\theta = \frac{r}{(r+b)}$이다.

따라서 다음 등식들이 성립한다.

$$(r + b)\cos\theta = r$$

$$r\cos\theta + b\cos\theta = r$$

마지막 등식을 아래처럼 정리할 수 있다. 따라서

$$r - r\cos\theta = h\cos\theta$$
$$r(1 - \cos\theta) = h\cos\theta$$

따라서

$$r = \frac{h\cos\theta}{1 - \cos\theta}$$

부록 4

곱셈 기계

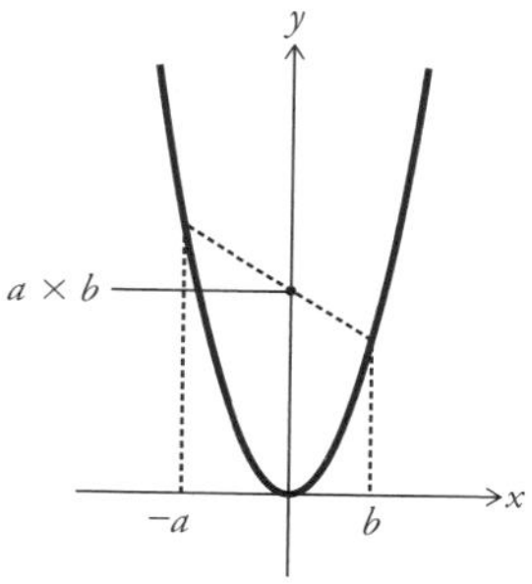

명제: $a \times b$를 계산하려면, 아래 그림처럼 포물선 $y = x^2$상에서 $x = -a$인 점부터 $x = b$인 점까지 선분을 그어라. 그 선분과 y축이 만나는 점의 수직좌표가 바로 $a \times b$이다.

증명: 한 가지 전제를 채택하자. 점 (p, q)를 통과하며 기울기가 m인 직선의 방정식은 $y - q = (x - p)m$이다.

위 그림 속 직선은 점 $(-a, a^2)$과 점 (b, b^2)을 통과한다.

직선의 기울기는 수직 이동 거리를 수평 이동 거리로 나눈 값이다. 따라서 위 직선의 기울기는 $\frac{b^2 - a^2}{b + a}$, 즉 $\frac{(b + a)(b - a)}{b + a}$, 따라서 $(b - a)$이다.

그러므로 위 직선의 방정식은 아래와 같다.

$$y - a^2 = (x + a)(b - a)$$

방정식을 아래처럼 정리하자.

$$y - a^2 = xb - xa + ab - a^2$$

양변에서 $-a^2$을 지우면, 아래처럼 된다.

$$y = xb - xa + ab$$

이 직선이 수직축과 만날 때는 $x = 0$이므로, 아래 등식이 나온다.

$$y = ab$$

바꿔 말해, 이 직선은 수직좌표 ab, 즉 $a \times b$에서 수직축과 만난다.

부록 5

예금 S에 이자율 r로 복리 이자가 붙는다면, 이자가 t회 붙은 후의 원리합계는 아래와 같다.

$$S(1+r)^t$$

원리합계가 최초 예금의 2배가 된다는 것은 방정식 $(1+r)^t = 2$가 성립한다는 것이다. 이 방정식을 풀기 위해 양변의 자연로그를 취하자. 자연로그란 밑이 e인 로그이며 ln으로 표기한다. 즉, 아래 방정식이 성립한다.

$$\ln(1+r)^t = \ln 2$$

이것을 아래처럼 정리할 수 있다.

$$t \ln(1+r) = \ln 2$$

따라서

$$t = \frac{\ln 2}{\ln(1+r)}$$

r이 작으면, $\ln(1 + r) \approx r$이다. 따라서 위 등식을 아래처럼 고칠 수 있다.

$$t \approx \frac{\ln 2}{r}$$

즉, 아래 등식이 성립한다.

$$t \approx \frac{0.69}{r}$$

퍼센트(%)로 표기한 이자율은 R이라고 하자. r 대신에 R을 집어넣으려면 분자와 분모에 100을 곱해야 한다.

$$\mathrm{t} \approx \frac{69}{\mathrm{R}}$$

결론적으로 이자율 R%에서 원리합계가 최초 예금의 2배가 되려면 이자가 69 나누기 R회 붙어야 한다.

69와 거의 같으면서 더 잘 나누어떨어지는 수는 72이므로, 어림규칙에서는 72가 가장 흔하게 쓰인다. 정확한 계산을 위해서는 69를 써야 하지만 말이다.

부록 6

가장 큰 검은색 사각형의 면적은 $\frac{1}{4}$이다. 둘째로 큰 검은색 사각형의 면적은 가장 큰 검은색 사각형의 면적의 $\frac{1}{4}$이므로 $\frac{1}{16}$이다. 셋째로 큰 검은색 사각형의 면적은 $\frac{1}{16}$의 $\frac{1}{4}$이다. 이런 식으로 검은색 사각형들의 면적은 매번 $\frac{1}{4}$로 줄어든다. 따라서 검은색 사각형들의 면적의 총합은 아래와 같다.

$$\frac{1}{4} + \frac{1}{4^2} + \frac{1}{4^3} + \cdots$$

그런데 검은색 사각형 각각에 대해서 똑같은 크기의 흰색 사각형이 정확히 2개 존재한다. 따라서 검은색 사각형들의 면적의 총합은 전체 사각형 면적의 $\frac{1}{3}$일 수밖에 없다.

그러므로 아래 등식이 성립한다.

$$\frac{1}{3} = \frac{1}{4} + \frac{1}{4^2} + \frac{1}{4^3} + \cdots$$

부록 7

세 사람이 케이크를 공평하게 나누는 방법은 아래와 같다.

'스코티시 북'에 가장 많이 기여한 저자들의 이름을 따서, 케이크를 나눠가질 세 사람을 휴고, 스테판, 스타니스와프라고 하자.

1단계: 먼저 휴고가 케이크를 자른다. 그의 목표는 케이크의 $\frac{1}{3}$을 잘라내는 것이다.

2단계: 휴고가 잘라낸 조각을 스테판에게 건네고, 스테판은 그 조각이 전체의 $\frac{1}{3}$인지를 판단한다. 만일 스테판이 보기에 그 조각이 너무 크다면, 스테판은 그 조각을 다듬는다.

3단계: 스테판이 그 조각을 스타니스와프에게 건네고, 스타니스와프는 그 조각을 자신이 가질지 결정한다. 만일 가지면, 휴고와 스테판은 나머지 큰 부분과 스테판의 다듬질로 생긴 자투리를 모아놓고 둘이서 나눠 가진다. 즉, 한 사람이 전체를 양분하고, 다른 사람이 두 부분 중 하나를 선택한다.

4단계: 만일 스타니스와프가 자신에게 건네진 조각을 갖지 않는다면, 스테판이 다듬질을 했는지에 따라 두 가지 선택지가 있다.

(i) 만일 스테판이 다듬질을 했다면, 스테판이 그 조각을 가진다.

(ii) 만일 스테판이 다듬질을 하지 않았다면, 휴고가 그 조각을 가진다. 나머지 두 사람은 남은 케이크를 나눠 가진다.

이 방법은 논리적으로 건전하지만sound 실행은 까다로울 수 있다.

다음 페이지 그림 (i)은 에라토스테네스의 체가 0세대에 띠는 모습이다. 그림 (ii)는 650세대의 모습이다. 이 모습에서 소수 2, 3, 5, 7, 11은 안전 구역에 도달했다. (iii)은 (ii)에서 일렬로 늘어선 글라이더 포들을 확대한 모습이다.

에라토스테네스의 체는 다음과 같이 작동한다. (ii)에서 동그라미를 친 포 A가 오른쪽으로 이동하는 우주선들을 발사한다. 우주선 각각은 홀수 하나를 나타낸다. 그 우주선들은, 이동 경로 바로 위에 늘어선 포들의 사격을 용케 피한다면, 전체 패턴의 주요부를 벗어나 오른쪽으로 계속 이동할 것이다.

그 포들을 더 자세히 살펴보자. 오른쪽에서 왼쪽으로(즉, 포들의 발생 순서대로) 짚어갈 때 첫 번째 포 B는 3구간interval마다 왼쪽 아래 대각선 방향으로 글라이더를 발사한다. 이 포는 3으로 나누어떨어지는 수를 나타내는 우주선을 모두 없애버릴 것이다. 두 번째 포 C는 5구간마다 글라이더를 발사하여 5로 나누어떨어지는 수를 나타내는 우주선들을 없앤다. 다음 포는 7로 나누어떨어지는 수를 나타내는 우주선들을 없앨 것이다. 일반적으로 포 A가 홀수 n을 나타내는 우주선을 만들면, 포들의 열이 왼쪽으로 확장되면서, n구간마다 글라이더를 발사하는 포가 그 열에 새로 추가된다. 결과적으로 소수를 나타내는 우주선들만 그 열을 통과할 수 있다. n이 소수가 아니라면 적어도 2개의 수로 나누어떨어진다. 따라서 n 위치에 있는(n을 나타내는) 우주선은 결국 n의 가장 큰 제수 구간마다 글라이더를 발사하는 포에 맞아 소멸할 것이다.

포 A가 짝수 위치의 우주선들과 홀수 위치의 우주선들을 모두 발사하지 않고 후자만 발사하는 이유는 전체 패턴을 최대한 단순화하기 위해서이다. 2보다 큰 소수들은 모두 홀수이다. 따라서 짝수 위치의 우주선은 어차피 파괴될 것이므로 발사할 필요가 없다. 2 위치의 최초 우주선은 우주선 흐름의 첫 주자로서 말하자면 공짜로 주어진다.

(i) 0세대

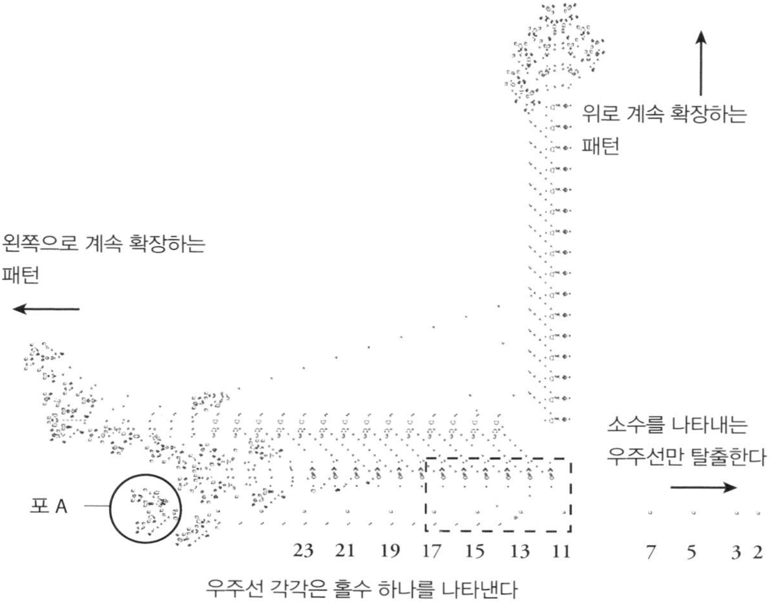

(ii) 650세대

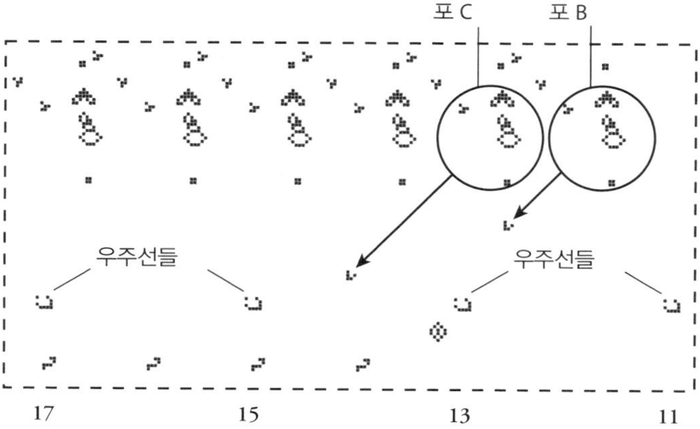

(iii) 650세대 모습의 세부 확대판

주석

1장

11쪽 **제리는 큰 수를 보면:** 모든 자연수 각각은 유일무이한 방식으로 소인수분해된다. 예컨대 2763은 3 × 3 × 307로 분해되며, 이 소수들의 조합은 모두 곱했을 때 2763이 되는 유일한 조합이다. 모든 자연수 각각이 유일무이한 방식으로 소인수분해된다는 명제를 일컬어 산술의 기본 정리라고 한다.

13쪽 **그는 잠시 멈췄다가:** 한 서번트증후군 환자(자폐 스펙트럼 장애와 유별난 재주를 함께 지닌 사람)의 가장 유명한 산술 솜씨도 소수와 관련이 있다. 『모자를 아내로 착각한 남자The Man Who Mistook His Wife for a Hat』(Duckworth, 1985)에서 올리버 색스는 미국인 쌍둥이 존과 마이클의 이야기를 들려준다. 두 사람은 여섯 자리 수들을 떠올리는 게임을 했다. 그들은 '마치 포도주를 맛보는 감정사처럼' 수들을 숙고하고 음미했다고 색스는 전한다. 그들이 골라낸 수들을 색스가 검증해보니 모두 소수였다. 그래서 그는 난이도를 높이기 위해 여덟 자리 소수들을 골라내보라고 했다. 이 제안에 고무된 그 쌍둥이는 번갈아 점점 더 큰 소수들을 댔다. 한 시간 뒤에는 20자리 수들이 등장했는데, 색스로서는 그 수들이 소수인지 검증할 길이 없었다. '소수 쌍둥이prime twins'로 불리는 존과 마이클을 '쌍둥이 소수twin primes'와 혼동하지 말아야 한다. 쌍둥이 소수란 29와 31처럼 차가 2인 두 소수를 말한다.

시드니대학교의 앨런 스나이더는 모든 사람이 서번트처럼 계산할 수 있는 정신적 능력을 갖췄다고 믿는다. 그러나 뇌의 배선 방식 때문에 정상인은 그 능력에 접근할 수 없다는 것이다. 스나이더는 뇌에 약한 전류를 가하면(이른바 '경두개 직류 자극transcranial direct current stimulation'을 가하면) 피실험자의 수학적 추론 능력이 향상될 수 있음을 실험으로 보여주었다. 그 전류가 일시적으로 신경 활동을 억제하여 우리 모두의 내면에 들어 있는 서번트가 풀려난다는 것이 그의 이론이다. 스나이더의 연구는 논란거리지만, 다른 대학들에서도 유사한 연구 결과들이 나오고 있다.

13쪽 **1을 뜻하는 단어:** Georges Ifrah, *The Universal History of Numbers*, John Wiley & Sons, 2000.

14쪽 **하나는 통일을 의미하고:** Vincent F. Hopper, *Medieval Number Symbolism*, Columbia University Press, 1938.

14쪽 **셰익스피어는 홀수를:** 이상함을 뜻하는 영어 'odd'뿐만 아니라 'eccentric'도 수학에서 유래했다. 'eccentric'은 원래 지구를 둘러쌌지만 중심이 지구가 아닌 원에 붙이는 술어였다.

14쪽 **원래 이 단어는:** 'odd'는 창槍을 뜻하는 스칸디나비아어 'oddr'에서 유래했다. 창의 모양에서 고대 아이슬란드어 'oddi'가 나왔다. 이 단어는 삼각형, 또는 곶(바다 쪽으로 뾰족하게 뻗은 땅)을 의미했다. (Oddi는 아이슬란드 남부에 있는 한 교회 학교의 이름이기도 하다. 아이슬란드의 위대한 시인 겸 역사가 스노리 스툴손Snorri Sturluson이 20세기에 살았던 곳인 그 학교는 현재 관광지로 유명하다.) 세 사람 중에서 짝이 없는 한 사람이라는 'odd'의 의미가 삼각형에서 파생했고, 이 의미가 일반화되어 임의의 집단에서 짝이 없는 구성원에 'odd'라는 술어를 붙이게 되었다. (출처: *Oxford English Dictionary*, and Anatoly Liberman, Oxford University Press, blog.oup.com/category/language-words/

oxford_etymologist/)

15쪽 여기에서도 행운과: Yutaka Nishiyama, 'Odd and Even Number Cultures', *Mathematics for Scientists*, 2005.

16쪽 오사카경제대학교 니시야마: Yutaka Nishiyama, 'Why ¥2000 notes are unpopular', *Osaka Keidai Ronshu*, vol. 62, No. 5, 2012.

16쪽 미국에서 나온 통계에: Lee C. Simmons and Robert M. Schindler, 'Cultural Superstitions and the Price Endings Used in Chinese Advertising', *Journal of International Marketing*, 2003.

17쪽 한 실험에서 하인스는: Terence M. Hines, 'An odd effect: Lengthened reaction times for judgements about odd digits', *Memory & Cognition*, 1990.

18쪽 그들은 갓난아기들의: James E. B. Wilkie and Galen V. Bodenhausen, 'Are numbers gendered?', *Journal of Experimental Psychology: General*, 2012.

18쪽 홀수들과 함께 사진을: 제임스 윌키가 수행했으며 아직 발표하지 않은 후속 연구는 남성보다 여성이 수의 영향을 더 강하게 받는 경향이 있음을 보여준다.

18쪽 큰 영향력을 발휘한: Vincent F. Hopper, *Medieval Number Symbolism*, Columbia University Press, 1938.

22쪽 2011년, 싱가포르국립대학교의: Dan King and Chris Janiszewski, 'The Sources and Consequences of the Fluent Processing of Numbers', *Journal of Marketing Research*, 2011.

25쪽 코넬대학교의 심리학자: a Manoj Thomas, Daniel H. Simon, and Vrinda Kadiyali, 'The Price Precision Effect: Evidence from Laboratory and Market Data', *Marketing Science*, 2010.

26쪽 2008년에 남브르타뉴: Nicolas Guéguen et al., 'Nine-ending prices and consumers' behavior: A field study in a restaurant', *International Journal of Hospitality Management*, 2009.

26쪽 그러나 끝자리 숫자가 9인: William Poundstone, *Priceless*, Oneworld, 2010.

27쪽 예를 들어 코넬대학교에서: Sybil S. Yang, Sheryl E. Kimes, and Mauro M. Sessarego, '$ or Dollars: Effects of Menu-price Formats on Restaurant Checks', *Cornell Hospitality Report*, 2009.

28쪽 또 다른 영리한 차림표: 식당에서 손님들이 상품이 아니라 가격을 보고 구매를 결정한다는 사실을 보여주는 가장 흔한 예는 차림표에 포도주들의 가격이 일렬로 정리되어 있을 경우 두 번째로 싼 포도주가 가장 많이 팔리는 경향이 있다는 사실이다. 가장 싼 와인을 선택하는 손님은 너무 초라해 보인다. 특히 애인과 함께 식당에 온 경우에 그러하다. 식당들은 흔히 두 번째로 싼 포도주에서 가장 많은 이윤을 챙긴다.

28쪽 한 실험에서: Birte Englich, Thomas Mussweiler and Fritz Strack, 'Playing Dice With Criminal Sentences: The Influence of Irrelevant Anchors on Experts' Judicial Decision Making', *Personality and Social Psychology Bulletin*, 2006.

29쪽 나는 우리 모두가: 나의 온라인 조사(favouritenumber.net)는 2011년에 시작되었다. 그 웹사이트를 방문하여 첫 페이지를 통과하면 설명문에 이어 '내가 좋아하는 수는…'이라는 문구와 '그 이유는…'이라는 문구가 나왔다. 응답자들은 숫자나 단어로 대답할 수 있었다. 본문에 나오는 결과들은 최초 3만 3516명의 응답에 기초한 것이다. 그중 3491명은 아무 대답도 남기지 않았다. 이 책이 인쇄될 즈음에 누적 응답자 수는 4만 2000명을 넘어섰다.

34쪽 **그러나 기원전:** Eviatar Zerubavel, *The Seven Day Circle*, Free Press, 1985.

35쪽 **고대 이집트에서:** Georges Ifrah, *The Universal History of Numbers*, John Wiley & Sons, 2000.

36쪽 **심리학자들은 7의 특별함을:** Michael Kubovy and Joseph Psotka, 'The predominance of seven and the apparent spontaneity of numerical choices', *Journal of Experimental Psychology: Human Perception and Performance*, 1976.

36쪽 **7로 끝나는 수를 향한:** 1부터 50까지의 수 중에서 서로 다른 홀수 숫자 2개로 이루어진 수는 8개밖에 없다. 그런데 마술사가 미리 15를 언급하면, 관객이 1로 시작하는 수를 생각할 확률은 대폭 낮아진다. 『*The Psychology of the Psychic*』(Prometheus Books, 1980)을 쓴 데이비드 마크스David Marks와 리처드 카만Richard Kammann은 심리학과 대학생들을 상대로 이 마술을 실험했는데, 3분의 1 이상의 학생들이 37을 생각했다. 피실험자들이 생각한 수들을 빈도 순서로 나열하면 다음과 같다. 37(35%), 35(23%), 17(10%), 39(10%), 19(9%), 31(5%), 13(5%), 기타(3%).

39쪽 **앞에서 샴푸 '징크 24':** Dan King and Chris Janiszewski, 'The Sources and Consequences of the Fluent Processing of Numbers', *Journal of Marketing Research*, 2011.

40쪽 **이와 유사하게 암스테르담:** Marisca Milikowski, 'Knowledge of numbers: A study of the psychological representation of the numbers 1 – 100', PhD thesis at the University of Amsterdam, 1995.

2장

47쪽 **나는 그 문서에:** *Domesday Book: A Complete Translation*, Penguin Classics,

2003.

50쪽 **1로 시작하는 수들이:** Simon Newcomb, 'Note on the Frequency of Use of the Different Digits in Natural Numbers', *American Journal of Mathematics*, 1881.

51쪽 **반세기 넘게:** Frank Benford, 'The law of anomalous numbers', *Proceedings of the American Philosophical Society*, 1938.

52쪽 **많은 현실 데이터**

머리 숫자	1	2	3	4	5	6	7	8	9
벤포드의 법칙	30.1	17.6	12.5	9.7	7.9	6.7	5.8	5.1	4.6
카운티 인구	30.2	18.8	12.2	9.9	7.1	6.3	5.7	4.8	5.0
매출액	30.2	17.7	12.5	9.8	7.9	6.7	5.7	5.1	4.5

인구 데이터는 2007~2011 미국 지역사회 조사American Community Survey를 기초로 삼았고, 매출액 데이터는 지알란 왕Jialan Wang이 '컴퓨스태트Compustat'에서 찾아낸 자료 1400만 건을 기초로 삼았다.

54쪽 **데이터의 머리 숫자들을:** Scott de Marchi and James T. Hamilton, 'Assessing the accuracy of self-reported data: an evaluation of the toxics release inventory', *Journal of Risk and Uncertainty*, 2006; Walter R. Mebane Jr., 'Fraud in the 2009 Presidential Election in Iran?', *Chance*, 2010; Malcolm Sambridge et al., 'Benford's law in the natural sciences', *Geophysical Research Letters*, 2010.

64쪽 **1940년대에:** Miles L. Hanley, *Word Index to James Joyce's Ulysses*, University of Wisconsin Press, 1953.

64쪽 **그 데이터는 언어:** George Kingsley Zipf, *Human Behavior and the Principle* *of Least Effort*, Addison-Wesley, 1949.

67쪽 실제로 길이를: 한 텍스트에서 딱 한 번 등장하는 단어를 일컬어 '하팍스 레고메논hapax legomenon'이라고 한다. 만화 〈아스테릭스〉에 나오는 인물이나 스칸디나비아에서 활동하는 데스 메탈 밴드의 이름처럼 들리는 이 단어는 이 책에 딱 한 번 나온다.

72쪽 파레토 원리에 관한: Richard Koch, *The 80/20 Principle*, Crown Business, 1998.

72쪽 예컨대 스웨덴 사람들의: Fredrik Liljeros et al., 'The web of human sexual contacts', *Nature*, 2001.

73쪽 분쟁 지역의 폭력을: N. Johnson et al., 'From old wars to new wars and global terrorism', arXiv:physics/0506213, 2005.

73쪽 찰스 다윈은 평생: João Gama Oliveira and Albert-László Barabási, 'Human dynamics: Darwin and Einstein correspondence patterns', *Nature*, 2005.

74쪽 일본 학자들은: Takashi Iba et al., 'Power-Law Distribution in Japanese Book Sales Market', *Fourth Joint Japan-North America Mathematical Sociology Conference*, 2008.

76쪽 지진의 규모는: Mark Buchanan, *Ubiquity*, Weidenfeld & Nicolson, 2000.

76쪽 바라바시의 현재 연구: Albert-László Barabási, *Linked*, Perseus, 2002; Albert-László Barabási, *Bursts*, Penguin, 2010.

78쪽 그러나 과학자들이 섣불리: Michael P. H. Stumpf and Mason A. Porter, 'Critical Truths About Power Laws', *Science*, 2012; Aaron Clauset, Cosma Rohilla Shalizi, and M. E. J. Newman, 'Power-Law Distributions in Empirical Data', *SIAM Review*, 2009.

79~80쪽 동물의 덩치가 클수록: 1638년에 출판한 저서 『새로운 두 과학에 관

한 논의와 수학적 증명Discourses and Mathematical Demonstrations Relating to Two New Sciences』에서 갈릴레오는 작고 가는 뼈와 크고 굵은 뼈를 묘사한 아래 그림을 제시했다. "이 큰 뼈가 덩치 큰 동물에서 하는 구실은 이 작은 뼈가 덩치 작은 동물에서 하는 구실과 같을 것이다"라고 그는 썼다.

애완동물용품 회사 닐라본Nylabone은 아래 그림의 큰 뼈처럼 생긴 나일론 뼈를 판매한다. '갈릴레오The Galileo'라는 상품명을 가진 그 뼈는 '세계 최강의 애견용 뼈'라고 한다.

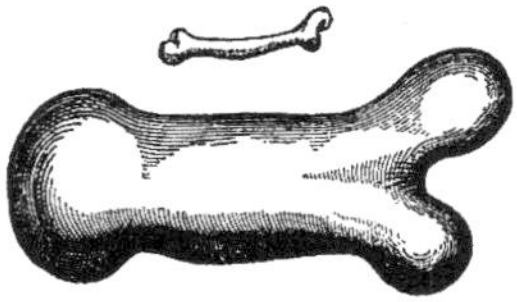

82쪽 **1930년대에 스위스:** Melanie Mitchell, *Complexity: A Guided Tour*, Oxford University Press, 2009.

83쪽 **산타페연구소의:** Geoffrey B. West, James H. Brown, and Brian J. Enquist, 'A General Model for the Origin of Allometric Scaling Laws in Biology', *Science*, 1997.

83쪽 **그와 동료들은 마을과:** Luís M. A. Bettencourt et al., 'Growth, innovation, scaling, and the pace of life in cities', *PNAS*, 2007.

3장

87쪽 **50세인 롭은:** 롭은 과거 대영 제국 영토에 있는 표지석 6177개를 안다. 그중 45개는 잔해만 남아 있고, 100개는 쓰러져 있다. 그가 아직 보지 못한 표지석들의 대다수는 섬에 있다. 그는 영국 국방부 소유지에 있는 표지석 2개를 먼발치에서 보기도 했다. 하나는 스코틀랜드 콜포트

Coulport 핵잠수함 기지에 있는데 접근이 허용되지 않았다. 3000개가 넘는 표지석을 방문한 사람은 롭을 빼면 네 명밖에 없다.

89쪽 **하지만 피라미드 그림자:** 탈레스의 피라미드 높이 측정에 관한 세부 사항은 로타 레들Lothar Redlin, 은고 비에트Ngo Viet, 살렘 왓슨Saleem Watson이 쓴 〈탈레스의 그림자Thales' Shadow〉(*Mathematics Magazin*, 2000)에 게재되어 있음)를 참조하라. 이 글의 저자들은 햇빛이 피라미드의 옆면에 수직으로 닿는 일이 봄과 여름에 하루 두 번만 일어남을 보여준다. 그런 일이 아침에 한 번, 그리고 저녁에 한 번 일어난다.

90쪽 **측정값을 도형의 속성들에서:** 이집트인의 수학 지식이 현재 우리가 추정하는 정도보다 더 풍부했을 수도 있다. 그러나 남은 자료가 워낙 적기 때문에 확실한 판단은 불가능하다.

90쪽 **탈레스는 수학적 발견에:** Carl B. Boyer, *A History of Mathematics*, John Wiley & Sons, 1968.

94쪽 **직각삼각형에서 빗변의 제곱은:** 직각삼각형에서 빗변을 제외한 '다른 두 변' 각각은 역사적으로 '카테투스Cathetus'로 불렸다. 이 명칭은 영어에서는 고어가 되었지만 독일어에서는 '카테테Kathete', 스페인어와 포르투갈어에서는 '카테토cateto'로 여전히 쓰인다.

95쪽 **그리스인의 수 표기법은:** Florian Cajori, *A History of Mathematical Notations*, Dover, 1993.

95쪽 **상형 문자에서는 1에서:** Georges Ifrah, *The Universal History of Numbers*, John Wiley & Sons, 2000.

96쪽 **이 표기법에서 단위 분수들이:** 단위 분수들만 사용하면서도 가장 많은 용도로 쓰이는 숫자 체계는 이진법이다. 이진법에서 분수는 절반, 절반의 절반, 절반의 절반의 절반 등이 전부이다. 즉, $\frac{1}{2}$, $\frac{1}{4}$, $\frac{1}{8}$, $\frac{1}{16}$ … 밖에 없다. 이 이진법의 단위 분수들을 이용하여 모든 가능한 분수 각각을 유일무이한 방식으로 표현할 수 있다. 1911년, 이집트학자 게오르크 묄러는 이진법 단위 분수들 가운데 처음 여섯 개를 표현하는, 멋진 그림 같은 고대 기호들을 발견했다고 썼다. 아래 그림이 보여주는 호루스Horus의 눈 속에 그 기호들이 들어 있다. 왼쪽 흰자위는 $\frac{1}{2}$, 검은자위는 $\frac{1}{4}$, 눈썹은 $\frac{1}{8}$, 기타 부위들은 $\frac{1}{16}$, $\frac{1}{32}$, $\frac{1}{64}$을 뜻한다. 이 기호들로 63개의 조합을 만들 수 있으며, 그 조합들로 $\frac{1}{64}$ 부터 $\frac{63}{64}$까지의 모든 분수를 나타낼 수 있다. 이 분수 표기법은 섹시한 이미지뿐만 아니라 섹시한 사연도 가졌다. 호루스는 매처럼 생긴 신이다. 그런데 호루스의 삼촌이 그의 눈을 여섯 조각으로 찢은 다음에 재조립했다고 한다. 그러나 아쉽게도 2002년에 짐 리터는 거의 한 세기 동안 수긍되어온 '호루스의 눈' 표기법이 허구라고 폭로했다. 그런 표기법이 존재했다는 증거가 없음이 드러난 것이다. Jim Ritter, 'Closing the Eye of Horus: the Rise and Fall of "Horus-Eye Fractions"', *Under One Sky: Astronomy and Mathematics in the ancient Near East*, 2002.

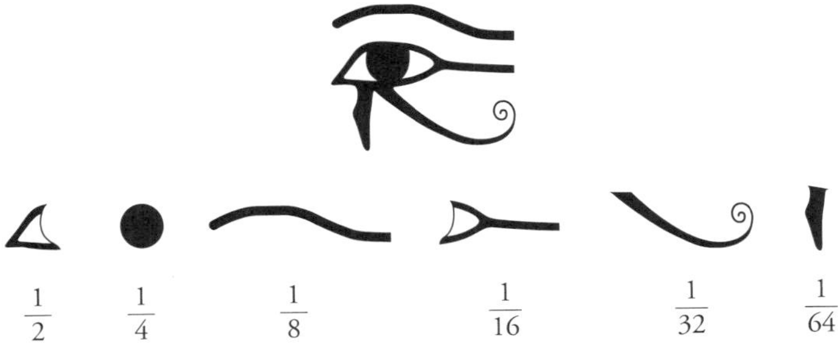

96쪽 유클리드의 시대에 그리스인은: 그리스 숫자들 전체는 아래와 같다.

α	β	γ	δ	ε	ς	ζ	η	θ
1	2	3	4	5	6	7	8	9
ι	κ	λ	μ	ν	ξ	ο	π	ϙ

10	20	30	40	50	60	70	80	90
ρ	σ	τ	υ	φ	χ	ψ	ω	ϡ
100	200	300	400	500	600	700	800	900

110쪽 1533년에 네덜란드 수학자: Eli Maor, *Trigonometric Delights*, Princeton University Press, 1998.

112쪽 다른 한편 영국인은: John Keay, *The Great Arc*, HarperCollins, 2000.

4장

120쪽 큐를 잡아본: 공에 회전이 없다고 전제하고 하는 말이다.

122쪽 예컨대 솔트레이크시티에: lds.org/locations/temple-square-salt-lake-city-tabernacle

123쪽 고대 그리스 수학은: Carl B. Boyer, *A History of Mathematics*, John Wiley & Sons, 1968.

123쪽 '타원'을 뜻하는 영어: 라틴서 '파라볼라parabola'는 '포물선'뿐만 아니라 '우화'도 의미했다. 왜냐하면 '나란히(곁에서) 던지다'의 또 다른 의미는 '비교하다'이기 때문이다. 우화란 복잡한 이야기에 빗댄 단순한 이야기이다. 이 의미는 프랑스어 'parler(이야기하다)', 영어 'parliament(의회)', 'parole(개인적인 언어활동)' 등의 단어들에 남아 있다.

125쪽 프톨레마이오스 시스템의 최종: Arthur Koestler, *The Sleepwalkers*, Hutchinson, 1959.

126쪽 놀랍게도 수송원들과: 수송원들과 주전원들로 임의의 연속적이며 닫힌 궤도를 표현할 수 있는 수학적 이유는 내가 이 책의 다른 곳에서 다루는 두 개념으로 설명할 수 있다. 그것들은 복소수와 푸리에 급수이다. 파동을 사인곡선들로 분해할 수 있는 것과 마찬가지로, 복소평면상의 경로를 원운동들의 조합으로 분해할 수 있다.

126쪽 2005년에 아르헨티나의: Santiago Ginnobili and Christián C. Carman, 'Deferentes, Epiciclos y Adaptaciones', *Filosofia e história da ciência no Cone Sul*, 2008.

127쪽 요하네스 케플러는 1571년: Arthur Koestler, *The Sleepwalkers*, Hutchinson, 1959.

130쪽 철학자 노우드 러셀: Norwood Russell Hanson, *Patterns of Discovery*, CUP, 1961. 핸슨은 원래 트럼펫 연주자였다가 제2차 세계대전 중에 전투기 조종사가 되었다. '날아다니는 교수Flying Professor'로 불린 그는 전쟁이 끝난 뒤에도 계속 비행기를 조종했으며 곡예 비행으로 유명했다. 그는 뉴욕 주의 짙은 안개 속에서 비행기를 몰다가 사고를 당해 42세로 사망했다.

132쪽 갈릴레오는 지구가: David Wootton, *Galileo, Watcher of the Skies*, Yale University Press, 2010.

133쪽 아폴로니우스와 원뿔곡선에: Stillman Drake and James MacLachlan, 'Galileo's Discovery of the Parabolic Trajectory', *Scientific American*, 1975.

139쪽 데카르트 좌표계는 평면상의: 데카르트는 대개 두 축이 비스듬히 교차하는 좌표계를 사용했다. 수직으로 교차하는 두 축에 기초한 좌표계를 데카르트 좌표계로 부르는 현대의 어법은 그의 연구를 더 다듬은 다른 학자들에게서 유래했다.

142쪽 19세기 중반에 독일: A. F. Möbius, 'Geometrische Eigenschaften einer Factorentafel', *Journal für die reine und angewandte Mathematik*, 1841.

144쪽 그후 그는 이 계산법을: Rodolphe Soreau, *Nomographie; ou, Traité des abaques*, Chiron, 1921; Ron Doerfler, 'The Lost Art of Nomography', *The UMAP Journal*, 2009; H. A. Evesham, 'Origins and Development of Nomography', *Annals of the History of Computing*, 1986.

144쪽 쌍곡선은 두 부분으로: Martin Gardner, *Mathematical Games: The Entire Collection of His Scientific American Columns*, CD, 2005.

147쪽 17세기에 영국의: J. A. Bennett, *The Mathematical Science of Christopher Wren*, CUP, 1982.

149쪽 19세기에 프랑스: *Programme for Intersections: Henry Moore and Stringed Surfaces*, exhibition at the Royal Society, 2012.

5장

156쪽 적어도 미국 수학자: Bob Palais, 'π Is Wrong!', *The Mathematical Intelligencer*, 2001.

156쪽 많은 이들이 그의: π보다 원둘레 대 반지름 비율을 더 선호한 역사적 인물들 중 하나는 알카시Al-Kashi이다. 그는 15세기에 사마르칸트에서 π를 14자리까지 계산했다고 알려져 있다. 이것은 기존의 모든 계산을 능가하는 성취였다. 그런데 알카시가 실제로 계산한 것은 π가 아니라 원둘레 대 반지름 비율이었다. 1698년에 아브라함 드 무아브르는 $\frac{\text{원둘레}}{\text{반지름}}$을 $\frac{c}{r}$로 표기했지만, 이 기호는 호응을 얻지 못했다.

157쪽 '타우 성명서The Tau Manifesto': tauday.com

157쪽 기호 τ는 삼중으로: 나는 이 기호가 사중으로 탁월하다고까지 말하고 싶다. τ는 필즈상 수상자이며 로스앤젤레스 소재 캘리포니아대학교(UCLA)의 교수 테런스 타오를 기리는 구실도 하기 때문이다.

159쪽 곡선이 그런 열광적인: John Martin, 'The Helen of Geometry', *The College Mathematics Journal*, 2010; E. A. Whitman, 'Some Historical Notes on the Cycloid', *American Mathematical Monthly*, 1943; Martin Gardner, *Mathematical Games: The Entire Collection of His Scientific American*

Columns, CD, 2005.

162쪽 친구 파스칼의 현상 공모: 하위헌스는 양쪽 사이클로이드 엉덩이 사이에서 흔들리는 흔들이를 몇 개 제작했다. 그러나 그것들은 현실에서 마찰 등의 문제 때문에 단순흔들이보다 더 나을 것이 없었다. 그의 해결책은 단순흔들이를 사용하되 진폭을 줄이는 것이었다. 진폭이 아주 작으면, 흔들이가 한번 진동하는 데 걸리는 시간이 대략 일정해지기 때문이다.

168쪽 내가 가장 좋아하는 수학: 나는 이 수수께끼처럼 동전과 관련이 있는 다른 대중용 수학 수수께끼들도 무척 좋아한다. 동전 6개를 아래 왼쪽 그림처럼 배열하라. 이제 과제는 동전들을 하나씩 움직여 정육각형 모양으로 재배열하는 것이다. 동전을 바닥에서 떼거나 다른 동전 위에 포개는 것은 반칙이다. 한 동전을 움직여서 다른 동전을 밀쳐내는 것도 반칙이다. 또 움직인 동전은 최종 위치에서 다른 두 동전에 닿아야 한다. 당신은 동전을 세 번 움직여서 과제를 해결할 수 있는가?

위 수수께끼를 풀었다면, 이제 동전을 일곱 번 움직여서 삼각형 배열을 직선 배열로 바꿔보라. 이번에도 움직인 동전은 최종 위치에서 다른 두 동전에 닿아야 한다.

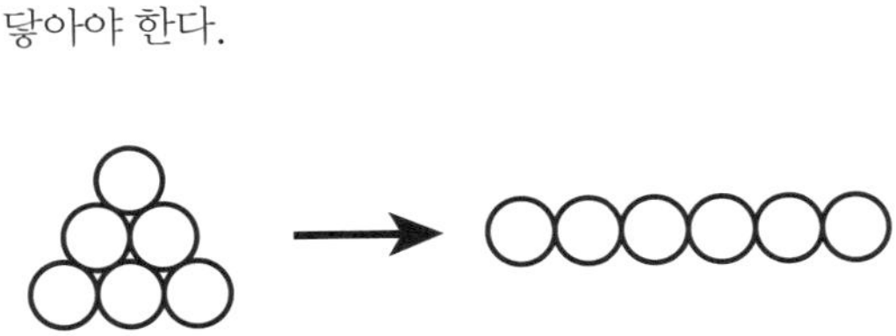

다음 번에 약속 장소에서 친구를 기다릴 때 주머니에 동전 6개가 있

다면, 이 수수께끼들에 한 번 도전해보라.

170쪽 최초로 사인곡선을: 로베르발의 사인곡선은 사이클로이드 아래의 면적을 구하는 방법을 보여주는 그림에서 등장한다. 그 곡선이 삼각비 사인과 관련이 있음을 로베르발이 알아챘을 가능성은 낮다.

171쪽 위 왼쪽 그림에서: 마찰로 인한 에너지 손실이 없다는 전제하에서 하는 말이다.

173쪽 빅토리아 시대의 하모노그래프는: Robert J. Whitaker, 'Harmonographs. I. Pendulum design', *American Journal of Physics*, 2001; Robert J. Whitaker, 'Harmonographs. II. Circular design', *American Journal of Physics*, 2001.

174쪽 하모노그래프가 빅토리아 시대 화가들의: Eli Maor, *Trigonometric Delights*, Princeton University Press, 1998.

179쪽 1798년, 30세의: John Herivel, *Joseph Fourier: The Man and the Physicist*, Clarendon Press, 1975.

179쪽 전설에 따르면: I. B. Cohen, *The Triumph of Numbers*, W. W. Norton & Company, 2005.

182쪽 한 파동을 만드는: 한 파동의 푸리에 급수는 아래와 같다.

$$k + a_1 \sin x + a_2 \sin 2x + a_3 \sin 3x + a_4 \sin 4x + \cdots$$
$$+ b_1 \cos x + b_2 \cos 2x + b_3 \cos 3x + b_4 \cos 4x + \cdots$$

이때 k는 상수, 첨자가 붙은 a들과 b들은 해당 사인곡선의 진폭이다.

6장

189쪽 나는 과학사를 통틀어: youtube.com/watch?v=F-QA2rkpBSY

189쪽 그는 내가 찾아갔을: 앨버트 바틀릿 명예교수는 2013년 9월 7일에 90세로 타계했다. 그가 생전에 한 강연은 총 1742회이다.

195쪽 1980년에 네덜란드: Gideon Keren, 'Cultural differences in the misperception of exponential growth', *Perception & Psychophysics*, 1983.

196쪽 1973년에 대니얼: Daniel Kahneman and Amos Tversky, 'Availability: A heuristic for judging frequency and probability', *Cognitive Psychology*, 1973.

206쪽 베르누이는 복리를: Eli Maor, *e: The Story of a Number*, Princeton University Press, 1994.

210쪽 또한 어느 역사가에: J. E. Hofmann, from the biography of Jakob Bernoulli in the *Dictionary of Scientific Biography*, Scribner, 1970.

210쪽 요한은 현수선: William Dunham, *Journey Through Genius*, Penguin, 1991.

213쪽 그래서인지, 20세기: Santiago Huerta, 'Structural Design in the Work of Gaudí', *Architectural Science Review*, 2006.

222쪽 오일러는 처음부터: Ed Sandifer, 'How Euler Did It', *MAA Online*, 2004.

223쪽 그 독일 천문학자는: Arthur Koestler, *The Sleepwalkers*, Hutchinson, 1959.

224쪽 수학 저술가 마틴: Martin Gardner, *Mathematical Games: The Entire Collection of His Scientific American Columns*, CD, 2005.

225쪽 이 수수께끼는 1960년대에: 수학자들은 비서/결혼 문제의 다양한 변형들을 연구했다. 예컨대 사장이 구직자들을 다시 부를 수 있다면 확률이 어떻게 달라지는지, 혹은 초반에 채용 결정을 내리면 비용이 얼마나 절감되는지 등을 연구했다. 대런 글래스는 2012년에 『대학 수학 저널The College Mathematics Journal』에 '구직자의 관점에서 본 비서 문제'에 관한 논문을 발표했다. 구직자가 9명 이상이면, 면접 순서가 맨 뒤인 구직자가 가장 유리하다. 하지만 반드시 맨 뒤여야지, 뒤에서 두 번째나 세 번째이면 곤란하다. "마지막 면접 응시자가 되면 채용될 확률이 가장 높다. 그러나 뒤에서 두 번째가 되면 채용될 확률이 가장 낮은 축에 든다"라고 그는 썼다. "취업 시장에 나서는 대학생들은 면접 순서에 관한 전략을 짜기보다 자신의 실력을 향상하는 데 주력해야 할 것이다."

227쪽 **러시아의 억만장자이자:** 보리스 베레좁스키는 2013년 3월 29일에 67세로 사망했다.

227쪽 **다음 게임은:** Theodore Hill, 'Knowing When to Stop', *American Scientist*, 2009.

7장

233쪽 **그 작자들이:** '"Cool Cash" card confusion', *Manchester Evening News*, 2007.

234쪽 **그러나 고대 아시아에서는:** Georges Ifrah, *The Universal History of Numbers*, John Wiley & Sons, 2000.

236쪽 **음수를 배척하는:** Martin Gardner, *Mathematical Games: The Entire Collection of His Scientific American Columns*, CD, 2005.

236쪽 **15세기와 16세기에:** 영어에서 '불합리한 수'를 뜻하는 'absurd number'와 무리수를 뜻하는 'surd'를 혼동하지 말아야 한다. 무리수란 분수로 표현할 수 없는 수이다. 고대 그리스인은 무리수를 '알로고스alogos'라고 불렀는데, 이 단어는 '비율이 아님'을 뜻한다. 그러나 이 단어는 '말하지 않음'을 뜻하기도 해서, 아랍인은 이것을 '아삼assam'으로 번역했다. 이 단어는 '귀먹음deaf'을 뜻하다. 라틴어 문헌들은 아랍어 '아삼'의 직역인 '수르두스surdus'라는 단어로 무리수를 표현했다. 그리하여 무리

수는 '귀머거리' 수, 즉 'surd'가 되었다.

238쪽 독일 철학자 임마누엘: Alberto A. Martínez, *Negative Math*, Princeton University Press, 2006.

238쪽 그러나 18세기 말까지도: William Frend, *The Principles of Algebra*, G. G. and J. Robinson, 1796. 이 책은 음의 기호를 허용했지만 – 실재를 가리킬 수 있는 – 미지수가 음의 값을 가지는 것은 금지했다.

저자 프렌드는 급진적 사회 개혁가로 가장 잘 알려져 있다. 그는 영국 교회를 비방했다는 이유로 세간의 주목 속에 재판을 받은 후 케임브리지대학교에서 쫓겨났다. 그를 지지한 사람들 중에는 사무엘 테일러 콜리지도 있었다. 프렌드의 딸 소피아(저명한 수학자 오거스터스 드모르간과 결혼함)는 아버지의 "정신적 선명함과 곧음이 대수 연산에서 음수의 사용을 거부하는 수학적 이단 행위의 원인일 수 있다"면서 "아버지는 더 수준 높은 분야들에서 자신에게 더 큰 명성을 가져다 줄 수도 있었을 연구 도구를 스스로 박탈한 것일 가능성이 높다"라고 썼다.

242쪽 음수의 제곱근을: Paul J. Nahin, *An Imaginary Tale*, Princeton University Press, 1998.

243쪽 오일러는 $\sqrt{-1}$을: 오일러는 $\sqrt{-1}$을 i로 표기한 최초의 인물이다. 그러나 그는 이 기호를 그가 죽은 지 11년 후에 출판된 회고록에서 딱 한 번 사용했다. 수학자들이 i를 본격적으로 사용하기 시작한 것은 가우스가 1801년에 그 기호를 채택한 다음부터였다.

245쪽 놀랍게도 이 방정식의: $x^2 = i$의 또 다른 해는 $-\frac{1}{\sqrt{2}} - (\frac{1}{\sqrt{2}})i$이다. 이 해는 본문에 나오는 해에 음의 기호를 붙인 것과 같다.

245쪽 그 등식을 눈여겨본: Ed Leibowitz, 'The Accidental Ecoterrorist', *Los Angeles Magazine*, 2005.

248쪽 이런 특징에서 '라디안': 8장에 나오는 제임스 톰슨이 1873년에 '라디안'이라는 용어를 고안했다. 물론 라디안의 개념은 그로부터 한 세기 반 전에 등장했지만 말이다.

254쪽 예컨대 슈뢰딩거 파동방정식: 슈뢰딩거 파동방정식은 아래와 같다.

$$i\hbar\frac{\partial}{\partial t}\Psi = \hat{H}\Psi$$

이때 i는 $\sqrt{-1}$, $\hbar$는 $h/2\pi$(즉, 플랑크상수 h 나누기 2π), Ψ는 양자적 시스템의 파동함수, $\hat{H}$는 해밀토니안 연산자Hamiltonian operator이다.

259쪽 해밀턴의 동료들도: Melanie Bayley, 'Algebra in Wonder-land', *The New York Times*, 2010.

261쪽 양자역학과 일반상대성이론을: John C. Baez and John Huerta, 'The Strangest Numbers in String Theory', *Scientific American*, 2011.

261쪽 노벨 문학상을 받은 유일한: Bertrand Russell, 'The Study of Mathematics', *Mysticism and Logic: And Other Essays*, Longman, 1919. 버트런드 러셀은 세계 수준의 수학자로는 유일하게 노벨 문학상을 받았다. 그러나 알렉산드르 솔제니친(1970년 노벨 문학상 수상)과 존 맥스웰 쿠체(2003년 노벨문학상 수상)도 수학 학사 학위 소지자이다.

273쪽 1991년에 수학자 데이브: 데이브 볼은 자신의 연구 결과를 저널에 발표하는 대신에 프랙털을 다루는 한 온라인 포럼에 올렸다. groups.google.com/forum/?hl=en#!topic/sci.math/jHYDf-Tm0-8

8장

278쪽 물리학계와 화학계는: 2001년에 노르웨이 정부는 자국의 수학자 닐스 헨

리크 아벨(1802~1829)의 이름을 딴 '아벨상Abel Prize'을 제정했다. 상금은 약 100만 달러이다. 아벨상은 스칸디나비아에서 유래했다는 점과 상금에서 노벨상과 유사하지만 아직 필즈상만큼의 권위를 얻지 못했다.

279쪽 1998년에 필즈상을 받은: gowers.wordpress.com

280쪽 그러나 역사가 플루타르코스의: Plutarch, *Life of Marcellus*, MacTutor History of Mathematics online archive에서 재인용.

281쪽 아르키메데스는 우선: Carl B. Boyer, *The History of the Calculus and Its Conceptual Development*, Dover, 1959.

그 큰 삼각형의 맨 아래 꼭짓점에서 포물선의 접선은 원래 직선과 평행해야 한다. 마찬가지로 새 삼각형을 그릴 때마다 생기는 새 꼭짓점의 위치도 거기에서 포물선의 접선과 맞은편 변이 평행하도록 정해야 한다.

286쪽 케플러는 더 정확한: Ernst Sondheimer and Alan Rogerson, *Numbers and Infinity*, Dover, 2006.

288쪽 1665년, 케임브리지: James Gleick, *Isaac Newton*, Harper Perennial, 2003.

289쪽 물체가 운동하면: Ian Stewart, *17 Equations that Changed the World*, Profile Books, 2012; Charles Seife, *Zero*, Souvenir Press, 2000.

298쪽 라이프니츠와 뉴턴은 20년: A. Rupert Hall, *Philosophers at War*, Cambridge University Press, 2002.

298쪽 영국은 라이프니츠의: Augustus De Morgan, *A Budget of Paradoxes*, 1872.

302쪽 볼츠만방정식은, 임의의 기체: 볼츠만방정식에 들어 있는 함수 $f(t, x, v)$는 입자들이 시간 t에 위치 x 근처에서 v와 비슷한 속력으로 운동할 확률을 알려주는 확률 밀도 함수이다. 기호 ∇는 기울기를 의미하는데, 이 경우에는 기울기가 여러 변수에 의해 결정된다. Cédric Villani,

Théorème vivant, Grasset, 2012.

309쪽 철도가 등장한 지: *The Railroad Gazette* (now *Railway Age*), 1880, quoted in Halsey G. Brown, 'The History of the Derivation of the AREMA Spiral', arema.org

311쪽 요컨대 이행 곡선에: 클로소이드란 곡률이 길이에 비례하는 곡선이다. 대수식으로 표현하면, 클로소이드에서는 (곡률) = ks가 성립한다. 이때 k는 임의의 상수, s는 출발점에서 클로소이드 곡선을 따라 측정한 거리이다. 벨기에 수학자 프랑키 딜랑은 곡률을 s의 다항식으로 설정함으로써 전혀 새로운 유형의 나선들을 고안했다. (다항식이란 변수들, 변수들의 거듭제곱들, 덧셈, 뺄셈, 곱셈만으로 이루어진 식이다.) 그는 그 나선들을 '다항식 나선'으로 명명했다. 다항식 나선들은 매우 아름답다. 딜랑이 가장 좋아하는 다항식 나선들 중 하나는 '피카소 나선Picasso spiral'이다. 이 나선에서는 아래 등식이 성립한다.

(곡률) = $10(-45 + 51s - 18s^2 + 2s^3)$.

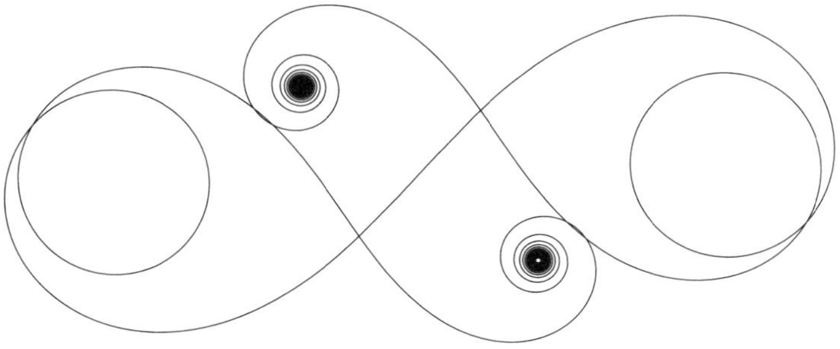

312쪽 20세기에 자동차가: Joe Moran, *On Roads*, Profile Books, 2009.

312쪽 19세기 중반에: Robert Cartmell, *The Incredible Scream Machine*, Amusement Park Books, 1987; 'Chemin de Fer Aérien', *La Nature*, 1903.

클라비에르의 놀이 기구는 대중에게 개방하기 전에 3단계의 시험을 거쳤다. 첫 시험에서는 원숭이들을 태웠고, 두 번째 시험에서는 덩치 큰 사람보다 더 무거운 짐을 실었으며, 마지막 시험에서는 곡예사 한 명을 태웠다.

314쪽 이 사라지는 증가량은: George Berkeley, *The Analyst: Or, a Discourse Addressed to an Infidel Mathematician*, 1734.

9장

318쪽 수학적 증명이란: Steven G. Krantz, *The Proof is in the Pudding*, Springer, 2011.

320쪽 당신이 식탁 위에: Martin Gardner, *Mathematical Games: The Entire Collection of His Scientific American Columns*, CD, 2005.

321쪽 제1차 세계대전과 제2차: 르보프Lwow는 현재 우크라이나 영토이며 명칭은 '리비프Lviv'이다.

324쪽 정리: 모든 수는: 이 글을 쓰는 현재, 재미없는 가장 작은 수의 유력한 후보들은 224와 14,228이다. 224는 위키피디아에 고유 항목으로 등재되지 않은 가장 작은 수이다. 14,228은 '온라인 정수 수열 백과사전Online Encyclopedia of Integer Sequences'에 등장하지 않는 가장 작은 수이다. 그러나 이 수들은 흥미롭다. 굳이 말할 필요도 없겠지만, 바로 방금 제시한 이유들 때문이다.

329쪽 패턴이 존재하기는: n이 점의 개수라면, 구역의 개수는 $\frac{1}{24}(n^4 - 6n^3 + 23n^2 - 18n + 24)$이다.

334쪽 프레게의 발상은: 프레게의 생각과는 달랐지만, 일부 수리철학자들에게 '명제 A의 부정의 부정은 A를 함축한다'라는 명제는 뜨거운 논란거리였다.

335쪽 내가 가장 좋아하는: Douglas R. Hofstadter, *Metamagical Themas*, Basic Books, 1996.

337쪽 폴란드 논리학자 알프레드: Martin Gardner, 'Logical Paradoxes', *The Antioch Review*, 1963.

337쪽 논리학자뿐만 아니라 코미디언도: John Allen Paulos, *I Think, Therefore I Laugh*, Penguin, 2000.

338쪽 오늘날 공리적 집합론은: 집합론의 주요 목표 하나는 수학의 '완전성 completeness'을 증명하는 것이었다. 어떤 시스템이 완전하다는 것은, 그 시스템에 속한 임의의 참인 정리를 증명할 수 있음을 뜻한다. 그러나 1931년에 오스트리아 수학자 쿠르트 괴델은 수학이 완전하지 않음을 증명했다. 즉, 산술을 포함할 만큼 강력한 임의의 시스템에는 증명도 반증도 불가능하면서 참인 명제들이 존재한다는 것을 증명했다. 괴델의 증명은 논리학을 수학의 토대로 삼을 수 있을 가능성을 제한함으로써 수리철학에 큰 충격을 가했다.

340쪽 과거에는 수학의: Nicolas Bourbaki, *Theory of Sets*, Hermann, 1968.

부르바키가 쿠르트 괴델을 전혀 언급하지 않는 것은 아무리 좋게 봐도 기이한 일이다(바로 앞 주석 참조).

340쪽 니콜라 부르바키는 '땡땡의 모험': '폴다비아Poldavia' 또는 '폴데비Poldévie'는 1929년에 프랑스의 한 우익 언론인이 좌익 의원들에게 보낸 편지에서 농담 삼아 언급한 허구의 국가이다. 그는 그 의원들에게 폴다비아의 억압받는 민중을 위해 개입하겠느냐고 물었다. 부르바키가 그 국가를 조국으로 선택한 것에 뒤이어 제2차 세계대전 직후에 여러 프랑스 작가가 폴다비아를 언급했다. 프린스턴대학교의 불문학 교수이며 나의 아버지인 데이비드 벨로스에 따르면, 이것은 "수학적 유머가 문학의 실마리로 채택된 드문 사례"이다.

341쪽 첫 정기 모임을: Maurice Mashaal, *Bourbaki*, American Mathematical Society, 2006.

341쪽 1999년에 영국 집합론: A. R. D. Mathias, 'A term of length 4,523,659,424,929', *Synthese*, 2002.

342쪽 서방세계의 정부들은: Bob Moon, 'Who Controls the Curriculum? The story of "New Maths" 1960~1980', *International Perspectives in Curriculum History*, 1987.

345쪽 '증명 조수proof assistant'란: 증명 조수는 현재 10가지가 넘는다. 가장 유명한 것은 Coq, HOL Light, Isabelle, Mizar이다. Mizar는 1970년대에 폴란드에서 처음 개발되었으며, 그 사용자들에 따르면, 형식화된 증명들의 일관된 체계를 가장 큰 규모로 보유하고 있다.

345쪽 이 소프트웨어를 옹호하는: 정확히 말하면, 모든 증명 가능한 수학을 증명할 날이 오기를 열망한다는 뜻이다(앞의 괴델에 관한 주석 참조).

346쪽 수학자들의 반응은: Steven G. Krantz, *The Proof is in the Pudding*, Springer, 2011.

10장

351쪽 왜냐하면 임의의 수: 정확한 정리와 증명은 아래와 같다.

정리: n 이하의 소수들을 찾아내려면, $\sqrt{n}$ 이하 소수들의 배수들만 제거하면 된다.

증명: 우리가 $\sqrt{n}$ 이하 소수들의 배수들을 모두 제거한 다음에도, $\sqrt{n}$과 n 사이에 소수가 아닌 수 m이 존재한다고 가정하자. 그 수 m은 소수가 아니므로 소인수들을 가져야 한다. 더 나아가 $\sqrt{n}$ 이하의 소수

들의 배수들은 이미 제거되었는데 m은 제거되지 않았으므로, m의 소인수들은 $\sqrt{n}$보다 커야 한다. 그런데 $\sqrt{n}$보다 큰 수들을 2개 이상 곱하면 결과는 n보다 더 크다. 따라서 n보다 작은 m은 존재할 수 없다. 증명 끝.

355쪽 게임 없는 이름들: 그 교수가 가장 좋아한 게임 없는 이름들 중 하나는 '네가 전화 걸지 마, 우리가 너에게 전화 걸게Don't Ring Us, We'll Ring You'였다.

360쪽 1970년에 저널리스트: Martin Gardner, *Mathematical Games: The Entire Collection of His Scientific American Columns*, CD, 2005.

361쪽 컴퓨터를 이용하자: 나는 독자에게 생명 게임을 해보라고 권한다. 가장 좋은 소프트웨어는 Golly이며 golly.sourceforge.net에서 내려받을 수 있다.

361쪽 매사추세츠공대에서: Steven Levy, *Hackers*, O'Reilly Media, 2010.

363쪽 그것의 시뮬레이션인: 최초의 생명 체는 1991년에 딘 히커슨에 의해 개발되었다. 본문에서 언급하는 체는 제이슨 서머스가 2005년에 개발한 개량된 버전이다.

366쪽 콘웨이는 가장 단순한: William Poundstone, *The Recursive Universe*, Oxford University Press, 2005.

372쪽 제미니는 생명 게임: 이 책을 인쇄하기 직전에 미국의 생명 게임 애호가 데이브 그린Dave Greene은 깜짝 놀랄 만큼 새로운 자기 복제 패턴을 공개했다. 제미니에서 제작자가 16,229개의 세포로 이루어진 것과 달리, 데이브의 패턴에서 제작자는 겨우 256개의 세포로 이루어졌다. 데이브는 자신의 패턴을 '제미노이드Geminoid' 복제자로 명명했다(접미어 -oid는 유사품, 유사제 등을 뜻함—옮긴이). 왜냐하면 그 패턴은 제미니의 기술을 일부 사용하기 때문이다. 그러나 제미니에서는 제작자가 2개이며 복제가 완료되면 파괴되는 반면, 데이브의 패턴에서는 제작자가 하나뿐이며 복제가 완료된 후에도 존속한다. 데이브의 제미노이드 복제자는 자기와 동일한 복제본 하나를 낳으며, 이 복제본도 자기와 동일한 복제본 하나를 낳는다. 이런 식으로 후손들의 계열이 무한정 이어지면서 격자 전체로 확산한다. 제작자가 아주 적은 개수의 세포로 이루어졌기 때문에, 새로운 패턴이 더 쉽게 형성된다. 데이브는 제미노이드 기술이 다양한 신종 복제자들의 발견으로 이어지기를 바란다.

380쪽 그의 견해는 그가: Stephen Wolfram, *A New Kind of Science*, Wolfram Media, 2002.

인터넷

인터넷에서 수학에 관한 양질의 자료를 풍부하게 구할 수 있다. 나는 Wolfram MathWorld, MacTutor History of Mathematics, 그리고 당연히 Wikipedia를 자주 이용했다.

감사의 말

런던 블룸스버리 출판사의 빌 스웨인슨, 앨리슨 글로솝, 로라 브룩, 헬렌 플러드, 어맨다 십, 그레그 하이니만, 데이비드 만, 리처드 앳킨슨에게, 특히 모든 분수와 지수를 꼼꼼히 점검한 자 쇼 스튜어트에게 감사한다. 뉴욕 사이먼 앤 슈스터 출판사의 벤 로넌, 에밀리 루즈, 브리트 바이드에게, 토론토 더블데이 출판사의 팀 로스트런에게 감사한다.

벤 섬너는 초인적인 편집자였고, 에드먼드 해리스, 인-풍 오, 준 배로-그린, 에리카 잔스, 가레트 로버츠는 텍스트에 대해서 이루 말할 수 없이 소중한 논평을 해주었다. 그림을 맡은 사이먼 린도, 만화를 그려준 '더 서리얼 맥코이The Surreal McCoy', 조판을 담당한 라이바너스 프레스의 수전 와이트먼에게도 감사의 말을 전한다.

나는 많은 사람들과 대담하고 편지를 주고받은 것에서 결정적인 도움을 받았다. 나에게 시간을 내준 다음 분들에게 진심으로 감사의 마음을 전한다.

1장: 제리 뉴포트, 그레그 롤런드, 마노즈 토머스, 테런스 하인스, 제임스 월키, 후삼 사딕, 사피 헤인스, 댄 킹, 톰 디어든, 제르 소프, 프란체스카 스타브라코폴로, 프란체스카 로크버그, 리처드 와이즈먼, 데이비드 마크스, 소피 스콧, 스티븐 매크닉, 피터 린, 니시야마 유타카, 로버트 쉰들러.

2장: 윌 레니, 지알란 왕, 테드 힐, 에리카 로저스, 대럴 도럴, 앨버트-라슬로 바라바시, 데이비드 핸드, 월터 미베인, 크리스티아네 펠바움, 유레 레스코베치, 제프리 웨스트, 피트 화이틀록.

3장: 미칼리스 시알라로스, 아포스톨로스 독시아디스, 마크 그리브스, 로

버트 우돌, 존 키, 대런 셰퍼드.

4장: 라미로 세라, 론 도어플러, 이안 디커슨, 실비아 페차나, 아트 프리고 주니어.

5장: 밥 휘태커, 이반 모스코비치, 톰 암스트롱, 브렛 크로켓, 존 휘트니 주니어, 칼 심스.

6장: 앤드루 스미스, 로저 리즈딜 스미스, 니콜라이 말쉬, 앨버트 바틀릿, 팀 하포드, 스탠 웨건

7장: 존 바에즈, 데이비드 통, 데이브 마킨, 브라이언 폴록, 클리프 피코버, 대니얼 화이트, 오슨 왕, 로버트 디배니.

8장: 피터 호프, 빌 태커, 존 와들리, 베르너 슈텡겔, 세드릭 빌라니, 프랑키 딜랑, 하토시 발.

9장: 알렉스 파소, 짐 홀트, 노먼 메길, 로런스 폴슨, 너새니얼 존스턴

10장: 톰 로키키, 애덤 구처, 팀 허튼, 폴 채프먼, 데이브 그린, 애덤 러더퍼드, 슈테파니 프라터, 장 버크, 스티븐 울프럼, 빌 고스퍼, 앤디 아다마츠키, 팀 허튼, 닉 고츠, 존 콘웨이, 크레이그 렌트, 두그 투고.

내가 '잔클로 앤 네스비트Janklow & Nesbit' 사를 대리인으로 둔 것은 대단한 행운이라고 느낀다. 나를 담당하는 레베카 카터와 그녀의 동료 레베카 폴랜드, 커스티 고던, 린 네스비트, 클레어 패터슨에게 감사한다.

친구들과 가족은 도덕적 지지부터 수학적 조언과 파리의 아파트까지, 내가 필요할 때마다 아낌없는 도움을 베풀었다. 개빈 프레터-피니, 휴 모리슨, 클리프 피코버, 그레이엄 파멜로, 제임스 그라임, 콜린 라이트, 코델리아 젠킨스, 프란시스카 시걸, 로저 하이필드, 사이먼 쿠퍼에게 감사한다. 나의 부모 데이비드 벨로스와 일로나 모리슨이 끊임없는 격려와 신뢰를 보내준 것에 감사한다. 또한 그 누구보다 먼저 나의 아내 내털리에게 이 책의 저자에게 행복을 주고 책에도 많은 도움을 준 것에 대해 감사한다.

나는 『신기한 수학나라의 알렉스』에 붙인 감사의 말 막바지에 나의 조카딸을 언급했다. 그 아이가 수학에서 A학점을 받은 것에 대한 보상이었다. 이번에는 그 아이가 대학에서 수학과 심리학을 전공하기로 결심한 것에 대한 보상으로 언급한다. 잘했어, 자라Zara!

옮긴이의 말

수학은 게임이다

"수학은… 재담이다."로 시작해서 "수학은 게임이다."로 끝나는 책이라면, 그저 만만하고 시답잖은 이야기들을 담았으려니 짐작할 만도 하다. 그러나 실제로 그런 허술한 마음으로 이 책에 접근하는 독자가 있다면, 틀림없이 깜짝 놀랄 것이다. 수학책을 꽤 번역해본 내가 평가하기에 이 책은 관점의 신선함, 태도의 진지함, 생각의 깊이에서 첫손가락에 꼽을 만하다.

물론 수학 애호가들이 난생 처음 접하는 내용은 그리 많지 않을 것이다. 둘러보면 교양 수학책들은 차고 넘치도록 많지 않은가. 그 많은 책들이 다루지 않은 내용들만 모아서 집합을 만든다면, 그 집합의 크기는 0에 가까울 것이 뻔하다. 물론 내용의 풍부함에서도 충분한 경쟁력을 갖춘 작품이지만, 그 책의 진정한 장점은 그 내용을 삶과 직결된 놀이로 풀어내는 여유로운(또한 전적으로 옳은) 관점과 감탄을 자아내는 표현력에 있다.

얼마 전에 '알파고'라는 프로그램과 프로기사 이세돌의 다섯 판 대국이 있었다. 그 역사적 사건에 대해서 나는 이렇게 논평하고 싶다. 알파고는 계산을 했고, 이세돌은 게임을 했다. 알파고는 아무것도 느끼지 않았지만, 이세돌은 온갖 감정을 느꼈다. 호기심, 설렘, 의혹, 절망, 부끄러움, 승리의 확신, 기쁨, 겸허함 따위가 이세돌과 그를 지켜보는 우리를 출렁거리게 했다. 그리하여 그와 우리에게 그 대국은 흥미로운 게임이었다. 그럼 알파고에게는 무엇이었을까? 까다로운 질문일 수도 있겠지만, 내가 보기에 그 대국은 그 프로그램에게 그저 계산을 통한 과제 수행일 따름이었다.

내가 알파고를 언급한 것은 수학을 대하는 우리의 태도를 거론하기 위해서

다. 혹시 우리는 바둑을 무미건조한 통계학 계산으로 취급하는 알파고의 태도가 모범이라는 듯이 수학을 그저 계산으로 대하는 태도를 서로에게 권장하고 있지 않은가? 수학에 얽힌 온갖 이야기와 감정은 기껏해야 곁다리일 뿐이고 결국 핵심은 계산을 통한 정답 산출이라는 생각이 우리의 수학 교육을 지배하는 것이 아닐까? 5월의 나뭇잎처럼 예쁜 이 땅의 학생들은 알파고가 되기를 권장하는 수학 수업에 치이고 치인 나머지 오히려 그렇게 되지 못하는 자신을 스스로 타박하는 지경에 이른 것이 아닐까?

나는 "수학은 게임이다."라는 저자의 말에 전적으로 동의한다. 물론 수학이 기계적 계산을 필수적 요소로 포함하는 것은 사실이다. 그러나 수학에 생명을 불어넣는 것은 놀이하는 인간의 마음가짐이다. 당신에게 수학은 계산인가, 게임인가? 아마 많은 학생들은 '수학이 게임이면 오죽 좋겠냐만, 나는 수학을 게임으로 즐길 능력이 없다.'라는 식으로 대답할 듯하다. 나는 이 대답에도 깊이 공감한다. "수학은 게임이다."라는 진리는 어쩌면 여유 있는 성적 우수자들에게만 진리일지도 모른다. 그렇다면 하나 더 묻겠다. 당신에게 삶은 계산인가, 게임인가? 당신의 삶은 무미건조한 과제 수행인가, 아니면 온갖 감정의 향연을 동반한 한판의 놀이인가? 이 질문에 대해서만큼은 적잖은 사람들이 '놀이'를 대답으로 선택하지 않을까 예상한다. 삶을 놀이로 누리는 것은 능력의 문제가 아니라 마음가짐의 문제다. 수학을 게임으로 즐기는 것도 마찬가지다. 어쩌면 수학 교육이 가장 중시해야 할 것은 다름 아니라 수학을 게임으로 대하는 마음가짐일지도 모른다.

저자는 수학과 삶을 엮는다. 그런 다음에 그 전체를 게임으로 풀어내는데, 그 솜씨가 그야말로 감탄을 자아낸다. 이를테면 저자는 수학에서 증명의 한 방법인 귀류법이 반전을 결정타로 내장한 코미디언의 재담과 유사하다고 말한다. 귀류법을 아는 사람이라면 금세 납득할 만한 설명이면서도 생각할수록 무릎을 치게 된다. 망델브로 집합과 그것의 변형인 망델벌브의 모양을 묘사하는 대목, 생명 게임의 주요 패턴들을 설명하는 대목, 다양한 등장인물의 외모와 행동을 서술하는 대목 등에서는 저자를 명실상부한 작가로 다시 보게 한다. 수학책의 표현력이 이렇게 뛰어나도 되나, 하는 의문마저 든다. 물론 어리석은 의문이다. 표현은 놀이의 전부라고 해도 과언이 아니다. 삶과 수학이 놀이라면, 수학책은 이렇게 써야 마땅하다.

어쩌면 당신에게는 "수학은 게임이다."라는 진리가 영 낯설지도 모르겠다. 그렇다면 당신은 행운아다. 이 책을 만났으니까 말이다. 그 진리가 당신에게도 진리로 정착하는 데 적잖이 기여할 만한 책이다. 다른 어떤 게임에도 뒤지지 않는 재미를 여기에서 캐내기를 기원한다.

전대호

그림 출처

23쪽 Courtesy of Dan King.

112쪽 Science Museum/Science & Society Picture Library.

138쪽 © Iain Frazer/Shutterstock.com.

143쪽 Taken from *Nomographie* by Rodolphe Soreau, Chiron, 1921.

148쪽 © Kletr/Shutterstock.com.

166쪽 © The British Library Board, 48.d.13.16, vol. 2, title page.

167쪽 © Alex Bellos.

172쪽 Taken from Sound by Alfred Marshall Mayer, Macmillan and Co., 1879.

173쪽 © Karl Sims, www.karlsims.com.

175쪽 Taken from *Sound* (Third Edition) by John Tyndall, Longmans, Green and Co., 1875.

214쪽 Photograph by Natalie Bellos.

217쪽 © Stan Wagon.

268쪽, 270쪽, 271쪽 © Brian Pollock.

312쪽 From *L'Illustration*, 1846.

313쪽 © Werner Stengel.

381쪽 © iStock.com/busypix.

찾아보기

| ㄴ |

| ㄷ |

| ㄹ |

| ㅁ |

| ㅂ |

| ㅇ |

| ㅈ |

| ㅊ |

| ㅎ |

| 숫자 |

| 수학 기호 |

| A ~ Z |

옮긴이 전대호
서울대학교 물리학과와 동 대학원 철학과에서 박사과정을 수료했다. 독일 쾰른대학교에서 철학을 공부했다. 1993년 조선일보 신춘문예 시 부문에 당선되어 등단했으며, 현재는 과학 및 철학 분야의 전문번역가로 활동 중이다. 저서로 『철학은 뿔이다』, 시집으로는 『가끔 중세를 꿈꾼다』 『성찰』이 있다. 번역서로는 『로지코믹스』 『위대한 설계』 『스티븐 호킹의 청소년을 위한 시간의 역사』 『기억의 비밀』 『기억을 찾아서』 『생명이란 무엇인가』 『수학의 언어』 『산을 오른 조개껍질』 『아인슈타인의 베일』 『푸앵카레의 추측』 『초월적 관념론 체계』 『동물 상식을 뒤집는 책』 『수학 시트콤』 『물리학 시트콤』 『뇌의 가장 깊숙한 곳』 등이 있다.

수학이 좋아지는 수학

1판 1쇄 2016년 8월 29일
1판 4쇄 2023년 6월 30일

지은이 알렉스 벨로스
옮긴이 전대호
펴낸이 김정순
편집 허영수 이보영
마케팅 이보민 양혜림 정지수
펴낸곳 (주)북하우스 퍼블리셔스
출판등록 1997년 9월 23일 제406-2003-055호
주소 04043 서울시 마포구 양화로 12길 16-9(서교동 북앤드빌딩)
전자우편 henamu@hotmail.com 홈페이지 www.bookhouse.co.kr
전화번호 02-3144-3123 팩스 02-3144-3121

ISBN 978-89-5605-665-4 03410